ifaa-Edition

ifaa-Research

Reihe herausgegeben von

ifaa – Institut für angewandte Arbeitswissenschaft e. V., Düsseldorf, Deutschland

Die Buchreihe ifaa-Research berichtet über aktuelle Forschungsarbeiten in der Arbeits-
wissenschaft und Betriebsorganisation. Zielgruppe der Buchreihe sind Wissenschaftler,
Studierende und weitere Fachexperten, die an aktuellen wissenschaftlich-fundierten
Themen rund um die Arbeit und Organisation interessiert sind. Die Beiträge der Buch-
reihe zeichnen sich durch wissenschaftliche Qualität ihrer theoretischen und empirischen
Analysen ebenso aus wie durch ihren Praxisbezug. Sie behandeln eine breite Palette von
Themen wie Arbeitsweltgestaltung, Produktivitätsmanagement, Digitalisierung u. a.

Weitere Bände in der Unterreihen http://www.springer.com/series/16391

Marc-André Weber

Nutzung der Digitalisierung zur Produktivitätsverbesserung in industriellen Prozessen unter Berücksichtigung arbeitswissenschaftlicher Anforderungen

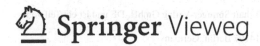

Marc-André Weber
Institut für Supply Chain und Operations
Management
Fachhochschule Kiel
Kiel, Deutschland

ISSN 2364-6896   ISSN 2364-690X   (electronic)
ifaa-Edition
ISSN 2662-3609   ISSN 2662-3617   (electronic)
ifaa-Research
ISBN 978-3-662-63130-0   ISBN 978-3-662-63131-7   (eBook)
https://doi.org/10.1007/978-3-662-63131-7

Die Deutsche Nationalbibliothek verzeichnet diese Publikation in der Deutschen Nationalbibliografie; detaillierte bibliografische Daten sind im Internet über http://dnb.d-nb.de abrufbar.

Springer Vieweg ist ein Imprint der eingetragenen Gesellschaft Springer-Verlag GmbH, DE und ist ein Teil von Springer Nature.
Die Anschrift der Gesellschaft ist: Heidelberger Platz 3, 14197 Berlin, Germany

Vorwort des Autors

Mit großer Freude darf ich dieses Vorwort zu meiner Habilitationsschrift verfassen.

Mein herzlicher Dank gilt den Herren Univ.-Prof. Dr.-Ing. Martin Schmauder (Inhaber der Professur für Arbeitswissenschaft an der Technischen Universität Dresden), Prof. Dr.-Ing. habil. Sascha Stowasser (Direktor des Instituts für angewandte Arbeitswissenschaft e.V. in Düsseldorf) und Univ.-Prof. Dr. rer. pol. habil. Thorsten Claus (Inhaber der Professur für Produktionswirtschaft und Informationstechnik am Internationalen Hochschulinstitut Zittau). Sie alle haben mich maßgeblich in meinem Habilitationsvorhaben unterstützt und waren als Gutachter innerhalb meiner Habilitationskommission tätig.

Weiterhin gilt mein besonderer Dank den weiteren Mitgliedern der Habilitationskommission an der Technischen Universität Dresden aus der Fakultät Maschinenwesen:

- Dem Vorsitzenden Univ.-Prof. Dr.-Ing. habil. Thomas Wallmersperger
  (Professur für Mechanik multifunktionaler Strukturen),
- Univ.-Prof. Dr.-Ing. habil. Uwe Füssel
  (Professur für Fügetechnik und Montage),
- Univ.-Prof. Dr.-Ing. Steffen Ihlenfeldt
  (Professur für Werkzeugmaschinenentwicklung und adaptive Steuerungen),
- Univ.-Prof. Dr.-Ing. habil. Andreas Nestler
  (Professur für Formgebende Fertigungsverfahren, Abteilung
  Produktionsautomatisierung, Zerspan- und Abtragtechnik),
- Univ.-Prof. Dr.-Ing. habil. Thorsten Schmidt
  (Professur für Technische Logistik).

Da ein Großteil der Inhalte dieser Schrift während meiner Tätigkeit am ifaa – Institut für angewandte Arbeitswissenschaft e.V. entstanden ist, gilt ein großer Dank den Mitgliedern des Fachbereichs Unternehmensexzellenz, insbesondere meinem damaligen Vorgesetzten Dr.-Ing. Frank Lennings und meinen Kollegen Dr.-Ing. Dipl.-Wirt.Ing. Tim Jeske, Dipl.-Soz. Wiss. Ralph W. Conrad und Dipl-Ing. Sebastian Terstegen.

Einen besonderen Dank möchte ich an meine Familie aussprechen. Meine Frau Dr. troph. Katharina Weber hat mein Habilitationsprojekt maßgeblich unterstützt und stets ein offenes Ohr für wissenschaftlichen Austausch gehabt. Meine Eltern Dipl.-Ing. (FH) Rudolf Weber und Ind.-Kffr. Maria Weber haben mein Habilitationsvorhaben mit Interesse verfolgt und mich unterstützt.

Nachstehend möchte ich einige Zeilen zur Entstehung dieser Schrift an meine Danksagungen anfügen. Im Juli 2014 hatte ich mit meinem Doktorvater Univ.-Prof. Dr. rer. pol. Rainer Leisten an der Universität Duisburg-Essen ein längeres Gespräch über eine mögliche Habilitation, die ich thematisch zur optimierenden Koordination verschiedener Advanced Planning and Scheduling-Modelle verfassen wollte. Nach reiflicher Überlegung hatte ich mich dazu entschlossen, zunächst die Universität Duisburg-Essen zu verlassen um Praxiserfahrungen zu sammeln, sodass ich mich auf diesem Wege für mein Ziel einer Fachhochschul-Professur qualifizieren konnte. Hierzu konnte ich eine Stelle am ifaa – Institut für angewandte Arbeitswissenschaft e.V. in Düsseldorf antreten, einer Forschungseinrichtung der Arbeitgeberverbände der deutschen Metall- und Elektroindustrie, welche von Direktor Prof. Dr.-Ing. habil. Sascha Stowasser geführt wird. Bereits im Bewerbungsgespräch im August 2015 hatten wir eine mögliche Habilitation während meiner Tätigkeit am ifaa – Institut für angewandte Arbeitswissenschaft e.V. besprochen. Die Offenheit von Prof. Stowasser hierfür sowie seine Unterstützung seit Beginn meiner Tätigkeit im Januar 2016 durfte ich wertschätzend erfahren.

Im Rahmen meiner Arbeit für das ifaa – Institut für angewandte Arbeitswissenschaft e.V. erhielt ich die Möglichkeit einen Teil meiner Arbeitszeit ab Mitte 2016 in das BMBF-Forschungsprojekt TransWork einfließen zu lassen, in welchem u.a. Produktivitätsauswirkungen durch arbeitswissenschaftliche bzw. humanbezogene Maßnahmen der Digitalisierung erforscht wurden. An diesem Projekt war ich bis zu meinem Wechsel auf die Professur für Operations Management / Produktionsmanagement an der Fachhochschule Kiel im August 2018 beteiligt. Die im Rahmen von TransWork geleistete Arbeit stellte ein breites Fundament für diese Schrift dar, auf das weitere Forschungsergebnisse aufbauten. Diese sind letztlich in die vorliegende Schrift eingearbeitet worden.

Mit Herrn Univ.-Prof. Dr.-Ing. Martin Schmauder, Professor für Arbeitswissenschaft an der Technischen Universität Dresden, konnte ich einen Unterstützer gewinnen, der mein Habilitationsverfahren maßgeblich förderte, und der die Erstbegutachtung übernahm. Herr Univ.-Prof. Dr. rer. pol. habil. Thorsten Claus hat in seiner Rolle als Zweitgutachter mit seiner Professur am Internationalen Hochschulinstitut in Zittau eine wirtschaftswissenschaftliche Perspektive in das Habilitationsverfahren eingebracht und den interdisziplinären Diskurs geprägt. Das Drittgutachten erfolgte durch den Arbeitswissenschaftler Prof. Dr.-Ing. habil. Sascha Stowasser, welcher die Entstehung der Forschungsleistungen, die hier eingeflossen sind, von Beginn an begleitete.

Die Corona-Pandemie hat das Verfahren kurz nach der Einreichung der Habilitationsschrift in der Fakultät Maschinenwesen der TU Dresden im Februar 2020 zunächst verzögert und zuletzt den in der Schrift behandelten Digitalisierungs-Bezug auf das Habilitationsverfahren zurückgespiegelt. Meinen wissenschaftlichen Vortrag sowie die Lehrprobe im Rahmen der mündlichen Prüfungen durfte ich unter strenger Einhaltung von Hygieneregeln mit dem Vorsitzenden Univ.-Prof. Dr.-Ing. habil. Wallmersperger und dem Erstgutachter Univ.-Prof. Dr.-Ing. Schmauder in Präsenz in einem großen Raum an der Technischen Universität Dresden abhalten, während die weiteren Kommissionsmitglieder und die Zuhörer virtuell teilnahmen. Wenn die Habilitationsschrift schon die Thematik der Digitalisierung behandelt, so erhielt sie zuletzt „dank Corona" ihren ganz eigenen Charakter der Digitalisierung.

Es freut mich sehr, dass nun im Frühjahr 2021 dieses Werk veröffentlicht werden kann. Leider konnte Herr Univ.-Prof. Dr. rer. pol. Rainer Leisten nach seinem unerwarteten frühen Tod im April 2017 den Abschluss meines Habilitationsvorhabens, zu dem er mich kurz nach der Promotion ermutigt hatte, nicht mehr miterleben. Widmen möchte ich dieses Buch meinen Söhnen Nino-Benedikt und Aaron-Leonard sowie – in dankbarer Erinnerung – Univ.-Prof. Dr. rer. pol. Rainer Leisten.

Eckardroth und Schönkirchen, im Februar 2021   Marc-André Weber

Vorwort von Herausgeber Prof. Dr.-Ing. habil. Sascha Stowasser

Ein besonders behandlungsbedürftiges arbeitswissenschaftliches und betriebsorganisatorisches Thema – nämlich die Herleitung eines ganzheitlichen Klassifikations- und Vorgehensmodells zur digitalen (und gleichzeitig produktivitätsverbessernden) Transformation in Industrieunternehmen – greift Prof. Dr. Weber im vorliegenden Band der Reihe ifaa-Research auf.

Mit systematischen Analysen und Auswertungen erlangt und beschreibt der Autor umfassende Erkenntnisse über Produktivitätsstrategien und ihre Wirksamkeit in einer von Digitalisierung geprägten, stark vernetzen Arbeitswelt. Dabei verfolgt Prof. Dr. Weber einen ganzheitlichen soziotechnischen Ansatz, der sämtliche arbeits- und betriebsorganisatorischen Aspekte Mensch, Technik und Organisation berücksichtigt sowie das betriebswirtschaftliche Produktivitätsmanagement abdeckt. Damit hebt der Autor die derzeit in deutschen Industrieunternehmen gängige, sehr punktuell und zeitlich begrenzt betriebenen Digitalisierungsbestreben auf eine methodisch abgesicherte Dimension. In seiner Abhandlung leitet der Autor erstmals einen arbeitswissenschaftlich orientierten Klassifikationsansatz zur Identifikation konkreter betrieblicher Produktivitätsstrategien und Digitalisierungsmaßnahmen ab, formalisiert diese in einem Ordnungsrahmen und weist deren Eignung mit einer Fallstudie nach. Mittelpunkt der Veröffentlichung ist ein Ordnungs- und Gestaltungsrahmen für digitalisierungsadäquate Produktivitätsstrategien, in dem unterschiedliche Kriterien bzw. Merkmale zur Strukturierung anhand einer Clusterung herangezogen werden, so dass die Strategien einer systematischen Analyse zugänglich werden. In diesem Ordnungsrahmen sind 170 Anwendungsfälle und Praxisbeispiele der Digitalisierung klassifiziert worden.

Die Publikation ist zugleich die Habilitationsschrift von Herrn Prof. Dr. Weber. Darüber freue mich sehr, habe ich ihn doch in seiner aktiven Zeit am ifaa als exzellenten Wissenschaftler und Menschen schätzen gelernt.

Prof. Dr.-Ing. habil. Sascha Stowasser

Direktor des ifaa – Institut für angewandte Arbeitswissenschaft e.V.

Vorwort von Univ.-Prof. Dr.-Ing. Martin Schmauder

Unter dem Schlagwort der „Industrie 4.0" wurde zu Beginn des letzten Jahrzehnts eine hohe Erwartungshaltung an die zukünftige Gestaltung der Arbeitswelt, insbesondere in Deutschland, gestellt. Der anfänglichen Euphorie sowohl in der Wissenschaft als auch in der betrieblichen Praxis folgten unzählige Forschungsleistungen und unternehmerische Anwendungen, welche dem Begriff der „Industrie 4.0" Kontur verschafften und sie zu einem heute immer gegenwärtigeren Bestandteil an fast jedem Arbeitsplatz und für fast jede Arbeitsperson werden ließ. Die weltweite Corona-Pandemie ab Anfang 2020 gab der digitalen Transformation der Arbeitswelt weiteren Rückenwind und ließ eine Disruption durch alle Bereiche des gesellschaftlichen Lebens gehen, die in dieser Form, in dieser Geschwindigkeit und diesem Umfang vor Corona kaum vorstellbar gewesen wäre.

Herr Prof. Weber behandelt mit seiner Schrift ein sowohl aus wissenschaftlicher wie auch aus betriebspraktischer Sicht hochaktuelles Thema, an dem vielseitiger Forschungsbedarf besteht. Die häufig IT-bezogen betrachtete Digitalisierung in der Arbeitswelt bedarf dabei insbesondere einer arbeitswissenschaftlichen Fundierung, bevor sie in unterschiedlichen betrieblichen Bereichen erfolgreich und nachhaltig Anwendung finden kann. Gerade im Sinne einer humanorientierten Arbeitsgestaltung unter Einbezug von Digitalisierung müssen menschliche Anforderungen und Grenzen Berücksichtigung finden.

Mit der Breite der im vorliegenden Werk behandelten Inhalte zeigt der Autor die Vielseitigkeit der Thematik auf, wobei er neben dem arbeitswissenschaftlichen Schwerpunkt auch interdisziplinäre Wechselwirkungen zu wirtschaftswissenschaftlichen, ingenieur-technischen und informatik-basierten Bestandteilen der Digitalisierung verdeutlicht. Hiermit gewinnt er das Interesse vielseitiger Leserschichten aus Forschung und Praxis, die in der vorliegenden Schrift eine fundierte Hilfestellung zur strukturierten und vor allem humanen Gestaltung von Digitalisierung vorfinden.

Ich wünsche dem Leser eine interessante Lektüre!

Dresden, im Februar 2021   Martin Schmauder

Vorwort von Univ.-Prof. Dr. rer. pol. habil. Thorsten Claus

Die Digitalisierung verändert durch Vernetzung der Produktionsprozesse mit der Informations- und Kommunikationstechnik die Industrie. Der Einsatz der neuen Technologien erfolgt sowohl auf der strategischen als auch auf der taktischen und operativen Ebene. Diese Entwicklung kann auf der einen Seite zu einem erheblichen Produktivitätszuwachs führen, auf der anderen Seite werden erhebliche Investitionen nötig sein. Nicht jede Digitalisierungsmaßnahme endet in einem wirtschaftlichen Erfolg. Daher müssen beschränkte Investitionsmittel derart eingesetzt werden, dass der Produktivitätszuwachs möglichst maximal und der technische sowie organisatorische Aufwand minimal ist. Die Auswahl der Digitalisierungsmaßnahme hängt von der konkreten Produktionssituation ab, sodass die Entwicklung eines adaptiven Vorgehensmodells einen möglichen Lösungsansatz darstellt. Herr Prof. Dr. Marc-André Weber leistet mit der hier vorliegenden Arbeit einen wissenschaftlich fundierten Beitrag zur Herleitung eines mehrstufigen Vorgehensmodells. Sein Konzept beruht auf der Kombination klassischer Ansätze zur Prozessoptimierung, wie dem Lean Management und dem Industrial Engineering, mit Maßnahmen der Digitalisierung. Die Herleitung des Modells beruht auf einer umfangreichen strukturierten Literaturanalyse und wird unterstützt durch mehrere empirische Studien. Die Konzeption des Modells wird eingebettet in eine breite kritische Diskussion der Chancen und Risiken der Digitalisierung, des Produktivitätsmanagements in volks- und betriebswirtschaftlicher Hinsicht sowie einer durchdachten Klassifikation von Ansätzen der Digitalisierung, die auf den Dimensionen Produktivitätsziel, Anwendungsgebiete und betriebliche Tätigkeitsbereiche beruht. Die Lektüre und Begutachtung der Arbeit hat meinen eher betriebswirtschaftlichen Blick auf die Thematik geschärft und um arbeitswissenschaftliche Aspekte ergänzt. Herrn Weber ist es gut gelungen unterschiedliche Sichtweisen zu einem einheitlichen Bild zu verschmelzen. Die zahlreichen Praxisbeispiele inspirierten mich zu mehreren Anwendungsfällen in meiner akademischen Lehre.

Dresden, im Februar 2021   Thorsten Claus

Für meine Söhne Nino-Benedikt und Aaron-Leonard

In dankbarer Erinnerung an Univ.-Prof. Dr. rer. pol. Rainer Leisten

Inhaltsverzeichnis

Abkürzungsverzeichnis

AR	Augmented Reality
CAD	Computer Aided Design
CAM	Computer Aided Manufacturing
CIM	Computer Integrated Manufacturing
CNC	Computer Numerical Control
CPS	Cyber-physisches System
CPPS	Cyber-physisches Produktionssystem
ERP	Enterprise Resource Planning
GAN	Global Area Network
GPS	Ganzheitliche Produktionssysteme
IE	Industrial Engineering
IIRA	Industrial Internet Reference Architecture
IP	Internet Protocol
KVP	Kontinuierlicher Verbesserungsprozess
LAN	Local Area Network
MAN	Metropolitan Area Network
MES	Manufacturing Execution System
MRK	Mensch-Roboter-Kollaboration
NC	Numerical Control

RAMI	Referenzarchitekturmodell Industrie (4.0)
SWOT	Strength, Weaknesses, Opportunities, Threats
VR	Virtual Reality
WAN	Wide Area Network
WLAN	Wireless Local Area Network
WWW	World Wide Web

Abbildungsverzeichnis

Tabellenverzeichnis

Zusammenfassung

Mit der Integration numerischer Maschinensteuerungen in industrielle Produktionsprozesse begann in den 1960er Jahren unter dem Schlagwort „Computer Integrated Manufacturing (CIM)" eine Entwicklung, die sich zu dem weiterentwickelt hat, was heute als Digitalisierung bzw. Industrie 4.0 bezeichnet wird. Im Fokus steht dabei die Überlegung, wie mit sog. Cyber-Physischen Produktionssystemen ein digitales Abbild realer Industrieprozesse geschaffen werden kann als Grundlage vielseitiger Ansätze zur Verbesserung der betrieblichen Prozesse und deren Produktivität.

In dieser Schrift wird auf die Erwartungshaltungen an die Digitalisierung aus arbeitswissenschaftlicher, volks- und betriebswirtschaftlicher Perspektive eingegangen und die hohe Bedeutung dieser technologischen Entwicklung in Forschung und Praxis beleuchtet. Um die technischen Teilsysteme strukturieren zu können, wird ein Klassifikationsschema entwickelt, welches eine anwenderorientierte Zuordnung unterschiedlicher Technologien im Hinblick auf Möglichkeiten zur Produktivitätsbeeinflussung erlaubt. Zur Anwendung dieser Systematik wird ergänzend ein ganzheitlicher Ansatz in Form eines Vorgehensmodells aufgezeigt, welches die Phasen von den unternehmensstrategischen Überlegungen zu potenziellen Nutzenfeldern der Digitalisierung bis hin zu operativen arbeitswissenschaftlichen und betriebswirtschaftlichen Fragestellungen der Integration und Umsetzung einschließt. Hierbei wird auf ausgewählte Praxisbeispiele Bezug genommen. Um die gewonnenen Erkenntnisse in den übergeordneten Kontext der Digitalisierungsdebatte einordnen zu können, werden Chancen und kritische Aspekte herausgearbeitet. Ein Schwerpunkt liegt hierbei auf der Kombination „klassischer" Ansätze der Prozessverbesserung, namentlich des Industrial Engineerings sowie des Lean Managements, mit den „modernen" Möglichkeiten der Digitalisierung. Diese Analyse wird abgerundet durch eine empirische Erhebung unter Fach- und Führungskräften aus der deutschen Metall- und Elektroindustrie, welche zur Anwendung von Produktivitätsmanagement, Lean Management und Digitalisierung in ihren Unternehmen befragt wurden.

Diese Schrift stellt zusammenfassend dar, dass die Digitalisierung vielseitige Möglichkeiten zur Produktivitätsbeeinflussung bietet. Prozessstandardisierung mit verschwendungsarm gestalteten Abläufen werden hierfür vorausgesetzt. Die Produktivitätspotenziale sind kontextbezogen mit Blick auf einzelne Unternehmungen zu sehen unter Berücksichtigung technologischer Grenzen.

Summary

With the integration of numerical machine control into industrial production processes in the 1960s, described by the term "Computer Integrated Manufacturing (CIM)", began a development that led to what is today referred as Digitalization or Industry 4.0. In its regards is the consideration of how cyber-physical production systems can be used to create a digital image of real industrial processes as the basis for versatile approaches for improving operational processes and their productivity.

This book addresses the expectations of Digitalization from the perspective of ergonomics, economics and business management and sheds light on the significance of this technological development in research and practice. In order to be able to structure the technical subsystems, a classification scheme is developed which allows a user-oriented allocation of different technologies with regard to possibilities for influencing productivity. For the application of this system, a holistic approach in form of a procedural model is shown which includes the phases of corporate strategic considerations on potential fields of implementation of Digitalization up to operational ergonomic and business-related issues of integration and implementation. In this regard, selected practical examples are given. In order to classify the insights gained in the overarching context of the Digitalization debate, opportunities and critical aspects are identified. One focus lies on the combination of "classical" approaches for process improvement, namely Industrial Engineering as well as Lean Management, with "modern" possibilities of Digitalization. Findings of an empirical survey among specialists and executives from the German metal and electrical industry, who were asked about the application of Productivity Management, Lean Management and Digitalization in their companies, support these findings.

This book summarizes that Digitization offers versatile ways of influencing productivity. Process standardization, with a regard on waste avoidance, is required for this. The productivity potentials need to be seen in the context of an individual enterprise and have to take into regard technological limits.

1 Einleitung

1.1 Relevanz der Entwicklung von Produktivitätsstrategien unter Nutzung der Digitalisierung

Im zweiten Jahrzehnt des 21. Jahrhunderts gewinnt die vernetzte Digitalisierung vermehrt Einzug in industrielle Produktionsumgebungen. Dieser Wandel ist als eine kontinuierliche Evolution von Produktionsanlagen und -steuerungsmöglichkeiten unter Nutzung der Informations- und Kommunikationstechnologie zu verstehen, welcher schon seit vielen Jahren bzw. Jahrzehnten sukzessive verläuft, wenngleich er unter dem Stichwort „Industrie 4.0" seit 2011 oft als eine disruptive Veränderung beschrieben wird. Die Ausgangspunkte dieser Entwicklung gehen zurück auf die Ideen und ersten Umsetzungen aus der Zeit des Computer Integrated Manufacturing (CIM) in den 1960er und 1970er Jahren. Möglich wird die praktische Umsetzung der damaligen Ideen jedoch erst seit wenigen Jahren mit dem Aufkommen leistungsstarker Computertechnologien, kabelloser Vernetzung und der Entwicklung des Internets, welche in der Hochphase von CIM noch nicht verfügbar waren. Insofern ist die Digitalisierung weniger als disruptiv, statt als evolutionär zu betrachten.

Mit der geschilderten Entwicklung verändern sich die Möglichkeiten, Produktionsumgebungen und die darin ablaufenden Produktionsprozesse zu gestalten. Diese Gestaltungsmöglichkeiten können grob untergliedert werden in neue technische Applikationen, neue Ansätze zur Ausgestaltung organisatorischer Aspekte sowie zur Unterstützung des Personals an den Arbeitsplätzen. Bei letzterer können die Unterstützungsmöglichkeiten dahingehend klassifiziert werden, ob sie eher informatorische oder eher energetische Unterstützung für Mitarbeitende bieten. Notwendig ist ein klares Verständnis davon, was die Digitalisierung im industriellen Kontext bedeutet und wie ihre Umsetzung gestaltet werden kann. Neben dieser prozessorientierten Sichtweise bietet die Digitalisierung auch vielseitige Möglichkeiten zur Neugestaltung von Geschäftsmodellen. Hierdurch eröffnen sich Chancen, die Bedürfnisse von Kunden noch besser bedienen zu können und dadurch die eigene Wettbewerbsfähigkeit zu stärken.

Vor die Herausforderung gestellt, sich mit neuen Formen der Digitalisierung und ihrer Nutzenpotenziale für die betriebliche Leistungserstellung auseinander zu setzen, sehen sich Wissenschaftler und Unternehmensvertreter gleichermaßen der Fragestellung gegenüber, wie jene Technologien sinnvoll eingesetzt werden können. „Sinnvoll" ist in diesem Kontext als betriebswirtschaftlich effizient zu verstehen und daher gleichzusetzen mit einem produktiven bzw. die Produktivität erhöhenden Einsatz. „Sinnvoll" bedeutet auch, Möglichkeiten zu schaffen, um Arbeitsbedingungen des beschäftigten Personals zu verbessern, damit diese ihre Arbeit leichter und effizienter erledigen können. Produktivitätssteigerungen zeigen sich in kaufmännischen Kenngrößen wie bspw. dem Return-on-Investment von Projekten, dem Unternehmensergebnis sowie der Eigenkapitalrentabilität als Maßzahlen des geschäftlichen Erfolgs. Weitere produktivitätsmessende Kennzahlen sind denkbar. Verbesserte Arbeitsbedingungen drücken sich bspw. in kürzeren Zykluszeiten für Arbeitsvorgänge sowie einer humanorientierten, ergonomischen Arbeitsorganisation und -gestaltung aus, die letztlich ebenfalls eine verbesserte Produktivität zur Folge haben. Mit dem Begriff der Produktivitätssteigerung geht zusammengefasst eine Verbesserung von Produktionsabläufen aus arbeitswissenschaftlicher sowie betriebswirtschaftlicher Perspektive einher.

Darüber hinaus kann „sinnvoll" auch verstanden werden in Form eines effektiven Einsatzes dieser Technologien, d. h. ihrer Nutzung zur Erzielung eines gewünschten Ergebnisses. Hierunter ist v. a. die Weiterentwicklung bestehender sowie die Entwicklung neuer Geschäftsmodelle zu verstehen, welche wesentlich die strategische Ausrichtung eines Unternehmens beeinflussen.

Die Digitalisierung lässt sich folglich sowohl nutzen, um das „wie" in Form der Effizienz bzw. Produktivität als auch das „was" in Form der Effektivität zu beeinflussen. Aus diesem Grund ist es für Produktionsunternehmen elementar, sich mit der Fragestellung zu beschäftigen, wie mit der Digitalisierung langfristige Wettbewerbsvorteile erzielt werden können. Gleiches gilt für Betriebe anderer Branchen, etwa der Dienstleistungserbringung.

Im Betrachtungsfokus dieser Schrift liegt die Effizienz- bzw. Produktivitätsbetrachtung in industriell fertigenden Unternehmen, wohingehend die Effektivität in Form der

Geschäftsmodellentwicklung nicht im Vordergrund steht, wenngleich hierauf verschiedentlich eingegangen wird.

1.2   Zielstellung der Schrift

Ausgehend von der Schilderung dieser aktuellen Entwicklung und der damit verbundenen Notwendigkeit, sich mit der Produktivitätswirkung der Digitalisierung – genauer: der vielseitigen, unterschiedlichen Digitalisierungsmaßnahmen[1] – auseinanderzusetzen, wird in dieser Schrift das Ziel verfolgt, einen arbeitswissenschaftlichen sowie betriebswirtschaftlichen Klassifikationsansatz für Digitalisierungsmaßnahmen vorzustellen und diesen in ein mehrstufiges Vorgehensmodell zu integrieren, welches dabei helfen soll, die Digitalisierung im industriellen Kontext zielgerichtet einsetzen zu können. Der Klassifikationsansatz und das Vorgehensmodell werden hergeleitet auf Grundlage der Erkenntnisse aus einer Literaturauswertung sowie empirischen Erhebungen. Dabei steht im Vordergrund, dass das Vorgehensmodell in sinnvoller Ergänzung zu „klassischen" arbeitswissenschaftlichen und betriebswirtschaftlichen Ansätzen der Produktivitätsverbesserung stehen soll, d. h. mit Methoden des Industrial Engineering und des Lean Managements kompatibel ist.

Mit dieser Schrift sollen insbesondere folgende Fragestellungen wissenschaftlich beantwortet werden, welche die zuvor genannte Zielsetzung konkretisieren und die Herleitung des Vorgehensmodells unterstützen:

1. Welche Erwartungshaltung geht mit der Entwicklung der Digitalisierung auf volks- und betriebswirtschaftlicher Ebene einher und was sind die Treiber ihrer Nutzung?
2. Wie können Informations- und Kommunikationstechnologien sowie darauf basierende Applikationen der Digitalisierung nach technischen Gesichtspunkten klassifiziert werden?

---

[1] Um die nachfolgenden Forschungsfragen zielgerichtet beantworten zu können, bedarf es einem klaren Verständnis des Begriffs der Digitalisierung. Eine trennscharfe Definition wird in Abschnitt 4.1.2 hergeleitet, welche für diese Schrift Gültigkeit hat. Unter dem Wort der Digitalisierungsmaßnahmen werden hier und im Folgenden spezifisch ausgewählte Technologien mit klarem Anwendungsbezug und Zielstellung ihrer Nutzung verstanden.

3. Wie sieht eine Zuordnung von Informations- und Kommunikationstechnologien sowie darauf basierender Applikationen zu Anwendungs- und Nutzungsfeldern in der industriellen Produktion (einschließlich angrenzender Bereiche) aus mit dem Ziel, die Produktivität zu beeinflussen?

4. Wie kann eine Beeinflussung und zielgerichtete Gestaltung der Produktivität von Produktionssystemen aussehen unter Berücksichtigung der Zuordnungen der Informations- und Kommunikationstechnologien sowie darauf basierender Applikationen zu Anwendungs- und Nutzungsfeldern?

5. Welche Chancen und welche kritischen Aspekte bietet die Digitalisierung für industrielle Produktionsbetriebe?

6. Geht mit der Digitalisierung eine Möglichkeit zum Ersetzen klassischer Ansätze des Lean Managements einher?

7. Welche langfristigen weiteren Entwicklungen sind denkbar?

Die genannten Fragestellungen lassen sich thematisch dem Produktionsmanagement zuordnen, wie es als betriebswirtschaftliche sowie ingenieurwissenschaftliche (und somit arbeitswissenschaftliche) Teildisziplinen seit Jahrzehnten erforscht wird.[2] Mit der Digitalisierung gewinnen diese Teildisziplinen eine wesentliche neue Sichtweise, welche heute und in den kommenden Jahren eine große Rolle spielen wird und daher eine hohe wissenschaftliche Relevanz aufweist. Neben der Betriebswirtschaftslehre und der Arbeitswissenschaft ist auch die Informatik an den o. g. Fragestellungen beteiligt, weil in ihr Aufgabenfeld wesentlich die Entwicklung dieser Technologien fällt. Nicht zuletzt sind diese Fragestellungen von hoher Relevanz für die betriebliche Praxis. Die Beantwortung der Forschungsfragen erfolgt sukzessive in den einzelnen Kapiteln, wobei in jedem Zwischenfazit eines Kapitels auf die darin beantworteten Fragen Bezug genommen wird. Im Fazit wird zuletzt eine zusammenfassende Antwort auf alle Fragen gegeben und auf die Erreichung der eingangs gestellten Zielstellung eingegangen.

---

[2] Die Arbeitswissenschaft ist als angewandte Disziplin zunächst in den Ingenieurwissenschaften entstanden, hat jedoch heute unter Berücksichtigung erweiterter wissenschaftlicher Erkenntnisse aus den Natur-, Wirtschafts- und Sozialwissenschaften sowie der Psychologie und Medizin eine integrierende Funktion zwischen den Wissenschaften (vgl. Schlick et al. 2018 S. 5-15).

Mit dieser Schrift soll eine Forschungslücke geschlossen werden, die darin begründet liegt, dass bislang kein Vorgehensmodell zur industriellen Implementierung der Digitalisierung vorliegt, welches explizit auf deren produktivitätssteigernde Wirkung abzielt und dabei arbeitswissenschaftliche sowie betriebswirtschaftliche Anforderungen an die Implementierung von Digitalisierungsmaßnahmen berücksichtigt. Unter Nutzung der Erkenntnisse aus der Literaturrecherche sowie der im Rahmen dieser Ausarbeitung erfolgten empirischen Erhebungen kann ein innovativer Ansatz präsentiert werden, der sich durch eine hohe Praxistauglichkeit auszeichnet.

1.3 Methodische Vorgehensweise

Die methodische Vorgehensweise zur Erreichung der genannten Zielstellung einschließlich der Beantwortung der Forschungsfragen aus Abschnitt 1.2 gründet auf einer Literaturauswertung, der Durchführung und Ergebnisdarstellung mehrerer empirischer Erhebungen sowie der Aggregation der gewonnenen Erkenntnisse im Hinblick auf einen neuartigen Ansatz zur strukturierten Klassifikation und Nutzung der Digitalisierung zur Produktivitätsbeeinflussung. Im Einzelnen sollen diese Methoden wie folgt angewendet werden:

In der Schrift wird ein Fundament mittels einer strukturierten Literaturanalyse zu den oben genannten Themenfeldern gelegt. Diese Literaturanalyse bedient sich thematisch mehrerer Fachdisziplinen. So werden vordergründig Quellen aus der Arbeitswissenschaft und der Betriebswirtschaftslehre genutzt, gefolgt von der Informatik und naturwissenschaftlich-technischen Disziplinen. Dies ist der Tatsache geschuldet, dass die Digitalisierung ein Schnittstellenthema dieser Disziplinen darstellt. Neben Standardwerken zur Fundierung der Schrift werden in der Literaturanalyse wissenschaftliche sowie praxisrelevante Fachartikel ausgewertet. Die Dynamik, mit der das Thema Digitalisierung in Wissenschaft und Praxis diskutiert wird, verlangt das Arbeiten mit aktuellen Quellen, sodass bei Fachartikeln ein Schwerpunkt auf das Veröffentlichungsdatum nach 2011 gelegt wurde,[3] wobei viele der zitierten Publikationen nach 2015 erschienen sind. Weil Monographien

---

[3] Die Wahl des Jahres 2011 lässt sich darin begründen, dass damals der Begriff „Industrie 4.0" geprägt und damit die Debatte um die industrielle Nutzung der Digitalisierung entscheidend vorangetrieben wurde. Siehe hierzu auch die Ausführungen in Abschnitt 4.1.1.

zur Thematik bislang nicht in großer Anzahl vorliegen und keine etablierten Standardwerke Anwendung finden, gründet die Buchliteratur vor allem auf Herausgeberwerken. Hier wurden Publikationen namhafter Einrichtungen herangezogen, die im Themenfeld Digitalisierung mit einer arbeitswissenschaftlichen sowie betriebswirtschaftlichen Perspektive aktiv sind.[4] In Kombination mit Artikeln aus Fachjournalen stützt sich die Schrift somit in erster Linie auf diese Publikationsformen.[5] Die stellenweise Zitation praxisbezogener Literatur ist mit der großen praktischen Relevanz der Thematik zu begründen. Zudem stellt diese Schrift eine Aggregation von Publikationen des Autors dar, welche hier erstmalig in einen zusammenhängenden Kontext gebracht werden. Folglich wurden Teile der Schrift bereits dem wissenschaftlichen Fachpublikum zugänglich gemacht.

Mittels einer breit angelegten, anonymen und online durchgeführten empirischen Erhebung werden Angaben zur Bedeutung der Themen Produktivitätsmanagement und Digitalisierung bei Entscheidungsträgern in der deutschen Metall- und Elektroindustrie erhoben. Detaillierte Angaben zu dieser Befragung finden sich in Kapitel 5. Weiterhin werden mittels persönlicher Interviews mit Produktionsverantwortlichen und Geschäftsführern aus Unternehmen der deutschen Metall- und Elektroindustrie Erfahrungen aus der Einführung der Digitalisierung in ausgewählten Anwendungsbeispielen gewonnen. Detaillierte Angaben hierzu finden sich in Abschnitt 7.3.

---

[4] Hierunter fallen Publikationen der GfA – Gesellschaft für Arbeitswissenschaft, der acatech – Deutsche Akademie der Technikwissenschaften, aus verschiedenen Einrichtungen der Fraunhofer-Forschungsgesellschaft, der WGP – Wissenschaftliche Gesellschaft für Produktionstechnik, des VDMA – Verband Deutscher Maschinen- und Anlagenbau, des BITKOM – Bundesverband Informationswirtschaft, Telekommunikation und Medien sowie des ifaa – Institut für angewandte Arbeitswissenschaft.
[5] Die Recherche der Quellen erfolgte schwerpunktmäßig über die digitalen wissenschaftlichen Datenbanken ECONIS, wiso und Primo (letztere als Datenbank der Universität Duisburg-Essen), sowie über Google Scholar. Genutzte Suchbegriffe umfassten „Digitalisierung", „Industrie 4.0", „Industry 4.0", „Industrial Internet of Things", „Computer Integrated Manufacturing", „Internet der Dinge und Dienste", „Produktivität", „Produktivitätsmanagement", „Produktivitätsstrategie", „Humanorientierung", „Arbeitsgestaltung" und „Arbeitsorganisation". Zudem wurde auf Buchbestände in der Fachbibliothek des ifaa – Institut für angewandte Arbeitswissenschaft sowie der Fachhochschule Kiel zurückgegriffen.

1.4 Aufbau der Schrift

Diese Schrift gliedert sich in insgesamt zehn Kapitel zzgl. eines weiterführenden Anhangs. Aufbauend auf der hier gegebenen Einleitung in Kapitel 1 wird nachfolgend in Kapitel 2 ein Grundverständnis für die Begrifflichkeiten der Produktivität, des Produktivitätsmanagements und der Produktivitätsstrategien gegeben. Hierbei werden eine volks- und eine betriebswirtschaftliche Perspektive eingenommen mit einem Fokus auf den Produktionsstandort Deutschland. Zudem wird die Produktivitätsentwicklung in Form von Regelkreisen aufgezeigt. Weil die Thematik der zielgerichteten Produktivitätsbeeinflussung seit langem in Wissenschaft und Praxis von hoher Relevanz ist, wird in Kapitel 3 auf die hierfür genutzten traditionellen Methoden zur Produktivitätserhöhung eingegangen. Hierbei liegt ein Schwerpunkt auf dem Ansatz des Lean Managements, welches zunächst in seinen Grundzügen erläutert und dann als Teil der Aufgaben des Industrial Engineerings dargestellt wird, bevor auf Studien zur aktuellen Umsetzung in Deutschland eingegangen wird. Mit diesen beiden Kapiteln ist dann ein Grundstock gelegt für die ausführliche Auseinandersetzung mit der Digitalisierung.

Die Digitalisierung selbst wird in Kapitel 4 mit einem historischen Abriss ihrer Entwicklung und dem Aufzeigen der Vielfalt an definitorischem Verständnis behandelt. Daran schließt eine Klassifikation der unter dem Begriff der Digitalisierung verstandenen technischen Möglichkeiten an, bevor auf deren ganzheitliche Abstimmung aufeinander eingegangen wird. Abschließend wird in diesem Kapitel auf volks- und betriebswirtschaftliche Treiber zur Nutzung der Digitalisierung eingegangen. Kapitel 4 stellt damit eine Reflexion des Status Quo basierend auf der Literaturauswertung dar und dient zur Beantwortung der ersten beiden Forschungsfragen.

Darauf basierend erfolgt im nächsten Schritt in Kapitel 5 die Darstellung einer empirischen Studie aus der deutschen Metall- und Elektroindustrie[6], welche die zuvor aus der Literatur erhobenen Angaben durch ein Meinungsbild der Befragungsteilnehmer ergänzt und somit einen Einblick auf die Entwicklung des Produktivitätsmanagements und

---

[6] Die Metall- und Elektroindustrie kann als ein repräsentativer Industriezweig für die deutsche Wirtschaft angesehen werden. Sie umfasst etwa 25.000 Betriebe mit 3,9 Millionen Beschäftigten bei einem jährlichen Gesamtumsatz von 1.155 Milliarden Euro (Angaben gelten für Betriebe mit mehr als 20 Beschäftigen im Jahr 2017, vgl. Gesamtmetall 2018 S. 10).

der Digitalisierung in dieser Branche ermöglicht. Die gewonnenen Erkenntnisse dienen ergänzend zu den in Kapitel 4 gemachten Angaben und dienen folglich ebenfalls zur Beantwortung der ersten Forschungsfrage. Darüber hinaus erfolgen erste Antworten auf die sechste Forschungsfrage.

Die strukturelle Erstellung eines Ordnungsrahmens zur Klassifikation von Ansätzen der Digitalisierung steht anschließend im Fokus von Kapitel 6, in dessen Rahmen die dritte Forschungsfrage beantwortet wird. Dieser Rahmen dient dazu, strukturiert Beispiele zur Nutzung der Digitalisierung in der industriellen Produktion im Hinblick auf ihre Produktivitätswirkung zu klassifizieren. Ist er mit einer ausreichenden Anzahl (generischer) Beispiele gefüllt, lässt er sich wiederum nutzen zur Auswahl von geeigneten Ansätzen im Hinblick auf unternehmensspezifische Zielstellungen. Im Rahmen des Kapitels werden ausgewählte Beispiele aufgezeigt und generische Muster aus Anwendungen in der industriellen Praxis veranschaulicht. Diese Beispiele wurden gewonnen aus der Literaturanalyse sowie aus empirischen Erhebungen des Autors. Letztere lassen sich einerseits in eine breit angelegte anonyme Befragung sowie andererseits in thematisch enger angelegte persönliche Interviews mit Unternehmensvertretern unterteilen.

Im Fortgang der Schrift wird in Kapitel 7 der zuvor entwickelte Ordnungsrahmen in eine schematische Vorgehensweise zur Umsetzung der Digitalisierung eingebunden. Dieser Ansatz dient Wissenschaftlern und Praktikern bei der Findung geeigneter Produktivitätsstrategien auf Basis der Digitalisierung sowie deren anschließende Umsetzung. Hierbei werden ergänzend empirische Erhebungen des Autors zu Erfahrungswerten aus der Umsetzung in Betrieben aufgegriffen und somit Good-Practice-Handlungsansätze aufgezeigt. Mittels dieses Kapitels wird die vierte Forschungsfrage in allgemeiner Form beantwortet. Weiterhin wird die sechste Forschungsfrage in diesem Kapitel aufgegriffen. In Kapitel 8 wird die vierte Forschungsfrage noch einmal detailliert am Beispiel der Mensch-Roboter-Kollaboration beantwortet und im Rahmen einer Fallstudie durch ein Rechenbeispiel konkretisiert.

Anschließend werden die Erkenntnisse der Schrift in Kapitel 9 kritisch hinsichtlich Chancen und kritischer Aspekte bei der Nutzung der Digitalisierung zur

Produktivitätsbeeinflussung und somit zum Ausbau der Wettbewerbsfähigkeit von Produktionsunternehmen reflektiert. Im Anschluss daran wird in Kapitel 10 ein Ausblick auf offene Forschungsfragen basierend auf dieser Schrift und potenziell denkbare, langfristige Entwicklungen, welche auf der Digitalisierung fundieren, gegeben. Mit diesen beiden Kapiteln werden die fünfte und sechste Forschungsfrage abschließend beantwortet. Im Anschluss folgt ein Fazit der Schrift in Kapitel 11.

In Tabelle 1 sind zusammenfassend die Kapitelinhalte und eine Zuordnung der Forschungsfragen zu den jeweiligen Kapiteln, in denen sie beantwortet werden, dargestellt.

Tabelle 1: Kapitelstruktur und Zuordnung von Forschungsfragen

Nr.	Kapitel	Forschungs-fragen	Antworten auf Forschungsfragen
1	Einleitung und Aufzeigen der Aufgabenstellung	-	
2	Verständnis von Produktivität, Produktivitätsmanagement und Produktivitätsstrategien	-	
3	Traditionelle Ansätze zur Produktivitätssteigerung und deren Verbreitung	-	
4	Grundlagen der Digitalisierung einschl. einer Klassifikation nach technischen Kriterien sowie einer Analyse wesentlicher Treiber zu ihrer Nutzung	1, 2	Welche Erwartungshaltung geht mit der Entwicklung der Digitalisierung auf volks- und betriebswirtschaftlicher Ebene einher und was sind die Treiber ihrer Nutzung? Wie können Informations- und Kommunikationstechnologien sowie darauf basierende Applikationen der Digitalisierung nach technischen Gesichtspunkten klassifiziert werden?
5	Empirische Studie zum Status Quo von Produktivitätsmanagement und Digitalisierung in der deutschen Metall- und Elektroindustrie	1, 6	Welche Erwartungshaltung geht mit der Entwicklung der Digitalisierung auf volks- und betriebswirtschaftlicher Ebene einher und was sind die Treiber ihrer Nutzung? Geht mit der Digitalisierung eine Möglichkeit zum Ersetzen klassischer Ansätze des Lean Managements einher?
6	Ansatz zur Klassifikation von Produktivitätsstrategien unter Nutzung der Digitalisierung einschl. der Analyse ausgewählter Beispiele	3	Wie sieht eine Zuordnung von Informations- und Kommunikationstechnologien sowie darauf basierender Applikationen zu Anwendungs- und Nutzungsfeldern in der industriellen Produktion (einschließlich angrenzender Bereiche) aus mit dem Ziel, die Produktivität zu beeinflussen?
7	Ansatz zur Umsetzung der Digitalisierung in Produktionsunternehmen	4, 6	Wie kann eine Beeinflussung und zielgerichtete Gestaltung der Produktivität von Produktionssystemen aussehen unter Berücksichtigung der Zuordnungen der Informations- und Kommunikationstechnologien sowie darauf basierender Applikationen zu Anwendungs- und Nutzungsfeldern? Geht mit der Digitalisierung eine Möglichkeit zum Ersetzen klassischer Ansätze des Lean Managements einher?
8	Verdeutlichung des mehrstufigen Vorgehensmodells am Beispiel der Mensch-Roboter-Kollaboration	4	Wie kann eine Beeinflussung und zielgerichtete Gestaltung der Produktivität von Produktionssystemen aussehen unter Berücksichtigung der Zuordnungen der Informations- und Kommunikationstechnologien sowie darauf basierender Applikationen zu Anwendungs- und Nutzungsfeldern?
9	Abwägung von Chancen und kritischen Aspekten der Digitalisierung	5, 6	Welche Chancen und welche kritischen Aspekte bietet die Digitalisierung für industrielle Produktionsbetriebe? Geht mit der Digitalisierung eine Möglichkeit zum Ersetzen klassischer Ansätze des Lean Managements einher?
10	Ausblick auf offene Forschungsfragen und potenzielle langfristige Entwicklungen	7	Welche langfristigen weiteren Entwicklungen sind denkbar?
11	Fazit	-	

2 Produktivität, Produktivitätsmanagement und Produktivitätsstrategien

Der Begriff der Produktivität wurde von dem französischen Forscher Quesnay bereits 1766 in einer wissenschaftlichen Publikation verwendet[7] und steht für einen möglichst optimalen Ressourceneinsatz zur Erreichung gegebener Ziele.[8] Spätestens seit der Industrialisierung im 18. Jahrhundert und der Gründung von Handelshochschulen im 19. Jahrhundert wurde eine unüberschaubare Menge an Literatur zu Produktivität, dem Management der Produktivität und dessen strategische Integration in Unternehmen publiziert.[9] Dabei wird deutlich, dass der Umgang mit Produktivität in der Arbeitswissenschaft wie auch in der Betriebswirtschaftslehre eine große Bedeutung einnimmt. In dieser Schrift soll die Thematik zunächst in Grundzügen erläutert und dann ein Schwerpunkt auf die Möglichkeiten der Digitalisierung zur Beeinflussung der Produktivität gelegt werden. Mit diesem Kapitel wird eine Basis gelegt für die Ausführungen in den weiteren Kapiteln einschließlich der darin erfolgenden Beantwortungen der Forschungsfragen.

2.1 Produktivität

Der Begriff der Produktivität wird gleichermaßen in der Volks- wie in der Betriebswirtschaftslehre verwendet.[10] Weil einerseits die Erwartungen der deutschen Bundesregierung hinsichtlich der volkswirtschaftlichen Produktivitätsauswirkungen der Digitalisierung hoch sind[11] und andererseits einzelne Unternehmen Einflüsse von

---

[7] Vgl. Quesnay 1766.
[8] Grundlegend können hier das Minimal- und das Maximalprinzip unterschieden werden. Das Minimalprinzip besagt, dass ein gegebener Güterertrag mit einem geringstmöglichen Einsatz von Produktionsfaktoren zu erwirtschaften ist. Das Maximalprinzip besagt, dass mit einem gegebenen Aufwand an Produktionsfaktoren ein größtmöglicher Güterertrag zu erwirtschaften ist. Vgl. Wöhe 2002 S. 1.
[9] Siehe bspw. Dorner und Stowasser 2012 für eine ausführliche Zusammenfassung. Der geschichtlich interessierte Leser erfährt Näheres in Brockhoff 2017.
[10] Einführend sei hier angemerkt, dass verschiedene andere Begriffe synonym bzw. in einem ähnlichen Kontext verwendet werden. Diese sind zumeist Profitabilität, Performance sowie Effektivität und Effizienz. In der Literatur gibt es keine abschließende und v. a. abgrenzende Definition dieser Begriffe (siehe hierzu auch Tangen 2005). In dieser Schrift wird der Einfachheit wegen durchgehend von Produktivität gesprochen.
[11] Siehe hierzu Abschnitt 4.1.5.

© Der/die Autor(en), exklusiv lizenziert durch
Springer-Verlag GmbH, DE, ein Teil von Springer Nature 2021
M.-A. Weber, *Nutzung der Digitalisierung zur Produktivitätsverbesserung in industriellen Prozessen unter Berücksichtigung arbeitswissenschaftlicher Anforderungen*, ifaa-Edition, https://doi.org/10.1007/978-3-662-63131-7_2

Digitalisierungsmaßnahmen auf ihre Prozessproduktivität berücksichtigen sollten,[12] werden nachfolgend beide Sichtweisen zunächst erläutert.

2.1.1 Volkswirtschaftliches Produktivitätsverständnis

In der Volkswirtschaftslehre gelten Arbeit, Boden und Kapital als Produktionsfaktoren bzw. Produktionsmittel, die für den Erstellungsprozess von Sachgütern Verwendung finden. Unter dem Faktor Kapital werden als dauerhafte Produktionsmittel Werkzeuge, Maschinen, Gebäude und Anlagen sowie Verkehrs- und Kommunikationswege (als Infrastruktur) subsummiert.[13] Die Produktivität aller Produktionsfaktoren wird vom Stand des technischen Wissens entscheidend beeinflusst. Die Zunahme technischen Wissens – der sog. technische Fortschritt – führt zur Entwicklung und Verbreitung neuerer bzw. verbesserter Produktionsverfahren.[14] In diesem Kontext ist die Digitalisierung zu verstehen, welche eine Form technischen Fortschritts darstellt. Somit beeinflusst der technische Fortschritt die volkswirtschaftliche Produktivität.

In der Volkswirtschaftslehre steht der Begriff der Produktivität für das Verhältnis der von allen Produktionsfaktoren erstellten Ausbringung zum Einsatz eines Produktionsfaktors.[15] Grundlegend unterschieden werden die Arbeits-, Kapital- und Bodenproduktivität, wobei die ersten beiden auf Stunden und die letzte auf Flächeneinheiten bezogen werden. Die gesamtwirtschaftliche Arbeitsproduktivität[16] im Speziellen ist von hoher Bedeutung für die Entwicklung des materiellen Wohlstandes einer Volkswirtschaft.[17]

---

[12] Siehe hierzu Abschnitt 4.1.6.
[13] In Abgrenzung dazu gelten etwa Roh-, Hilfs- und Betriebsstoffe als nicht dauerhafte Produktionsmittel.
[14] Vgl. Baßeler et al. 2006 S. 15-17.
[15] Es sei angemerkt, dass eine isolierte Produktivitätsermittlung für einen einzelnen Produktionsfaktor aufgrund von Wechselwirkungen nicht möglich ist.
[16] Die gesamtwirtschaftliche Arbeitsproduktivität ist definiert als Gesamtproduktion einer Volkswirtschaft dividiert durch den gesamten Arbeitsstundeneinsatz. Somit steht der Output pro Kopf der Beschäftigten abzüglich des Teiles für die Erhaltung von Maschinen und Anlagen einerseits für den zum Konsum verbleibenden Überschuss sowie andererseits für den zur Erhöhung des Bestandes an Maschinen und Anlagen verbleibenden Überschuss, d. h. für Nettoinvestitionen zur Verfügung (vgl. Baßeler et al. 2006 S. 152 f.).
[17] Vgl. Baßeler et al. 2006 S. 152 f.

Für die internationale Wettbewerbsfähigkeit spielen vor allem die Kennzahlen der Lohn- und Kapitalstückkosten[18] eine entscheidende Rolle. Wenn Löhne um den gleichen Prozentsatz steigen wie die Arbeitsproduktivität, dann bleiben die Lohnstückkosten konstant. In einer produktivitätsorientierten Lohnpolitik werden hierbei Preise so gebildet, dass immer ein konstanter Aufschlag auf die Lohnstückkosten erhoben wird und somit die Preise konstant bleiben. Werden hingegen Preise so gebildet, dass immer ein konstanter Aufschlag auf die gesamten Produktionskosten pro Stück erhoben wird, ist für die Preisbildung auch die Veränderung der Kapitalstückkosten bedeutsam. Sinngemäß müssen dann Maschinen und Anlagen entsprechend ihrer Kostenstruktur auch linear in der Produktivität steigen.[19]

Durch Anreize zu Investitionen in den technischen Fortschritt im Allgemeinen sowie in die Digitalisierung im Speziellen versucht die deutsche Bundesregierung, die volkswirtschaftliche Produktivität im o. g. Sinne des Ausbaus der internationalen Wettbewerbsfähigkeit des Produktionsstandorts Deutschland zu beeinflussen. Die Investitionsentscheidungen einzelner Unternehmen tragen ihren Teil zur Erreichung dieses volkswirtschaftlichen Zieles bei.

2.1.2 Betriebswirtschaftliches Produktivitätsverständnis

Der Begriff der industriellen Produktion beschreibt die Erzeugung von Ausbringungsgütern bzw. Produkten aus materiellen und immateriellen Einsatzgütern bzw. Produktionsfaktoren nach bestimmten technischen Verfahren. Die Produktionsfaktoren, auch als Inputfaktoren bezeichnet, durchlaufen wertschöpfende bzw. wertsteigernde Produktionsprozesse, deren Ergebnis bzw. Output die Fertigerzeugnisse darstellen.[20] In Abbildung 1 ist der schematische Aufbau eines Arbeitssystems dargestellt, in welchem aus Inputfaktoren durch Transformation Outputfaktoren erzeugt werden.

---

[18] Lohnstückkosten sind definiert als Lohnsatz dividiert durch die Arbeitsproduktivität. Die Kapitalstückkosten sind definiert als Kapitalkosten pro Stunde dividiert durch die Kapitalproduktivität.
[19] Vgl. Baßeler et al. 2006 S. 153-155.
[20] Vgl. Günther und Tempelmeier 2005 S. 6 f. Als Inputfaktoren gelten hierbei Roh-, Hilfs- und Betriebsstoffe sowie Halberzeugnisse. Der hier geschilderte Transformationsprozess lässt sich auch auf die Dienstleistungsbranche übertragen, wobei Input- und Outputfaktoren dann i. d. R. immaterieller Natur sind. Bei beiden kann die Input-Kategorie der Information noch ergänzt werden.

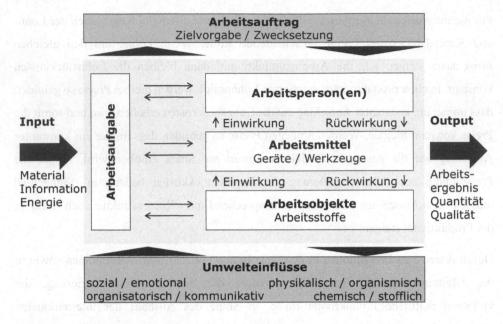

Abbildung 1: Schematischer Aufbau eines Arbeitssystems[21]

Das Verhältnis von mengenmäßigem Ertrag und mengenmäßigem Einsatz von Produktionsfaktoren bezeichnet man als mengenmäßige oder technische Wirtschaftlichkeit bzw. allgemein als Produktivität. Die wertmäßige Wirtschaftlichkeit ist der in Geldeinheiten bewertete Ertrag im Verhältnis zu dem in Geldeinheiten bewerteten Einsatz an Produktionsfaktoren.[22] Weil die technische und wertmäßige Wirtschaftlichkeit nicht linear miteinander kombiniert sind – etwa weil Preisschwankungen und Rationalisierungsmaßnahmen konträre Entwicklungen einnehmen können –, wird in der Folge dieser Schrift der Schwerpunkt auf die technische bzw. mengenmäßige Produktivität gelegt. Die Wechselwirkungen zwischen quantitativen Änderungen der Mengen sowie monetär in Geldeinheiten bewerteten Preisänderungen mit deren

---

[21] Eigene Darstellung in Anlehnung an Schlick et al. 2018 S. 21.
[22] Vgl. Wöhe 2002 S. 47 f. Weil einzelwirtschaftliche Unternehmungen aus dem Grunde existieren, weil sie Gewinn erwirtschaften möchten, gilt die Maximierung der Eigenkapitalrentabilität als ureigenste Zielsetzung von Betrieben. Es muss hierbei darauf hingewiesen werden, dass die Rentabilität eine Kenngröße ist, deren Bestandteile Zeitraumgrößendarstellungen sind und sie somit einen Periodenbezug aufweist. Der Begriff der wertmäßigen Wirtschaftlichkeit ist folglich hiervon zu trennen. Dieser beschreibt das Verhältnis zwischen der günstigsten und der tatsächlich erreichten Kostensituation, wenn ein bestimmter Ertrag mit verschiedenen Kombinationen von Produktionsfaktoren erzielt werden kann.

Auswirkungen auf den Unternehmensgewinn verdeutlicht Abbildung 2. Hierin sind links die produktivitätsbezogene Input-Output-Beziehung und rechts die marktbezogene Preisbewertung der Input- und Outputfaktoren dargestellt.

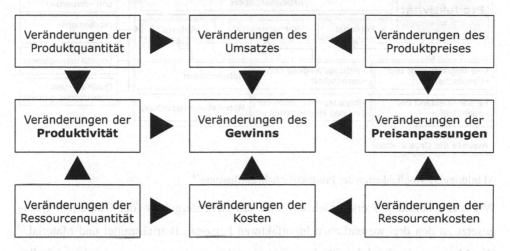

Abbildung 2: Wechselwirkungen zwischen Produktivität, Preis und Gewinn[23]

Die Beeinflussung der technischen Produktivität – in der Folge wird der Einfachheit halber nur noch von Produktivität gesprochen – kann auf vielseitige Art und Weise erfolgen, wie in Abbildung 3 gezeigt. Manche Möglichkeiten fokussieren sich auf den Output, andere auf den Input, wiederum andere beeinflussen sowohl Output als auch Input. Zudem ist ersichtlich, dass es quantitative und qualitative Einflüsse auf die Produktivität gibt, worauf später noch Bezug genommen wird.

---

[23] Eigene Darstellung in Anlehnung an Stainer 1997 S. 227.

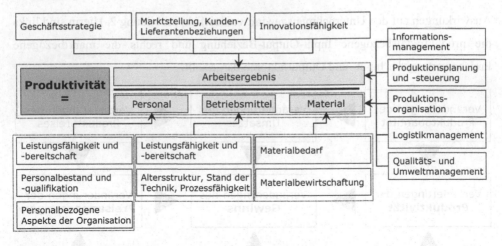

Abbildung 3: Möglichkeiten der Produktivitätsbeeinflussung[24]

Wie aus Abbildung 3 ersichtlich ist, wird das Arbeitsergebnis (der Output) in Bezug gesetzt zu den drei wesentlichen Inputfaktoren Personal, Betriebsmittel und Material.[25] Die Messung der Produktivität kann in einem Unternehmen an verschiedenen Stellen erfolgen und unterschiedliche hierarchische Level und/oder sonstige Aggregationsgrade umfassen. Dabei muss ein klarer Zeitbezug vorliegen, auf den sich die Messwerte beziehen.[26]

Für die Beeinflussung der Produktivität ist das Verhältnis der Änderung von Output und Input zueinander entscheidend. In diesem Sinne kann die Kennzahl Produktivität auf verschiedene Art und Weise in eine positive (steigende) Richtung beeinflusst werden. Hierfür erfolgt idealerweise eine Einflussnahme dahingehend, dass der Output steigt und zeitgleich der Input sinkt. Diese verschiedenen grundsätzlichen Möglichkeiten zur Produktivitätsbeeinflussung sind in Abbildung 4 dargestellt.

---

[24] Eigene Darstellung in Anlehnung an Nebl 2002 S. 126. Die hier gezeigten Einflüsse auf Nenner und Zähler sind beispielhaft und keineswegs abschließend.
[25] Andere Quellen ergänzen teilweise noch den Aspekt der Dienstleistungen auf der Inputseite, so etwa Craig und Harris 1973. Zudem können noch Informationen als Input ergänzt werden.
[26] Vgl. Misterek et al. 1992 S. 29 f.

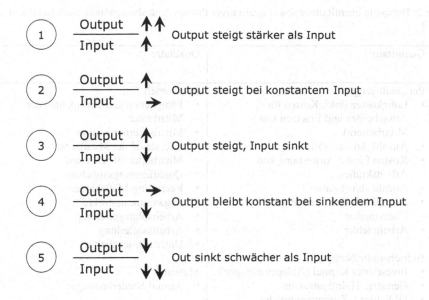

Abbildung 4: Grundlegende Ansätze der Produktivitätsentwicklung[27]

Die Produktivitätsverbesserung im Rahmen eines organisierten, zielgerichteten Vorgehens ist zunächst unabhängig davon, ob speziell die Möglichkeiten der Digitalisierung genutzt werden oder andere Ansätze. Nachfolgend wird daher zunächst auf grundlegende Möglichkeiten zur strukturierten und nachhaltigen Produktivitätsbeeinflussung eingegangen, bevor die Digitalisierung ab Kapitel 4 explizit in die Überlegungen einbezogen wird.

Wie bereits angeführt, kann die Input- wie auch die Output-Seite weiter untergliedert werden nach quantitativen sowie qualitativen Gesichtspunkten. Diese Feingliederung hilft dabei, produktivitätsbeeinflussende Faktoren besser zu differenzieren und somit auch Wechselwirkungen zwischen diesen Faktoren genauer analysieren zu können. Beispielhafte Ausprägungen hierfür, wie sie von Oeji genannt werden, sind in Tabelle 2 gelistet.

---

[27] Eigene Darstellung in Anlehnung an Misterek et al. 1992 S. 32, basierend auf Ruch 1982.

Tabelle 2: Beispiele quantitativer sowie qualitativer Produktivitätsbestandteile nach Input und Output[28]

	Quantitativ	Qualitativ
Input	**Personalbezogen** • Lohnkosten (inkl. Kosten für Ausscheiden und Ersetzen von Mitarbeitern) • Anzahl Arbeitskräfte • Kosten für die Anwerbung von Arbeitskräften • Anzahl Job-Rotations • Anzahl Job-Beschreibungen • Überstunden • Arbeitsfehler **Betriebsmittelbezogen** • Investiertes Kapitel (Anlagevermögen) • Genutzte IT-Infrastruktur • IT-Fehler / -Zusammenbrüche	**Immateriell** • Fähigkeiten und Fertigkeiten der Mitarbeiter • Mitarbeitermotivation • Stresslevel der Mitarbeiter • Mitarbeiterzufriedenheit • Qualifizierungsangebote • Recruiting-Maßnahmen • Organisationsstruktur • Arbeitsplatzgestaltung • Arbeitsaufteilung • Unternehmenskultur **Materiell** • Anzahl Niederlassungen
Output	• Hergestellte Produkteinheiten • Servicevolumen • Sortimentsumfang • Marktanteil • Kundensegmente • Fehleranzahl (ggf. untergliedert nach Zeitpunkt, wann Fehler festgestellt wurde) • Nachbearbeitungsvorgänge / Ausschuss	• Kundenzufriedenheit • Geschäftsimage • Standardisierung von Dienstleistungen • Kundenwartezeiten

Sowohl auf der Input- als auch auf der Output-Seite können die quantitativen wie qualitativen Produktivitätsbestandteile weiter untergliedert werden nach verschiedenen Dimensionen, wie es in Tabelle 2 teilweise bereits erfolgt ist. So kann beispielsweise der quantitative Input zur Herstellung von Erzeugnissen grundlegend unterschieden werden nach den Produktionsfaktoren (personalbezogen, betriebsmittelbezogen und materialbezogen). Der qualitative Input kann beispielweise untergliedert werden in immaterielle und materielle Faktoren.[29] Im Verlauf dieser Schrift wird die Klassifikation nach quantitativ und qualitativ weiterhin aufgegriffen, jedoch wird auf eine noch detailliertere Untergliederung – auch weil sie abhängig ist vom Kontext der eingeordneten

---

[28] Eigene Darstellung in Anlehnung an Oeij et al. 2011. Die genannten Beispiele sind aggregiert aus den in der Quelle genannten Fallstudien übernommen.
[29] Vgl. Oeij et al. 2012 S. 173.

Beispiele – verzichtet, um die Übersichtlichkeit des nachfolgend in Abschnitt 6.1 zu entwickelnden Strukturierungsansatzes zu gewährleisten.

Nur durch ein ausgeprägtes Produktivitätsmanagement können Unternehmen, egal ob im produzierenden Gewerbe oder – wie es im Fall des Hochlohnstandorts Deutschland ebenfalls wichtig ist – in der Dienstleistungsbranche, ihren Kunden einen größeren Mehrwert bieten als Konkurrenten.[30] Deshalb wird im nächsten Abschnitt dieser Schrift das Management der Produktivität im Detail behandelt.

2.2 Produktivitätsmanagement

Alle Prozesse eines Unternehmens haben unmittelbar oder mittelbar Einfluss auf seine Produktivität. Dies betrifft Tätigkeiten in direkten und indirekten Bereichen ebenso wie automatisierte oder vom Menschen ausgeführte Arbeiten. Aus diesen Gründen muss der Betrachtungsgegenstand zur Beeinflussung der Produktivität das gesamte Unternehmen als soziotechnisches System sein.[31]

Unter dem Begriff des Produktivitätsmanagements wird die durchgängige Verbesserung von Effektivität und Effizienz betrieblicher Aktivitäten verstanden,[32] was mehr umfasst als die reine Betrachtung des Verhältnisses von Output zu Input.[33] Nachfolgend wird das Produktivitätsmanagement anhand des Gedankens eines Regelkreises, wie er bei der

---

[30] Vgl. Sherman und Zhu 2006 S. 1 f.

[31] Vgl. Weber et al. 2017a S. 2.

[32] Vgl. Gunasekaran et al. 1994 S. 169.

[33] Neben der eingangs genannten erstmaligen Erwähnung des Begriffs der Produktivität in Quesnay 1766 erfolgte die systematische Auseinandersetzung mit Produktivität und ihrem Management seit den 1970er Jahren. So gilt Marshall 1975 als das erste Werk, welches sich mit Produktivitätsmanagement auseinandersetzt. Darauf aufbauend wurden die Managementprozesse für die Produktivitätsbeeinflussung in Belcher 1982 vertieft. Modellbasierte Vorgehensweisen wurden in Sumanth 1984 und Sink 1985 entwickelt. In Prokopenko 1987 finden sich Ausführungen zu quantitativen Messungen für die Produktivitätsverbesserung. Für weitere Details siehe auch Dorner 2014 S. 72-82.

Verbesserung betrieblicher Aktivitäten häufig Anwendung findet, beschrieben.[34] Eine solche Vorgehensweise hat sich in der Praxis als idealtypisch erwiesen.[35]

2.2.1 Produktivitätsplanung

Die Produktivitätsplanung als Ausgangspunkt des Produktivitätsmanagements[36] beinhaltet sowohl die übergeordnete strategische Planung als auch die operative Planung. Die Planung selbst gliedert sich in die fünf Schritte Zielbildung, Problemanalyse, Alternativensuche, Alternativenbewertung und abschließende Entscheidung.[37] Die Strategieplanung fokussiert das gesamte Unternehmen und muss als Grundvoraussetzung eines erfolgreichen Produktivitätsmanagements als strategisches Unternehmensziel die Erreichung einer hohen Produktivität vorgeben.[38] Konkrete Maßnahmen zur Erreichung dieser Ziele sind in der operativen Planung festzulegen.

Beim Planungs- und Entscheidungsprozess werden konkrete Zielvorgaben einschließlich der Zeitpunkte für die Erreichung der Ziele definiert. Diese Zielvorgaben können auf bislang – etwa im Rahmen eines Produktivitätscontrollings – erhobenen Ist-Daten aufbauen und sollten das Entwicklungspotenzial des zugrunde liegenden Prozesses berücksichtigen. Aus der operativen Planung resultieren für die Steuerung notwendige konkrete Führungsgrößen. Diese beinhalten beispielsweise eine feinere Abgrenzung des Betrachtungsraums des Produktivitätsmanagements, eine konkrete Zielvorgabe der Produktivitätsentwicklung anhand ausgewählter Produktivitätskennzahlen oder auch etwaige Randbedingungen für Umsetzungsmaßnahmen.[39]

Bei der Planung von Produktivitätsveränderungen sind die zuvor in Abbildung 4 genannten grundsätzlichen Ansätze zu berücksichtigen. Zur Wertbestimmung der

---

[34] Gängige Beispiele hierfür sind der Plan-Do-Check-Act-Ansatz aus dem Lean Management (siehe bspw. Gorecki und Pautsch 2014 S. 54-58 für weitere Angaben) oder der Define-Measure-Analyze-Improve-Control-Ansatz aus dem Six Sigma (siehe bspw. die umfangreichen Erläuterungen in Kubiak und Benbow 2010 für weitere Angaben). Ein spezieller Regelkreis zur Produktivitätsverbesserung findet sich in Murugesh et al. 1997 S. 250.
[35] Siehe bspw. Tomaszewski und Lundberg 2006.
[36] Im Ansatz eines Regelkreises ist es aus didaktischer Sicht sinnvoll, mit dem Schritt der Planung zu beginnen.
[37] Vgl. Dillerup und Stoi 2016 S. 48.
[38] Vgl. Dorner und Stowasser 2011 S. 24.
[39] Vgl. Dorner und Stowasser 2012 S. 221.

Veränderungen der Kenngrößen im Zähler und/oder Nenner des Verhältnisses Output zu Input gibt es verschiedene Möglichkeiten. Tangen nennt drei verschiedene Sichtweisen hierauf: zunächst die technologische Sichtweise, die – wie oben ausgeführt – das Verhältnis von (aktuellem) Output zu (aktuellem) Input angibt. Diese wird ergänzt um die prozessgestalterische Sichtweise, welche das Verhältnis von aktuellem Output zu potenziell möglichem Output angibt, gefolgt von der wirtschaftlichen Sichtweise, welche Produktivitätsmanagement als Ansatz einer effizienten (monetär bewerteten) Ressourcenallokation beschreibt.[40] Der potenziell mögliche Output bzw. technisch maximal mögliche Output ist dabei abhängig vom aktuell genutzten Technologieumfang der Maschinen und Anlagen einschließlich deren Kapazitäten. Die effiziente Ressourcenallokation ist in diesem Kontext gekennzeichnet durch eine optimale Kombination der einzelnen Inputfaktoren zur Herstellung einer Output-Menge.[41]

Bei der Planung von Maßnahmen zur Produktivitätsbeeinflussung sollte zu Beginn an eine möglichst umfassende Beschreibung erstellt werden. Nach Judson sind hierbei acht Fragestellungen zu beachten:[42]

1. Wer ist verantwortlich für die Umsetzung der Produktivitätsverbesserung?

2. Wie breit sollen die Produktivitätsverbesserungsmaßnahmen angelegt sein?

3. Welches sind die Potenziale mit den größten erwarteten Hebelwirkungen?

4. Wie soll eine Produktivitätsstrategie mit der Geschäftsstrategie verknüpft bzw. in diese integriert werden?

5. Wie gut sind die Führungskräfte sowie weitere Mitglieder der Organisation vorbereitet auf die Implementierung einer Produktivitätsstrategie?

6. Was sind die am besten passenden Produktivitätsstrategieoptionen?

7. Wie können umsetzbare Aktivitätspläne bzw. konkrete Handlungen abgeleitet und entwickelt werden?

8. Wie können die Umsetzung einer Produktivitätsstrategie begleitet und die Ergebnisse gemessen werden?

---

[40] Vgl. Ghobadian und Husband 1990 S. 1435.
[41] Vgl. Song Teng 2014 S. 251. Die Autoren listen eine Vielzahl an Produktivitätskennzahlen, welche geeignet sind, um die Effizienz der Ressourcenallokation quantitativ zu beurteilen.
[42] Vgl. Judson 1984 S. 111 f.

Nachdem die Planung von Produktivitätsmaßnahmen unter Berücksichtigung der o. g. Fragestellungen abgeschlossen ist, kann deren Umsetzung erfolgen.

2.2.2 Umsetzung von Produktivitätsverbesserungen

Für die Umsetzung von Produktivitätsmaßnahmen wird im Rahmen der Prozessgestaltung ein konkreter Sollprozess entwickelt und somit ein Prozessstandard definiert, dessen Eignung anschließend evaluiert werden kann. In diesem Zusammenhang werden beispielsweise Arbeitsschritte zusammengefasst, unnötige Prozessschritte eliminiert oder Abläufe parallelisiert. Durch prozessgestalterische Maßnahmen wie die Standardisierung einschließlich der Definition von Leistungsstandards werden operative Produktivitätsverbesserungen erreicht.[43] Hierbei ist auch die Mitarbeiterführung als eine Aufgabe operativer Führungskräfte zu berücksichtigen. Hierunter fallen Ansätze zur Steigerung der Leistungsbereitschaft sowie die Steuerung des Personaleinsatzes. Für letzteres liefert das Produktivitätsmanagement durch die Erhebung der mengenorientierten, zeitwirtschaftlich fundierten Kennzahl der Arbeitsproduktivität die kalkulatorischen Grundlagen. Der Fokus bei der Produktivitätsverbesserung durch eine Steuerung des Personaleinsatzes liegt in der Anpassung des Nenners der Kennzahl (d. h. der Anwesenheitszeit), wohingehend bei der Produktivitätsverbesserung durch Prozessgestaltung der Schwerpunkt auf dem Zähler liegt (d. h. in Form eines größeren mengenmäßigen Outputs).[44]

Zudem ist es wichtig darauf zu achten, dass die Ansätze für die Umsetzung einer Produktivitätsverbesserungsmaßnahme in den operativen Bereichen verstanden wird, weshalb eine klare Kommunikation erforderlich ist. Die Prioritäten für deren zielgerichtete Umsetzung – und somit die Orientierung an übergeordneten Zielstellungen der Organisation – sollten explizit und einheitlich unter den Führungskräften und ihren Mitarbeitern verstanden werden.[45] Mit Blick auf die langfristige Entwicklung eines Unternehmens muss sichergestellt werden, dass Prozesswissen erhalten bleibt, wenn Mitarbeiter ausscheiden. Phusavat et al. haben nachgewiesen, dass zwischen der

---

[43] Die Bedeutung der Standardisierung wird bei der Erläuterung des Lean Managements in Abschnitt 3.1 noch tiefgehender behandelt werden.
[44] Vgl. Dorner und Stowasser 2012 S. 221 f.
[45] Vgl. Judson 1984 S. 107 f. in Anlehnung an Vaill 1982.

Wertschöpfung generierenden Arbeitsproduktivität und dem Wissen einer Organisation ein starker Zusammenhang besteht. Innovationsbereitschaft, der Ansatz einer lernenden Organisation, ein etabliertes Wissensmanagement und Möglichkeiten zum selbstgesteuerten Lernen unterstützen die Förderung des Wissens in einer Organisation.[46]

2.2.3 Produktivitätskontrolle

Die positiven sowie etwaigen negativen Auswirkungen der zunächst geplanten und anschließend umgesetzten Ansätze für Produktivitätsveränderungen werden im Rahmen des Prozessschritts der Produktivitätskontrolle über die Erhebung von Kennzahlen erfasst. Im Kreislauf eines Produktivitätsmanagements kommt der Produktivitätskontrolle die Bedeutung zu, im Rahmen von Soll-Ist-Vergleichen die Zielerreichung zu bewerten. Die tatsächliche Produktivitätsentwicklung wird mit den aus der Planung vorgegebenen Zielen abgeglichen. Des Weiteren gilt es aktuelle Produktivitätskennzahlen mit vorausgegangenen Werten abzugleichen, um deren langfristige Entwicklung darzustellen. Sollte aus diesen Abgleichen eine Abweichung von einem (zuvor bestimmten) Toleranzbereich festgestellt werden, so ist in der nächstfolgenden operativen Planung darauf einzugehen und konkrete Gegenmaßnahmen sind abzuleiten.[47]

Kennzahlen zur Produktivitätsmessung, die im Soll-Ist-Vergleich genutzt werden können, sind auf vielfältige Art und Weise zu definieren und müssen hierbei immer den Ansprüchen des konkret betrachteten Unternehmens angepasst sein. Dabei sind Kennzahlen beispielsweise an die Art der Wertschöpfungsgenerierung eines Unternehmens anzupassen, um für eine explizit betrachtete Unternehmung zielgerichtete Aussage zu ermöglichen.[48]

Misterek et al. listen Vor- und Nachteile von Produktivitätskennzahlen auf. So wird als vorteilhaft angesehen, dass Angaben darüber gewonnen werden können, welche Faktoren die Produktivität wie beeinflussen, einschließlich der Möglichkeit für Sensitivitätsanalysen. Dadurch geben sie eine entscheidende Hilfe für Entscheidungsfindungen und Priorisierungen einschließlich der Berücksichtigung von

---

[46] Vgl. Phusavat et al. 2013 S. 846 f.
[47] Vgl. Dorner und Stowasser 2012 S. 222 f.
[48] Vgl. Chang und Lin 2015 S. 55.

Substitutionsmöglichkeiten für verschiedene die Produktivität beeinflussende Faktoren.[49] Zudem können bei getrennten Produktivitätskennzahlen für technische und wirtschaftliche Messungen Preiseffekte analysiert werden.[50] Als Nachteile nennen die Autoren, dass eine hohe Abhängigkeit der Produktivitätskennzahlen vom Kapazitätsauslastungsgrad eines Unternehmens besteht. Dies ist zum einen darauf zurückzuführen, dass Änderungen im Produktmix nur zeitverzögert Änderungen des Maschinenparks sowie der Mitarbeiterqualifikationen (mit deren jeweiligen Auswirkungen auf die Produktivität), und zum anderen Maßnahmen des Kapazitätsaufbaus für zukünftige Bedarfe keine bzw. tendenziell eher negative Produktivitätsauswirkungen nach sich ziehen. Damit einher geht, dass Produktivitätskennzahlen nur bedingt eine Basis zum Vergleich mit Wettbewerbern bieten, v. a., wenn Produktivitätsmaßnahmen kurzfristig zu verschlechterten Kennzahlen führen. In der Praxis sehen die Autoren die Gefahr, dass der Fokus zu sehr auf die Input- und somit auf die Kostenseite gelegt wird, anstatt auf die Output- und somit die Qualitätsseite.[51]

Es empfiehlt sich, überschaubare kleine Zeitabstände für die Produktivitätskontrolle zu wählen und Kennzahlen möglichst auf individueller Ebene zu erfassen. Hierdurch kann bspw. die Motivation von Mitarbeitern gesteigert werden, wenn diese ihre eigene Leistung zwischen zwei Messpunkten optimieren wollen. Dieser Ansatz bietet den Mitarbeitern Handlungsspielraum zur Beeinflussung der Kennzahlenwerte, wobei es wichtig ist, dass die Mitarbeiter auch direkt Einfluss auf die Kennzahlen ausüben können und keine bzw. nur wenige externe Faktoren hineinspielen. Hierdurch wird auch die Akzeptanz von Änderungen zur Erreichung besserer Produktivitätswerte gesteigert.[52] Jedoch sind auch negative Aspekte des Kennzahleneinsatzes, wie die Angst vor Leistungskontrolle, zu berücksichtigen. Hierfür eignet sich die Aggregation von leistungsbezogenen Kennzahlen,

---

[49] Eine wesentliche Grundlage für solche Entscheidungen ist, wenn diese qualitativ hochwertig und somit zielführend sein sollen, die Aktualität der Kennzahlen. Wie ab Kapitel 4 noch zu sehen sein wird, bietet die Digitalisierung hier einerseits Möglichkeiten zur Schaffung einer echtzeitnahen Datenbasis zur Entscheidungsfindung, sowie andererseits zur schnellen Berechnung verschiedener Szenarien als mögliche Handlungsoptionen.
[50] Vgl. Misterek et al. 1992 S. 31-35.
[51] Vgl. Misterek et al. 1992 S. 35-41.
[52] Vgl. Jagoda et al. 2013 S. 402.

bspw. über einen Arbeitsbereich oder eine Arbeitsgruppe, um Rückschlüsse auf Einzelpersonen zu unterbinden.

2.2.4 Produktivitätssteuerung

Im Kreislauf des Produktivitätsmanagements hat die Steuerung die abschließende Aufgabe, die zuvor geplanten und umgesetzten Maßnahmen, deren Erfolg nun quantitativ gemessen bestätigt oder abgelehnt werden kann, aktiv für die weitere Zukunft zu steuern.

Die Produktivitätssteuerung wird vom mittleren Management initiiert sowie verantwortet und bedarf insbesondere der Managementfunktionen der Organisation, Anweisung und Koordination. Um ein langfristiges Produktivitätsmanagement im Einklang mit operativen Tätigkeiten sicherzustellen, ist die Erschaffung von Organisationsstrukturen mit entsprechend ausgebildeten Mitarbeitern unumgänglich. Zudem muss die Entwicklung und fortlaufende Überarbeitung eines für das Produktivitätscontrolling notwendigen Reporting-Systems erfolgen, anhand dessen die Entwicklung der Produktivität erfasst und visuell im Sinne einer schnellen Erfassung dargestellt werden kann. Die umgesetzten Maßnahmen werden hiermit im Rahmen der Steuerung auf ihre Wirksamkeit hin analysiert und bei Bedarf angepasst. Der Instruktion und Motivation der ausführenden Mitarbeiter kommt im Rahmen der Steuerung eine wichtige Aufgabe zu, um die langfristige Zielerreichung zu gewährleisten.[53] Insbesondere weil in Hochlohnstandorten, wie bspw. Deutschland oder auch Japan, die Lohnkosten einen hohen Anteil an den Produktkosten haben, steht häufig die Erhöhung der Arbeitsproduktivität im Fokus des Produktivitätsmanagements,[54] weshalb die Motivation als eine wesentliche Komponente gilt.

Zur unterstützenden Koordination sollte ein Produktivitätscontrolling installiert sein. Hierbei werden entscheidungsrelevante Informationen systematisch aufbereitet und analysiert sowie den Entscheidungsträgern bereitgestellt. Das Produktivitätscontrolling schafft auf diese Weise eine am gewünschten Ergebnisziel orientierte Koordination

---

[53] Vgl. Dorner und Stowasser 2012 S. 221. Weitere Ausführungen zum Zusammenhang zwischen Produktivität und Personalmanagement finden sich bspw. in Bloom und van Reenen 2010.
[54] Vgl. Sakamoto 2010 S. 13. Siehe hierzu auch Ausführungen in Abschnitt 2.1.1.

zwischen   einzelnen   Funktionen   und   Verantwortlichkeiten   des
Produktivitätsmanagements.[55]

2.3 Produktivitätsstrategien

Erfolgreiche Unternehmen sollten eine grundlegende langfristige Leitlinie, eine sog.
Vision, haben, entlang der sie ihr Handeln ausrichten. Die Vorgehensweise zur
Realisierung einer Vision und somit die Handlungsorientierung der Organisation im
Wettbewerb bezeichnet man allgemein als Strategie.[56] Eine Produktivitätsstrategie kann
als ein spezieller Teil der gesamten Unternehmensstrategie angesehen werden.

Das strategische Produktivitätsmanagement fokussiert v. a. die Ausrichtung betrieblicher
Aktivitäten auf eine langfristige Beeinflussung und zielgerichtete Nutzung von
Produktivitäts(hebungs)strategien. Hierunter ist bspw. das Verhältnis zwischen strategisch
geplantem Output zu aktuellem Output zu verstehen. Das strategische
Produktivitätsmanagement beinhaltet weiterhin die Sicherstellung der Ergebnisse aus der
strategischen Produktivitätsplanung, die lückenlose Umsetzung dieser Planung, die
kontinuierliche Evaluation der Produktivitätsentwicklung und ihre steuernde Kontrolle,
wobei jeweils eine langfristige Perspektive einzunehmen ist.[57]

Der Begriff der Produktivitätsstrategie steht u. a. für die Wahlmöglichkeit aus
verschiedenen Optionen zur Beeinflussung der Produktivität im Rahmen einer zuvor
festgelegten Organisationsstrategie einschließlich einer Berücksichtigung des
Geschäftsmodells[58] und den dazugehörigen Kerntätigkeiten bzw. Geschäftsprozessen.[59]

---

[55] Vgl. Dorner und Stowasser 2012 S. 223. Das Controlling umfasst folglich die zukunftsgerichtete
Steuerung der Produktivität und geht demnach über eine reine Kontrollfunktion hinaus. Hierfür
bedarf es der Antizipation von Auswirkungen bestimmter Entscheidungsoptionen und deren
abwägende Festlegung.

[56] Vgl. Neumann 2008 S. 64 f.

[57] Vgl. Murugesh et al. 1997 S. 248 f.

[58] Das Geschäftsmodell ist die Grundlogik eines Unternehmens zur Beschreibung, welcher Nutzen
auf welche Weise für Kunden realisiert werden und in Form von Umsätzen an das Unternehmen
zurückfließen soll. Hierdurch werden i. d. R. maßgeblich eine Differenzierung gegenüber
Wettbewerber erreicht und somit Wettbewerbsvorteile erzielt (vgl. Schallmo 2016 S. 6).
Wesentlich für die Umsetzung des Geschäftsmodells ist die gewählte Produktstrategie.

[59] Vgl. Oeij et al. 2012 S. 174. Geschäftsprozesse dienen der Umsetzung von Geschäftsmodellen.
Sie bestehen aus funktions- und organisationsübergreifenden Verknüpfungen wertschöpfender
Aktivitäten, die von Kunden erwartete Leistungen erzeugen und die aus der Geschäftsstrategie
abgeleiteten Prozessziele umsetzen (vgl. Schmelzer und Sesselmann 2008 S. 64. Siehe hierzu auch

Der Begriff der Produktivitätsstrategie steht somit für die Ausrichtung des Produktivitätsmanagements an der Geschäftsstrategie, wie in Abbildung 5 gezeigt. Dabei wird in der Regel eine einzelne Produktivitätsstrategie nicht für mehrere Geschäftsfelder ausreichend sein.[60]

Abbildung 5: Von der Geschäftsstrategie zur Produktivitätsstrategie[61]

Die Geschäftsstrategie, welche auf externe bzw. außerbetriebliche sowie interne bzw. innerbetriebliche Einflüsse und Anforderungen abgestimmt sein muss, setzt den gestalterischen Spielraum zur Festlegung von Produktivitätsstrategien. Dies erfolgt über die Zwischenschritte der Produktstrategie bzw. der Festlegung des Geschäftsmodells sowie der Produktionsstrategie bzw. der Festlegung der Geschäftsprozesse zur Umsetzung des Geschäftsmodells. Dabei dürfen sich strategische Ansätze der Produktivitätsbeeinflussung nicht auf technische Maßnahmen beschränken, sondern

---

Ausführungen in Abschnitt 4.1.6.1). Wesentlich für die Umsetzung der Produktstrategie ist die gewählte Produktionsstrategie.
[60] Vgl. Judson 1984 S. 107.
[61] Eigene Darstellung in Anlehnung an Gunasekaran et al. 1994 S. 179 f.

müssen explizit die Kenntnisse und Fertigkeiten des Personals berücksichtigen.[62] Folglich umfassen Produktivitätsstrategien mehrere Aspekte, einerseits die Anwendung von Technologien und Techniken zur Produkt- und Produktionsverbesserung, andererseits Methoden und Prozesse zur Rationalisierung und Standardisierung von Produkten sowie die explizite Berücksichtigung der Leistungsfähigkeit von Mitarbeitern.[63]

Auch und gerade für das Personalmanagement sind Produktivitätsgesichtspunkte wichtige Aspekte. Berücksichtigt man Trends wie den demografischen Wandel und damit einhergehende steigende Kosten im Gesundheitswesen der Unternehmen (bspw. durch erkrankungsbedingte Ausfälle), dann besteht die Anforderung, betriebliche Gesundheit und Produktivität in Einklang zu bringen.[64] Goetzel et al. nennen sieben Ansatzpunkte zur Erreichung dieses Einklangs. Diese umfassen zunächst die Integration von Programmen zur Förderung von Gesundheit und Produktivität in bestehenden Unternehmensabläufen, das gleichzeitige Adressieren individueller, umweltbezogener, politischer und kultureller Faktoren, welche die Gesundheit und Produktivität beeinflussen, sowie die Ausrichtung von Maßnahmen auf mehrere (potenzielle) Gesundheitsprobleme. Zudem gehören Anpassungsprogramme zur Berücksichtigung spezifischer Bedürfnisse, das Erreichen einer hohen Beteiligung, eine objektive Bewertung der Maßnahmen und die Kommunikation erfolgreicher Ergebnisse an die wichtigsten Interessengruppen dazu.[65]

Produktivitätsstrategien nehmen einen wichtigen Bestandteil zur nachhaltigen Steigerung des Shareholder Value ein, wenn die finanzorientierte Perspektive durch eine optimale Nutzung betrieblicher Ressourcen verbessert werden soll.[66] Insbesondere die Kombination mehrerer Produktivitätsstrategien zu einem abgestimmten Ganzen steht im Fokus des strategischen Produktivitätsmanagements. Hierunter ist zu verstehen, dass verschiedene Ansätze, die sich idealerweise komplementär verhalten, gewählt und umgesetzt werden, um die sich daraus ergebenden Synergiepotenziale nutzen zu können.

---

[62] Vgl. Mc Tavish et al. 1996 S. 70.
[63] Vgl. Judson 1984 S. 112.
[64] Vgl. Sullivan 2004 S. 58.
[65] Vgl. Goetzel et al. 2007 S. 119 f.
[66] Siehe bspw. Kaplan und Norton 2001 für eine ausführliche Erläuterung.

2.4   Zwischenfazit

Mit Kapitel 2 wurde ein Grundverständnis für den Begriff der Produktivität, dessen Management und seine Einbindung in die strategische Ausrichtung einer Unternehmung gelegt. Damit ist ein Grundverständnis für die nachfolgenden Kapitel geschaffen, wenn auf die arbeitswissenschaftlichen und betriebswirtschaftlichen Einflussmöglichkeiten auf die Produktivität einschließlich neuerer Ansätze der Digitalisierung eingegangen wird.

Die Kennzahl der Produktivität spielt sowohl in der Volks- als auch in der Betriebswirtschaftslehre eine wichtige Rolle. Dabei gibt es verschiedene Produktivitätskennzahlen. Insbesondere für Unternehmen besteht daher die Notwendigkeit, diese Kennzahlen so zu definieren, dass die eigenen betrieblichen Verhältnisse bestmöglich abgedeckt werden und das jeweilige Unternehmen auf dieser Kennzahl zielgerichtet gesteuert werden kann.

In diesem Zuge sollte das Management der Produktivität in Form eines Regelkreises etabliert sein und stetige Aktivitäten umfassen, welche die Produktivitätskennzahlen sukzessive verbessern. Idealerweise ist das Produktivitätsmanagement nicht nur operativ ausgerichtet, sondern in die langfristige Geschäfts- und Produktionsstrategie integriert. Wie dies traditionell erfolgt, wird im nächsten Kapitel beleuchtet, wenn Ansätze der Arbeitswissenschaft und der Betriebswirtschaft zum Umgang mit und zur Verbesserung von Produktivität skizziert werden.

3 Traditionelle Ansätze der Produktivitätsbeeinflussung

Als traditionelle Ansätze der Produktivitätsverbesserung werden in dieser Schrift Methoden verstanden, die einerseits seit vielen Jahrzehnten bekannt sind sowie angewendet werden, und die andererseits auf keine bzw. nur eine minimale Nutzung von Informations- und Kommunikationstechnologie ausgelegt sind. In der Arbeitswissenschaft werden sie häufig in Zusammenhang mit dem Begriff des Industrial Engineerings genannt, in der Betriebswirtschaftslehre häufig mit den Begriffen Lean Management bzw. Ganzheitliche Produktionssysteme assoziiert. Die Grenzen sind hierbei nicht klar abgegrenzt, wie sich auch in der Befragungsstudie in Kapitel 5 noch zeigen wird. Im Verständnis der Schrift sollen diese traditionellen Ansätze die Grundlage schaffen, auf der die Digitalisierung aufzubauen ist.[67]

3.1 Lean Management und Six Sigma

Der Begriff Lean Management steht für einen Ansatz zur Verbesserung betrieblicher Abläufe, welcher von Experten in der betrieblichen Praxis entwickelt und erprobt wurde. Insbesondere unter Taiichi Ohno wurde beim Automobilproduzenten Toyota das Konzept über Jahrzehnte entwickelt.[68] Die dahinter liegende Philosophie gründet auf fünf Prinzipien. Diese sind die präzise Beschreibung des Wertes eines Produkts, die Identifikation des Wertstroms eines Produkts, die Gestaltung dieses Stroms ohne Unterbrechungen, die Umsetzung des Pull-Prinzips[69] und das Streben nach Perfektion.[70] Kostenseitig wird angenommen, dass die Untererfüllung dieser Anforderungen kostspielig ist, die Übererfüllung hingegen vergleichsweise wenig honoriert wird.[71]

---

[67] Die Grundgedanken dieses Kapitels werden sowohl in der Befragungsstudie in Abschnitt 5.2.5 als auch bei der Beschreibung von Anforderungen an die Umsetzung der Digitalisierung in Abschnitt 7.1 aufgegriffen und dort auch durch Verweise zu weiterführender Literatur belegt.
[68] Vgl. Gorecki und Pautsch 2014 S. 7.
[69] Für einen historischen Abriss zur Geschichte des Toyota Produktionssystems siehe Bertagnolli 2018 S. 201-203.
[70] Vgl. Gorecki und Pautsch 2014 S. 26 f.
[71] Vgl. Brüggemann und Bremer 2015 S. 12.

Sämtliche Prozesse in einem Unternehmen sind stetig zu hinterfragen und in Regelkreisen zu verbessern. Im Zuge dessen werden (flexible) Standards geschaffen, welche das einmal erreichte Niveau absichern sollen. Dieser Grundgedanke ist schematisch in Abbildung 6 dargestellt.

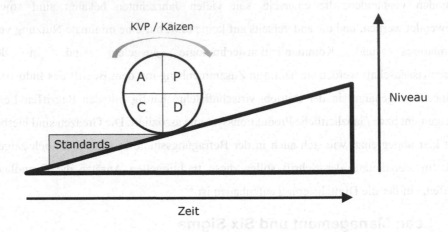

Abbildung 6: Kontinuierliche Verbesserung mittels Standards[72]

Bei der Verbesserung von Prozessen einschließlich der Schaffung bzw. Aktualisierung von Standards werden im Rahmen des Lean Managements verschiedene „Verschwendungsarten" unterschieden. Dieser Gedanke gründet darauf, dass sich Tätigkeiten in Unternehmen in die vier Leistungsarten Nutzleistung, Stützleistung, Blindleistung und Fehlleistung einteilen lassen.[73] Abbildung 7 zeigt exemplarisch, wie eine prozentuale Verteilung der Leistungsarten aussehen kann. Die Zielstellung besteht darin, den Anteil der Nutzleistung an der Gesamtleistung zu maximieren, die Stützleistung zu minimieren und die Blind- sowie Fehlleistung zu eliminieren.

---

[72] Eigene Darstellung in Anlehnung an Marks 2016 S. 43.
[73] Vgl. Pfeifer und Schmitt 2014 S. 94. Nutzleistung beschreibt die geplante Leistung, die werterhöhend ist und somit einen Hauptgrund für die Zahlungsbereitschaft der Kunden darstellt. Stützleistung ist geplant und für die Prozessabläufe notwendig, jedoch nicht werterhöhend (bspw. Rüstvorgänge) und somit auf ein Minimum durch intelligente Prozessgestaltung zu reduzieren. Blindleistung ist nicht geplant und nicht werterhöhend (bspw. Maschinenstillstände aufgrund Materialengpässe). Fehlleistung ist nicht geplant und wertmindernd bzw. -vernichtend (bspw. Ausschuss oder Nacharbeit). Vgl. Schmitt und Pfeifer 2015 S. 71.

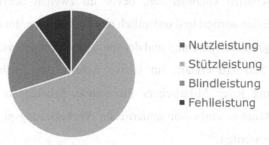

Abbildung 7: Klassifikation von Leistungsarten mit beispielhafter Verteilung

Nach Ohno sind bei der Suche nach Verbesserungspotenzialen sieben Verschwendungsarten zu identifizieren und an deren Reduzierung bzw. Eliminierung zu arbeiten. Diese sind Überproduktion, jegliche Form von Wartezeiten, Transportvorgänge, nicht optimale Bearbeitungsweisen, Lagerung, überflüssige Bewegungen sowie Ausschuss.[74] Zumeist beginnen Verbesserungsmaßnahmen zur Verschwendungsreduzierung bzw. -vermeidung an einzelnen Arbeitsplätzen und werden sukzessive auf Arbeitsbereiche über einzelne Abteilungen bis hin zu ganzen Produktionswerken erweitert. Um dies zu erreichen, lässt sich eine Vielzahl an Methoden nutzen.[75] Ausgangspunkt ist häufig die 5S-Methode, wie sie in Abbildung 8 dargestellt ist.

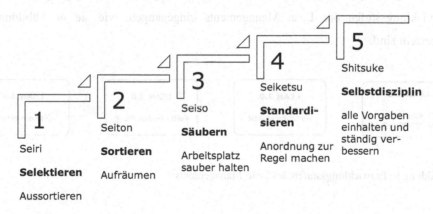

Abbildung 8: Die 5S-Methode

---

[74] Vgl. Ohno 2013 S. 54.
[75] Siehe bspw. Baszenski 2010 sowie Institut für angewandte Arbeitswissenschaft e. V. (Hrsg.) 2012 für eine Übersicht zu verschiedenen Methoden.

Demnach ist an Arbeitsplätzen zunächst eine Trennung notwendiger und nicht notwendiger Materialien vorzunehmen, bevor im zweiten Schritt die verbleibenden benötigten Materialien sortiert und ordentlich abgelegt werden. Im dritten Schritt werden die Arbeitsplätze gründlich gereinigt und der somit geschaffene Zustand im vierten Schritt zum (aktuellen) Standard erklärt. Im letzten Schritt, der „Selbstdisziplin", soll die Eigenverantwortung jedes Mitarbeiters für seinen Arbeitsplatz und das pro-aktive Optimieren im Rahmen eines kontinuierlichen Verbesserungsprozesses geschult und kulturell verankert werden.[76]

Ergänzt wird das Lean Management durch den Ansatz des Six Sigma. Hierunter wird eine faktenbasierte, datengetriebene Philosophie der Verbesserung verstanden, welche zur Fehlervermeidung beitragen soll. Durch statistische Prozesskontrollen sollen Abweichungen rechtzeitig erkannt und Gegenmaßnahmen eingeleitet werden können, wobei Mitarbeiter über alle Hierarchieebenen im Konzept des Six Sigma geschult und in Verbesserungsprojekte involviert werden sollen.[77] Beide Ansätze haben in Kombination miteinander unter der Bezeichnung Lean Six Sigma Bekanntheit erlangt.

In dieser Schrift kann nur ein begrenzter Überblick zu den Themen Lean Management und Six Sigma gegeben werden. Wesentlich ist dabei, in welcher Beziehung die Digitalisierung zu diesen traditionellen Ansätzen steht. Aus diesem Grund sei auf die Entwicklungsstufen des Lean Managements eingegangen, wie sie in Abbildung 9 dargestellt sind.

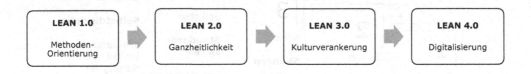

Abbildung 9: Entwicklungsstufen des Lean Managements[78]

---

[76] Vgl. Gorecki und Pautsch 2014 S. 116-125.
[77] Vgl. Kubiak und Benbow 2010 S. 7.
[78] Eigene Darstellung in Anlehnung an Institut für angewandte Arbeitswissenschaft e. V. 2016 S. 31. Diese wird in Abschnitt 7.1 in Abbildung 66 dieser Schrift aufgegriffen.

Bezogen auf die westlichen Industrienationen können diese vereinfachend in die folgenden Zeitraster eingeordnet und beschrieben werden. Die erste Stufe der Methodenorientierung fand in den 1990er Jahren statt und steht für das Übertragen vereinzelter methodischer Konzepte aus dem Herkunftsland Japan in westliche Produktionsbetriebe. Sukzessive wurden diese Methoden in der zweiten Stufe ab den 2000er Jahren zu Ganzheitlichen Produktionssystemen verbunden, um positive Wechselwirkungen zwischen den Methoden optimal nutzen zu können. Gegenwärtig sind viele Betriebe mit der kulturellen Verankerung als dritte Entwicklungsstufe beschäftigt. Diese Stufe steht vor allem für das pro-aktive Vorleben der Prinzipien des Lean Managements durch alle Mitarbeiter, unabhängig von ihren Hierarchiestufen und unabhängig von expliziten Anweisungen dazu. In der vierten Entwicklungsstufe, an deren Übergang die Betriebe zurzeit häufig stehen, soll die Digitalisierung die traditionellen Ansätze sinnvoll ergänzen und dabei helfen, etwaige Grenzen zu überwinden.

Durch die zunehmende Komplexität aufgrund diversifizierter Marktanforderungen stößt Lean Management an seine Grenzen, insbesondere wenn es darum geht eine „Losgröße 1"-Produktion[79] umzusetzen. So sind etwa Anpassungen von Zykluszeiten mit Anpassungen von Kanban-Kreisläufen verbunden, was schwer umsetzbar ist, wenn die kundenindividuellen Produkte durch stark variierende Durchlaufzeiten gekennzeichnet sind.[80] An dieser Stelle können mittels der Digitalisierung Lösungen entwickelt werden, welche die Grenzen von Lean Management überwinden, worauf später in dieser Schrift in Kapitel 7 eingegangen wird.

Eine solche Einteilung ist sicherlich stereotypisch zu sehen und negiert die teils erheblichen Entwicklungsunterschiede zwischen einzelnen Unternehmen und auch zwischen einzelnen Branchen. So gibt es Betriebe, welche nicht über die erste Stufe hinausgekommen sind, und es gibt Betriebe, welche bereits heute die Digitalisierung sehr professionell mit traditionellen Konzepten zu verbinden wissen. Um jedoch die

---

[79] Hierunter wird die Herstellung kundenindividueller Produkte verstanden, deren Auflage i. d. R. eine Einheit nicht überschreitet. Seit Jahrzehnten zeichnet sich ein Wandel von einem Verkäufer- zu einem Käufermarkt ab, in dem die Käufer eine starke Marktmacht ausüben. Dieser Trend führt zu einer zunehmenden Individualisierung von Produkten, im Extremfall zu Individualprodukten. Eine darauf ausgelegte Produktion wird als „Losgröße 1"-Produktion bezeichnet. Vgl. Lasi et al. 2014 S. 261.
[80] Vgl. Kolberg und Zühlke 2015 S. 1870 f.

Umsetzbarkeit von Digitalisierung in deutschen Unternehmen auf einer breiten Basis beurteilen zu können, lohnt ein Blick auf empirische Befunde zum aktuellen Umsetzungsstand traditioneller Ansätze im nächsten Abschnitt.

3.2 Anwendung von Lean Management in deutschen Industrieunternehmen

Nachfolgend werden Studien vorgestellt und wesentliche Kernaussagen zitiert, welche den Umsetzungsstand von Lean Management in Deutschland beschreiben. Selbstverständlich bleibt bei allem wissenschaftlichen Anspruch der Erhebungen die Tatsache, dass man die Ergebnisse distanziert vor dem Hintergrund der Auftraggeber der Studien, der Stichprobenauswahl und teils auch einer politischen Ausrichtung betrachten muss. Unabhängig davon spiegeln die nachfolgend beschriebenen Ergebnisse jedoch die Eindrücke wider, die ein interessierter Betrachter bei Betriebsbesichtigungen von Industrieunternehmen in Deutschland häufig gewinnt.

Eine Studie der Staufen AG kommt zu dem Schluss, dass zwar 95 Prozent der befragten Unternehmen erste Lean Maßnahmen durchgeführt haben, jedoch nur 7 Prozent ihre Strategie und Organisation umfassend nach der Lean Philosophie ausgerichtet haben. Mit einem von Staufen entwickelten Lean Index, dessen Bandbreite von 0 bis 100 reicht, werden deutsche Unternehmen durchschnittlich auf einem Entwicklungsstand von 49 bewertet. Einen vergleichsweise hohen Umsetzungsstand weißt die deutsche Automobilindustrie auf, bei der Lean Management neben der Produktion auch stark in anderen Unternehmensbereichen etabliert ist, gefolgt von Betrieben der Maschinenbaubranche und der Elektroindustrie. Dabei sind größere Unternehmen mit höheren Umsätzen tendenziell weiter im Etablieren der Lean Management-Methoden als kleinere Betriebe. Jedes dritte kleine Unternehmen beschränkt sich auf kontinuierliche Verbesserungsprozesse.[81] Dass zudem die Umsetzung von Lean Management auch an geografische Verhältnisse gekoppelt sein kann, zeigt eine Studie der Hochschule Emden-Leer, die für die Weser-Ems-Region beispielhaft aufzeigt, dass dort Lean-Ansätze sowie

---

[81] Vgl. Staufen AG / PTW der Technischen Universität Darmstadt 2016 S. 30-33. n=1.526 Führungskräfte aus Industrieunternehmen in der DACH-Region, davon 1.347 aus Deutschland, befragt im Februar 2016. Zwei Drittel der Befragungsteilnehmer entstammen dem Maschinen- und Anlagenbau, der Automobilindustrie oder der Elektroindustrie.

Digitalisierung stark zurückgeblieben ausgeprägt sind und genutzt werden.[82] Gleiches dürfte für andere strukturschwache Regionen gelten.

BearingPoint konnte einen linearen Zusammenhang dahingehend nachweisen, dass Unternehmen, die Lean Management professionell und intensiv betreiben, auch die Digitalisierung intensiver umsetzen und nutzen als andere. Jedoch konnte auch gezeigt werden, dass die Mehrzahl der befragten Unternehmen nicht nur das Thema Digitalisierung nur schwach umsetzen, sondern vor allem auch das Lean Management. Demnach befinden sich viele der befragten Unternehmen heute noch in einer Anfangs- und Lernphase. Der Reifegrad speziell im Produktionsbereich fällt hinsichtlich der Umsetzung von Lean-Ansätzen eher unterdurchschnittlich aus, wohingegen die Intralogistik meist überdurchschnittlich entwickelt ist. Die strategischen, unternehmensübergreifenden Logistikprozesse sind hingegen wieder als schwach entwickelt zu bewerten. Gleiches gilt für Einkaufsprozesse.[83]

Einer Studie der Unternehmensberatung Learning Factory[84] kann entnommen werden, dass – neben Toyota – viele deutsche Unternehmen als Benchmark in Sachen Lean Management angesehen werden können. Eine detaillierte Aussage zur Umsetzung in Deutschland findet sich in der Studie hingegen nicht.

Anders eine Studie der Dualen Hochschule Baden-Württemberg und der International Management and Innovation Group, die sich mit der Verbreitung der Lean-Philosophie in Deutschland auseinandersetzt. Gemäß Aussage in der Studie nutzt nur etwa ein Zehntel der deutschen Unternehmen Lean Management, in diesen Betrieben kann aber ein deutlicher Beitrag zur Produktivitätssteigerung festgestellt werden.[85] Auch im internationalen Kontext erscheint die Umsetzung von Lean Management in der Praxis

---

[82] Vgl. Schleuter et al. 2017 S. 19. n=75, Befragungszeitraum 31.01.2017 bis 22.03.2017.
[83] Vgl. BearingPoint 2017. n=50 Entscheidungsträger aus Unternehmen der produzierenden Industrie, davon 87 Prozent in Deutschland ansässig. Der Befragungszeitraum wird nicht konkretisiert, aber als „aktuell" angegeben, was vermuten lässt, dass die Befragungen unmittelbar vor dem Publikationszeitpunkt vorgenommen wurden.
[84] Vgl. Fuhr et al. 2015 S. 32. n=319 aus Industrie- und Dienstleistungsunternehmen sowie Beratungs- und Trainingseinrichtungen, davon 87 Prozent aus Deutschland, Befragungszeitraum Mai bis Oktober 2015.
[85] Vgl. Duale Hochschule Baden-Württemberg / International Management and Innovation Group 2013 S. 19 f. n=26, Befragungszeitraum 4. Quartal 2012.

durchwachsen, wobei gilt, dass größere Unternehmen tendenziell stärker Lean Management etablieren.[86]

Wenngleich alle Studien nur einen Teileinblick in die Umsetzung traditioneller Lean-Ansätze in der deutschen Industrie geben können, helfen Sie doch grundsätzliche Tendenzen feststellen zu können. Im nächsten Abschnitt wird auf die organisatorische Verankerung des Lean Managements Bezug genommen.

3.3   Rolle des Industrial Engineering

Die Umsetzung von Lean Management liegt in der Verantwortung von Führungskräften und Mitarbeitern gleichermaßen. Dennoch muss die Koordination von Maßnahmen zur kontinuierlichen Verbesserung und Verschlankung einer organisatorischen Verankerung unterliegen. Ein betrieblicher Tätigkeitsbereich, welcher sich mit der Planung von Fabriken, der Überführung von Produkten in die Serienreife sowie insbesondere der Betreuung während der Fertigung im Zuge eines kontinuierlichen Verbesserungsprozesses befasst, ist das Industrial Engineering (IE).[87] Nach REFA kann Industrial Engineering definiert werden als Anwendung von Methoden und Erkenntnissen zur ganzheitlichen Analyse, Bewertung und Gestaltung komplexer Systeme, Strukturen und Prozesse einer Betriebsorganisation.[88]

Das Industrial Engineering zielt auf eine hohe Produktivität der Führungs-, Kern- und Unterstützungsprozesse eines Unternehmens ab.[89] Um diese Zielsetzung zu erreichen und einen nachhaltigen Unternehmenserfolg zu erzielen, werden Soll-Zustände und Standards der Prozesse durch das Industrial Engineering definiert und entwickelt. Hierbei wird eine hohe Transparenz angestrebt, um Abweichungen von Standards unmittelbar erkennen und wirksame Gegenmaßnahmen ergreifen zu können. Für letzteres verwendet oder entwickelt das   Industrial   Engineering   geeignete   Methoden   und   Instrumente,   wofür

---

[86] Vgl. Wagner et al. 2017 S. 126, Shah und Ward 2003 S. 144 sowie Yang et al. 2011 S. 257.
[87] Vgl. Kuen und Köbler 2015 S. 751.
[88] Vgl. Vgl. REFA 2016 S. 122.
[89] Für eine ausführliche Betrachtung zu Industrial Engineering und Produktivitätsmanagement, insbesondere mit Fokus auf indirekte Bereiche, siehe Dorner 2014.

arbeitswissenschaftliche,   ingenieurwissenschaftliche   und   betriebswirtschaftliche
Kenntnisse die Grundlage bilden.[90]

Das Industrial Engineering als Bezeichnung für die interdisziplinäre Vorgehensweise zur
Gestaltung industrieller Produktion hat sich seit den Jahren zwischen dem 19. und 20.
Jahrhundert etabliert und wurde seitdem sukzessive weiterentwickelt.[91] Im Fokus eines
modernen Industrial Engineering liegt das Ziel einer hohen Produktivität aller Prozesse
im Unternehmen. Bei der ganzheitlichen methodischen Planung, Steuerung und Kontrolle
der unternehmerischen Produktivitätsoptimierung werden die Faktoren Mensch, Material
und Maschine mit ihren jeweiligen Beziehungen berücksichtigt.[92] Dem Industrial
Engineering obliegen strategische, taktische und operative Aufgaben. Erstere umfasst die
Strategieentwicklung und Zieldefinition für Produktivitätsverbesserungen. Zweitere
beinhaltet die Konkretisierung der Zielvorgaben und deren Detaillierung in Pläne und
Maßnahmen, wobei insbesondere der interdisziplinäre Charakter hierbei wichtig ist. In der
dritten, operativen Ebene soll die effiziente, produktive Umsetzung der
Leistungserbringung stattfinden, wobei geeignete Methoden Anwendung finden und die
Prozess- und Arbeitssystemgestaltung erfolgen.[93]

In den letzten Jahren ist ein zunehmender Trend von Unternehmen zu beobachten, ein sog.
Humanorientiertes Produktivitätsmanagement zu etablieren. Hierunter ist die Synthese der
Erfolgskriterien Wirtschaftlichkeit und Humanorientierung[94] zu verstehen, wodurch
zusätzliche Produktivitätspotenziale gehoben werden sollen. Die Humanorientierung
beeinflusst hierbei die Produktivität in direkter und indirekter Weise.[95] Sie gilt als

---

[90] Vgl. Stowasser 2009 S. 201.
[91] Vgl. Dorner 2014 S. 44. Der Autor gibt einen historischen Abriss über die Entwicklung des
Industrial Engineering.
[92] Vgl. REFA 2015 S. 21.
[93] Vgl. Hensel-Unger 2011 S. 181-183.
[94] Als human werden Arbeitstätigkeiten bezeichnet, welche die psychosozialen Belastungen
vermindern und somit das Wohlbefinden nicht beeinträchtigen, eine individuelle und/oder
kollektive Einflussnahme auf die Arbeitsbedingungen und Arbeitssysteme ermöglichen sowie zur
Entwicklung der Persönlichkeit im Sinne der Entfaltung und Förderung eigener Potenziale und
Kompetenzen beitragen (vgl. Ulich und Wülser 2010 S. 11-13). Eine humane Arbeit liegt folglich
vor, wenn sie ausführbar, erträglich, schädigungslos, fähigkeitserweiternd und
persönlichkeitsfördernd ist (vgl. Scholz 2000 S. 607).
[95] Vgl. REFA 2016 S. 76.

wesentlicher Bestandteil eines modernen Industrial Engineerings, wie dies in Abbildung 10 aufgezeigt wird.

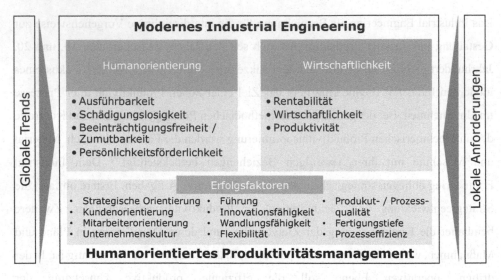

Abbildung 10: Humanorientierung als Bestandteil eines modernen Industrial Engineerings[96]

Ein humanorientiertes Produktivitätsmanagement vereint die Ansprüche von Unternehmen an die Produktivität und deren Entwicklung mit den Interessen und Ansprüchen von Mitarbeitern an deren Arbeitsaufgaben und das Arbeitsumfeld. Hierbei ist die Wirkung des Menschen auf die Produktivität ein wesentlicher Bestandteil. Das Ziel ist es, die Leistungsfähigkeit und -bereitschaft der Mitarbeiter einschließlich eines eigenverantwortlichen Handelns zu fördern. Darüber hinaus werden auch Wirkungen von Maßnahmen zur Produktivitätssteigerung auf die Menschen innerhalb und außerhalb des Arbeitsprozesses berücksichtigt.[97]

Neben der Integration der Humanorientierung zeichnet sich ein modernes Industrial Engineering auch dadurch aus, dass der primären Wertschöpfung vor- und nachgelagerte Bereiche sowie Prozesse berücksichtigt und durch entsprechende Methoden optimiert werden. Hierunter fallen bspw. Marketing und Vertrieb, Verpackung und Versand sowie

---

[96] Eigene Darstellung in Anlehnung an REFA 2016 S. 21 f.
[97] Vgl. REFA 2016 S. 82.

Dienstleistungen. Insbesondere vor dem Hintergrund der besseren Kundenintegration können hierbei die Möglichkeiten der Digitalisierung Anwendung finden.[98]

3.4 Zwischenfazit

Mit Kapitel 3 wurden traditionelle Ansätze der Produktivitätsbeeinflussung aufgezeigt. Hierbei wurde deutlich, dass das Produktivitätsmanagement sowohl in der Arbeitswissenschaft wie auch in der Betriebswirtschaftslehre eine wichtige Rolle einnimmt. Die traditionellen Ansätze, vordergründig des Industrial Engineerings sowie des Lean Managements, gelten in der betrieblichen Praxis als seit Jahrzehnten etabliert. Als Zwischenfazit kann hierbei festgehalten werden, dass Lean Management vor allem in größeren, produktionsintensiven Unternehmen weiterentwickelt ist als in anderen Betrieben. Jedoch ist auch festzustellen, dass flächendeckend noch Entwicklungspotenzial vorliegt, welches durch die Betriebe genutzt werden sollte. Auch gewinnt die Integration humanorientierter Aspekte, wie sie aus der Arbeitswissenschaft kommend begründet und gefordert werden, zunehmend an Bedeutung. Die Nutzung dieser Potenziale sollte in jedem Fall einer Beschäftigung mit den Möglichkeiten der Digitalisierung vorausgehen. Auf letztere wird im nächsten Kapitel eingegangen. Im Hinblick auf die Beantwortung der sechsten Forschungsfrage, welche in den Kapiteln 5, 7 und 9 aufgegriffen wird, spielt das hier in Kapitel 3 gelegte Verständnis von Industrial Engineering und Lean Management als traditionelle Ansätze eine wichtige Rolle.

---

[98] Vgl. REFA 2016 S. 147 f.

4 Grundlagen der Digitalisierung

Zur Verbesserung der Produktivität von Industrieunternehmen gibt es vielseitige Ansatzmöglichkeiten. Neben klassischen Ansätzen der kontinuierlichen Verbesserung, wie sie im Rahmen des Industrial Engineerings sowie des Lean Managements praktiziert und im vorherigen Abschnitt skizziert wurden, bietet die Nutzung moderner technischer Systeme erweiterte Möglichkeiten. In diesem Kapitel werden die als Digitalisierung bzw. Industrie 4.0 bezeichneten Ansätze erläutert und es wird der Versuch einer Kategorisierung für diesen breitgefächert genutzten Begriff unternommen. Hiermit sollen die erste und zweite Forschungsfrage beantwortet werden. Erstere zielt auf die Erwartungshaltung an die Entwicklung durch die Digitalisierung auf volks- und betriebswirtschaftlicher Ebene einschließlich der Treiber ihrer Nutzung ab. Letztere geht der Frage nach, wie Informations- und Kommunikationstechnologien sowie darauf basierende Applikationen der Digitalisierung nach technischen Gesichtspunkten klassifiziert werden können. In dem vorliegenden Kapitel wird die zweite Forschungsfrage final beantwortet werden, wohingehend zur Beantwortung der ersten Forschungsfrage auch die Erkenntnisse aus der Befragungsstudie in Kapitel 5 herangezogen werden, sodass diese Frage erst nach Vorstellung der Studienergebnisse final beantwortet wird.

4.1 Verständnis der Digitalisierung im industriellen Kontext

4.1.1 Historische Einordnung

Die Entwicklung der Computer auf der einen Seite und deren Nutzung für bzw. Anwendung auf physische Objekte auf der anderen Seite ist ein seit vielen Jahrzehnten andauernder Prozess. Wenngleich auf eine allgemeine Historie von Computertechnologie an dieser Stelle aus Platzgründen verzichtet wird,[99] so sollen zunächst die Begrifflichkeiten des „Internet der Dinge" sowie des „Internet der Dienste und Daten" in ihrer Entwicklung beschrieben werden.

---

[99] Der interessierte Leser sei bspw. auf Leitenberger 2014 verwiesen, um detaillierte Informationen zur Computergeschichte zu erfahren.

© Der/die Autor(en), exklusiv lizenziert durch
Springer-Verlag GmbH, DE, ein Teil von Springer Nature 2021
M.-A. Weber, *Nutzung der Digitalisierung zur Produktivitätsverbesserung in industriellen Prozessen unter Berücksichtigung arbeitswissenschaftlicher Anforderungen*, ifaa-Edition, https://doi.org/10.1007/978-3-662-63131-7_4

Die Nutzung der Computertechnologie erfolgte seit den 1950er Jahren durch Groß- bzw. Zentralrechner, welche sich dadurch kennzeichnen lassen, dass ein Computer durch eine Vielzahl Nutzer verwendet wird. Durch die Entwicklung der Personal Computer in den 1970er Jahren wandelte sich dies zu einem 1:1 Verhältnis. Die Entwicklung und Verbreitung des Internets mit seiner Vernetzung ermöglicht heute, dass ein Anwender die Rechenleistung mehrerer Computer nutzen kann, um Daten auszuwerten. Hieraus resultiert das heutige „Internet der Dienste und Daten". Parallel zu dieser Entwicklung wurden physische Objekte – etwa Maschinen, Werkzeuge, Werkstücke oder Werkstückträger – durch den Einsatz von Sensorik, Aktuatorik und leistungsfähigen Kleinstcomputern ab den 1970er und 1980er Jahren sukzessive zu eingebetteten Systemen entwickelt. Die Nutzung der Vernetzung für diese Systeme, im Intra- oder auch Internet und in Kombination mit drahtloser Vernetzung führt zur Verschmelzung der realen mit der virtuellen Welt und somit zu sog. Cyber-physischen Systemen (CPS). Die eindeutige Identifikation einzelner Objekte durch das Internet Protocol (IP) ermöglicht letztlich eine weltweite Vernetzung und somit das „Internet der Dinge".[100] Die beiden skizzierten Entwicklungen sind in Abbildung 11 dargestellt.

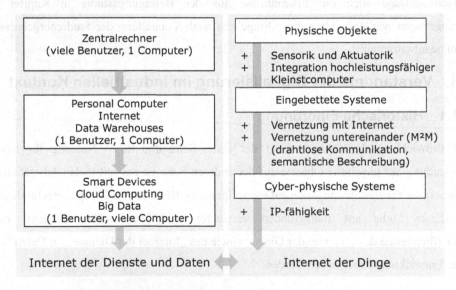

Abbildung 11: Internet der Dinge sowie Internet der Dienste und Daten[101]

---

[100] Vgl. Kagermann 2017 S. 236-239.
[101] Eigene Darstellung in Anlehnung an Kagermann 2017 S. 236.

Die Nutzung der Digitalisierung im Bereich der industriellen Produktion wird auch als Industrie 4.0 bezeichnet. Der Begriff Industrie 4.0 wurde erstmalig 2011 auf der Hannover Messe verwendet[102] und steht für eine vierte Entwicklungsstufe der industriellen Produktion.[103]

Industrie 4.0 steht folglich für die Fortführung bisheriger signifikanter Veränderungen industrieller Produktion, wobei der Zusatz „4.0" unterstellt, dass klar zwischen drei voneinander abgrenzbaren industriellen Entwicklungsstufen unterschieden werden kann, welche nicht nur zeitlich vorausgegangen sind, sondern auch inhaltlich die Grundlage für die Digitalisierung darstellen.[104] Diese vorausgegangenen drei Entwicklungsstufen waren die Erfindung der Dampfmaschine im 18. Jahrhundert, die Arbeitsteilung im 19. Jahrhundert und die Nutzung elektronischer (Maschinen-) Steuerungen in den 1960er und 1970er Jahren. In Abbildung 12 sind die einzelnen Stufen schematisch dargestellt.

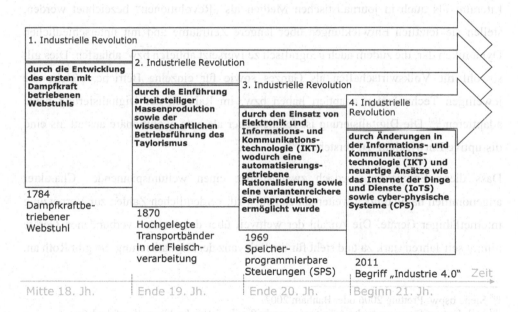

Abbildung 12: Stufen der industriellen Entwicklung[105]

---

[102] Vgl. Kagermann et al. 2011.
[103] Unter industriellen Entwicklungsstufen werden in dieser Schrift grundlegende Änderungen in der Art und Weise verstanden, wie industrielle Produktion umgesetzt wird.
[104] Vgl. Kellner et al. 2018 S. 287.
[105] Eigene Darstellung in Anlehnung an Siepmann 2016 S. 19.

Mittels der Dampfkraft wurde erstmalig mechanische Kraft zur Unterstützung menschlicher Arbeit verwendet. Anschließend ermöglichte die Einführung der Arbeitsteilung Ende des 19. Jahrhunderts die Massenproduktion mithilfe des Fließbands. Obwohl bereits bei der Fleischverarbeitung um 1870 verwendet, erlangte das Fließband als entscheidende Technologie zur Umsetzung arbeitsteiliger Massenproduktion vor allem durch Einsatz im Unternehmen Ford zur Herstellung des Model T breite Bekanntheit.[106] Die Nutzung elektronischer Steuerungen, vordergründig bei numerisch gesteuerten Maschinen (sog. Numerical Control- / NC-Maschinen), seit den 1970er-Jahren erlaubte es, wesentlich schneller und präziser zu fertigen und auch dem seither stattfindenden Wechsel von Verkäufer- hin zu Käufermärkten in Form individualisierter Produkte zu begegnen.[107]

Obwohl die aufgezeigten vier Entwicklungsstufen sowohl in der wissenschaftlichen Literatur als auch in journalistischen Medien als „Revolutionen" bezeichnet werden, stellen sie letztlich Entwicklungen über längere Zeiträume und mit unterschiedlichen Dynamiken dar, die zudem auch geografisch zeitversetzt abliefen bzw. ablaufen. Dies gilt sowohl für Volkswirtschaften als Ganzes sowie für einzelne Betriebe, welche die jeweiligen Technologien adaptiert haben bzw. im Rahmen der Digitalisierung heute adaptieren.[108] Die Digitalisierung ist folglich eher als eine evolutionäre anstatt als eine disruptive Entwicklung zu verstehen.[109]

Dass diese Entwicklung jedoch zwangsläufig einen weitumspannenden Charakter angenommen hat und noch weiter annehmen wird, verdeutlichen Zahlen zur Vernetzung internetfähiger Geräte. Die Anzahl der weltweit über das Internet verbundenen Geräte nimmt seit Jahren stark zu und steht für die Relevanz der Digitalisierung. So gibt Roth an,

---

[106] Siehe bspw. Pretting 2006 oder Banham 2002.
[107] Vgl. Institut für angewandte Arbeitswissenschaft e. V. 2016. Im Vorgriff auf die heute mögliche Gestaltung vollautomatisierter Produktionsabläufe sei die vom Volkswagen-Konzern 1982 geplante „menschenleere Fabrik" erwähnt, welche in der sog. „Halle 54" nach den damals neuesten Möglichkeiten des Computer-Integrated-Manufacturing (CIM) realisiert werden sollte. Dieses damals sehr fortschrittliche Konzept konnte jedoch praktisch nicht vollständig realisiert werden. Siehe hierzu bspw. Mertens et al. 2017; Bundesministerium für Bildung und Forschung 2018; BITKOM - Bundesverband Informationswirtschaft, Telekommunikation und neue Medien 2015 S. 23 f.
[108] Vgl. Weber et al. 2017b S. 8.
[109] Vgl. Valenduc und Vendramin 2017 S. 132.

dass in 2016 ca. 8 Milliarden Geräte vernetzt waren, wohingegen es 2020 bereits ca. 50 Milliarden Geräte sein sollen.[110] Die Schätzungen für das digital erzeugte und verarbeitete Datenvolumen reichen in diesem Vergleichszeitraum von ca. 15.000 Exabyte[111] in 2016 bis etwa 40.000 Exabyte in 2020.[112] Bereits zwischen den Jahren 2011 und 2016 fand ca. eine Versiebenfachung des weltweiten Datenvolumens[113] statt, mit exponentieller Steigerungsrate, welche – in die Zukunft extrapoliert – das sog. „Moore'sche Gesetz"[114] bestätigt und die o. g. Prognosen realistisch erscheinen lässt.[115]

Die exemplarisch geschilderten Zahlen verdeutlichen die Relevanz der Thematik. Im nächsten Abschnitt soll dem Begriff der Digitalisierung eine Kontur gegeben und eine für diese Schrift im weiteren Fortgang gültige Definition abgeleitet werden.

4.1.2   Definitionen des Begriffs Digitalisierung

In der Literatur werden die Begriffe Digitalisierung bzw. Industrie 4.0 unterschiedlich definiert. Ein einheitliches Verständnis liegt dabei nicht vor. Zudem werden andere (englischsprachige) Begrifflichkeiten verwendet, die inhaltlich als sehr ähnlich bzw. gleich anzusehen sind, etwa Advanced Manufacturing, Smart Manufacturing, Smart Factory, Internet of Things, Internet of Everything oder Industrial Internet.[116]

Aufgrund der Tatsache, dass die Anwendbarkeit der Digitalisierung einerseits nicht auf den industriellen Kontext beschränkt ist und andererseits generell ein sehr breitflächiges Anwendungsfeld besteht, erscheint es ratsam, ein konkretes Verständnis zu finden. Aus diesem Grund heraus werden im Folgenden zunächst verschiedene Definitionen aus der

---

[110] Vgl. Roth 2016a S. V.
[111] 1 Exabyte entspricht 10^{18} Bytes bzw. 1 Million Terabyte.
[112] Vgl. Bousonville 2017 S. 25, basierend auf Gantz und Reinsel 2013 S. 1.
[113] Vgl. BITKOM - Bundesverband Informationswirtschaft, Telekommunikation und neue Medien 2015 S. 118.
[114] Das „Moore'sche Gesetz" besagt, dass die Dichte der Bauteile pro integrierter Schaltung in regelmäßigen Abständen durch die Hersteller verdoppelt wird (vgl. Schaller 1997 S. 53). Dadurch verdoppelt sich die Rechenleistung, sodass ein exponentielles Wachstum vorliegt. Gleichzeitig sinken die Preise für die technischen Komponenten. Als zeitliche Abstände wird i. d. R. von einem bis zwei Jahren gesprochen. Siehe auch Moore 1965. Mit der gesteigerten Rechenleistung geht auch die Möglichkeit einer höheren Menge zu verarbeitender Daten einher.
[115] Eine wesentliche technische Grundlage zur Ermöglichung dieser Entwicklungen ist die eindeutige Identifizierbarkeit von Objekten in Netzwerken. Generell werden technische Voraussetzungen und -möglichkeiten in Abschnitt 4.1.3 näher betrachtet.
[116] Vgl. Fonseca 2018 S. 388.

Literatur exemplarisch vorgestellt und anschließend zu einer für diese Schrift im weiteren Fortgang relevante Definition aggregiert.[117] Die Auswahl dieser Definitionen erfolgte grundsätzlich danach, ob sie im Kontext industrieller Produktionsprozesse von den Autoren verfasst wurden. Deshalb wird in der Folge einheitlich von Digitalisierung gesprochen, wozu auch Industrie 4.0 gehört.[118]

Grundlegend für eine Definition von Digitalisierung ist ein Verständnis der zu Grunde liegenden Begriffe Informationstechnologie, Datenverarbeitung und Kommunikationstechnologie. Die Informationstechnologie beschreibt als Oberbegriff für Datenverarbeitung und Kommunikation die Entwicklung und Einführung neuer Methoden der Informationsverarbeitung und basiert auf Bereichen der Informatik sowie der Mess- und Regelungstechnik (letztere in Form von Sensorik, Abtastung, Wandlung), der Nachrichten- und Übertragungstechnik, Telekommunikation, Elektrotechnik, Mikroelektronik und Mikrotechnik. Der Begriff Informationstechnologie impliziert in diesem breit gefächerten Kontext einen sehr innovativen Prozess der digitalen Datenverarbeitung.[119] Unter dem Begriff Datenverarbeitung (DV) wird der organisierte Umgang mit großen Datenmengen in elektronischer Form verstanden. Zuletzt steht der Begriff Kommunikationstechnologie (KT) für die wissenschaftlichen Grundlagen, Methoden und Prinzipien zum Austausch von Daten und Informationen.[120] Mit diesem technischen Grundverständnis kann in der Folge auf Definitionen der Digitalisierung eingegangen werden. Zunächst werden solche Definitionen aus wissenschaftlichen Fachbüchern aufgezeigt.[121]

---

[117] Für eine breit angelegte Literaturübersicht siehe bspw. Lu 2017.

[118] Davon abzugrenzen wären etwa Arbeit 4.0, Recht 4.0 und weitere. Ein Anspruch auf Vollständigkeit der hier gelisteten Definitionen kann nicht bestehen. Vielmehr soll die Auswahl die Bandbreite des Verständnisses bei wissenschaftlichen Experten exemplarisch wiedergeben werden.

[119] Vgl. Eigner et al. 2012 S. 2 in Anlehnung an Brockhaus 2006.

[120] Vgl. Eigner et al. 2012 S. 2. Als Daten werden Nachrichten bezeichnet, die gespeichert und verarbeitet werden. Letzteres umfasst das Transformieren, Selektieren, Vergleichen, Übertragen und Ausgeben. Informationen hingegen sind zweckorientiertes Wissen über Zustände und Ereignisse, die zur Erreichung eines Zieles eingesetzt werden. Somit sind Informationen eine bewertete Form von Nachrichten bzw. Daten (vgl. Kummer et al. 2006 S. 228).

[121] Es sei an dieser Stelle angemerkt, dass wissenschaftliche Fachbücher zu Digitalisierung bzw. Industrie 4.0 in der Regel Sammelwerke zu aktuellen Forschungsergebnissen darstellen. Klassische Monografien, welche das Thema anwenderorientiert und ggf. mit Lehrbuchcharakter aufarbeiten, sind hingegen zur Zeit in der deutlichen Minderzahl.

Nach Roth umfasst Digitalisierung die Verwendung aktueller Informations- und Kommunikationstechnologien in Kombination mit der Produktions- und Automatisierungstechnik. Erreicht werden soll hierbei eine neue Stufe der Organisation und Steuerung der gesamten Wertschöpfungskette über den kompletten Lebenszyklus von Produkten und Services. Ziel ist eine signifikante Flexibilisierung und Verbesserung der Wertschöpfung sowie eine Individualisierung der Produkte und Services durch intensivere Kunden-Unternehmens-Interaktion und -vernetzung.[122]

Samulat versteht unter Digitalisierung bzw. Industrie 4.0 die Verzahnung der Produktion mit modernster Informations- und Kommunikationstechnik. Treibende Kraft dieser Entwicklung ist die rasant zunehmende Digitalisierung von Wirtschaft und Gesellschaft. Durch sie können Menschen, Maschinen, Anlagen, Logistik und Produkte direkt miteinander kommunizieren und kooperieren, wodurch Produktions- und Logistikprozesse zwischen Unternehmen im selben Produktionsprozess intelligent miteinander verzahnt werden, um die Produktion noch effizienter und flexibler zu gestalten.[123]

Baum sieht fünf Innovationen, die – einzeln betrachtet – signifikantes Geschäfts- und Veränderungspotential haben und die in Summe sowie in ihrer Konvergenz betrachtet das Potential zur vierten industriellen Entwicklungsstufe beinhalten und folglich für die Digitalisierung stehen. Diese fünf Innovationen sind Mobile Computing, Soziale Medien, Internet der Dinge, Big Data sowie Analyse und Optimierung bzw. Vorhersage.[124]

Kagermann sieht in der vierten industriellen Entwicklungsstufe eine „noch nie dagewesene" Vernetzung über das Internet, welche durch die Verschmelzung der physischen mit der virtuellen Welt, dem Cyberspace, zu so genannten Cyber-Physischen Systemen (CPS) gekennzeichnet ist. Der virtuelle Raum wird hierdurch in die physische Welt verlängert und umgekehrt. Intelligente Produkte steuern nicht nur aktiv ihren Produktionsprozess, sie sind auch eine Plattform für neue Dienstleistungen und innovative Geschäftsmodelle. Ermöglicht wird dies durch eine neue Qualität der Automatisierung, welche einerseits die Wettbewerbsfähigkeit des Hochlohnstandortes Deutschland erhöht

---

[122] Vgl. Roth 2016b S. 1.
[123] Vgl. Samulat 2017 S. 3.
[124] Vgl. Baum 2013 S. 39.

und andererseits durch wissensbasierte produktbezogene Dienstleistungen und neue Geschäftsmodelle rund um die starken industriellen Kerne zusätzliche Wertschöpfungs- und Beschäftigungsimpulse eröffnet.[125]

Westkämper sieht den heutigen Entstehungsprozess von Produkten und Fabriken in einer kooperativen und synergetischen Arbeitsweise umgesetzt, in der digitale Werkzeuge zur Definition, zur Ausarbeitung und zum Management genutzt werden. Die synergetische Arbeitsweise wird durch die Nutzung von Kommunikationstechniken unterstützt, welche für den Austausch und für die Speicherung von Informationen Anwendung finden. Der Diffusionsgrad der Informations- und Kommunikationssysteme in der Industrie ist so weit fortgeschritten, dass (nahezu) jeder Arbeitsplatz integriert ist. Informationen stehen jederzeit, an jedem Ort und (mehr oder weniger) sicher zur Verfügung, weshalb nach Westkämper von digitalen Produkten und digitalen Fabriken bzw. der digitalen Produktion gesprochen werden kann.[126]

Bousonville sieht als Kerncharakteristiken der Digitalisierung eine Informationsvernetzung zur Optimierung der Materialflüsse in der Produktion. Im Detail versteht er hierunter bspw. intelligente Maschinenbedienoberflächen, eine digitale Abbildung von Maschinenzuständen und Produktionsprozessen, werkstückgesteuerte Betriebsmittelanpassungen in Form dezentraler Montagesteuerung oder Möglichkeiten zur Fern-Wartung von Maschinen.[127]

Hänisch betont, wie schwer Digitalisierung zu definieren sei und wie vielfältig die darunter subsummierten Technologien sind. Er sieht das Internet der Dinge als technologische Plattform mit offenen Standards, die es erlauben, die in einer Produktion anfallenden Daten ohne großen Aufwand zu erfassen und zu integrieren. Die so gewonnenen Daten können bspw. einer Big Data-Analyse unterzogen werden, d. h. die Daten werden systematisch mit statistischen Verfahren ausgewertet und hierdurch neue Erkenntnisse gewonnen.[128]

---

[125] Vgl. Kagermann 2017 S. 235.
[126] Vgl. Westkämper 2013 S. 13.
[127] Vgl. Bousonville 2017 S. 13.
[128] Vgl. Hänisch 2017 S. 14.

Becker et al. stützen sich auf vielseitige Quellen und verstehen unter Digitalisierung die Vernetzung der Produktion über das Internet und die damit verbundene Verschmelzung der physischen mit der virtuellen Welt zu sogenannten Cyber-Physikalischen Systemen. Die Digitalisierung sehen die Autoren basierend auf drei Treibern: die Fähigkeit physische Informationen und Daten in Form von Binärzeichen bzw. -codes auszudrücken als erste Grundlage der Digitalisierung, der weiterentwickelnde technologische Fortschritt als zweite Basis der Digitalisierung und die Verknüpfung der technischen und wirtschaftlichen Ebene als dritte Basis der Digitalisierung.[129]

Schircks sieht in der Digitalisierung eine industrielle Entwicklung, welche physische, digitale und biologische Systeme zusammenführt. Hierunter versteht er Informationstechnologie, das Internet und die Anwendung moderner Produktionstechnologien und nennt als Beispiele elektronische Produkte und Prozesse, fortgeschrittene Robotik (in Form vernetzter, erkennender und logisch handelnder Maschinen), Cloud Computing, Sensorik, additive Fertigungsverfahren[130], autonomes Fahren (in Form fahrerloser Fahrzeuge[131]) und die Portabilität von hochleistungsfähigen Kleincomputern.[132]

Stopper et al. verstehen Digitalisierung als Möglichkeit, die (deutsche) Industrie in die Lage zu versetzen, stark individualisierte Produkte im Rahmen einer hoch flexibilisierten Produktion zu produzieren, Kunden direkt in Geschäfts- und Wertschöpfungsprozesse einzubinden und mittels modernem Monitoring Wertschöpfungsnetzwerke echtzeitnah zu steuern und zu optimieren. Umgesetzt werden soll dies mittels sogenannter Cyber-Physischer Produktionssysteme (CPPS), welche sowohl die Wertschöpfungskette als auch die betriebswirtschaftlichen Prozesse der entsprechenden Produkte miteinander vernetzen

---

[129] Vgl. Becker et al. 2017 S. 9 (mit den dort angegebenen Literaturquellen) sowie S. 12.
[130] Umgangssprachlich auch als 3D-Druck bezeichnet.
[131] Als fahrerlose Transportsysteme werden computergesteuerte Transporteinrichtungen bezeichnet, die in Produktions- und Logistikumgebungen für den Materialtransport genutzt werden. Die Nutzung der Digitalisierung, insbesondere des Daten- und Informationsaustausches, für die Kommunikation, Kooperation und Koordinierung fahrerloser Transportsysteme gilt als wesentliche Voraussetzung für deren Einsatzfähigkeit (vgl. Bechtsis et al. 2017 S. 3976).
[132] Vgl. Schircks 2017 S. 9.

und hierdurch ein durchgängiges Engineering über den gesamten Lebenszyklus eines Produkts einschließlich seines Produktionssystems ermöglichen.[133]

Neben den zuvor genannten Definitionen aus der Fachliteratur gibt es forschungsnahe Einrichtungen, welche sich mit der Digitalisierung im industriellen Kontext beschäftigen und demnach teils eigene Definitionen erfasst haben. Auch hiervon sollen einige exemplarisch abgedruckt werden.

Die Wissenschaftliche Gesellschaft für Produktionstechnik (WGP)[134] sieht in der Digitalisierung den Kern der vierten industriellen Revolution mit dem Internet der Dinge und den neuen Möglichkeiten, Ressourcen, Dienste und Menschen in der Produktion auf Basis Cyber-Physischer Systeme in Echtzeit zu vernetzen.[135]

Die Plattform Industrie 4.0[136] definiert Digitalisierung wie folgt. Der Begriff bezeichnet die intelligente Vernetzung von Maschinen und Abläufen in der Industrie mit Hilfe von Informations- und Kommunikationstechnologie.[137] Er steht somit für die „vierte industrielle Revolution", einer neuen Stufe der Organisation und Steuerung der gesamten Wertschöpfungskette über den Lebenszyklus von Produkten. Dieser Zyklus orientiert sich an zunehmend individualisierten Kundenwünschen und erstreckt sich von der Idee und dem Auftrag über die Entwicklung und Fertigung bis hin zur Auslieferung eines Produkts an den Endkunden und zum anschließenden Recycling, einschließlich der damit verbundenen Dienstleistungen. Basis ist die Verfügbarkeit aller relevanten Informationen in Echtzeit durch Vernetzung aller an der Wertschöpfung beteiligten Instanzen sowie die Fähigkeit, aus den Daten den zu jedem Zeitpunkt optimalen Wertschöpfungsfluss abzuleiten. Durch die Verbindung von Menschen, Objekten und Systemen entstehen

---

[133] Vgl. Stopper et al. 2017 S. 27.

[134] Die Wissenschaftliche Gesellschaft für Produktionstechnik vereint Hochschullehrer aus dem Bereich Produktionstechnik, die im Rahmen der Gesellschaft Grundlagenforschung sowie angewandte Industrieforschung betreiben.

[135] Vgl. Bauernhansl et al. 2016 S. 3.

[136] Die Plattform Industrie 4.0 wird gemeinsam betrieben von verschiedenen Industrieverbänden und wurde gegründet durch einen Zusammenschluss aus dem Bundesverband Informationswirtschaft, Telekommunikation und neue Medien e. V. (BITKOM), dem Verband Deutscher Maschinen- und Anlagenbau e.V. (VDMA) und dem Zentralverband Elektrotechnik- und Elektronikindustrie e. V. (ZVEI). Inzwischen sind weitere Akteure aus Unternehmen, Verbänden, Gewerkschaften, Wissenschaft und Politik beteiligt. Die Plattform Industrie 4.0 ist online erreichbar unter www.plattform-i40.de.

[137] Vgl. Plattform Industrie 4.0 2018a.

dynamische, echtzeitoptimierte und selbst organisierende, unternehmensübergreifende Wertschöpfungsnetzwerke, die sich nach unterschiedlichen Kriterien wie bspw. Kosten, Verfügbarkeit und Ressourcenverbrauch optimieren lassen.[138] Zuletzt sei Schlick et al. zitiert, welche die Digitalisierung als drei wesentlichen Aspekte einer allgegenwärtigen Vernetzung, einer allgegenwärtigen Assistenz und einer allgegenwärtigen Intelligenz verstehen.[139]

Die vorausgegangene Auflistung von Definitionen zu Digitalisierung bzw. Industrie 4.0 könnte noch beliebig ergänzt werden, würde jedoch über den Rahmen dieser Schrift hinausgehen. Wesentlich ist hier zu sehen, welche unterschiedlichen inhaltlichen Sichtweisen auf Digitalisierung in der Literatur zu finden sind, welche auch ein Spiegelbild für das Verständnis der Begriffe in der betrieblichen Praxis darstellen. Aus den genannten Definitionen heraus wird folgendes aggregiertes Verständnis für diese Schrift hergeleitet:

Unter Digitalisierung soll die Nutzung von Informations- und Kommunikationstechnologie sowie dafür notwendiger Messtechnik zur echtzeitnahen Datenerfassung und -verarbeitung im industriellen Kontext der Produktion und Logistik verstanden werden. Sie wird genutzt zur intelligenten Vernetzung von Maschinen und Menschen mit dem Ziel, die Wertschöpfungskette in den Grenzen des von einem Unternehmen steuerbaren Umfangs zu flexibilisieren und hinsichtlich der Effizienz bzw. Produktivität zu optimieren, wozu auch eine Steigerung der Prozess- und Produktqualität zählen. Ermöglicht wird dies durch die Spiegelung physischer Abläufe in Form eines „digitalen Schattens" im Cyberspace – auch als Cyber-Physisches Produktionssystem (CPPS) bezeichnet –,[140] welcher die Grundlage für dezentrale Entscheidungs- und Steuerungsprozesse bildet. Hierbei wird jeder Arbeitsplatz integriert und die Vernetzung erfolgt mittels einheitlicher, maschinen- und technologieübergreifender Standards. Informationsschnittstellen mit dem Menschen erfolgen über zumeist portable Geräte zur

---

[138] Vgl. Obermaier 2017 S. 7 f. unter Verweis auf die Plattform Industrie 4.0
[139] Vgl. Schlick et al. 2017 S. 5.
[140] Ein „Digitaler Schatten" gilt als Voraussetzung zur Entwicklung eines Cyber-Physischen Systems, welches eine (zentrale) Analyse und Kontrolle von Produktionsprozessen ermöglicht (vgl. Bauernhansl et al. 2016 S. 16). Realisiert werden kann dieser durch die Kopplung isolierter technischer Komponenten (vgl. Uhlemann et al. 2017 S. 337), worauf in Abschnitt 4.1.3 Bezug genommen wird.

Visualisierung und zur Erfassung von Befehlen, was auch das Ziel einer Erhöhung der Anwenderfreundlichkeit der Systeme beinhaltet. Die dezentrale und teilautonome Steuerung von Maschinen erfolgt mittels einer intelligenten Regelungstechnik.

Folglich kann die in dieser Schrift verwendete Definition anhand wesentlicher Kriterien mit den zuvor genannten exemplarisch gewählten Definitionen abgeglichen werden. Das Ergebnis ist Tabelle 3 zu entnehmen.

Tabelle 3: Vergleichende Übersicht der Definitionen des Begriffs Digitalisierung

Kriterium	Baum 2013	Westkämper 2013	Bauernhansl et al. 2016	Roth 2016b	Becker et al. 2017	Bousonville 2017	Hänisch 2017	Kagermann 2017	Samulat 2017	Schircks 2017	Schlick et al. 2017	Stopper et al. 2017	Plattform Industrie 4.0 2018a	Diese Schrift
Nutzung Informations- und Kommunikationstechnologie	x	x	x	x	x	x		x	x	x			x	x
Vernetzung von Menschen und Objekten								x	x	x			x	x
Echtzeitnahe virtuelle Abbildung realer Abläufe				x		x	x	x	x				x	x
Erweiterung von Datenanalysen	x							x						x
Anwendung auf Produktions- und Materialflussprozesse					x	x	x		x	x	x			x
Integration (aller) Arbeitsplätze			x											x
Steuerung der Wertschöpfungskette / Vernetzung mit anderen Unternehmen					x				x			x	x	x
Flexibilisierung der Produktionsmöglichkeiten					x				x			x		x
Optimierung der Prozesse	x	x		x		x		x	x		x	x	x	x
Selbststeuerung der Prozesse						x			x			x	x	x
Dezentralisierung der Steuerung						x								x
Individualisierung von Produkten					x						x			
Intensivierung der Kundenbindung					x						x	x		
Steigerung der Prozess- und Produktqualität								x						x
Positive Beschäftigungs- und Wertschöpfungseffekte					x			x						
Erhöhung der Bedienfreundlichkeit							x				x			x
Nutzung offener Standards								x						x
Vollständige Lebenszyklusbetrachtung von Produkten					x							x	x	

Ersichtlich ist, dass die verschiedenen Kriterien aus den zuvor genannten Definitionen für diese Schrift aufgegriffen wurden mit Ausnahme der Kriterien Produktindividualisierung, Intensivierung der Kundenbindung, Beschäftigungs- und Wertschöpfungseffekte sowie vollständige Lebenszyklusbetrachtung. Die Produktindividualisierung wird primär im Rahmen der Forschungs- und Entwicklungstätigkeit ermöglicht, steht jedoch den Grenzen der geplanten Mengenvorgaben zur Auslastung der Produktionsumgebungen entgegen. Selbst mittels der Digitalisierung wird eine vollständige Individualisierung, die jeden

Kundenwunsch zu vollem Maße umsetzt, nicht möglich sein. Die Kundenbindung muss nicht im Fokus der industriellen Nutzung der Digitalisierung stehen und wird im Sinne dieser Schrift als eine mögliche, jedoch nicht notwendigerweise erforderliche Option verstanden. Ob und in welchem Maße Beschäftigungs- und Wertschöpfungseffekte mit der Digitalisierung einher gehen kann zwar in die Erwartungshaltung an die Digitalisierung einbezogen und hinreichend begründet werden, ist dabei jedoch kein Bestandteil der Digitalisierung selbst, sondern eine Konsequenz aus dieser. Die vollständige Lebenszyklusbetrachtung einschließlich der Produktnutzung beim Kunden sowie des Recyclings kann bedarfsgerecht je nach Produkt einbezogen werden, geht jedoch um den reinen Produktions(prozess)bezug, wie er in dieser Schrift fokussiert wird, hinaus und lässt sich nicht auf alle Produkte vereinheitlicht anwenden.

Nachfolgend wird auf diesem Verständnis der Digitalisierung ein vertieftes technisches Verständnis wesentlicher Komponenten geschaffen.

4.1.3 Klassifikation von Ansätzen der Digitalisierung

Die Definitionen aus dem vorherigen Abschnitt geben einen Einblick darin, was unter Digitalisierung verstanden werden kann. Was bislang fehlt, ist eine Klassifikation konkreter Technologien, welche die Thematik praxisnah und folglich greifbar macht. In Anlehnung an die für diese Schrift zuvor aufgestellte Definition können folgende fünf Kategorien abgeleitet werden,[141] denen im Nachgang verschiedene Technologien zugeordnet werden: Messtechnik zur Datenerfassung, Technik zur Vernetzung von Geräten, Ansätze zur (intelligenten) Datenverarbeitung und Informationsgewinnung, Geräte zur Visualisierung von Informationen sowie Regelungstechnik zur (autonomen) Steuerung von Anlagen – letztere stellt folglich eine Form der Nutzung der gewonnenen Informationen dar. Diese fünf Kategorien bauen sukzessive aufeinander auf, indem sie den Weg digitaler Daten vom Ursprung bis zur endgültigen zielgerichteten Verwendung abbilden, und stehen folglich in einem strukturierten Zusammenhang zueinander.[142] Mit

---

[141] Diese umfassen inhaltlich, in Anlehnung an Tabelle 3, die Vernetzung (auch unter Einbezug des Menschen), die Datenanalyse, konkrete Hardware der Informations- und Kommunikationstechnologie sowie die Nutzung im Rahmen der industriellen Produktion, der Gestaltung von Wertschöpfungsketten sowie der Verbesserung von Arbeitsbedingungen.

[142] Es sind auch andere Formen der Klassifikation denkbar. Grundsätzlich ließen sich Ansätze der Digitalisierung bspw. auch klassifizieren nach Hard- und Software, nach Technologien mit und

ihnen werden die Kernbestandteile der Digitalisierung im industriellen Kontext abgebildet, zu welchen das Internet der Dinge, Cyber-Physische Produktionssysteme, Cloud Computing sowie Big Data-Analysen gehören[143] und worauf in dieser Schrift noch detailliert eingegangen werden wird. Sie stellen zudem die Grundlage dar zur Beantwortung der zweiten Forschungsfrage.

Im Folgenden werden Beispiele für technische Lösungen genannt, welche diesen Kategorien zugeordnet werden können.[144] Die hier behandelten Kategorien werden in Abschnitt 6.1.1 aufgegriffen und in einen Ordnungsrahmen für Produktivitätsstrategien auf Grundlage der Digitalisierung überführt.

Eine wesentliche Aufgabe, die durch die Verbindung von Technologien aus den einzelnen o. g. Kategorien bewältigt wird, besteht darin, Abläufe in der realen Umgebung in Form von Rohdaten zu erfassen, aus diesen verwertbare Daten herausfiltern und diese zu nutzbaren Informationen aufzuarbeiten, wie Abbildung 13 zeigt.

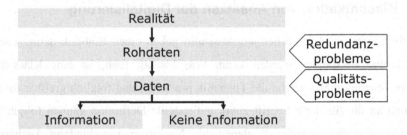

Abbildung 13: Von realen Ereignissen zu ausgewerteten Informationen[145]

Bei der Abbildung realer Abläufe in Form von Rohdaten werden zunächst Redundanzen vorliegen, die es in der weiteren Bearbeitung zu eliminieren gilt. Dieser vergleichsweise

---

ohne Einbezug des Menschen, nach Umfang der Anwendung (von Einzel- bis Verbundsysteme), nach Anwendungsmöglichkeiten in verschiedenen Berufsfeldern oder nach technischen Gegebenheiten (etwa der Gerätegröße, des verarbeiteten Datenvolumens etc.). Die hier gewählte Klassifikation ausgehend von der Datenerzeugung bis zu ihrer Nutzenbestimmung erscheint zielführend im Hinblick auf ihre spätere Integration in den Ordnungsrahmen in Abschnitt 6.1.1.
[143] Vgl. Zhong et al. 2017 S. 619.
[144] Es sei an dieser Stelle angemerkt, dass die in den nächsten Unterabschnitten gegebene Auflistung beispielhafter Technologien nicht abschließend ist und diese einer stetigen technologischen Weiterentwicklung unterliegen. Zudem ist eine Zuordnung von einzelnen Kategorien nicht immer trennscharf möglich.
[145] Eigene Darstellung in Anlehnung an Schütte und Vetter 2017 S. 87.

einfache Schritt erfolgt vor einer Qualitätsprüfung der Daten, was je nach Kontext aufwändig sein kann und Fragestellungen nach fehlenden oder inhaltlich falschen Daten aufwirft. Auf Basis der schlussendlich abzuleitenden zweckorientierten Informationen können Handlungen bestimmt und umgesetzt werden, um gegebene Zielstellungen zu erreichen. Somit besteht eine lineare Folge der Anwendung der fünf genannten Kategorien, wie in Abbildung 14 gezeigt.

Abbildung 14: Die fünf Stufen der Digitalisierung

In diesem Kontext wird durch die Digitalisierung eine Vergrößerung der Informationsbasis geschaffen und mehr sowie akkurateres Wissen wird verfügbar.[146] Nachfolgend werden technologische Ansätze zur Nutzung innerhalb dieser fünf Stufen erläutert.

4.1.3.1 Messtechnik zur digitalen Datenerfassung

Grundlage einer jeden Digitalisierung ist die Erfassung von Daten, weshalb der Messtechnik eine elementare Aufgabe zukommt. So kann die Erhebung von Daten analog erfolgen mit einer anschließenden Digitalisierung, direkt digital oder sie werden virtuell erzeugt. Als zu erfassende Kenngrößen gelten elektrische Ströme sowie elektromagnetische Wellen einschließlich optischen Lichtwellen und Radarwellen.

Als elektrotechnische Komponenten, welche grundlegende Angaben zu Strömen geben, zählen – neben weiteren – Voltmeter, Amperemeter, Multimeter, Wattmeter, Oszilloskope, Frequenzzähler und Spektrumanalysatoren.[147] Im Kern geht es um die Erfassung von (binären) elektrischen Zustandsbeschreibungen, aus welchen sich Angaben über Zustände ableiten lassen.

---

[146] Vgl. Vuori et al. 2018 S. 3.
[147] Siehe Bernstein 2018 für eine umfassende Erläuterung der hier genannten Messtechniken.

Im Bereich der optischen Sensorik wird mit Lichtquellen und Empfängern gearbeitet. Zu den Lichtquellen zählen, wenn sie bewusst zu Zwecken der Datenerfassung eingesetzt werden, Leuchtdioden, Laser und Laserdioden. Als Empfänger werden Photodioden, CCD-Chips, Photomultiplier und Solarzellen genutzt.[148] Diese aktiven Grundelemente werden i. d. R. mit passiven Grundelementen[149] zu Systemen verbunden, um damit aufgabenspezifische Daten zu erfassen. Häufig erfolgt ihre Einbettung in ein mechanisches Grundgerüst und eine Kombination mit modernen Systemen der Elektronik.[150] Durch deren Einsatz lassen sich Messsysteme in Form von Lichtschranken (zur Erfassung von Rauch, Nebel oder Wassertrübungen sowie Unterbrechungen von Lichtwellen), Triangulation als Messung von Abständen oder Partikelmessung in der Luft umsetzen. Eine weitere wichtige Technologie im Rahmen der optischen Erfassung ist der Einsatz von Kameras, wozu auch Nachtsicht und Infrarot gehören.

Ein weiteres Feld ist die Anwendung von Messtechnik zur Schallerfassung als Teilgebiet der Akustik. Infraschall, Hörschall, Ultraschall und Hyperschall können mittels geeigneter Sensoren erfasst und in Form digitaler Daten weitergeleitet und verarbeitet werden.[151] Die elektroakustischen Sensoren der modernen Messtechnik der Technischen Akustik dienen hierbei der Erfassung von Kenngrößen wie Schalldruck, Schallschnelle, Schallleistung und spezifischer Impedanz.[152]

Die Grundaufgabe der Messtechnik besteht bei allen o. g. Ausprägungen in der Erfassung physikalischer Größen mit einer vorgegebenen Genauigkeit. Weil jedes Messverfahren zu einem gewissen Grad fehlerbehaftet ist, müssen die damit verbundenen Fehler abgeschätzt werden, um Aussagen über die Messgenauigkeit treffen zu können. Die entstehenden Messfehler sind dabei möglichst klein zu halten, wofür gegebenenfalls vorhandene Störeinflüsse kompensiert werden müssen.[153]

---

[148] Siehe Löffler-Mang 2012 für eine umfassende Erläuterung der hier genannten optischen Sensortechniken.

[149] Hierzu zählen optische Einheiten wie Linsen, Spiegel und Strahlenteiler.

[150] Hierzu zählen etwa die Ansteuerung von Lichtquellen oder die Digitalisierung der Empfängerdaten (vgl. Löffler-Mang 2012 S. 157 sowie die dort genannten Detailbeschreibungen von Anwendungsbeispielen).

[151] Vgl. Lerch et al. 2009 S. 1.

[152] Vgl. Lerch et al. 2009 S. 459.

[153] Vgl. Puente León 2015 S. 3.

4.1.3.2   Technik zur digitalen Vernetzung

Als Kommunikation wird der Austausch von Daten bzw. Nachrichten zwischen mindestens einem Sender und mindestens einem Empfänger verstanden. Diese können mittelbar und unmittelbar Menschen oder Maschinen sein. Die Anforderungen an die Beschaffenheit einer Nachricht hängen von der Art des Senders oder des Empfängers ab.[154] Damit diese Kommunikation ermöglicht wird, sind verschiedene Geräte miteinander zu verbinden, d. h. zu vernetzen. Im Folgenden werden Optionen der digitalen Vernetzung betrachtet.

Zunächst lassen sich Datennetze nach ihren örtlichen Ausdehnungen klassifizieren. Lokale kabelbasierte Netze (Local Area Network, LAN) sind auf Gebäude bzw. Firmengelände begrenzt. Sie werden häufig auf kabellose Netze umgestellt (Wireless Local Area Network, WLAN), um Flexibilität und eine kostengünstige Realisierung dieser Netzwerke ohne Aufwände der Kabelverlegung zu ermöglichen. Datennetze im Umfang einer Stadt werden als Metropolitan Area Network (MAN) bezeichnet, wohingegen landesweite und länderübergreifende Netzwerke als Wide Area Network (WAN) bezeichnet werden. Das Internet als weltumspannendes Netzwerk wird als Global Area Network (GAN) bzw. World Wide Web (WWW) bezeichnet. Eine Sonderform stellen virtuelle private Netzwerke (Virtual Private Network, VPN) dar, welche öffentliche Netze – vor allem das Internet – zur Übertragung nicht öffentlicher Daten nutzen. Dies erfolgt mittels sog. Tunnel, um die Daten zu verschlüsseln.[155]

Die Übertragung der Daten zwischen den einzelnen Computern der Netzwerke erfolgt mittels direkter Verbindungen (technisch zumeist durch Kupferdraht oder Lichtwellenleiter realisiert) bzw. funkbasiert (zumeist über WLAN / Wi-Fi oder Bluetooth).[156]

Damit die Nachrichten zwischen den vernetzten Geräten ausgetauscht werden können, bedarf es exakt übereinstimmender Zeichenvorräte und Datentypen. Zur Übermittlung werden sog. Protokolle genutzt, bei denen die inhaltliche Nachricht in einem bis auf das

---

[154] Vgl. Spitta und Bick 2008 S. 45.
[155] Vgl. Bühler et al. 2018 S. 64.
[156] Vgl. Bühler et al. 2018 S. 71-74.

Bit festgelegten Teil eingeschlossen ist, welcher aus einem Kopf (Header) und einem Fuß (Trailer) besteht. Header und Trailer müssen exakt einem vorgegebenen Standard entsprechen, sonst kann die Nachricht vom Empfangsgerät nicht gelesen werden.[157]

4.1.3.3 Digitale Datenverarbeitung und Informationsgewinnung

Erst durch die Verarbeitung zuvor erfasster und an die verarbeitenden Geräte übertragener Daten können nutzbare Informationen gewonnen werden. Folglich kommt der Auswertung dieser Daten eine elementare Aufgabe zu, die mit dem Oberbegriff Big Data im Kontext von Digitalisierung beschrieben wird.[158]

Der Begriff Big Data wird durch die vier Eigenschaften Umfang, Varietät, Schnelllebigkeit und Richtigkeit gekennzeichnet. Dabei steht Umfang (Volume) für eine große Menge an Daten, die aufgenommen und analysiert werden muss. Der Datenumfang ist hierbei abhängig von der Anzahl der Datenquellen und ihrer Auflösung bzw. Datentiefe. Die Varietät (Variety) beschreibt die Datenherkunft und bezieht sich auf Quellen innerhalb und außerhalb der Organisation, deren Struktur stark variieren kann. Die Schnelllebigkeit (Velocity) steht für die Geschwindigkeit, mit der Daten produziert werden und Veränderungen unterliegen. Diese kann eine zeitnahe Analyse und Entscheidungsfindung verlangen. Die Schnelllebigkeit hängt darüber hinaus von der Anzahl der Datenquellen und der Rechenleistung der datengenerierenden Geräte ab. Zuletzt steht die Richtigkeit (Veracity bzw. Validity) für die Qualität und Quelle der rezipierten Daten. Weil das Fällen von datenbasierten Entscheidungen Nachvollziehbarkeit und Begründbarkeit verlangt, sind insbesondere Inkonsistenzen, Unvollständigkeiten und Ambiguitäten zu identifizieren und bei der Auswertung zu berücksichtigen.[159] Ergänzt werden diese vier Eigenschaften in der Literatur häufig um die

---

[157] Vgl. Spitta und Bick 2008 S. 46. Ein im Rahmen der digitalen Vernetzung weit gebräuchlicher Protokoll-Standard ist der IPv6, welcher es durch die Vielzahl von $2^{128} = 3{,}4 * 10^{38}$ Adressen ermöglicht, auch kleinste Einheiten in einem Netzwerk eindeutig identifizierbar zu machen.
[158] Die Auswertung großer Datenmengen, d. h. Big Data, gilt als eine der wesentlichen neueren technischen Entwicklungen, welche die Digitalisierung überhaupt erst ermöglicht (vgl. Valenduc und Vendramin 2017 S. 131).
[159] Vgl. King 2014 S. 35 und dort angegebenen Literaturquellen.

Forderung nach und dem Umfang von Mehrwert durch die gewonnenen Informationen (Value).[160]

Um die Datenauswertung mittels Big Data umzusetzen, werden einerseits menschliche Kompetenzen speziell daraufhin geschult, Datenmengen zu analysieren,[161] andererseits aber auch technische Tools wie Algorithmen zur automatisierten Datenaufbereitung entwickelt. Letztere stehen im Fokus dieser Schrift.

4.1.3.4 Digitale Visualisierung von Informationen

Die Visualisierung von zuvor gewonnenen Informationen kann grundlegend in drei Ansätze untergliedert werden. Diese sind die reine Darstellung von Informationen auf einem Bildschirm, die erweiterte und die virtuelle Realität. Definitionen sowie Beispiele werden nachfolgend entsprechend dieser Kategorien aufgezeigt.

Die Möglichkeiten zur reinen Darstellung von Informationen auf Bildschirmen als erste Form der Visualisierung ist zugleich die am häufigsten verwendete. Hierunter zählen alle festinstallierten sowie portablen Bildschirme, welche teilweise berührungssensitiv sind und somit eine Interaktion mit dem Betrachter ermöglichen. Die unterschiedlichen Größen erlauben einen flexiblen Einsatz und reichen von kleinsten Monitoren in Form von Smartwatches über Smartphones, Phablets und Tablets bis hin zu Desktopmonitoren und Großbildschirmen.

Die erweiterte Realität als zweite Visualisierungsform, als Augmented Reality (AR) bezeichnet, steht für eine Form der Mensch-Technik-Interaktion, bei der dem Anwender Informationen in das eigene Sichtfeld eingeblendet werden. Zumeist erfolgt dies mittels einer Datenbrille. Die Realität wird entweder über eine Kamera oder über eine halbtransparente Brille erfasst, wozu Informationen kontextabhängig eingeblendet werden, d. h. passend und abgeleitet vom betrachteten Objekt.[162]

Unter dem Begriff Virtual Reality (VR) wird als dritte Form der Visualisierung eine computergenerierte, virtuelle Umgebung kombiniert mit Technologien zur immersiven

---

[160] Vgl. Bauer et al. 2018 S. 131.
[161] Siehe bspw. Stockinger et al. 2016 für eine Diskussion über den Beruf des Data Scientist.
[162] Vgl. Eigner et al. 2012 S. 25 f. Beispielsweise können Informationen zu einem Bauteil angezeigt werden, wie etwa Maße.

Wahrnehmung verstanden. VR vermittelt dem Benutzer das Gefühl, selbst Bestandteil der virtuellen Welt zu sein. Eingabegeräte werden häufig durch 3D-Visualisierungs- und Interaktionstechniken ersetzt, um die Interaktion multimodal auszulegen, so dass neben dem rein visuellen Kanal weitere menschliche Sinne wie Akustik und Haptik in die Schnittstelle integriert werden.[163]

4.1.3.5 Regelungstechnik zur Steuerung von Anlagen

Unter Regelung wird ein Vorgang verstanden, bei dem fortlaufend eine Regelgröße erfasst und mit einer Führungsgröße verglichen wird mit dem Ziel, die Regelgröße der Führungsgröße anzupassen. Kennzeichnend hierfür ist ein geschlossener Wirkungsablauf, bei dem die Regelgröße fortlaufend sich selbst beeinflusst.[164]

Regelvorgänge lassen sich durch drei mögliche Kategorien kennzeichnen. Diese sind zuerst Festwertregelungen, bei denen ein Sollwert über längere Zeit konstant bleibt, gefolgt von Folgewertregelungen, bei denen der Sollwert in der Zeitfolge verändert wird. Zuletzt gibt es die Kategorie der Verhältnisregelung, bei der z. B. ein Mischverhältnis geregelt wird.[165]

Zuvor gewonnene Daten, die zu entscheidungsunterstützenden Informationen aufbereitet wurden, werden zur zielgerichteten Beeinflussung von Parametern genutzt, um Sollvorgaben zu erreichen.[166] Insbesondere die automatisierte Veränderung von Parametern liegt im Interesse der Digitalisierung. Hierunter fallen einerseits die Veränderung von Parametern in Softwareumgebungen, andererseits aber auch physische Verstellungen an Maschinen durch Aktoren[167].

---

[163] Vgl. Eigner et al. 2012 S. 25.
[164] Vgl. DIN IEC 60050-351:2014-09. Im Gegensatz dazu wird das Steuern definiert als ein Vorgang, bei dem eine oder mehrere Eingangsgrößen andere Ausgangsgrößen in einem offenen Wirkungsablauf beeinflussen. Hierbei liegt keine Rückkopplung der Ausgangsgrößen auf die Eingangsgrößen vor. Vgl. Schulz und Graf 2015 S. 9 f.
[165] Vgl. Schulz und Graf 2015 S. 7.
[166] Vgl. Benkel und Weber 2015 S. 437.
[167] Aktoren gelten als Verbindungsglieder zwischen dem informationsverarbeitenden Teil elektrischer Steuerungen und einem technischen Prozess. Mit Hilfe von Aktoren lassen sich Energieflüsse oder Massen-/Volumenströme zielgerichtet einstellen. Ihre Ausgangsgröße ist eine Energie oder Leistung, die zumeist als mechanisches Arbeitsvermögen zur Verfügung steht (vgl. Janocha 2013 S. 1). Ein Beispiel stellt die Verstellung von Ventilen mittels Reglermotoren dar.

4.1.4 Cyber-physische Systeme als ganzheitliche Ansätze

Die integrative Kombination mehrerer der in Abschnitt 4.1.3 aufgezeigten technologischen Möglichkeiten im Kontext industrieller Produktionssysteme kann als Cyber-Physisches System (CPS) bezeichnet werden. Kellner et al. definieren Cyber-Physische Systeme als eine Menge informationstechnischer („cyber") und physischer Elemente, die über eine Dateninfrastruktur, typischerweise dem Internet, miteinander verbunden sind und in Echtzeit untereinander Daten senden, verarbeiten und empfangen, wobei auf dieser Basis angemessene Handlungen gewählt und durchgeführt werden.[168]

CPS zeichnen sich dadurch aus, dass mittels Sensoren Daten erfasst und mittels eingebetteter Software aufbereitet werden, um anschließend mittels Aktoren auf reale Vorgänge einzuwirken. Somit helfen CPS über eine Dateninfrastruktur zu kommunizieren, wozu neben Maschine-Maschine-Schnittstellen auch Mensch-Maschine-Schnittstellen gehören. Durch diese Eigenschaften wird eine Optimierung hinsichtlich vorzugebender Kriterien auf der Ebene der Leistungserstellung ermöglicht.[169] Folglich ist insbesondere die Gestaltung der jeweiligen Schnittstellen, wie sie aus Abbildung 15 hervorgehen, von hohem Interesse.

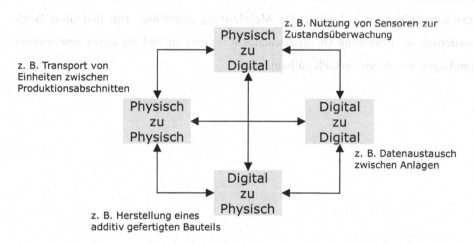

Abbildung 15: Schnittstellen in Cyber-Physischen Systemen[170]

---

[168] Vgl. Kellner et al. 2018 S. 292.
[169] Vgl. Obermaier 2017 S. 8.
[170] Eigene Darstellung in Anlehnung an Deloitte 2016 S. 22.

Das digitale Abbild physischer Abläufe (auch „digitaler Schatten" genannt) muss die Anforderung erfüllen, reale Vorgänge messbar zu machen, um darauf Analyse- und Prognoseverfahren aufzusetzen, die dann in steuernde Regelungen überführt werden können. Die Datenanalyse innerhalb eines digitalen Abbilds muss folglich deskriptiv (beschreibend), diagnostisch (feststellend), prädiktiv (hervorsagend) und präskriptiv (festlegend) sein.[171] Damit dies gelingt, ist neben der Mikroelektronik, Sensorik und Aktorik die Einbindung in das Internet der Dinge und die Zurverfügungstellung hoher Rechenleistungen, idealerweise per Cloud Computing, essenziell. Das Internet der Dinge sorgt als Vernetzungsschnittstelle der physischen Objekte mittels eindeutiger Identifizierung, etwa über den IPv6-Standard, für deren zielgerichtete Integration in ein CPS. Im Gegenzug stellt das Internet der Dinge Dienstleistungen wie die Koordination und Steuerung zur Verfügung, sodass ein stetiger Informationsaustausch zwischen den physischen Objekten und dem CPS vorliegt. Die Nutzung von Cloud Computing für eine digitalisierte Produktion zeichnet sich dadurch aus, dass Steuerungsfunktionen, die bisher lokal in Maschinen integriert waren, cloudbasiert und somit global verfügbar ausgeführt werden können.[172] Hierdurch werden ausreichend Rechenkapazitäten geschaffen, insbesondere wenn diese nicht dauerhaft benötigt werden, etwa weil nur für die Einrichtungsphase einer Anlage eine Mehrleistung gegenüber dem laufenden Betrieb erforderlich ist. Abbildung 16 veranschaulicht im unteren Teil die zuvor geschriebenen Grundlagen, auf denen ein CPS aufbaut.

---

[171] Vgl. Bauernhansl et al. 2016 S. 25.
[172] Vgl. Lechler und Schlechtendahl 2017 S. 66.

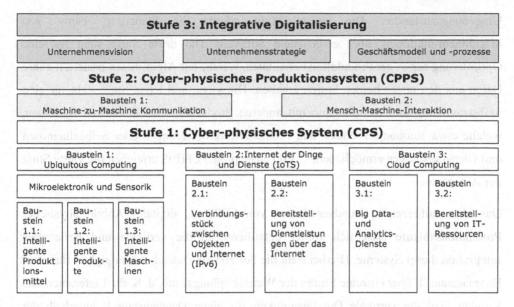

Abbildung 16: Von Cyber-Physischen Systemen zur integrativen Digitalisierung[173]

Um die Grundidee Cyber-Physischer Systeme im industriellen Kontext umsetzen zu können und somit eine digitalisierte Produktion zu ermöglichen, bedarf es die Produktentwicklung, Produktionsplanung und Fabrikplanung darauf auszurichten und diese Aufgaben softwaregestützt zu verzahnen.[174] Bspw. können Daten aus dem Computer-Aided-Design (CAD) bei der Produktentwicklung und den visuellen Planungsmethoden für die Produktions- und Fabrikplanung kombiniert werden. Durch die Vernetzung von Maschinen untereinander und einer digitalisierten Einbindung des Menschen in den maschinellen Produktionsprozess durch geeignete Schnittstellen werden aus Cyber-Physischen Systemen (CPS) sog. Cyber-Physische Produktionssysteme (CPPS). Zur integrativen Digitalisierung werden sie, wenn ihre Berücksichtigung in der langfristigen, d. h. strategischen Ausrichtung eines Unternehmens erfolgt.

Die Funktionen der Vernetzung mittels CPS können vereinfachend in vier aufeinander aufbauende Cluster eingeteilt werden. Diese sind die Überwachung, die Steuerung, die Optimierung und die Autonomie. Die erste Stufe steht für den Einsatz von Sensorik und anderen Datenquellen zur Überwachung, etwa von Produkt-, Produktions- oder

---

[173] Eigene Darstellung in Anlehnung an Siepmann 2016 S. 22.
[174] Vgl. Lentes und Dangelmaier 2013 S. 94.

Umgebungszuständen. Die zweite Stufe erlaubt die Steuerung, bspw. von Maschinenfunktionen, über eingebettete Software. Die dritte Stufe steht für eine Optimierung bspw. der Produktfunktionalitäten, welche auf Algorithmen basiert, die ihre Daten aus den ersten beiden Stufen erhalten. Die vierte und letzte Stufe steht für eine Selbststeuerung und Koordination mit anderen Produkten, Maschinen und Systemen, welche etwa autonome Produkt- und Produktionsverbesserungen oder Selbstdiagnosen und Dienstleistungen ermöglichen.[175] Voll ausgeprägte CP(P)S erreichen die vierte Stufe der Autonomie.

Das oben aufgezeigte Grundverständnis von CPPS als digitales Abbild physischer Produktionsabläufe lässt sich weiter detaillieren in die vertikale und horizontale Integration dieser Systeme. Hierbei steht die horizontale Datendurchgängigkeit für einen Datenaustausch über einzelne Stufen der Wertschöpfungskette, d. h. für Lieferanten und Kunden, und die vertikale Durchgängigkeit für einen Datenaustausch innerhalb der eigenen Organisation.[176]

Im Rahmen der vertikalen Integration wird ein vom Produktionsplanungs- und -steuerungssystem (PPS), bzw. dem unternehmensweiten Enterprise Ressource Planning System (ERP), ausgelöster Fertigungsauftrag durch das Manufacturing Execution System (MES) übernommen und auf Shopfloor-Ebene gesteuert, bis er abgeschlossen ist. Im Rahmen der horizontalen Integration werden die Maschinen durch das MES auf Shopfloor-Ebene datentechnisch entlang der Auftragsabwicklung vernetzt. Eine wesentliche Aufgabe liegt in der Bereitstellung nötiger Schnittstellen, um eine Kommunikation zwischen den regelmäßig mit proprietären Datenformaten arbeitenden Maschinen zu ermöglichen.[177]

Die Entwicklungsstufe heutiger CPPS ist als noch ausbaufähig zu werten. In der Praxis sind vielseitige Herausforderungen zu lösen, um eine vollintegrierte Anwendung unter realen Bedingungen sicherzustellen, etwa die Vernetzung heterogener Systeme.[178] Insbesondere die Integration mehrerer CPPS, etwa standort- und/oder

---

[175] Vgl. Obermaier 2017 S. 25.
[176] Vgl. Büttner und Brück 2017 S. 46.
[177] Vgl. Obermaier 2017 S. 18-20.
[178] Vgl. Rojasa et al. 2017 S. 824.

unternehmensübergreifend, stellt häufig eine große Aufgabe dar. Wichtig für deren
Gelingen ist eine Standardisierung der verwendeten Schnittstellen, wie sie durch
Referenzarchitekturmodelle unterstützt wird.[179]

Mit diesen Ausführungen schließt die technische Beschreibung dessen, wofür der Begriff
Digitalisierung steht. In der Folge wird auf das Interesse an ihrer praxisgerechten Nutzung
eingegangen.

4.1.5 Volkswirtschaftliche Bedeutung

Das Interesse von Wissenschaft, unternehmerischer Praxis und Politik an der
Digitalisierung ist groß. Die Gründe hierfür liegen in den Erwartungen bezüglich der
Auswirkungen auf die Wettbewerbsfähigkeit des Industriestandorts Deutschland. Die
Wettbewerbsfähigkeit Deutschlands liegt derzeit maßgeblich begründet im
Zusammenspiel qualifizierter Facharbeiter, flexibler Produktion bei hoher Qualität und
der politischen und wirtschaftlichen Stabilität. Sie ist mitverantwortlich für den Wohlstand
in der Bundesrepublik Deutschland. Diese Ausgangsbeschreibung bildet die Grundlage
der in Abbildung 17 skizzierten und nachfolgend beschriebenen Motivation zur Nutzung
der Digitalisierung, wobei diese sowohl die Seite der Geschäftsmodelle als auch der
Geschäftsprozesse adressiert.

---

[179] Siehe hierzu Abschnitt 4.1.6.2.

Abbildung 17: Deutschlands Wettbewerbsfähigkeit und die Nutzung der Digitalisierung[180]

Diesem Gedanken folgend, muss es ein Bestreben der deutschen Volkswirtschaft sein, ihre Wettbewerbsfähigkeit zu erhalten. Die Nutzung innovativer Ansätze, welche auf der Digitalisierung begründen und in Form Cyber-Physischer Produktionssysteme (CPPS) zu ganzheitlichen Anwendungsfeldern konkretisiert werden, wird als eine Möglichkeit gesehen, die Wettbewerbsfähigkeit weiter auszubauen. Dadurch sollen Produkte besser an Kundenbedürfnisse angepasst und qualitativ hochwertiger sowie Produktionsumgebungen flexibler und nachhaltiger werden. Diese volkswirtschaftliche Perspektive auf die gewünschten und prognostizierten Auswirkungen der Digitalisierung wird von der deutschen Bundesregierung in vielseitiger Hinsicht unterstützt und soll hierdurch gesamtwirtschaftlich über die Förderung Einzelner zu einer Stärkung des Standorts Deutschland führen.[181]

---

[180] Vgl. Bauernhansl et al. 2016 S. 12 in Anlehnung an Ganschar et al. 2016 S. 2.
[181] Gefördert werden zumeist Forschungsprojekte unter Beteilung wissenschaftlicher Institutionen sowie Partnern aus der betrieblichen Praxis.

4.1.5.1   Relevanz der Digitalisierung und prognostizierte Auswirkungen

Wenngleich eine volkswirtschaftliche Betrachtung der Erwartungen und Auswirkungen der Digitalisierung nicht im Fokus dieser Schrift steht, soll dennoch in diesem Abschnitt darauf eingegangen werden, um das Verständnis abzurunden. Wenn einzelne (deutsche) Unternehmen für sich teils erhebliche Produktivitätssprünge durch die Digitalisierung erzielen wollen, so verdeutlicht dies, dass auch Auswirkungen auf die (deutsche) Volkswirtschaft als Ganzes zu erwarten sind. In diesem Abschnitt wird die Betrachtung auf den Produktionsstandort Deutschland beschränkt, weil dieser im Fokus der vorliegenden Schrift liegt.

Auf volkswirtschaftlicher Ebene werden einige Treiber gesehen, welche die Arbeitswelt in einer schnellen Geschwindigkeit verändern und somit ein Reagieren auf gesellschaftlich-politischer Ebene genauso wie auf individueller Ebene erfordern. Dazu gehören zunächst bezogen auf die Unternehmen die Intensivierung bzw. Verdichtung von Arbeitsaufgaben bei steigender Komplexität, der Wandel hin zu einer dezentralen Steuerung und höhere vorliegende und somit zu verarbeitenden Datenmengen. Organisatorisch wird ein ständiger Wandel erwartet, der strukturelle Veränderungen und die Forderung nach mehr (persönlicher) Flexibilität mit sich bringt. In der Qualifizierung wird mehr Spezialistentum bei gleichzeitigem Anspruch auf lebenslanges Lernen erforderlich sein, weshalb Assistenzsysteme bestmöglich an die Bedürfnisse des Menschen anzupassen sind, um eine kompetenzbasierte Unterstützung des Menschen zu gewährleisten. Die Kollaboration im Team und die Vernetzung untereinander durch soziale Medien tragen dazu bei, die Zusammenarbeit zu flexibilisieren und zu vertiefen.[182]

Insbesondere der Aspekt der Produktivitätssteigerung ist volkswirtschaftlich von Interesse und eine wesentliche Zielstellung politischer Aktivitäten. Wie in Abschnitt 2.1.1 genannt, ist die volkswirtschaftliche Produktivität ein wichtiger Indikator für die internationale Wettbewerbsfähigkeit. Wird als Maßzahl der Produktivität das reale Bruttoinlandsprodukt herangezogen und durch die Anzahl Erwerbstätiger dividiert, kann diese Kennzahl in Relation gesetzt werden zu den Arbeitskosten, angegeben als Arbeitnehmerentgelt je

---

[182] Vgl. Welpe et al. 2018 S. 10-23.

Arbeitnehmerstunde. Abbildung 18 zeigt die indexbasierten Verläufe beider Kennzahlen, wobei das Jahr 2010 dem Indexwert 100 für beide Größen entspricht.

Arbeitskosten und Produktivität Deutschland

—— Arbeitskosten (Arbeitnehmerentgelt je Arbeitnehmerstunde)

······ Produktivität (reales BIP/Erwerbstätige)

Index, 2010 entsprechend 100. Preisbereinigtes Bruttoinlandsprodukt je Erwerbstätigen.

Abbildung 18: Arbeitskosten und Produktivität in Deutschland[183]

Deutlich ersichtlich ist der sich schneidende Verlauf beider Kurven. Es ist zu sehen, dass nach der Finanzkrise der Jahre von 2008 bis ca. 2010 die Produktivitätsentwicklung hinter den Arbeitskostensteigerungen zurückbleibt. Dies stellt ein volkswirtschaftlich schlechtes Entwicklungsszenario dar und verdeutlicht demnach den hohen Bedarf nach Gegenmaßnahmen.

Aus diesem Grund sehen die politischen Akteure eine Notwendigkeit Anpassungen vornehmen zu müssen. Die Bundesregierung fördert mit großen Summen[184] die Forschung

---

[183] Eigene Darstellung basierend auf Angaben des Deutschen Statistischen Bundesamtes.
[184] Die Förderung von Forschung und Entwicklung erfolgt vordergründig im Rahmen der Hightech-Strategie, welche zu Beginn jeder Legislaturperiode ressortübergreifend die Förderung forschungs- und innovationspolitischer Aktivitäten auf prioritäre Handlungsfelder und gesellschaftlich vorrangige Themen bündelt. Dazu gehört die „Digitale Wirtschaft und Gesellschaft" als eines dieser Handlungsfelder neben fünf weiteren prioritären Feldern. Damit wird das Ziel verfolgt, die Umsetzung von Ideen in marktfähige Produkte und Dienstleistungen zu fördern (vgl. Bundesministerium für Bildung und Forschung 2018 S. 15-17). Das Bundesministerium für Bildung und Forschung leitet bspw. den Förderschwerpunkt „Digitalisierung, Schlüsseltechnologien", das Bundesministerium für Arbeit und Soziales verfolgt den Schwerpunkt „Zukunftsdialog" mit dem Teilgebiet „Digitalisierung". Die Fördergelder der Bundesregierung, welche den Ausbau der Digitalisierung unterstützen sollen, fließen einerseits direkt in Forschungsprojekte, andererseits aber auch in den Infrastrukturausbau und sind somit indirekt eine Unterstützung der Digitalisierung.

zu und Umsetzung von Digitalisierungsmaßnahmen[185] im eigenen Land. Diese Mittel fließen bspw. in verschiedene, von einzelnen Ministerien geförderte Forschungsprojekte[186] ein und ermöglichen es z. B. den daran beteiligten Projektpartnern mit verhältnismäßig kleinem eigenen finanziellen Aufwand und Risiko, Pilotumgebungen zu etablieren. Die hohe Bedeutung der Thematik zeigt sich auch darin, dass das Bundesministerium für Arbeit und Soziales die Auswirkungen der Digitalisierung auf die Arbeitswelt in einem Grünbuch[187] und anschließend in einem Weißbuch[188] beleuchtet hat.

Zur Verdeutlichung der Notwendigkeit für eine politische Steuerung der Digitalisierungsentwicklung sei exemplarisch ein Diskussionspapier der Bertelsmann Stiftung und der Stiftung Neue Verantwortung zitiert, in dem mögliche Szenarien für Deutschlands Zukunft bis zum Jahr 2030 zusammengestellt sind. Dabei wurden insbesondere die Faktoren digitale Infrastruktur, neue Arbeitsverhältnisse, Digitalisierung und Wettbewerbsfähigkeit, Adaptionsfähigkeit und Polarisierung des Arbeitsmarktes betrachtet. Hieraus wurden sechs Szenarien abgeleitet, die in der Folge kurz vorgestellt werden sollen, weil sie aufzeigen, welche Bedeutung die Digitalisierung aus volkswirtschaftlicher Sicht hat.[189]

Das erste Szenario wird als „Ingenieursnation mit Herzchen" bezeichnet und geht davon aus, dass Deutschland flächendeckend mit Glasfasernetzen[190] ausgestattet ist, die Unternehmen die Digitalisierung in der Breite erfolgreich umgesetzt haben und international wettbewerbsfähig sind. In diesem Beispiel arbeiten überwiegend

---

[185] Als Digitalisierungsmaßnahmen werden nachfolgend in dieser Schrift kleinteilige Projekte bezeichnet, welche die Einführung konkret bestimmter Technologien und speziellen Anwendungsfällen vorsehen.

[186] Bspw. wird das Forschungsprojekt TransWork, in dessen Rahmen Inhalte dieser Schrift in Teilen entstanden sind, vom Bundesministerium für Bildung und Forschung gefördert. Siehe hierzu auch Angaben am Ende dieser Schrift.

[187] Vgl. Bundesministerium für Arbeit und Soziales 2015.

[188] Vgl. Bundesministerium für Arbeit und Soziales 2017.

[189] Vgl. Landmann und Heumann 2016 S. 7 f. Die in dieser Quelle aufskizzierten Szenarien eignen sich gut zur didaktischen Veranschaulichung möglicher zukünftiger Konsequenzen aus dem heutigen Umgang mit der Digitalisierung. Sie sind selbstverständlich exemplarisch für mögliche Entwicklungen zu sehen und dienen in erster Linie der Sensibilisierung für die volkswirtschaftliche Bedeutung einer der Digitalisierungsentwicklung angepassten bzw. nicht angepassten Politik.

[190] Glasfasernetze eignen sich besonders gut zur verlustfreien Datenübertragung über große Distanzen mit hohen Datenvolumina, wodurch sie metallbasierten Kabeln deutlich überlegen sind (vgl. Lerch 2010 S. 559 sowie S. 600).

Projektmitarbeiter in Festanstellung, jedoch sinkt die Nachfrage nach Fachkräften. Das zweite Szenario wird als „Silicon Countryside mit sozialen Konflikten" bezeichnet. Glasfasernetze sind in der ländlichen Region verbreitet, die Städte nutzen jedoch VDSL und Kupferkabel. Ausgewählte Schlüsselbranchen sind international wettbewerbsfähig. Die häufigste Arbeitsform ist die Selbstständigkeit mit vielen Auftraggebern. Politisch wird der infrastrukturelle Ausbau vorangetrieben, wenngleich allmählich Finanzierungsprobleme auftreten, vor allem, weil die Sozialsysteme kurz vor dem Kollabieren stehen. Im dritten Szenario, „Rheinischer Kapitalismus 4.0" genannt, ist Glasfasertechnologie flächendeckend in Deutschland vorhanden und die internationale Wettbewerbsfähigkeit der Industrie konnte sehr gut ausgebaut werden. Deutschland ist bekannt für seine „digitalen Innovationen", jedoch hinkt der Mittelstand dieser Entwicklung hinterher. Die meisten Arbeitnehmer sind selbstständig.

Im vierten Szenario „Digitale Hochburgen mit abgehängtem Umland" hat Deutschland den Ausbau der Glasfasernetze nicht aktiv vorangetrieben, stattdessen werden vor allem Kupferkabel genutzt. Darunter leidet die internationale Wettbewerbsfähigkeit, welche nur noch von wenigen Unternehmen der „Old Economy" in Großstädten aufrechterhalten wird. Die Arbeitsverhältnisse sind auf einem Niveau von 2016, d. h. das sogenannte sozialversicherungspflichtige „Normalarbeitsverhältnis" ist vorherrschend. Politische Strukturprogramme wurden auf boomende Großstädte fokussiert, sodass eine flächendeckende Förderung im ländlichen Raum ausblieb. Somit ist die Nachfrageentwicklung auf dem Arbeitsmarkt, mit Ausnahme der Großstädte, negativ. Im fünften Szenario „Digitale Evolution im föderalen Wettbewerb" haben einige Bundesländer den Glasfaserausbau vorangetrieben, während andere im Infrastrukturausbau den Anschluss verloren haben. Die Integration der Digitalisierung ist demnach einigen Unternehmen geglückt, während andere aufgrund der fehlenden infrastrukturellen Möglichkeiten dies nicht umsetzen konnten. Die Zugehörigkeit eines Unternehmens zu einem Bundesland ist letztlich entscheidend für dessen internationale Wettbewerbsfähigkeit. Dies überträgt sich auf den Arbeitsmarkt, der von vielen Selbstständigen geprägt ist. Hochqualifizierte werden stark nachgefragt, wohingegen die Nachfrage nach anderen Erwerbspersonen rückläufig ist. Im sechsten und letzten Szenario, welches „Digitales Scheitern" genannt wird, befindet sich die Infrastruktur auf dem Stand von 2016 und Deutschland wird als „digitales Entwicklungsland" bezeichnet. Die Industrie hat ihre internationale Wettbewerbsfähigkeit vollständig eingebüßt. Das „Normalarbeitsverhältnis" ist nach wie vor die Normalform, jedoch bei flächendeckend niedrigem Gehaltsniveau. Aufgrund der eingebrochenen Steuereinnahmen fehlt das Geld, um den infrastrukturellen Rückstand aufzuholen. Das Szenario gipfelt in der Aussage, dass im Bundestag eine Partei namens „Die Analogen" sitzt, deren Bestreben das Vermeiden jeglichen digitalen Fortschritts ist.

Die aufgezeigten Szenarien sind beispielhaft gewählt und könnten durch eine Vielzahl weiterer Entwicklungen angereichert werden. Wichtig ist an dieser Stelle zu erkennen, welche Wechselwirkungen zwischen Entscheidungen der Politik – vordergründig zur strukturellen Förderung, etwa in Form von Infrastrukturprojekten – und Entwicklungen einzelner Unternehmen besteht. Auch die Erkenntnis, dass neben der internationalen Wettbewerbsfähigkeit, die sich in innovativen Produkten, produktiven Fertigungsprozessen und hohen Umsatz- und Gewinnquoten der Unternehmen auszeichnet, die Entwicklung der Arbeitsmärkte stark von der Digitalisierung beeinflusst wird, ist wichtig. Folglich gilt es als eine volkswirtschaftliche Aufgabe, mit der Digitalisierung in einer Art und Weise umzugehen, dass die Bundesrepublik Deutschland mit ihrer Bevölkerung als Ganzes davon in angemessenem Maße profitiert.

Mit Blick auf den Arbeitsmarkt finden sich vielseitige Prognosen, welchen Einfluss die Digitalisierung haben wird. Einige Abschätzungen werden nachfolgend genannt. So gibt eine Studie der ING DiBa an, dass 18 Millionen Arbeitsplätze in Deutschland gefährdet sind.[191] Hingegen geht eine Studie der Boston Consulting Group von einem Zuwachs von 350.000 Arbeitsplätzen in Deutschland bis 2025 aus.[192] Eine Studie des Institut für Arbeitsmarkt- und Berufsforschung geht von einem relativ geringen Saldo eines Nettoarbeitsplatzverlustes von 30.000 Stellen bis 2025 aus, betont jedoch, dass die Umverteilung zwischen einzelnen Branchen erheblich sein wird. So werden Arbeitsplätze in der Produktion der Studie gemäß entfallen, wohingegen Arbeitsplätze im Bereich

---

[191] Vgl. ING Diba 2015 S. 2. Eine konkrete Angabe, bis wann dies eintreten soll, wird nicht gemacht.
[192] Vgl. Lorenz et al. 2015 S. 8.

Informationstechnologie stark zunehmen.[193] Das Zentrum für Europäische Wirtschaftsforschung hat die Studie von Frey und Osborne[194] auf Deutschland übertragen und sieht für 47 Prozent der Arbeitsplätze eine Gefährdung durch die Digitalisierung.[195] In wie weit solche Prognosen realistisch sind, ist ex ante schwer abzuschätzen,[196] es kann aber im Allgemeinen von tendenziell höheren Arbeitsplatzverlusten bei geringqualifizierten Beschäftigten ausgegangen werden.[197]

Neben den rein quantitativen Erhöhungen und Reduktionen sowie Verschiebungen auf dem Arbeitsmarkt ist vor allem auch mit einem Wandel von Qualifikationsanforderungsprofilen zu rechnen. So zeigt etwa das ifaa – Institut für angewandte Arbeitswissenschaft in einer Befragungsstudie, dass nach Sicht der Teilnehmer die Qualifikationsanforderungen sowohl für Akademiker wie auch für Facharbeiter durch die Digitalisierung tendenziell zukünftig höher ausfallen werden.[198] Insbesondere zeichnet sich ein großer Bedarf nach Arbeitskräften mit Fähigkeiten in der Softwareentwicklung und dem Umgang mit Big Data zur Datenauswertung und -analyse ab.[199] Erklärt werden kann dies dadurch, dass vermehrt Überwachungsaufgaben durch Menschen auszuführen sein werden, welche interdisziplinäres Wissen – etwa aus der

---

[193] Vgl. Wolter et al. 2016 S. 62.

[194] Vgl. Frey und Osborne 2013. Die Studie beleuchtet die Auswirkungen der Digitalisierung auf den US-amerikanischen Arbeitsmarkt.

[195] Vgl. Bonin et al. 2015 S. 10.

[196] Gerade negative Prognosen erfreuen sich häufig einer hohen Beliebtheit zur „Stimmungsmache" gegen Fortschrittsbestrebungen. So können bspw. Artikel der Zeitschrift „Der Spiegel" herangeführt werden, die 1964 einen jährlichen Verlust von 6 Prozent der Arbeitsplätze durch Automatisierung prognostiziert haben (vgl. o. V. 1964) bzw. 1978 für die Jahrtausendwende einen Verlust von 80 Prozent der Arbeitsplätze durch Computer vorausgesagt haben (vgl. Zucht 1978) und dies auf den jeweiligen Titelblättern publikumswirksam vermarkteten. Im Jahr 2016 hat „Der Spiegel" das Thema Digitalisierung aufgegriffen und erwartet Arbeitsplatzvernichtungen auf breiter Front (vgl. Jung 2016), was ebenfalls Titelthema war. Ein anderes Beispiel entstammt der Zeitschrift Computer Woche, die 1978 angab, der Staat könne die Massenarbeitslosigkeit durch Computer nicht finanzieren und es müssen deshalb speziell hierfür vorgesehene Sozialabgaben entrichtet werden (vgl. o. V. 1978). Betrachtet man die tatsächlichen Zahlen der Arbeitsplatzentwicklung, so zeigt sich eine kontinuierliche Steigerung seit der Nachkriegszeit bis heute über alle Arbeitsplätze, mit einem Sprung bei der deutsch-deutschen Wiedervereinigung. Selbst im produzierenden Gewerbe ist ein stagnierender Verlauf in diesem Zeitraum feststellbar und kein deutlicher Verlust (jedoch auch kein Anstieg). Abbildung 94 zeigt im Anhang dieser Schrift die Entwicklung der Arbeitnehmerzahlen seit den 1950er Jahren basierend auf Werten des Statistischen Bundesamtes.

[197] Vgl. Fonseca 2018 S. 386.

[198] Vgl. Institut für angewandte Arbeitswissenschaft e. V. 2015 S. 21.

[199] Vgl. Freddi 2018 S. 402.

Informatik und dem Maschinenbau – voraussetzen. Insofern ist auf die Verschiebung von Kompetenzen ein deutlicher Fokus zu legen, weil die hier zu erwartenden Auswirkungen nicht unerheblich sein werden.

Weiterhin finden sich nicht selten in der Debatte um die Digitalisierung Aussagen, dass die deutsche Wirtschaft der Umsetzung im internationalen Vergleich hinterherhinke.[200] Wenngleich von solchen Pauschalierungen Abstand genommen werden sollte, weil die Umsetzung einerseits stark individualisiert für ein einzelnes Unternehmen betrachtet werden muss und andererseits die umzusetzenden Technologien in ihrer Bandbreite kaum vergleichbar erscheinen, ist diese Entwicklung der Digitalisierung aus volkswirtschaftlicher Perspektive in den nächsten Jahren wissenschaftlich zu begleiten.

In diesem Kontext lohnt auch ein Blick auf die internationalen Ansätze zum Umgang mit der Digitalisierung, wobei nachfolgend der Fokus auf Industrienationen gelegt wird. Die digitale Transformation spielt auf europäischer Ebene eine große Rolle[201] und wird von anderen EU-Ländern aktiv entwickelt.[202] In den USA nimmt das Industrial Internet Consortium als großer Zusammenschluss aus zumeist Industrievertretern eine wichtige Rolle bei der Gestaltung der Digitalisierung ein.[203] In China wird regierungsseitig unter der Marke China Manufacturing 2025 die Digitalisierung der Wirtschaft gefördert.[204] In Japan nimmt die Industrial Value Chain Initiative[205] eine vergleichbare Rolle wie die Plattform Industrie 4.0 in Deutschland oder das Industrial Internet Consortium der USA ein. Die inhaltliche Fokussierung unterscheidet sich im Detail zwischen den genannten Ländern und ist eng verbunden mit der wirtschaftlichen Stellung am Weltmarkt. Tabelle 4 gibt nachfolgend eine Zusammenfassung der wesentlichen Ansätze.

---

[200] Siehe hierzu Angaben in Abschnitt 9.2

[201] Siehe bspw. Strategic Policy Forum on Digital Entrepreneurship 2015 für eine Ausführung über die geplante Nutzung der Digitalisierung für die Europäische Wirtschaft.

[202] Siehe bspw. Gobierno de Espana 2015, Themeco 2016, Christ und Frankenberger 2016, Schmid und Frankenberger 2016 oder Presidenza del Consiglio dei Ministri 2015 für weiterführende Informationen.

[203] Siehe die Website des Industrial Internet Consortium unter www.iiconsortium.org für weitere Informationen.

[204] Siehe bspw. European Union Chamber of Commerce in China 2017 für weiterführende Informationen.

[205] Siehe die Website des Industrial Value Chain Initiative unter https://iv-i.org für weitere Informationen.

Tabelle 4: Weltweiter Vergleich des Umgangs mit Digitalisierung[206]

Europa	USA	Japan	China
•Digitalisierung der industriellen Wertschöpfung soll mit den Erfordernissen einer humanzentrierten Arbeitswelt in Einklang gebracht werden •Digitalisierung als soziotechnische Herausforderung •Vordergründig werden Steigerung der Produktivität sowie Nachhaltigkeit angestrebt •Technologieführerschaft in der Produktion angestrebt	•Vordergründiges Ziel ist das Schaffen von Kundenmehrwert durch innovative Services •Zielerreichung mittels Internet of Things und Geschäftsmodellen, die eine hohe Hebelwirkung auf den zukünftigen Geschäftserfolg haben •Disruptive Entwicklungen bis hin zum fundamentalen Paradigmenwechsel in der Produktion als Vorgehensweise	•Stärkung der Produktivität der leistungsfähigen Maschinenbau- und Elektronikkonzerne durch vernetzte intelligente Produktionssysteme •konsequente großflächige Einführung von vernetzten intelligenten Produktionssystemen	•Digitalisierung der Wirtschaft als wesentliches Handlungsfeld der Regierung •Teilziel ist das Aufschließen an die Weltspitze im Bereich Advanced Manufacturing

Es ist ersichtlich, dass im Europäischen Raum ein humanorientierter Fokus bei der Anwendung der Digitalisierung zur Prozessverbesserung vorherrscht, wohingehend in den USA die Entwicklung von Geschäftsmodellen stärker im Vordergrund steht. In Fernost steht die Produktivitätsverbesserung, ähnlich wie in Europa, im Fokus, wobei der Humanorientierung eine geringere Rolle zukommt.

Mit diesem Ausblick auf den internationalen Kontext schließt dieser Teilabschnitt. Anschließend an die zuvor gemachten zukunftsorientierten Aussagen lohnt ergänzend der retrospektive Blick auf die Auswirkungen von CIM als „dritte industrielle Revolution" auf die Arbeitsplätze, um abzuschätzen, welche Parallelen zur heutigen Entwicklung der Digitalisierung gezogen werden können.

---

[206] Eigene Darstellung basierend auf Heinz Nixdorf Institut der Universität Paderborn und Werkzeugmaschinenlabor WZL der Rheinisch-Westfälischen Technischen Hochschule Aachen 2016 S. 33-53.

4.1.5.2 Volkswirtschaftliche Auswirkungen durch Computer-Integrated Manufacturing und daraus abzuleitende Erkenntnisse für die Digitalisierung

Wenngleich historische Entwicklungen nicht eins-zu-eins auf die heutige Digitalisierung übertragen werden können, so lassen sich doch zumindest Parallelen finden. Aus diesem Grund erfolgt in diesem Abschnitt eine Betrachtung der Auswirkungen von Automatisierung und Computerisierung auf Arbeitsplätze in Deutschland, insbesondere unter Berücksichtigung der zerspanenden Industrie.

Die seit den 1960er und 1970er Jahren ablaufende „Computerisierung der Arbeitswelt" im Verständnis eines Prozesses mit gesellschaftlichen Folgen wurde von Zeithistorikern bislang kaum beachtet, wenngleich seit Anfang der 1970er Jahre ein Diskurs über die Zukunft der Arbeit geführt wurde. Die aus heutiger Sicht langfristigen Veränderungen wurden jedoch nur partiell erfasst, sodass hierüber so gut wie keine verlässlichen statistischen Daten vorliegen. Häufiger finden sich qualitative Aussagen. Das „Gefühl des Unersetzbarseins" ging bei den Arbeitskräften mit dem Computereinsatz zunehmend verloren. Die in den 1970er Jahren wahrgenommene Skepsis gegenüber technischen Veränderungen, welche daraus resultierten, dass vermehrt Mitarbeiter mit Computern an ihren Arbeitsplätzen konfrontiert wurden, führte zu teils großer Angst um den Verlust von Arbeitsplätzen. In der damaligen (politisch geprägten) Diskussion wurden bereits zuvor eingeleitete Entwicklungen zudem teilweise fehlinterpretiert. So wurde bspw. die fixe Sockelarbeitslosigkeit, welche aus vergleichsweisen hohen westdeutschen Löhnen und der damit einhergehenden Verlagerung von Arbeitsplätzen in Billiglohnländer resultierte, in Teilen auf die „Computerisierung" zurückgeführt. Die gleichzeitig stattfindende Evolution der Arbeitswelt im Büro, wo immer mehr neue Arbeitsplätze entstanden, wurde hingegen nicht bzw. nur wenig als positive Gegenentwicklung berücksichtigt. Rückblickend sind die Folgen des zunehmenden Computereinsatzes ambivalent zu sehen. So hängt eine partiell erlebte Dequalifizierung mit der durch Massendatenverarbeitung einhergehenden Verbesserung originärer Leistungen zusammen.[207] Dass in der Presse vor

---

[207] Vgl. Schuhmann 2012. Das Wissenschaftszentrum Berlin (WZB) beschäftigt sich mit Bezug auf den Zeitraum vom Beginn der 1970er bis zum Ende der 1980er Jahre mit der Entwicklung von Büroangestellten und Industriearbeitern, die seinerzeit von der Computerisierung betroffen waren.

allem eine „Negativ-Informations-Selektion" zu der vorstehenden Thematik erfolgte, wurde schon von einschlägigen Computerzeitschriften in der damaligen Zeit thematisiert.[208]

Beleuchtet man konkrete Auswirkungen des massenhaften Computereinsatzes seit Mitte der 1970er Jahre in der industriellen Produktion genauer, so zeigt sich, dass erste Auswirkungen die Uhrenindustrie in Deutschland betraf durch den Import quarzgesteuerter Digitaluhren aus Fernost. Weitere gravierende Auswirkungen entfielen auf die Hersteller von Registrierkassen sowie auf die Druckindustrie, in welcher die Setzer durch Textverarbeitungsprogramme überflüssig wurden. Speziell mit Fokus auf die metallverarbeitende Industrie, insbesondere die Automobilindustrie, erfolgte durch den Einsatz von CNC-Maschinen und Industrierobotern die Automatisierung ganzer Produktionsabläufe mit der Folge einer Verdrängung der dort bislang beschäftigten Arbeitskräfte. Im Dienstleistungsbereich standen v. a. die Banken im Fokus einer Intensivierung des Computereinsatzes. Die in der Bevölkerung damals vorherrschende Angst vor der „Computerisierung" wurde weiter verschärft durch die 1973er Ölkrise. Im Gegensatz dazu wurde jedoch die Einführung der Computertechnik im privaten Alltag als deutlich weniger bedrohlich, eher förderlich empfunden. In diesem Kontext führte der neue Wirtschaftszweig der Softwareindustrie zu neu entstanden Arbeitsplätzen, welche auch Auswirkungen auf das Bildungswesen hatten, wie etwa die Einführung von Informatikunterricht an den Universitäten in den 1970er Jahren und an Schulen in der zweiten Hälfte der 1980er Jahre zeigt.[209]

Neben diesen branchenübergreifend geltenden Aussagen ist insbesondere ein retrospektiver Blick auf die zerspanende Industrie von Interesse. Dostal und Köstner machen dazu in ihrer Analyse der Beschäftigungsveränderungen beim Einsatz numerisch gesteuerter Werkzeugmaschinen aus dem Jahr 1982 die nachfolgenden Aussagen zu der damals wenige Jahre zurückliegenden Entwicklung.[210] Der NC-Einsatz führte einerseits zu Neueinstellungen von Einrichtern und Programmierern, andererseits wurden nicht mehr benötigte Personen in andere Bereiche umgesetzt oder mussten die Unternehmen

---

[208] Vgl. o. V. 1978.
[209] Vgl. Danyel 2012.
[210] Vgl. Dostal und Köstner 1982.

verlassen. Zudem gab es viele betriebliche Umschulungen als Hilfeleistung. Die qualitativen Änderungen bei den weiterbeschäftigten Arbeitnehmern waren erheblich und zeichneten sich aus durch die Forderung nach mehr Berufsausbildung, der Übertragung von mehr Verantwortung und eine gestiegene geistige Belastung. Arbeitsaufgaben verlagerten sich von Handarbeit und Maschinenbedienung hin zu Maschineneinstellung und -überwachung. Zeitlohn und Prämienlohn ersetzten zunehmend den Akkordlohn und der NC-Einsatz hatte im Allgemeinen Höhergruppierungen der Entgelte zur Folge. Insgesamt waren die Effekte auf die Beschäftigung eher qualitativer und weniger quantitativer Natur. Letzteres lässt sich dadurch belegen, dass zwischen 1973 und 1979 die Zahl der Beschäftigten in der metallverarbeitenden Industrie lediglich von 2,9 auf 2,5 Millionen sank (-13%) und somit die Erwartung einer großen Massenarbeitslosigkeit ausblieb. Weil die Einführung von NC- bzw. CNC-Maschinen in Übergangsbereichen erfolgte, konnten die Unternehmen diese Technologie zum einen zunächst testen und zum anderen versuchen, Personal innerbetrieblich umzusetzen anstatt zu entlassen. Bezogen auf die Berufsgruppen wurde die Rekrutierung von (höherqualifizierten) Einrichtern und von Wartungspersonal v. a. auf dem externen Arbeitsmarkt vorgenommen, wohingegen Programmierer zumeist aus der vorhandenen Belegschaft rekrutiert wurden. Freisetzungen gab es hingegen bei den (niedriger qualifizierten) Bedienern.

Im Rahmen dieser Änderungen erfolgte insgesamt eine Anhebung der Qualifikationsstruktur. Während um 1973 Umschulungen noch deutlich mehr zu einer Verbesserung des eigenen Berufsstatus führen konnten (etwa vom Hilfsarbeiter zum Einrichter oder von der Fachkraft zum Programmierer), war bereits wenige Jahre später um 1979 eine Konsolidierung des Einsatz- und Qualifizierungspotenzials bei NC-Maschinen absehbar, wonach der Einsatz von NC- bzw. CNC-Maschinen nur durch einen externen Personalaustausch mit höherqualifizierten Personen realisierbar war. Die Auswirkungen auf die Arbeitsanforderungen zeigten sich darin, dass im Allgemeinen ein höheres praktisches Können gefordert wurde und zudem die Verantwortung – etwa für die teuren NC- bzw. CNC-Betriebsmittel – stieg. Die Möglichkeiten, auf das Erzeugnis Einfluss zu nehmen und somit Verantwortung für das Erzeugnis zu übernehmen waren hingegen abnehmend, ebenso die Beeinflussungsmöglichkeiten auf die Arbeitsabläufe. Geistige Belastungen haben überproportional zugenommen, körperliche Belastungen gingen hingegen unterproportional zurück. Etwaige schädliche Umgebungseinflüsse konnten durch NC- bzw. CNC-Maschinen zurückgedrängt werden, wodurch sich die Unfallgefahr deutlich reduzierte. Die zuvor übliche Handarbeit und Maschinenbedienung nahmen durch den NC- bzw. CNC-Einsatz ab, Überwachungs- und Einstellungsarbeiten hingegen zu. Die menschliche Arbeit wurde hierdurch weniger produkt- und mehr überwachungsbezogen. Aspekte des Messens, Prüfens und Kontrollierens gerieten ab Ende der 1970er Jahre stärker in den Fokus menschlicher Tätigkeiten. Darüber hinaus konnte eine deutliche Zunahme der Schichtarbeit festgestellt werden, welche motiviert war durch eine über die Normalarbeitszeit hinausgehende Nutzung der Maschinen.[211]

Meister et al. geben 1991 an, dass eine Zuordnung der Arbeitsmarktänderungen zu technologischen Entwicklungen schwerfällt, jedoch neue Technologien nicht als „Arbeitsplatzvernichter" zu werten sind. Allgemein treffen die Autoren die Aussage, dass durch die technologische Entwicklung der ersten Jahrzehnte nach dem Zweiten Weltkrieg der Anteil Angestellte zugenommen und der Anteil Arbeiter abgenommen hat. Konkret beziffern sie den Rückgang der an- und ungelernten Arbeiter durch Änderungen von Produktspektrum und Fertigungsverfahren von 1962 bis 1982 um -35 Prozent. Im gleichen Zeitraum sank die Facharbeiterzahl auf 87 Prozent des Ausgangswertes. Ein Teil der Facharbeiter stieg zu Technischen Angestellten oder Fertigungsvorbereitern auf, deren Berufsfelder im o. g. Zeitfenster einem Zuwachs von 64 Prozent unterlag. Mehr Tätigkeiten wurden in dieser Zeit in die Bereiche Fertigungsvorbereitung und Fertigungsdisposition verlagert. Zudem erfolgte eine Zunahme der Aufgaben bei der Produktentwicklung und Konstruktion einschließlich der Fertigungsmittelkonstruktion. Weiterhin wurden Vertriebspositionen und Berufsfelder in der Entwicklung von Systemsoftware weiter ausgebaut. Dieser damals festzustellende Trend zur gehobenen, anspruchsvollen und qualifizierten Tätigkeit war gleichzusetzen mit dem Trend zur Verringerung Taylor'istischer Arbeitsteilung.[212] Aus den historischen Entwicklungen

---

[211] Viele der hier genannten Faktoren werden in Abschnitt 4.1.6 aufgegriffen. Insofern ist festzustellen, dass wesentliche Aspekte aus der Ära von CIM auch auf die heutige Entwicklung der Digitalisierung übertragen werden können, wozu insbesondere die qualitativen Änderungen von Arbeitsplätzen zu zählen sind.
[212] Vgl. Meister et al. 1991 S. 6-14. Unter Taylorismus – und in diesem Kontext auch Tayloristische Arbeitsteilung – wird die Betriebsführung nach wissenschaftlichen Grundsätzen

kann geschlussfolgert werden, dass neue technologische Entwicklungen zwar Veränderungen der Arbeitswelt beeinflussen, diese jedoch nicht als alleinige Einflussfaktoren gelten, sondern in Relation stehen zu weiteren Entwicklungstrends.[213]

Mit diesem historischen Abriss schließt dieser Abschnitt. Viele der genannten Aspekte finden sich heute in nahezu inhaltlicher Deckungsgleichheit in der Debatte um die Digitalisierung. Insbesondere auf die oben bereits angesprochenen einzelwirtschaftlichen Auswirkungen in Form der Veränderung von Arbeitsplätzen wird im Fortgang dieser Schrift noch Bezug genommen werden.

4.1.6   Digitalisierung in der betrieblichen Praxis

Die Überlegungen zur Nutzung der Digitalisierung basieren auf der Notwendigkeit eines zielgerichteten Umgangs mit allgemeinen Entwicklungstrends in Unternehmen. Schaut man diese einmal exemplarisch vereinfacht und grafisch dargestellt an, einschließlich der Anwendung der in Kapitel 3 genannten Ansätze zum Umgang damit, so ergibt sich das in Abbildung 19 gezeigte Bild für die letzten ca. 40 Jahre.

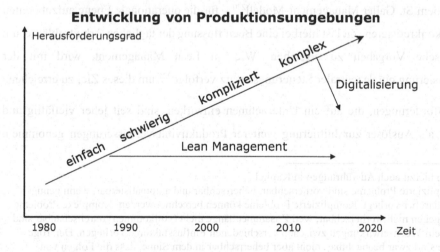

Abbildung 19: Entwicklung von Produktionsumgebungen seit 1980[214]

---

verstanden, wobei die Trennung dispositiver und ausführender Faktoren kennzeichnend ist (vgl. Taylor und Wallichs 1912 S. 21-32).
[213] Vgl. Freddi 2018 S. 402.
[214] Eigene Darstellung in Anlehnung an Hofmann 2017 S. 258, basierend auf einer Quelle der Maschinenfabrik Reinhausen.

Demnach ist ersichtlich, dass sich Produktionsumgebungen von vergleichsweise einfachen Strukturen in den 1980er Jahren zunehmend hin zu schwieriger zu organisierenden Ausbauformen in den 1990er Jahren entwickelt haben. Diesem Trend wird seitdem mittels traditioneller Ansätze des Lean Management entgegengewirkt.[215] In der weiteren Folge ist eine zunehmende Kompliziertheit und Komplexität[216] festzustellen. Um dieser neueren Entwicklung entgegen zu wirken, stellt die Digitalisierung eine mögliche Form dar, welche die traditionellen Ansätze unterstützen kann. In der Literatur finden sich die grundlegenden Richtungen, dass Lean Management als Voraussetzung für Digitalisierung gesehen wird, wofür sich die überwiegende Mehrzahl an Quellen finden lässt,[217] und dass Lean Management durch die Digitalisierung erweiterte Anwendung mit besseren Ergebnissen erfährt.[218]

Der Digitalisierungsprozess in der produzierenden Industrie eröffnet neue Möglichkeiten der Effizienz- und somit der Produktivitätssteigerung. Gleichzeitig kann die Digitalisierung zur Neuausrichtung der Unternehmensstrategie sowie der Produkt- und Serviceangebote genutzt werden.[219] Die strategischen Ansätze hierzu sind sukzessive – gemäß dem St. Galler Management-Modell[220] – für die operationale Ebene aufzubereiten und zu konkretisieren. Ziel ist hierbei eine Beeinflussung der täglichen Arbeitsabläufe, um strategische Vorgaben zu erreichen. Wie im Lean Management, wird mit der Digitalisierung ein dezentraler Steuerungsansatz verfolgt,[221] um dieses Ziel zu erreichen.

Die Anforderungen, die auf ein Unternehmen einwirken, sind seit jeher vielfältig und werden als Auslöser zur Initiierung weiterer Produktivitätsverbesserungen genommen.

---

[215] Siehe hierzu auch Ausführungen in Kapitel 3.

[216] Komplizierte Probleme sind vorhersehbar, beherrschbar und automatisierbar, wenn genug Wissen darüber vorliegt. Komplizierte Probleme können berechnet werden. Komplexe Probleme sind hingegen nicht vorhersehbar, weil Zusammenhänge nicht (vollkommen) durchschaubar sind und zudem Wechselwirkungen zwischen verschiedenen Einflussfaktoren vorliegen. Derartige Systeme sind zwar beobachtbar, nicht aber beherrschbar in dem Sinne, dass die Folgen von Eingriffen in das System eindeutig vorhersehbar wären (vgl. Hofmann 2017 S. 257).

[217] Siehe bspw. Zuehlke 2010 S. 130, Bick 2014 S. 46 f., Staufen AG / PTW der Technischen Universität Darmstadt 2016 S. 59, Wang et al. 2016a S. 5, Quasdorff und Bracht 2016 S. 843 sowie Metternich et al. 2017 S. 348.

[218] Siehe bspw. Kolberg und Zühlke 2015 S. 1872 f., Rüttimann und Stöckli 2016 S. 496-498, Wagner et al. 2017 S. 128 f. sowie Pokorni et al. 2017 S. 20.

[219] Vgl. Roth 2016b S. 3.

[220] Vgl. Rüegg-Stürm 2003.

[221] Vgl. Mayr et al. 2018 S. 623.

Priorisiert man diese, so sind es einerseits die Weiterentwicklungen der Wettbewerber, welche die eigene Marktposition gefährden, sowie die wandelnden Ansprüche der Kunden, denen zu begegnen ist. Hinzu kommen seit einigen Jahren die Möglichkeiten der Digitalisierung, die sowohl kundenseitig direkt oder indirekt eingefordert werden als auch Anwendung bei Wettbewerbern finden. Die Berücksichtigung dieser Aspekte führt dazu, dass Unternehmen produktiver werden müssen, was qualitative sowie quantitative Merkmale einbezieht. Abbildung 20 zeigt diese Zusammenhänge schematisch.

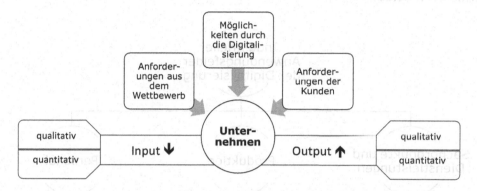

Abbildung 20: Anforderungen an Unternehmen und ihr Produktivitätsmanagement

Folglich setzen die Möglichkeiten der Digitalisierung Unternehmen einerseits unter Handlungsdruck, weil sie Potenziale versprechen, die auch von Wettbewerbern genutzt werden. Andererseits wirken sie als neue Gestaltungsmöglichkeiten auf die Betriebe ein. Dabei gilt die Arbeit mit modernen Datenanalyse- und Informationsmanagementsystemen zur Generierung eines ausgeprägten – dem Wettbewerb überlegenen – Wissensmanagements als eine zentrale Charakteristik moderner Unternehmen.[222]

Wie im Fortgang dieser Schrift noch auszuführen sein wird, können Ansätze geschaffen werden, um Inputfaktoren zu verringern bzw. den Output zu erhöhen. Zuvor werden die genannten Erwartungen und Herausforderungen konkretisiert, bevor auf Ansätze zur unternehmensübergreifenden Strukturierung und Reifegradbewertung der Digitalisierung eingegangen wird.

---

[222] Vgl. Bredmar 2017 S. 123.

4.1.6.1 Erwartungen und Herausforderungen

Die Erwartungen an die Digitalisierung können in drei übergeordnete Bereiche gegliedert werden, wie Abbildung 21 zeigt. Diese umfassen neue Möglichkeiten erstens zur Auslegung der Unternehmensstrategie in Form der zu vermarktenden Produkte, zweitens zur Gestaltung der industriellen Produktion einschließlich der Prozessabläufe und drittens zur Beeinflussung des Personaleinsatzes in der Art, dass die Einsatzmöglichkeiten flexibilisiert werden.

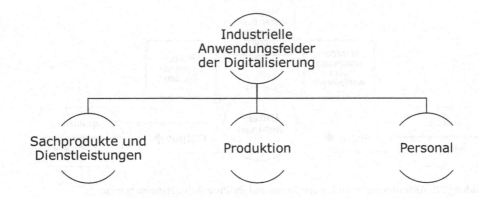

Abbildung 21: Industrielle Anwendungsfelder der Digitalisierung

Die Unternehmensstrategie umfasst Erweiterungen und Anpassungen des Geschäftsmodells und der zur Umsetzung erforderlichen Geschäftsprozesse. Die industrielle Produktion soll so gestaltbar werden, dass Produktindividualisierungen, höhere Flexibilitätsgrade und Produktivitätssteigerungen umsetzbar werden. Das Personal soll einerseits breiter einsetzbar und zudem leistungsfähiger werden bei geringeren physischen und kognitiven Belastungen.[223] Folglich ist es eine Aufgabe der Gestaltung der Führungs-, Kern- und Unterstützungsprozesse, um diese Ziele zu erreichen.[224] Mit den Führungsprozessen wird die strategische Ausrichtung einer Organisation festgelegt. Es werden die Vision und die Ziele sowie die herzustellenden Produkte bestimmt, welche die Digitalisierung berücksichtigen sollten. Die Kernprozesse umfassen die Auslegung der

---

[223] Vgl. Roth 2016b S. 6-8.
[224] Siehe hierzu auch das REFA-Unternehmensmodell, welches als ganzheitliches Modell die Abläufe in einem Unternehmen prozessorientiert abbildet und in Führungs-, Kern- und Unterstützungsprozesse gliedert (vgl. REFA 2016 S. 170 f.).

Geschäftsprozesse zur Realisierung der Herstellung von Produkten sowie Dienstleistungen. Sie sind somit direkt wertschöpfend. Die Unterstützungsprozesse stellen Ressourcen und Infrastrukturen zur Verfügung. Ein wesentlicher Unterstützungsprozess ist etwa das Personalmanagement.[225]

Die Entwicklung in jedem der drei genannten Felder kann disruptiv oder progressiv erfolgen. Unter einem disruptiven Ansatz ist das Entwickeln und Umsetzen neuer Geschäftsmodelle und -prozesse zu verstehen. Dieser Ansatz bietet den Vorteil, für die aktuellen Bedürfnisse eine Idealumsetzung planen zu können, ist jedoch kurzfristig aufgrund gewachsener Strukturen meist nicht anwendbar bzw. realisierbar. Der progressive Ansatz steht hingegen für die kontinuierliche Überprüfung und strategische Weiterentwicklung bestehender Geschäftsmodelle und -prozesse. Dies ist kurzfristig realisierbar und kann unter dem Einsatz von Digitalisierung erfolgen, wenn deren Potentiale dort genutzt werden, wo sie sinnvoll erscheinen. Somit ist der progressive Ansatz dem disruptiven in den allermeisten Fällen vorzuziehen. Idealerweise erfolgt eine Kombination beider Ansätze. Auf die in Abbildung 21 genannten Felder wird nachfolgend detaillierter eingegangen.

Erwartungen hinsichtlich der Geschäftsmodell- und Geschäftsprozessentwicklung

Die digitale Transformation von Geschäftsmodellen greift in die Kunden-Unternehmens-Beziehung ein und hat somit Auswirkungen auf die gesamte Wertschöpfungskette. Hierbei werden Technologien eingesetzt, welche neue Anwendungen bzw. Sach- und Dienstleistungen umsetzbar werden lassen. Sie erfordern seitens einer Unternehmung Fähigkeiten, welche die Gewinnung und den Austausch von Daten sowie deren Analyse und Nutzung zur Berechnung und Bewertung von Handlungsoptionen ermöglichen. Die bewerteten Alternativen dienen dazu, neue Geschäftsprozesse innerhalb des Geschäftsmodells zu initiieren bzw. bestehende zu adaptieren.[226] Heutige Käufermärkte erfordern individualisierte Produkte, für deren Herstellung es innerhalb der

---

[225] Vgl. Grabner 2018 S. 97 sowie REFA 2016 S. 170.
[226] Vgl. Schallmo 2016 S. 7. Ein praxisorientiertes Beispiel für ein durch die Digitalisierung ermöglichtes Geschäftsmodell ist, wenn ein Hersteller von Robotern nicht mehr die Geräte verkauft, sondern die von den Robotern verrichtete Arbeit nutzungsabhängig fakturiert. Hierfür ist die Erfassung aller Roboterbewegungen notwendig.

Produktionsprozesse einer großen Menge an Informationen bedarf. Die Handhabung dieser Informationsmenge ist eine komplexe Aufgabe, zu deren Bewältigung die cyber-physischen Systeme (CPS) einen großen Beitrag leisten.[227] Eine vorausschauende Entwicklung und Anpassung der Geschäftsmodelle gehört zu den schwierigsten und wichtigsten Aufgaben eines Unternehmens, das sich mit der Digitalisierung auseinandersetzt. Hierbei empfiehlt sich eine integrative Betrachtung von Sach- und Dienstleistungen, die angeboten werden sollen.[228] Anpassungen des Geschäftsmodells führen zudem typischerweise zu Anpassungsbedarf der Geschäftsprozesse und ggf. der Aufbauorganisation.[229]

Die Digitalisierung kann im Hinblick auf die Geschäftsprozessgestaltung einerseits innerbetrieblich für die wertschöpfenden Aktivitäten genutzt werden, aber auch an der Schnittstelle zu den Kunden, wenn deren Anforderungen zu Beginn der Geschäftsprozesse erfasst bzw. antizipiert werden, und wenn die Leistungen am Ende der Geschäftsprozesse an die Kunden ausgegeben werden. Dabei müssen Geschäftsprozesse so dynamisch sein, dass auf Änderungen der Geschäftsstrategie und des Geschäftsmodells – etwa aufgrund neuer digitalisierter Produkte – schnell und spezifisch reagiert werden kann.[230] Bislang gebräuchliche Ansätze der Informationstechnologie für die Ausgestaltung des Geschäftsprozessmanagements reichen von der reinen Darstellung von Informationen über Möglichkeiten zur Optimierung und Simulation bis hin zur Automatisierung von Prozessabläufen.[231] Neue technische Möglichkeiten liegen etwa in der verbesserten Aktualität der Informationen (idealerweise liegen Echtzeitdaten vor) oder in der besseren Integration von Schnittstellen zwischen Mensch und Technik.

Die Datenanalytik ermöglicht potenziell völlig neue Dienstleistungen und erweitert folglich Geschäftsfelder bzw. erschließt neue. Es lassen sich Implikationen auf Erlösmodelle ableiten, da sich entsprechend resultierende Produktivitätssteigerungen abbilden lassen. Eine ganzheitliche Dienstleistungsorientierung, welche durch die Digitalisierung ermöglicht wird, kann in Produktivitätsbeiträgen resultieren und insofern

---

[227] Vgl. Institut für angewandte Arbeitswissenschaft e. V. 2016 S. 9.
[228] Vgl. Fonseca 2018 S. 388.
[229] Vgl. Kofler 2018 S. 47.
[230] Vgl. Schmelzer und Sesselmann 2008 S. 232.
[231] Vgl. Schmelzer und Sesselmann 2008 S. 29.

Geschäftsfelder, Wertschöpfung sowie Erlösmodelle verändern und somit zu neuen Geschäftsmodellen führen.[232] Eine Digitalisierungsstrategie bzw. die strategische Nutzung der Digitalisierung sollte somit ein Teil der Geschäftsstrategie sein. Sie ist einerseits abhängig von der aktuellen „digitalen Reife" eines Unternehmens,[233] andererseits aber auch von der zukünftig geplanten Nutzungsintensität der Digitalisierung.

Erwartungen hinsichtlich der Prozessgestaltung und -optimierung

Im Gegensatz zu den zuvor genannten Geschäftsprozessen, welche die Kundenschnittstellen und die wertschöpfenden Aktivitäten aus einer übergeordneten Perspektive betrachten, werden nun kleinteiligere Prozesse einer Unternehmung betrachtet. Diese grenzen sich zu Geschäftsprozessen dadurch ab, dass sie eine Folge von Schritten zur Transformation von Input zu Output beschreiben und vielfältig in Betrieben zu finden sind.[234] Das bedeutet, dass sie zur Realisierung der Geschäftsprozesse genutzt werden. Die Digitalisierung kann auf inkrementelle Weise genutzt werden, in dem sie dort für Prozessoptimierungen eingesetzt wird, wo es sinnvoll erscheint,[235] oder es werden Prozesse komplett neu aufgesetzt und bspw. vollständig digitalisiert.

Bei der Gestaltung von Prozessen sollten grundsätzlich die Potenziale der Digitalisierung berücksichtigt werden. Hierbei können quantitative und qualitative Aspekte beeinflusst werden, was somit wiederum Auswirkungen auf die Produktivität hat.[236] Ein ganzheitlicher Ansatz zur prozessseitigen Nutzung der Digitalisierung muss sowohl für einzelne Arbeitsplätze als auch für gesamte Produktionssysteme gelten. Die ausgewählten technischen Lösungen sollen in ihrer integrativen Betrachtung zu Ganzheitlichen Produktionssystemen führen,[237] welche die traditionellen Ansätze des Lean Managements ergänzen.

---

[232] Vgl. Zollenkop und Lässig 2017 S. 81.
[233] Vgl. Schallmo et al. 2018 S. 17. Für weitere Angaben zur Bestimmung der Reife eines Unternehmens im Hinblick auf die Nutzung der Digitalisierung siehe Abschnitt 4.1.6.3.
[234] Vgl. Schmelzer und Sesselmann 2008 S. 63 f.
[235] Siehe hierzu auch Abschnitt 7.2.2. Ein praxisorientiertes Beispiel für den inkrementellen Einsatz der Digitalisierung ist, wenn ein Unternehmen der Maschinenbaubranche Produkte auf einer konventionellen Drehbank fertigt und diese zur Realisierung einer vorbeugenden Instandhaltung mit Sensorik ausrüstet.
[236] Siehe hierzu auch Abschnitt 2.1.2.
[237] Vgl. Weber et al. 2017a S. 3.

Erwartungen hinsichtlich der Personaleinsatzmöglichkeiten

Die Auswirkungen der Digitalisierung auf den Personaleinsatz werden in der Literatur unter dem Begriff „Arbeit 4.0" zusammengefasst, wozu etwa die Entkopplung der Erwerbsarbeit von festen Arbeitszeiten und festen Arbeitsorten fällt.[238] Durch die Digitalisierung wird bspw. eine ortsunabhängige Arbeitsweise erleichtert, da Präsenz am Arbeitsplatz nicht mehr für alle Beschäftigten unbedingt notwendig ist. Zudem besteht die Möglichkeit, Arbeitsaufgaben an nicht abhängig Beschäftigte zu übergeben, die partiell für Projektaufgaben eingekauft werden. Diese zunehmende räumliche und organisatorische Flexibilität stellt Unternehmen und Vorgesetzte vor die Herausforderung, Arbeitsabläufe auch bei räumlicher Abwesenheit der Beschäftigten effizient zu gestalten. Eine Schlüsselaufgabe, welche durch neue technologische Möglichkeiten induziert wird, ist die berufliche Qualifikation, um Mitarbeitern den Umgang mit der Digitalisierung sowohl in technischer wie auch in organisatorischer Hinsicht zu ermöglichen.[239]

Neben diesen „weichen" Wirkungsdimensionen der Digitalisierung auf die Arbeit, wozu vernetztes und mobiles Arbeiten sowie Ansätze für eine agile und flexible Kapazitätssteuerung gehören, sind vor allem Auswirkungen auf die Gestaltung von Tätigkeiten und die Integration neuer Arbeitsmittel von Interesse. Tätigkeiten verändern sich durch die Digitalisierung dadurch, dass weniger Papierdokumente zu bearbeiten sind und der Computereinsatz weiter steigt. Generell ist dort, wo eine große Nutzung von Informationen vorliegt bzw. Wissen verarbeitet und erzeugt wird, ein Potenzial zur Intensivierung der Nutzung von Informations- und Kommunikationstechnologie. Unter Berücksichtigung softwaretechnischer Weiterentwicklungen erfolgt eine sukzessive Ausweitung der Nutzung von Algorithmen und zunehmend die Entwicklung künstlicher Intelligenzen.[240] Neue Arbeitsmittel liegen insofern vor, als dass die Miniaturisierung von Endgeräten in Kombination mit deren sinkenden Anschaffungskosten dazu führt, dass diese vermehrt Einzug in betriebliche Abläufe erhalten. Eine Sonderform neuer technischer Möglichkeiten, die auf der Digitalisierung basieren, stellen kollaborierende Roboter dar, welche die unmittelbare Zusammenarbeit von Mensch und Roboter ohne

---

[238] Vgl. Bruckner et al. 2018 S. 17.
[239] Vgl. Klammer et al. 2017 S. 465 f.
[240] Siehe hierzu auch Kapitel 10.

trennende Schutzzäune ermöglichen. Auch sind aktive Exoskelette den kollaborierenden Robotern zuzuordnen und dienen zur Erweiterung der physischen Möglichkeiten eines Menschen.[241]

Aus betriebswirtschaftlicher Perspektive scheint eine Substitution von teurer menschlicher Arbeit, die zudem nicht selten durch höhere Fehleranfälligkeit auffällt, durch günstige Technologien sinnvoll. Dort, wo dies nicht oder nur in engen Grenzen möglich ist, wird die Digitalisierung hingegen in einer Art Verwendung finden, dass die Produktivität der Beschäftigten gesteigert werden kann. Dabei kommt es auf eine gesundheitsförderliche Gestaltung an, etwa bei der mobilen und flexiblen Arbeit oder der Nutzung kollaborierender Roboter, damit die Chancen für eine höhere Produktivität genutzt und mögliche Risiken vermieden werden können.[242] Personalbezogene Produktivitätsauswirkungen werden einerseits unmittelbar sichtbar durch den Einsatz der Digitalisierung, können jedoch auch mittelbar über einen längeren Zeitraum erst ersichtlich werden.[243] Wichtig ist hierbei, dass Informationsflüsse so gestaltet werden, dass sie zielgerichtet stattfinden und nicht zu Informationsüberflutung führen, welche Produktivitätssenkungen zur Folge haben können.[244]

Abschließend an diesen Abschnitt soll noch der Hinweis erfolgen, dass auch auf Risiken im Kontext der Digitalisierung eingegangen werden muss, welche sich für Unternehmen darstellen. So lässt sich die Digitalisierung zwar für ein intensives Risikomanagement nutzen – etwa in Form der Echtzeitüberwachung von Prozessen –, sie birgt in sich jedoch auch neue Risiken, mit denen Betriebe umzugehen lernen müssen. Als Beispiele sind hier der temporäre oder totale Verlust von Daten, die falsche Datenverarbeitung oder die Gefahr von Cyberangriffen zu nennen.[245] Auch physische Störgrößen wie verschmutzte Sensoren oder nicht ordnungsgemäß arbeitende Aktoren sind zu nennen. Folglich sind die

---

[241] Vgl. Bauer und Hofmann 2018 S. 3 f.
[242] Vgl. Wanek und Hupfeld 2018 S. 151.
[243] Ein praxisorientiertes Beispiel für eine unmittelbare Auswirkung ist der Einsatz von Handschuhscannern anstatt Handscannern für QR-Codes, welche schnellere Scanvorgänge erlauben. Ein praxisorientiertes Beispiel für eine mittelbare Auswirkung ist die Nutzung aktiver Exoskelette für Hebevorgänge, welche Muskel-Skelett-Erkrankungen verringert und somit den Krankenstand sinken lässt.
[244] Vgl. Vuori et al. 2018 S. 3.
[245] Vgl. Tupa et al. 2017 S. 1226 f.

Maßnahmen zur Risikovermeidung bspw. sowohl auf die Datensicherheit als auch auf die Wartung und Instandhaltung der technischen Anlagen zu beziehen. Dies bedeutet letztlich, dass diese Aufgaben, welche lange schon in der Praxis betrieben werden, auch in der Digitalisierung wesentlich sind.

Nach dieser Betrachtung wesentlicher Erwartungen an die Digitalisierung und damit verbundener Herausforderungen folgt nun die Auseinandersetzung mit der Frage, wie ein über Unternehmensgrenzen hinweg einheitlicher Standard zur Etablierung Cyber-Physischer Systeme geschaffen werden kann.

4.1.6.2 Strukturierung durch Referenzarchitekturmodelle

Die Erwartungen an die Digitalisierung fallen vielseitig aus, jedoch zeigt sich auch, dass Unternehmen diese nicht immer in strategische Maßnahmen überführen. Bspw. wurde in einer empirischen Studie des Fraunhofer IAO die Frage nach dem Vorliegen einer Digitalisierungsstrategie von fast der Hälfte der Befragten verneint.[246] Dies liegt v. a. daran, dass die operative Umsetzung häufig als schwierig empfunden wird und klare Strukturen zur Umsetzung nicht vorhanden bzw. nicht bekannt sind. Ansätze, um Unternehmen die Umsetzung der Digitalisierung auf strukturierte Art zu erleichtern, finden sich vor allem in sogenannten Referenzarchitekturmodellen. Diese verfolgen das Ziel, die Vernetzung von Objekten mittels des „Industrial Internet of Things" auf eine Art zu ermöglichen, dass Kommunikations-Referenzarchitekturen mit hoher Standardisierung genutzt werden und somit verschiedene Objekte unterschiedlicher Hersteller vernetzbar werden. Anforderungen an Referenzarchitekturmodelle umfassen folglich eine hierarchische Auslegung, um die Vielzahl der Objekte handhabbar zu machen. Weiterhin helfen sie die Echtzeitfähigkeit des Datenaustauschs sowie eine durchgängige Datenübertragung zwecks horizontaler und vertikaler Integration zu etablieren. Ergänzt wird dies um Ansätze zur Realisierung der Anforderungen an Datenschutz und

---

[246] Vgl. Schlund und Pokorni 2016 S. 11. n=601, Befragungszeitraum 6. April 2016 bis 30. Juni 2016.

Datensicherheit.[247] Dadurch können Aufgaben und Abläufe in überschaubare Teile zergliedert werden.[248]

Als bekannteste und am weitesten verbreitete Referenzarchitekturmodelle gelten das Referenzarchitekturmodell Industrie 4.0 (RAMI 4.0) als europäischer Ansatz und die Industrial Internet Reference Architecture (IIRA) als US-amerikanischer Ansatz. Vor dem Hintergrund, dass diese Schrift einen Fokus auf Deutschland als Industriestandort legt, wird in der Folge nur auf das RAMI 4.0-Modell näher eingegangen.[249]

Das Referenzarchitekturmodell RAMI 4.0 dient der Strukturierung der Digitalisierung bzw. Industrie 4.0 und wird in der DIN SPEC 91345:2016-04 beschrieben. Dies erfolgt in Form eines kubischen Schichtenmodells, das technische Gegenstände (sog. Assets) in Form von Schichten (sog. Layers) beschreibt und dem Produktlebenslauf sowie technischen beziehungsweise organisatorischen Hierarchien zuordnet.[250] Diese Schichten repräsentieren die realen Objekte in der physischen Welt sowie ihre digitale Abbildung. Angelehnt ist diese an die in der Informationstechnologie gebräuchliche Kategorisierung komplexer Projekte in überschaubare Teileinheiten.[251] Die abgedeckten Stufen des Produktlebenslaufes reichen von der Entwicklung über die Fertigung bis zu Wartung und Recycling. Die verwendeten Hierarchien sind an klassische Kategorisierungen aus der Produktionsplanung und -steuerung angelehnt, jedoch erweitert um das „Smart Product" auf der untersten Ebene, welches die Möglichkeit zur Vernetzung einzelner Produkte repräsentiert, und um die „Connected World" als oberste Hierarchiestufe, welche die Vernetzung eines Unternehmens mit anderen Partnern in der Wertschöpfungskette repräsentiert. Im Kern hilft das Architekturmodell RAMI 4.0 dabei, unterschiedliche vorhandene Standards für eine digitale Vernetzung zu klassifizieren, um auf dieser Basis

---

[247] Vgl. Heidrich und Luo 2016 S. 19.
[248] Vgl. VDI Verein Deutscher Ingenieure 2015 S. 6.
[249] Mittels des IIRA wird versucht, eine auf Standards basierende offene Architektur für Systeme des Industrial Internet of Things zu entwickeln mit Blick auf eine breite Anwendbarkeit in der Industrie. Interoperabilität soll gefördert und anwendbare Technologien sollen abgebildet werden. Die Entwicklung von Standards wird hierdurch gefördert. Die Architekturbeschreibung und -darstellung ist generisch mit einem hohen Abstraktionsniveau (vgl. Industrial Internet Consortium 2017 S. 10). Diese Zielsetzungen sind vergleichbar zu denen von RAMI 4.0.
[250] Vgl. DIN SPEC 91345 S. 6.
[251] Vgl. VDI Verein Deutscher Ingenieure 2015 S. 7.

Vereinheitlichungen bestehender sowie Neuentwicklungen fehlender Standards anzustoßen.

Nach dieser Beschreibung eines europäischen Ansatzes zur unternehmens-übergreifenden Strukturierung und Standardisierung von Komponenten der Digitalisierung folgt nun eine Übersicht über Ansätze zur Reifegradbestimmung in Unternehmen hinsichtlich des aktuellen Digitalisierungsstands.

4.1.6.3 Reifegradbewertung des Digitalisierungsstandes von Unternehmen

Die Umsetzung von Produktivitätsstrategien mittels der Digitalisierung erfordert es, dass sich Unternehmen zunächst mit dem Status Quo ihres aktuellen „Digitalisierungsgrades" auseinandersetzen sollten. Für die Beurteilung des Entwicklungsstandes werden verschiedene Bewertungsansätze angeboten, durch die eine Einordnung des Status Quo ermöglicht werden soll. Diese Modelle sind zumeist von Praktikern entwickelt und zeichnen sich durch eine häufig einfache Anwendbarkeit aus. Wissenschaftlich fundiert ist ihre Vorgehensweise hingegen nur bedingt, was potenzielle Risiken der Anwendung mit sich bringt, die zunächst skizziert werden sollen. Neben der Subjektivität der Einschätzung fallen Reifegradmodelle durch einen hohen Aggregationslevel auf, weil deren Entwickler eine breite Anwendbarkeit sicherstellen wollen und demnach unternehmensspezifische Charakteristika nicht bzw. nur in engen Grenzen abgebildet werden können.

Weil Digitalisierung an sich ein breit gefächertes Thema darstellt und das Verständnis höchst verschieden ist,[252] erscheint die Entwicklung eines einerseits detaillierten und gleichzeitig andererseits industrieweit anwendbaren Reifegradmodells, welches zudem individuelle Unternehmensspezifika mit abdeckt, als eine nahezu unmögliche Aufgabe. Aus den genannten Gründen heraus wird in dieser Schrift darauf verzichtet, einen solchen Ansatz zu entwickeln. Es ist aber durchaus von Interesse, auf bestehende Ansätze in Form eines Überblicks einzugehen, was in diesem Abschnitt erfolgen soll. Abbildung 22 zeigt

---

[252] Vgl. Ausführungen in Abschnitt 4.1.2.

eine Reihe an Reifegradmodellen unterschiedlicher (wissenschaftlicher wie kommerzieller) Anbieter.

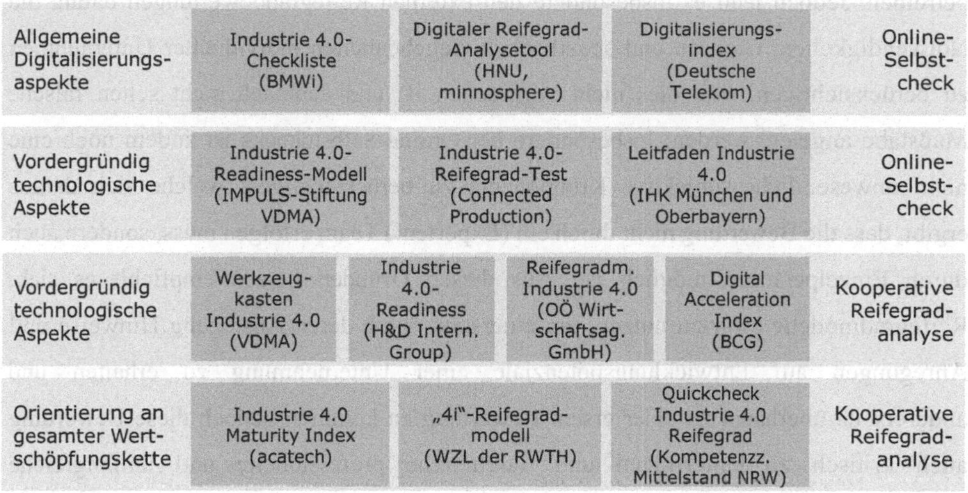

Allgemeine Digitalisierungsaspekte	Industrie 4.0-Checkliste (BMWi)	Digitaler Reifegrad-Analysetool (HNU, minnosphere)		Digitalisierungsindex (Deutsche Telekom)	Online-Selbstcheck
Vordergründig technologische Aspekte	Industrie 4.0-Readiness-Modell (IMPULS-Stiftung VDMA)	Industrie 4.0-Reifegrad-Test (Connected Production)		Leitfaden Industrie 4.0 (IHK München und Oberbayern)	Online-Selbstcheck
Vordergründig technologische Aspekte	Werkzeug-kasten Industrie 4.0 (VDMA)	Industrie 4.0-Readiness (H&D Intern. Group)	Reifegradm. Industrie 4.0 (OÖ Wirtschaftsag. GmbH)	Digital Acceleration Index (BCG)	Kooperative Reifegradanalyse
Orientierung an gesamter Wertschöpfungskette	Industrie 4.0 Maturity Index (acatech)	„4i"-Reifegradmodell (WZL der RWTH)	Quickcheck Industrie 4.0 Reifegrad (Kompetenzz. Mittelstand NRW)		Kooperative Reifegradanalyse

Abbildung 22: Überblick zu Reifegradmodellen[253]

Die Übersicht listet verschiedene Reifegradmodelle, wobei zeilenweise die inhaltlichen Schwerpunkte einschließlich des Ansatzes der jeweiligen Modelle (Online-Selbstcheck sowie kooperative Reifegradanalyse) aufgezeigt sind. So gibt es Analysemethoden, die webbasiert ohne fremde Hilfe angewendet werden können (erste und zweite Zeile) sowie kooperative Reifegradanalysen, für welche eine Abstimmung mit externen Partnern in unterschiedlichem Umfang herangezogen wird (dritte und vierte Zeile). Inhaltlich sind die Bewertungen zumeist auf technische Aspekte bezogen (zweite und dritte Zeile), jedoch teilweise auch auf eher generalistische Aspekte zur Digitalisierung (erste Zeile) oder auch deutlich detaillierter unter Fokussierung auf die Wertschöpfungskette (vierte Zeile).

Die Inhalte sowie deren Urheber bzw. Entwickler der Reifegradmodelle sind bei der Auswahl und Anwendung kritisch im Blick zu behalten. Obwohl die Ansätze die gute Absicht verfolgen, Unternehmen dabei zu unterstützen ihren eigenen Entwicklungsstand kritisch zu reflektieren, gelingt dies in der Praxis nur unzureichend ohne explizite Analyse des betrachteten Unternehmens einschließlich einer Vor-Ort-Begehung. Die Gründe sind vielfältig. So bieten die Ansätze zwar den Vorteil, dass sie durch die Eingabe einer

---

[253] Eigene Darstellung in Anlehnung an Kese und Terstegen 2017.

begrenzten Informationsmenge auf zumeist vordefinierten Skalen eine Einschätzung zur „digitalen Reife" einer Unternehmung ermöglichen, ohne große Aufwendungen dafür zu betreiben. Jedoch fehlt es insbesondere den externen Reifegradbewertungen daran, die Notwendigkeiten, Grenzen und spezifischen Gegebenheiten individueller Unternehmen zu berücksichtigen, weil dies nicht vorgesehen ist und demnach nicht selten falsche Maßstäbe angelegt werden. Insbesondere bei Online-Selbstchecks ist zudem noch eine nicht unwesentliche subjektive Komponente zu berücksichtigen, welche sich daraus ergibt, dass die Bewertung nicht durch ein (Experten-) Team erfolgen muss, sondern auch durch Einzelpersonen möglich ist. Aus diesen Gründen heraus empfiehlt es sich, Reifegradmodelle zwar zu nutzen, um einerseits durch deren Auslegung Hinweise und Anregungen auf Entwicklungspotenziale einer Unternehmung zu erhalten und andererseits überhaupt zu einer ersten Bewertung zu kommen, jedoch diese Bewertung auch kritisch zu hinterfragen und durch eine professionelle und umfangreiche Individualanalyse zu ergänzen.

4.2 Zwischenfazit

Mit Kapitel 4 wurde ein Verständnis zum Begriff der Digitalisierung geschaffen, welches zunächst eine für diese Schrift gültige Definition umfasst, darauf aufbauend technische Komponenten beschreibt und zuletzt auf die Bedeutung der Digitalisierung in volks- wie betriebswirtschaftlicher Hinsicht Bezug nimmt. Als Zwischenfazit kann festgehalten werden, dass die Integration der Digitalisierung in das Produktivitätsmanagement, wie es in Abschnitt 2.2 beschrieben wurde, in der Zukunft entscheidend für die internationale Wettbewerbsfähigkeit sein wird.[254] Insofern sind die hier skizzierten technischen Ansätze der Digitalisierung im Rahmen der arbeitswissenschaftlichen und betriebswirtschaftlichen Überlegungen zur Produktivitätsverbesserung zu berücksichtigen und stellen dafür die technische Möglichkeiten dar, um neue Potenziale zu heben. Deshalb ist es erforderlich Unternehmen zu befähigen, adäquate Produktivitätsstrategien zu gestalten und zu nutzen. Hierbei ist die Individualisierung von Produktivitätsstrategien von hoher Bedeutung,

---

[254] Die Gründe liegen in den Potenzialen der Digitalisierung, wie sie in Abschnitt 6.3 exemplarisch beschrieben werden, einschließlich der Tatsache, dass auch die Wettbewerber diese nutzen (werden) und hierdurch ein faktischer Zwang zur eigenen Nutzung besteht.

müssen doch die Spezifika eines konkreten Unternehmens explizit berücksichtigt werden, was keinesfalls mit einem allgemeingültigen Ansatz möglich erscheint.

Als Zwischenfazit der Kapitel 2 bis einschl. 4 kann an dieser Stelle gezogen werden, dass die Produktivität eine wichtige Kenngröße sowohl in der Arbeitswissenschaft, der Volkswirtschaftslehre als auch in der Betriebswirtschaftslehre darstellt. Ihre Beeinflussung innerhalb einzelner Unternehmungen ist durch das Produktivitätsmanagement in Form von Regelkreisen zu organisieren und idealerweise strategisch auf die Unternehmensvision und -strategie abgestimmt. Diese Aufgaben nimmt i. d. R. das Industrial Engineering als interdisziplinäre Aufgabe an der Schnittstelle zwischen Ingenieurwissenschaft, Arbeitswissenschaft und Betriebswirtschaft wahr. Durch vielseitige Methoden erfolgt die Steuerung der Produktivität auf strategischer, taktischer und vor allem operativer Ebene, wobei die traditionellen Ansätze, etwa des Lean Managements, aufgrund der zunehmenden Komplexität von Produktionsumgebungen zunehmend an Grenzen stoßen. Hier setzt die Digitalisierung, wie sie sich spätestens seit den 2010er Jahren durch neue technologische Möglichkeiten entwickelt, an und verspricht zusätzliche Produktivitätshebungspotenziale. Diese gehen über prozessorientierte Optimierungsansätze hinaus und beziehen auch die Weiterentwicklung bestehender und die Generierung neuer Geschäftsmodelle mit ein.

Mit Kapitel 4 ist ein Teil der ersten Forschungsfrage sowie die zweite Forschungsfrage final beantwortet. Die erste Forschungsfrage wird im nachfolgenden Kapitel 5 final beantwortet werden, sodass dort detailliert Bezug auf die Ergebnisse genommen wird. In der zweiten Forschungsfrage wurde nach Möglichkeiten zur Klassifikation von Ansätzen der Digitalisierung gefragt. In Abschnitt 4.1.3 dieses Kapitels wurde eine Klassifikationsstruktur aufgezeigt, die sich an dem sukzessiven Ablauf von der Erhebung von Daten bis hin zu ihrer Nutzung orientiert. So wurden messtechnische Ansätze zur Datenerfassung, Techniken zur Vernetzung digitaler Systeme, Möglichkeiten zur Daten- und Informationsaufbereitung, technische Ansätze zur Datenvisualisierung und – im Hinblick auf die Datennutzung – regelungstechnische Ansätze identifiziert, womit die Forschungsfrage 2 beantwortet wird. Eine Zusammenfassung der Ergebnisse ist nachfolgend in Tabelle 5 dargestellt.

Tabelle 5: Beantwortung der zweiten Forschungsfrage

Forschungs-frage-nummer	Forschungsfrage	Kapitel mit Antworten	Antworten auf Forschungsfrage
2	Wie können Informations- und Kommunikationstechnologien sowie darauf basierende Applikationen der Digitalisierung nach technischen Gesichtspunkten klassifiziert werden?	4	Eine Gliederung der Ansätze der Digitalisierung nach technischen Gesichtspunkten kann erfolgen nach: messtechnischen Ansätzen, Vernetzungsansätzen, Ansätzen zur Daten- und Informationsaufbereitung, Ansätzen zur Visualisierung und regelungstechnische Ansätze.

In der Folge dieser Schrift werden die bislang gewonnenen Erkenntnisse zunächst anhand einer Befragungsstudie gespiegelt, um Aussagen zur Verknüpfung von Produktivitätsmanagement und Digitalisierung in der betrieblichen Praxis der deutschen Metall- und Elektroindustrie zu erhalten. Damit werden insbesondere die in diesem Kapitel 4 gemachten Ausführungen zu Erwartungen an die Digitalisierung, die auf einer Literaturauswertung basieren, konkretisiert und es wird auf dieser Grundlage die erste Forschungsfrage beantwortet. Im Anschluss werden in Kapitel 6 Möglichkeiten der Produktivitätsbeeinflussung strukturiert und in Kapitel 7 ein Ansatz zu ihrer Implementierung entwickelt.

5 Befragungsstudie zu Produktivitätsmanagement und Nutzung der Digitalisierung

In diesem Kapitel wird eine Befragungsstudie unter Fach- und Führungskräften der deutschen Metall- und Elektroindustrie vorgestellt, welche im Rahmen der Ausarbeitung dieser Schrift erhoben wurde. In dieser Befragung wurden die Teilnehmer dazu aufgefordert, sich zur Ausgestaltung des Produktivitätsmanagements im Allgemeinen sowie der Nutzung der Digitalisierung für das Produktivitätsmanagement im Speziellen zu äußern. Dabei wurden Fragen zur Bedeutung für die gesamte Wirtschaft genauso gestellt wie zu den einzelnen Unternehmen, in denen die Befragten tätig sind.

Der Fragebogen wurde über die Arbeitgeberverbände der deutschen Metall- und Elektroindustrie[255] sowie das ifaa – Institut für angewandte Arbeitswissenschaft verteilt.[256] Über die Verteiler der Arbeitgeberverbände konnte sichergestellt werden, dass die Antwortenden aus dem Kreis der betrieblichen Entscheider stammen, vordergründig der Geschäftsführer, Produktions- und Personalverantwortlichen. Dies ist wichtig, um einerseits Einblicke in die Ausgestaltung von Produktivitätsmanagement zu erhalten und andererseits zu erfahren, wie seitens der betrieblichen Entscheider die Digitalisierung in die Betriebe hineingetragen wird. Zudem konnte mit diesen Verteilern sichergestellt werden, dass die Antwortenden aus der zu evaluierenden Branche der deutschen Metall- und Elektroindustrie kamen.

Ziel war es, eine repräsentative Studie zu erheben mit Fokus auf eine Branche, welche in der deutschen Wirtschaft durch eine hohe Anzahl Unternehmen, viele darin beschäftigte

---

[255] Die deutsche Metall- und Elektroindustrie umfasst 22 Arbeitgeberverbände, deren Tätigkeit sich zumeist auf ein Bundesland fokussiert und die im Dachverband Gesamtmetall organisiert sind. Auf diese entfallen mehr als 7.000 Unternehmen (mit und ohne Tarifbindung) bzw. ca. 2,3 Millionen Beschäftigte (vgl. Gesamtmetall 2018 S. 3-8).
[256] Das ifaa – Institut für angewandte Arbeitswissenschaft e. V. ist eine praxisorientierte Forschungseinrichtung der Arbeitgeberverbände der Metall- und Elektroindustrie mit deutschlandweitem Tätigkeitsschwerpunkt. Die 18 Mitglieder dieser als eingetragener Verein organisierten Einrichtung bestehen aus Arbeitgeberverbänden der deutschen Metall- und Elektroindustrie sowie deren Dachverband Gesamtmetall (siehe auch www.arbeitswissenschaft.net).

(sozialversicherungspflichtige) Personen sowie einen hohen Anteil an der industriellen Wertschöpfung[257] geprägt ist. Aus arbeitswissenschaftlicher Perspektive finden sich in der Metall- und Elektroindustrie sehr vielseitige Tätigkeitsprofile, sodass auch die Anwendungsmöglichkeiten der Digitalisierung vielfältig ausfallen.[258] Mittels der Befragung sollte geklärt werden, ob dies auch der betrieblichen Praxis entspricht. Die Befragungsergebnisse sind hier vollständig abgedruckt und wurden im Vorfeld der Veröffentlichung dieser Schrift bereits in verschiedentlichem Umfang publiziert.[259] Mittels dieser Befragungsergebnisse wird in diesem Kapitel, in Ergänzung zu den Ausführungen in Kapitel 4, die erste Forschungsfrage nach der Erwartungshaltung an die Digitalisierung beantwortet werden.

5.1 Zielstellung und Studiendesign

Die konkrete Gestaltung sowohl der Digitalisierung als auch des Produktivitätsmanagements sollte unternehmensspezifisch erfolgen, um die Anforderungen des konkreten Betriebes berücksichtigen zu können. Die dabei verfolgte Zielstellung, die Produktivität zu verbessern, ist jedoch allen gemein. Aus diesem Grund sind zunächst diejenigen Fragen von Interesse, in wie weit die Unternehmen ihr Produktivitätsmanagement strategisch verankert haben und wie sie es systematisch zur eigenen Weiterentwicklung nutzen. In diesem Kontext ist weiterhin von Interesse, wie neue Impulse durch die Digitalisierung bereits genutzt werden, welche Applikationen in der näheren Zukunft umgesetzt werden sollen und welche Erwartungen allgemein für Unternehmensvertreter mit dieser technologischen Entwicklung einher gehen.

---

[257] Der Anteil der Metall- und Elektroindustrie an der industriellen Wertschöpfung liegt bei ca. 66 % und leistet damit einen Großteil zur gesamten industriellen Wertschöpfung in Deutschland (vgl. Lichtblau et al. 2017 S. 70).

[258] Zu nennen sind einerseits der hohe Automatisierungsgrad, welcher hochqualifizierte Tätigkeiten der Einrichtung und Überwachung bedingt, und andererseits vielseitige manuelle Tätigkeiten, welche von energetischer sowie informatorischer Arbeitsunterstützung profitieren können. Insofern unterscheidet sich diese Branche von anderen Industrien, wie bspw. der chemischen Industrie oder der Lebensmittelindustrie, und ist folglich für die vorliegende Schrift gut geeignet, um die in Kapitel 4 gemachten Ausführungen zur Digitalisierung anhand von Rückmeldungen aus der betrieblichen Praxis einer bedeutenden deutschen Industriebranche zu spiegeln.

[259] Siehe Weber et al. 2017c, Weber et al. 2017b, Weber und Jeske 2017 sowie Weber et al. 2018a. Soweit nicht anders angegeben, erfolgt die Wiedergabe der Inhalte in diesem Kapitel basierend auf diesen Quellangaben.

Im Hinblick auf die Gütekriterien einer Befragung, namentlich der Validität, Reliabilität, Objektivität, Repräsentativität, Utilität, Ökonomie und Zumutbarkeit,[260] können folgende Angaben gemacht werden. Um die beabsichtigten Inhalte erfassen zu können, wurden die Fragen so konstruiert, dass die Formulierungen möglichst präzise und unmissverständlich sind (Validität). Würde die Befragung im gleichen Adressatenkreis wiederholt werden, so hätten sich zum Befragungszeitpunkt voraussichtlich gleichartige Ergebnisse gezeigt. Ein späterer Befragungszeitpunkt hätte wahrscheinlich eine Verschiebung der Ergebnisse zur Folge gehabt, weil das schnelllebige Thema der Digitalisierung zu einer anderen Situation in den Betrieben geführt haben dürfte als zum Befragungszeitraum (Reliabilität). Der Fragebogen enthält Fragen zu den Unternehmen der Befragten, sodass hier von objektiven Ergebnissen auszugehen ist, die unabhängig von der befragten Person in dem Unternehmen sind – einen ausreichenden Kenntnisstand vorausgesetzt. Es gibt jedoch auch Fragen, mit welchen explizit nach der (subjektiven) Meinung der Antwortenden gefragt wurde, sodass hier Abweichungen denkbar sind, wenn andere Personen (im gleichen Unternehmen) gefragt worden wären (Objektivität). Die Verallgemeinerbarkeit der Ergebnisse für die untersuchte Branche der deutschen Metall- und Elektroindustrie konnte erst ex post bestätigt werden, nachdem sichergestellt war, dass sich die Befragten auf alle Wirtschaftszweige dieser Branche verteilen (Repräsentativität).[261] Die Befragung wurde onlinebasiert durchgeführt, um einerseits eine einfache, viele Adressaten gewinnende Verbreitung zu gewährleisten und andererseits eine komfortable Möglichkeit zum Beantworten und Absenden für die Befragten zu bieten.[262] Es muss an dieser Stelle kritisch angemerkt werden, dass der Umfang des Fragebogens groß war und daher von den Antwortenden ein Zeitfenster zur Beantwortung im zweistelligen Minutenbereich erforderte. Letzteres lag darin begründet, dass eine große Bandbreite an Informationen abgefragt wurde (Utilität, Ökonomie und Zumutbarkeit).

---

[260] Vgl. Hollenberg 2016 S. 6.
[261] Siehe hierzu auch die Befragungsergebnisse in Abbildung 23.
[262] Die Befragung erfolgte mittels der auf Onlineumfragen spezialisierten Website SoSci Survey (siehe www.soscisurvey.de). Die Website wandelt die angegebenen Antworten in codierte numerische Ausdrücke um, welche die Grundlage der späteren Auswertung darstellen. Im vorliegenden Fall erfolgte die Auswertung mit den Softwareprogrammen SPSS sowie Microsoft Excel.

Zur Validierung des Fragebogens wurde ein Pretest im Dezember 2016 unter n=27 wissenschaftlichen Teilnehmern durchgeführt, die sich aus Mitarbeitern des ifaa – Institut für angewandte Arbeitswissenschaft sowie einiger Arbeitgeberverbände zusammensetzten.[263] Somit erfolgten Rückmeldungen zur geplanten Befragung von denjenigen, die einerseits über wissenschaftliche Expertise verfügen und somit in der Lage sind, Befragungskonzepte kritisch zu prüfen, und andererseits die Adressaten des Fragebogens sowie die zu befragende Branche sehr gut kennen. Weiterhin konnte so auch die Unterstützung der Verbände für die Befragungsaktion in einer frühen Phase gefördert werden, weil von dort im Anschluss an den Pretest der Fragebogen an die verbandlichen Mitgliedsunternehmen versendet werden sollte. Hinweise zur Verbesserung des Fragebogens wurden aufgegriffen und eingearbeitet.

Die Studie wurde unter der Bezeichnung "Produktivitätsstrategien im Wandel" im Zeitraum von Januar bis Juni 2017 durchgeführt. Die Bekanntmachung der Befragung erfolgte über die Arbeitgeberverbände der deutschen Metall- und Elektroindustrie und das ifaa – Institut für angewandte Arbeitswissenschaft in Form eines Rundschreibens an Ansprechpartner in den Mitgliedsunternehmen. Dieses enthielt den Link zur Online-Befragung zusammen mit einem kurzen Begleitschreiben, in dem Inhalt und Zweck der Befragung erläutert sowie Ansprechpartner für Rückfragen benannt wurden.

Die Befragung dient dazu, die übergeordnete Fragestellung nach dem Umgang mit Produktivität sowie der Nutzung der Digitalisierung zu ihrer Beeinflussung in der deutschen Metall- und Elektroindustrie zu beantworten. Mittels der Befragung sollten ein realistisches Bild der Situation zum damaligen Zeitpunkt entstehen und Entwicklungstendenzen erkannt werden. Diese ausgehende Fragestellung war der Ausgangspunkt der Konzeptspezifikation für den Fragebogen, welche zunächst in den nachfolgenden sieben Teilfragen konkretisiert wurde, zu denen dann wiederum die ab Abschnitt 5.2 präsentierten eigentlichen Fragen des Fragebogens gehören.

---

[263] Für Pretests wird gefordert, dass dieser unter ähnlichen Bedingungen wie die tatsächliche Befragung durchgeführt wird. Hierfür wird eine Stichprobengröße von 20 bis 30 Befragungsteilnehmer empfohlen (vgl. Hollenberg 2016 S. 24).

- Wie stehen die Unternehmen der deutschen Metall- und Elektroindustrie zu Produktivitätsmanagement?
- Wie erfolgt Produktivitätsmanagement derzeit?
- Welche produktivitätsrelevanten Daten werden (digitalisiert) erfasst?
- Welche Entwicklungen werden erwartet?
- In wie weit ist das Produktivitätsmanagement in den Betrieben strategisch ausgerichtet?
- Wie wird die Digitalisierung zur Unterstützung des Produktivitätsmanagements genutzt?
- Wie wirken sich Produktivitätsmanagement und Digitalisierung auf die Arbeitswelt aus?

Um die sieben inhaltlichen Themen abzudecken, wurden diese mittels der empirischen Indikatoren der Fragen mit passenden Antwortoptionen operationalisiert.[264] Innerhalb der Fragen fanden sich verschiedene Antwortformate.[265] Von den insgesamt 39 Fragen waren 35 rein geschlossene Fragen. Bei vier Fragen bestand die Möglichkeit, die Auswahl vorgegebener Antwortmöglichkeiten durch Freitextantworten zu ergänzen (sog. halb-offene Fragen). Bei fünf Fragen waren Mehrfachantworten zugelassen. Lediglich eine Frage wurde als Pflichtfrage deklariert, wobei es sich hier um die Frage nach dem Wirtschaftszweig handelt, in dem das Unternehmen des Befragten tätig ist. Hierdurch sollte sichergestellt werden, dass die Ergebnisse der Befragung sich auf die deutsche Metall- und Elektroindustrie beziehen und nicht durch branchenfremde Antwortgeber verzogen werden. Diese geschlossen angelegte Fragenstruktur sollte die nachträgliche Auswert- und Vergleichbarkeit erleichtern.

Innerhalb der Fragen wurden verschiedene Antwortvorgaben bzw. -skalen verwendet.[266] In 20 Fragen fanden sich Antwortvorgaben, in 19 Fragen wurde eine Antwortskala

---

[264] Die Fragen sind die Indikatoren über die zu erforschenden Inhalte. Siehe auch Faulbaum 2019 S. 201 f. für die Herleitung von Fragen zur Messung der beabsichtigten Inhalte.
[265] Der Begriiff der Antwortformate steht für standardisierte Vorgaben, in welcher Form die Befragten ihre Antworten angeben können (vgl. Faulbaum 2019 S. 178).
[266] Antwortvorgaben stehen für gegebene Auswahlmöglichkeiten für die Antworten. Sind diese zudem in einer Rangfolge abgestuft, so spricht man von Antwortskalen (vgl. Faulbaum 2019 S. 180).

genutzt. Antwortvorgaben variierten nach den gestellten Fragen und sind nominal skaliert, wobei auf eine deutliche inhaltliche Abgrenzung geachtet wurde. Die verwendeten Antwortskalen wurden möglichst standardisiert, sodass die Befragten bei verschiedenen Fragen den gleichen Aufbau wiederfanden. 13 Fragen wiesen eine ordinalskalierte 4er Skala[267] auf, zwei Fragen enthielten eine Ratioskala, auf der frei ein Prozentwert gewählt werden konnte, eine Frage nutzte eine ordinalskalierte 10er Skala (von „keine Nutzung" bis „intensive Nutzung") und eine Frage eine ordinalskalierte 6er Skala von „unwichtig" bis „wichtig".[268] Zwei weitere Fragen wiesen eine Ordinalskala mit Zeitbezug von „genutzt" über „nicht genutzt, aber geplant" bis zu „nicht genutzt und nicht geplant" auf.

Bei der Fragenformulierung wurde streng darauf geachtet, eine einfache Syntax zu verwenden, welche mittels einer klaren Semantik sicherstellt, dass die Wirkung der Frage auf den Befragten möglichst ohne Interpretationsspielraum und folglich die Frage geeignet ist, um den gewünschten Sachverhalt korrekt zu erfassen.[269] Waren Begriffsdefinitionen zum Verständnis sinnvoll bzw. notwendig, so wurden diese gegeben, wenngleich ein geringer Bedarf zur Definition von Begrifflichkeiten vorlag.[270]

Der Fragebogen wurde nach thematischen Schwerpunkten in die folgenden acht Abschnitte untergliedert, die jeweils eine Seite in der Online-Befragung darstellten und somit den Antwortenden eine übersichtliche Struktur gaben.

---

[267] Diese wurden im Kontext der gestellten Frage als „sehr stark, stark, schwach, sehr schwach", „sehr förderlich, förderlich, hinderlich, sehr hinderlich" bzw. „stark erhöht, erhöht, verringert, stark verringert" ausgelegt. Mittels dieser Skala sollten sich die Befragten zu einer konkreten Aussage mit einer Tendenz äußern, d. h. ein „neutral" wurde explizit nicht vorgesehen. Dies liegt darin begründet, dass herausgefunden werden sollte, ob die Befragten mindestens eher positiv oder mindestens eher negativ einer Aussage gegenüberstehen.
[268] Die letzteren drei wurden im Fragebogen durch das Verschieben eines „Reglers" auf einer Linie mit diskreten Positionen, ähnlich eines Stufenreglers aus der Elektrotechnik, beantwortet. Folglich mussten die Befragten keine Zahl direkt benennen, sondern die metrische bzw. ordinale Skala diente nur der anschließenden Codierung.
[269] Siehe für den Aufbau von Fragen auch Faulbaum 2019 S. 193.
[270] Die Befragten fanden an mehreren Stellen der Online-Befragung ein farblich hervorgehobenes „?" vor, bei welchen Sie durch Mouse-Over zusätzliche Informationen einschließlich Definitionen erhielten. Auf diese Funktion wurde bereits auf der Startseite im Einleitungstext explizit hingewiesen.

- Allgemeine Angaben zum Unternehmen und zu den Befragten
- Produktivität – Definition, Datenhandhabung und Erwartung
- Produktivitätsmanagement in den Unternehmen der Befragten
- Einfluss auf das Produktivitätsmanagement
- Produktivitätsmanagement und Ganzheitliche Produktionssysteme / Industrial Engineering
- Strategische Ausrichtung des Produktivitätsmanagements
- Bedeutung und Nutzung von Digitalisierung
- Bedarfe und Feedback

In den jeweiligen Abschnitten wurden die Fragen übersichtlich aufgelistet, wobei die Fragenreihenfolge vorgegeben und konstant war. Bei letzterer wurde darauf geachtet, zunächst mit „einfachen" Fragen zum eigenen Unternehmen zu beginnen, dann Angaben zu traditionellen Ansätzen des Produktivitätsmanagements abzufragen und darauf aufbauend auf die Digitalisierung im Kontext des Produktivitätsmanagements einzugehen. Dabei wurden wiederum zuerst Fragen gestellt, die sich mit dem Status Quo in den Betrieben beschäftigen, bevor Fragen zur weiteren Zukunft gestellt wurden.

Die Darstellung der Ergebnisse in der vorliegenden Schrift folgt diesen acht Abschnitten. Mittels der zuvor genannten Vorgehensweise sollte bestmöglich sichergestellt werden, dass der Fragebogen die zu messenden Faktoren auch valide erhebt. Aufgrund der anonymen, unpersönlichen Antworten über das Internet kann jedoch – trotz aller Sorgfalt bei der Konzeption der Befragung – grundsätzlich nicht ausgeschlossen werden, dass Missverständnisse im Verstehen des Fragetextes bzw. in der Abgabe der Antworten vorliegen, sodass dies bei der Interpretation der Ergebnisse im Hinterkopf behalten werden muss.[271] Im Positiven ist anzumerken, dass kein Zwang zur Teilnahme an der Befragung bestand und mit der Abgabe der Antworten keine positiven oder negativen Sanktionen verbunden waren, was die inhaltliche Qualität der Antworten gefördert haben dürfte.

---

[271] Siehe hierzu auch Faulbaum 2019 S. 212.

An der Befragung teilgenommen haben 74 Fach- und Führungskräfte aus der deutschen Metall- und Elektroindustrie.[272] Die Befragung erfolgte anonym, jedoch konnten auf freiwilliger Basis Angaben zum eigenen Unternehmen gemacht werden.[273] Die einzige Pflichtfrage bezog sich, wie oben genannt und begründet, auf die Bestimmung des Wirtschaftszweiges, in dem das Unternehmen tätig ist.[274]

Im Hinblick auf die oben genannten sieben Teilfragestellungen wurden nachfolgende Hypothesen untersucht, die auf den Inhalten der vorherigen Kapitel basieren. Im Hinblick auf die erste Teilfrage „Wie stehen die Unternehmen der deutschen Metall- und Elektroindustrie zu Produktivitätsmanagement?" wurde die Hypothese „wenn die Unternehmen der deutschen Metall- und Elektroindustrie Produktivitätsmanagement als wichtig erachten, unabhängig von ihren kennzeichnenden Eigenschaften (bspw. ihre Betriebsgröße), dann findet dieses auch Anwendung in den Betrieben" aufgestellt. Mit Blick auf die zweite Teilfrage „Wie erfolgt Produktivitätsmanagement derzeit?" wurde die Hypothese „wenn Produktivitätsmanagement betrieben wird, dann erfolgt dies bei allen Unternehmen in Form von etablierten Regelkreisen mit Soll-Ist-Vergleichen und festgelegten Terminen zur Zielerreichung" aufgestellt.

Zur dritten Teilfrage „Welche produktivitätsrelevanten Daten werden (digitalisiert) erfasst?" wurde die Hypothese „wenn Daten (digitalisiert) erfasst werden, dann werden, unabhängig vom betrieblichen Funktionsbereich, vielseitige zeit- und mengenbezogene Daten (digitalisiert) erfasst, die geeignet sind, das Produktivitätsmanagement von einzelnen Arbeitsplätzen bis hin zum gesamten Unternehmen zu unterstützen" aufgestellt. Im Hinblick auf die vierte Teilfrage „Welche Entwicklungen werden erwartet?" wurde die Hypothese „wenn die Unternehmensvertreter eine Erwartung an die weitere Entwicklung

---

[272] Der Umfang des Fragebogens und seine stellenweise sehr spezifischen Fragestellungen führte offenbar dazu, dass keine höhere Teilnahmequote erzielt werden konnte (eine ähnliche Befragung des ifaa – Institut für angewandte Arbeitswissenschaft zu Industrie 4.0 konnte 2015 annähernd 500 Befragte in der gleichen Zielgruppe erreichen, siehe Institut für angewandte Arbeitswissenschaft e. V. 2015). Dennoch verteilen sich die 74 Teilnehmer auf alle Wirtschaftszweige der Metall- und Elektroindustrie und geben somit ein gutes Bild zu Produktivitätsmanagement und Digitalisierung in dieser Branche.

[273] Diese Möglichkeit nutzten 22 Befragte.

[274] Die erste Frage wurde als Pflichtfrage festgelegt, um auszuschließen, dass Teilnehmer aus anderen Branchen die Befragungsergebnisse verwässern und somit Rückschlüsse auf die Metall- und Elektroindustrie nur bedingt möglich wären.

von Produktivitätsmanagement und Digitalisierung haben, dann, dass die Rolle der Digitalisierung für das Produktivitätsmanagement, und somit für die Ergänzung traditioneller Ansätze wie Industrial Engineering bzw. Lean Management, bei allen Unternehmen zunehmen und die mittels (traditionellem) Produktivitätsmanagement erzielbaren Ergebnisse verbessert werden" aufgestellt.

Mit Blick auf die fünfte Teilfrage „In wie weit ist das Produktivitätsmanagement in den Betrieben strategisch ausgerichtet?" wurde die Hypothese „wenn Produktivitätsmanagement betrieben wird, dann ist das Produktivitätsmanagement in allen Unternehmen an den strategischen Zielen der Unternehmung ausgerichtet und trägt so maßgeblich zu deren Erreichen bei" aufgestellt. Die sechste Teilfrage „Wie wird die Digitalisierung zur Unterstützung des Produktivitätsmanagements genutzt?" ging mit der Hypothese „wenn die Digitalisierung zur Unterstützung des Produktivitätsmanagements genutzt wird, dann findet sie in allen Unternehmen durchgängig in Form technischer Ansätze der Datenerfassung, -vernetzung, -verarbeitung, -visualisierung und -nutzung Anwendung" einher.

Zu der siebten und letzten Teilfrage „Wie wirken sich Produktivitätsmanagement und Digitalisierung auf die Arbeitswelt aus?" wurde die Hypothese „wenn Produktivitätsmanagement und Digitalisierungsmaßnahmen kombiniert werden, dann stellen die Kombinationen geeignete Ansätze dar, um die Arbeitsbedingungen der Beschäftigen in allen Unternehmen zu verbessern" aufgestellt. Die hier gestellten Hypothesen werden in Abschnitt 5.3 aufgegriffen und mit den Antworten aus der Befragung abgeglichen. Zunächst erfolgt die Detaildarstellung der einzelnen Fragen mit den Ergebnissen.

5.2   Darstellung der Befragungsergebnisse

In diesem Abschnitt werden die Ergebnisse der Befragungsstudie dargestellt und die wesentlichen Aussagen, die daraus abgeleitet werden können, aufgezeigt.[275] Dabei folgt der Aufbau dieses Abschnitts gem. der zuvor angegebenen achtstufigen Untergliederung des Fragebogens.

---

[275] Eine darauf aufbauende Diskussion der Befragungsergebnisse findet sich in Abschnitt 5.4.

5.2.1 Allgemeine Angaben zu befragten Unternehmen und Personen

Die insgesamt 74 Fach- und Führungskräfte repräsentieren alle Wirtschafszweige der deutschen Metall- und Elektroindustrie.[276] Mit einem Anteil von insgesamt ca. 68 Prozent dominieren Maschinenbauer und Hersteller von Metallerzeugnissen sowie von Kraftwagen und Kraftwagenteilen die Befragung.

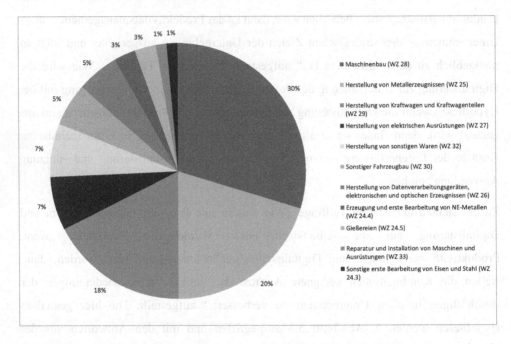

Abbildung 23: Welchem Wirtschaftszweig (nach WZ 2008) lässt sich Ihr Unternehmen zuordnen?

Die Unternehmen der Befragten sind zu ca. 92 Prozent in verschiedenen deutschen Arbeitgeberverbänden der Metall- und Elektroindustrie organisiert. Mehr als 75 Prozent der Befragten sind in tarifgebundenen Betrieben tätig.[277]

---

[276] Siehe Abbildung 23, n=74, einzige Pflichtfrage des Fragebogens.
[277] Siehe Abbildung 24, n=73 für Teil (a) und n=70 für Teil (b). Die Mitgliedschaft in einem Arbeitgeberverband muss nicht zwangsläufig mit einer Tarifbindung einher gehen.

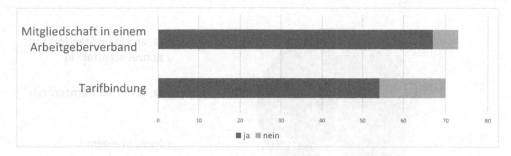

Abbildung 24: (a) Ist Ihr Unternehmen Mitglied eines Arbeitgeberverbands?, (b) Ist Ihr
Unternehmen tarifgebunden?

Im Vergleich zur Größenverteilung der Unternehmen in der gesamten Metall- und
Elektroindustrie[278] sind größere Betriebe in der Befragung überrepräsentiert. Ca. 69
Prozent der Befragten sind an Unternehmensstandorten mit mindestens 250 Beschäftigten
tätig.[279]

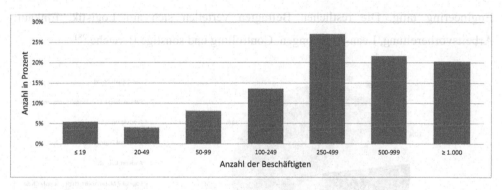

Abbildung 25: Wie viele Beschäftigte hat Ihr Unternehmensstandort?

Dies erklärt auch den hohen Anteil von ca. 58 Prozent der Befragten, die angeben, in einer
Konzernzentrale zu arbeiten oder Teil eines Konzerns zu sein. Die verbleibenden ca. 42
Prozent stammen aus unabhängigen Unternehmen.[280]

---

[278] Etwa 88 Prozent der Betriebe haben weniger als 250 Mitarbeiter (vgl. Gesamtmetall 2018 S.
16).
[279] Siehe Abbildung 25, n=74.
[280] Siehe Abbildung 26, n=73.

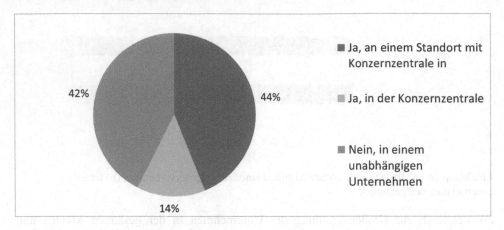

Abbildung 26: Sind Sie in einem Konzern tätig?

Etwa ein Drittel der Antwortenden sind Mitglieder der Geschäftsführung. Weitere ca. 44 Prozent von Ihnen sind in den Bereichen Personal und Produktion einschließlich Industrial Engineering tätig. Die restlichen Befragten verteilen sich auf Logistik, Einkauf, Arbeitsvorbereitung, Lean-Abteilungen, Controlling und sonstige Bereiche.[281]

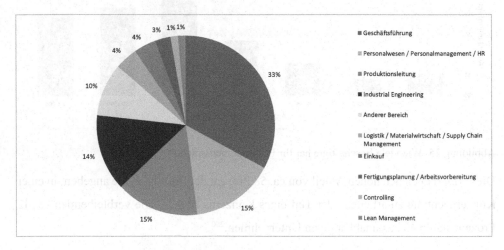

Abbildung 27: In welchem Funktionsbereich sind Sie tätig?

---

[281] Siehe Abbildung 27, n=73.

5.2.2 Produktivität – Definition, Datenhandhabung und Erwartungen

Einleitend zu den inhaltlichen Fragen wurden den Teilnehmern Kurzdefinitionen der Begriffe Produktivität, Produktivitätsmanagement sowie Produktivitätsstrategien bereitgestellt.[282] Zunächst wurde die Vorgehensweise zur Erfassung von Kennzahlen zur Produktivität erfragt.[283]

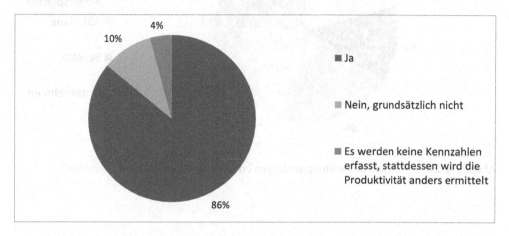

Abbildung 28: Wird in Ihrem Unternehmen die Produktivität anhand von Kennzahlen erfasst?

Mit etwa 86 Prozent verwendet ein Großteil der Befragten Kennzahlen, die explizit als Produktivität bezeichnet sind. Weitere ca. 4 Prozent ermitteln Produktivität anderweitig. Dazu in Freitextantworten gemachte Angaben beschreiben Größen, die in den betrachteten Unternehmen nicht explizit als Produktivität bezeichnet werden, jedoch letztlich auch Kennzahlen dafür darstellen (bspw. Termintreue). Ergänzend wurde gefragt, wie die erfassten Kennzahlen definiert sind. Für jede Kennzahl konnten die Bezeichnung (bspw.

---

[282] Die Kurzdefinitionen lauteten im Einzelnen: Produktivität bezeichnet das Verhältnis zwischen dem Ergebnis eines Prozesses und dem erforderlichen Aufwand (Arbeit, Material, Betriebsmittel). Produktivitätsmanagement beschreibt die zielgerichtete Beeinflussung der Produktivität. Produktivitätsstrategie beschreibt die Ausrichtung des Produktivitätsmanagements auf die Geschäftsstrategie.
[283] Siehe Abbildung 28, n=71.

Stück pro Stunde), der Betrachtungsumfang der Messung[284] sowie der Unternehmensbereich, in dem die Messung erfolgt,[285] angegeben werden.[286]

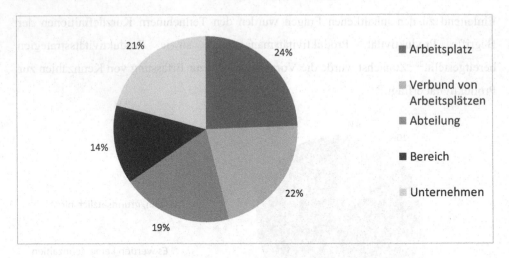

Abbildung 29: In welchen Betrachtungsumfängen erfassen Sie Produktivitätskennzahlen?

---

[284] Als Antwortmöglichkeiten wurden vorgegeben: Arbeitsplatz, Verbund von Arbeitsplätzen, Abteilung, Bereich oder Unternehmen. Insofern liegt eine Rangfolge von klein bis groß vor.
[285] Als Antwortmöglichkeiten wurden vorgegeben: Fertigung, Montage, Qualitätsmanagement, Logistik, Supply Chain Management, Instandhaltung/Service, Lager, Planung/Steuerung, Administration/Verwaltung und Entwicklung.
[286] Siehe Abbildung 29, n=63, sowie Abbildung 30, n=62. Alle Angaben wurden in einer Frage mit bis zu 4 Antwortmöglichkeiten erfasst. Insgesamt wurden 139 Nennungen zu Betrachtungsumfängen und 142 Nennungen zu Unternehmensbereichen gemacht. Die Antwortmöglichkeiten zu Betrachtungsumfängen und Unternehmensbereichen waren vorgegeben, die Bezeichnung frei wählbar. In Tabelle 28 findet sich im Anhang eine Übersicht der genannten Bezeichnungen (ohne inhaltliche Dopplungen).

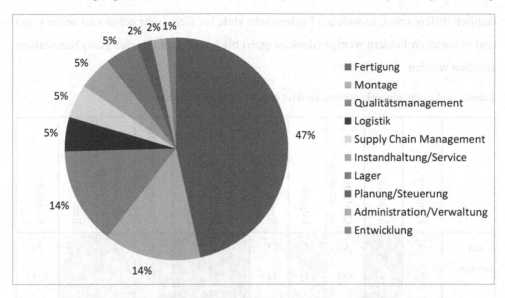

Abbildung 30: In welchen Unternehmensbereichen erfassen Sie Produktivitätskennzahlen?

Knapp die Hälfte der angegebenen Kennzahlen entfällt auf den Fertigungsbereich. Danach folgen die Montage und das Qualitätsmanagement mit jeweils ca. 14 Prozent. Die übrigen Bereiche, in denen die Produktivität mit Kennzahlen erfasst wird, sind in abnehmender Reihenfolge mit jeweils weniger als 5 Prozent der Nennungen Logistik, Supply Chain Management, Instandhaltung und Service, Lager, Planung und Steuerung, Administration und Verwaltung sowie die Entwicklung.

Hinsichtlich der Betrachtungsumfänge zeigt sich ein annähernd gleichverteiltes Bild über alle Antwortmöglichkeiten. Das heißt, dass Kennzahlen fast genauso oft für das gesamte Unternehmen erhoben werden wie für einzelne Bereiche, Abteilungen innerhalb dieser Bereiche, Verbünde von Arbeitsplätzen in den Abteilungen oder – als kleinster Betrachtungsumfang – an einzelnen Arbeitsplätzen.

Werden die Angaben aus Abbildung 29 und Abbildung 30 aggregiert und wird dabei unterschieden zwischen der Angabe, ob allgemein Produktivitätskennzahlen erfasst werden und ob die Befragten konkrete Angaben zu den erfassten Kennzahlen gemacht haben, ergibt sich nachfolgendes Bild aus Tabelle 6. Die oberen Zahlen stehen für die Angabe, dass Kennzahlen erhoben werden, die darunter befindlichen Zahlen in Klammern für die konkret beschriebenen Kennzahlen, wie sie in Tabelle 28 zu sehen sind. Dabei ist farblich differenziert, in welchen Feldern sehr viele bis viele (sehr helles und helles grau) und in welchen Feldern wenige (dunkles grau) bis keine (sehr dunkles grau) Kennzahlen erhoben werden.

Tabelle 6: Anzahl angegebener und konkret beschriebener Kennzahlen

	Fertigung	Montage	Qualitäts-management	Logistik	Supply Chain Management	Instandhaltung / Service	Lager	Planung / Steuerung	Administration / Verwaltung	Entwicklung	SUMME
Unter-nehmen	9 (8)	- (-)	9 (8)	1 (1)	5 (4)	- (-)	- (-)	1 (1)	3 (2)	1 (-)	29 (24)
Bereich	7 (7)	2 (2)	3 (3)	2 (2)	1 (1)	1 (1)	2 (2)	1 (1)	- (-)	- (-)	19 (19)
Abteilung	13 (12)	4 (3)	3 (3)	1 (1)	1 (1)	2 (2)	2 (2)	- (-)	- (-)	1 (-)	27 (24)
Verbund von Arbeits-plätzen	15 (14)	7 (6)	2 (1)	2 (1)	- (-)	1 (-)	2 (1)	1 (-)	- (-)	- (-)	30 (23)
Arbeits-platz	21 (20)	7 (6)	2 (2)	1 (-)	- (-)	2 (2)	1 (1)	- (-)	- (-)	- (-)	34 (31)
Keine Angabe	1 (1)	- (-)	1 (1)	- (-)	- (-)	1 (1)	- (-)	- (-)	- (-)	- (-)	3 (3)
SUMME	66 (62)	20 (17)	20 (18)	7 (5)	7 (6)	7 (6)	7 (6)	3 (2)	3 (2)	2 (-)	142 (124)

Es zeigt sich, dass in Fertigung und Montage Kennzahlen eher auf den kleinteiligen Betrachtungsumfängen erfasst werden, wohingegen im Qualitäts- und Supply Chain-Management Kennzahlen eher auf aggregierten Ebenen ansetzen. Im Bereich von Planung/Steuerung sowie Administration/Verwaltung und Entwicklung werden nur wenige Kennzahlen erfasst.

Um Produktivitätsmanagement betreiben und eine Kennzahl „Produktivität" messen zu können, bedarf es entsprechender Daten. Aus diesem Grund ist von Interesse, welche produktivitätsrelevanten Daten in digitaler und somit zur automatisierten Weiterverarbeitung geeigneter Form vorliegen.[287]

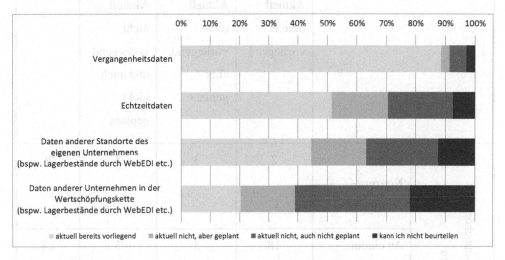

Abbildung 31: Welche produktivitätsrelevanten Daten liegen Ihnen in digitaler Form vor?

Der Schwerpunkt vorliegender Daten, die für das Produktivitätsmanagement genutzt werden können, liegt mit ca. 88 Prozent auf Vergangenheitsdaten. Deutlich weniger häufig liegen mit ca. 51 Prozent Echtzeitdaten vor. Der Datenaustausch mit anderen Standorten des eigenen Unternehmens[288] wird in etwa doppelt so häufig betrieben wie der Austausch von Daten mit anderen Unternehmen in der Wertschöpfungskette, was unabhängig von einer Konzernzugehörigkeit erfolgen kann. Lediglich etwa 20 Prozent der befragten

---

[287] Vgl. Abbildung 31, n=64-70.
[288] Dies setzt weitere Standorte des eigenen Unternehmens voraus, siehe Abbildung 26.

Unternehmen nutzen den Datenaustausch entlang der Wertschöpfungskette mit einzelnen oder mehreren Mitgliedern.

Verbindet man die Aussagen aus Abbildung 26 und Abbildung 31, so ergibt sich ein detaillierteres Bild über den Datenaustausch im eigenen Unternehmen, wenn mehrere Standorte vorhanden sind.[289]

Tabelle 7: Datenaustausch mit anderen Standorten des eigenen Unternehmens

		Daten anderer Standorte			SUMME
		Aktuell bereits vorliegend	Aktuell nicht vorliegend, aber geplant	Aktuell nicht vorliegend und auch nicht geplant	
Konzern-zugehörigkeit vorhanden	In der Konzern-zentrale tätig	2	3	4	9
	An einem Standort eines Konzerns tätig	18	5	5	28
SUMME		20	8	9	37

Die Mehrheit der Antwortenden, die angibt, in einem Konzern tätig zu sein (unabhängig davon, ob in der Zentrale oder an einem anderen Standort), verfügt über digital vorliegende Daten anderer Standorte des Konzerns (n=20). Von den Konzernangehörigen geben ca. 22 Prozent an, aktuell keine Daten anderer Standorte des eigenen Unternehmens vorliegen zu haben, dies aber in Zukunft zu planen. Knapp ein Viertel beträgt der Anteil

---

[289] Siehe Tabelle 7, n=37.

derjenigen, die einem Konzern angehören, jedoch nicht über Daten anderer Standorte verfügen und dies auch für die Zukunft nicht planen.

Vergleichsweise ähnlich ausgeprägt ist der Anteil derjenigen, die Echtzeitdaten sowie Datenaustausch mit anderen eigenen Standorten bzw. anderen Unternehmen in der Wertschöpfungskette zwar aktuell nicht nutzen, aber für die Zukunft planen. Für jede dieser Fragen geben etwa 20 Prozent der Befragungsteilnehmer an, dass sie an einer zukünftigen Nutzung arbeiten. Jedoch gibt auch ein vergleichsweise hoher Anteil von knapp 40 Prozent an, den Datenaustausch mit anderen Unternehmen nicht für die Zukunft zu planen. Unabhängig davon liegen Vergangenheitsdaten bei größeren Unternehmen eher vor als bei kleineren.[290] Gleiches gilt für Daten anderer Standorte des eigenen Unternehmens.[291]

Nachdem der Status Quo zur Produktivitätsmessung und die dafür vorliegenden Daten erfragt wurden, konnten sich die Befragten zu ihrer Einschätzung des Potenzials der Digitalisierung für die Datenerfassung in ihrem Unternehmen äußern.[292]

---

[290] n=68, r_s=,421, p<,001.
[291] n=57; r_s=,293; p=,027.
[292] Vgl. Abbildung 32, n=70, Mehrfachnennungen möglich.

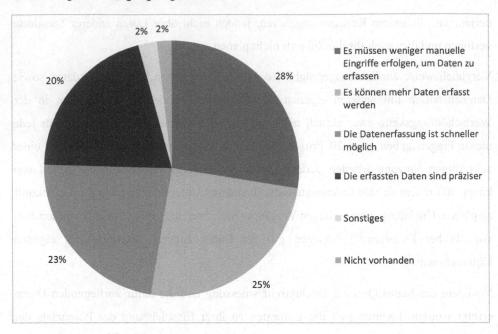

Abbildung 32: Wie schätzen Sie das Potenzial der Digitalisierung für die Datenerfassung in Ihrem Unternehmen ein?

Die Befragten sehen größtenteils vielseitige Potenziale der Digitalisierung, um die Erfassung produktivitätsrelevanter Daten zu verbessern. Nur sehr wenige äußern, dass es keine Potenziale gebe. Insbesondere erwarten ca. 66 Prozent der Befragten, dass der Anteil manueller Arbeit zur Datenerfassung reduziert werden kann und infolgedessen mehr Daten schneller und präziser erfassbar werden.

Ein wesentlicher Aspekt der Nutzung von Daten ist ihre Bereitstellung für den Anwender. Aus diesem Grund wurden die Teilnehmer nachfolgend gefragt, welche Hilfsmittel sie benutzen um produktivitätsrelevante Informationen bereitzustellen.[293]

---

[293] Vgl. Abbildung 33, n=59-71.

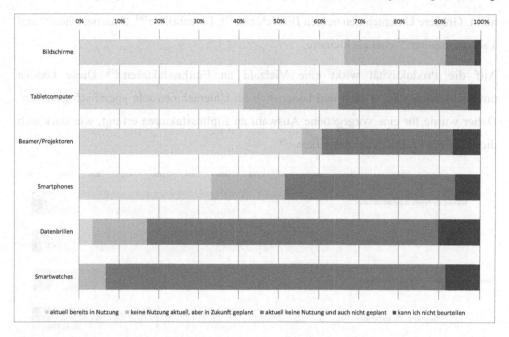

Abbildung 33: Nutzen Sie die nachfolgend genannten Hilfsmittel zur Bereitstellung produktivitätsrelevanter Daten?

Aus den Ergebnissen ist ersichtlich, dass verschiedene Hilfsmittel zur Bereitstellung produktivitätsrelevanter Daten verwendet werden, deren Nutzungsintensität jedoch stark variiert. Bildschirme werden sehr häufig genutzt und oft in die Planung zukünftiger Anwendungen einbezogen. Geplante und aktuelle Anwendungen von Tabletcomputern werden zusammen fast genauso häufig genannt wie die Nutzung von Bildschirmen. Sie liegen zudem etwa gleichauf mit der Nutzung von Beamern bzw. Projektoren.

Mit lediglich etwa einem Drittel der Befragten gibt nur ein kleinerer Anteil an, bereits Smartphones im Rahmen des Produktivitätsmanagements zu nutzen. Bezieht man diejenigen mit ein, welche die Nutzung von Smartphones hierfür planen, liegt der Anteil bei gut 52 Prozent. Deutlich weniger intensiv fällt die Nutzung von Datenbrillen und Smartwatches aus. Die überwiegende Mehrheit verwendet sie nicht und plant dies auch nicht. Größere Unternehmen nutzen Bildschirme[294], Datenbrillen[295], Smartwatches[296] und Tabletcomputer[297] eher als kleinere.

Auf die Produktivität wirkt eine Vielzahl an Einflussfaktoren.[298] Diese können unterschiedlich stark wirken und lassen sich im Unternehmen sehr spezifisch gestalten. Daher wurde für eine vorgegebene Auswahl an Einflussfaktoren erfragt, wie stark sich diese auf die Produktivität auswirken.[299]

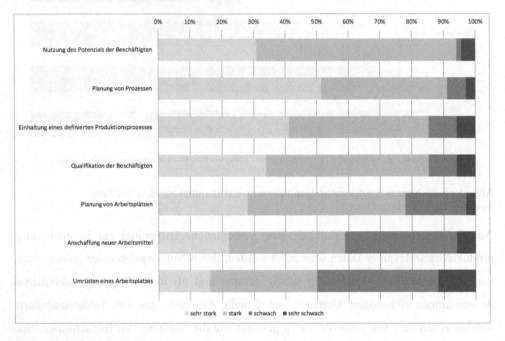

Abbildung 34: Wie stark beeinflussen die folgenden Faktoren die Produktivität in Ihrem Unternehmen?

Insbesondere Mitarbeiter mit ihren Fähigkeiten richtig einzusetzen wurde von den Befragten als wesentlicher Einflussfaktor auf die Produktivität gewertet, noch vor der Planung von Prozessen und deren Einhaltung.[300] Verbesserungen der Rüstprozesse und

---

[294] n=70; rs=,274; p=,022.

[295] n=53; rs=,287; p=,037.

[296] n=55; rs=,338; p=,012.

[297] n=66; rs=,261; p=,034.

[298] Siehe Abbildung 3 und die in Abschnitt 2.1.2 gemachten Ausführungen.

[299] Vgl. Abbildung 34, n=34-64.

[300] Dieses Resultat bestätigt bestehende wissenschaftliche Erkenntnisse. Siehe bspw. Armistead und Rowland 2007, Probst et al. 2012 oder Ridder 2002.

die Anschaffung neuer Arbeitsmittel haben hingegen nach Ansicht der Befragten einen geringeren Einfluss auf die Produktivität.

Anschließend wurden die Teilnehmer gebeten einzuschätzen, wie stark der Produktivitätsgewinn für ihr Unternehmen aufgrund der Digitalisierung zukünftig voraussichtlich ausfällt. Sie konnten dazu Angaben für die Jahre 2020 und 2025 machen.[301]

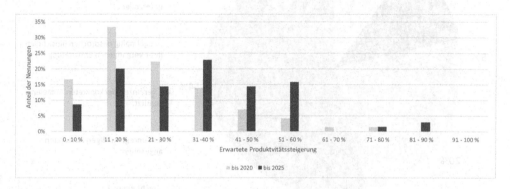

Abbildung 35: Wie hoch schätzen Sie den Produktivitätsgewinn durch Digitalisierung/Industrie 4.0 in Ihrem Unternehmen ein (bis 2020 bzw. bis 2025)?

Die Befragten gehen davon aus, dass bis zum Jahr 2020 durch die Digitalisierung ein Produktivitätsgewinn in Höhe von durchschnittlich 22 Prozent erreicht wird. Weitere fünf Jahre später erwarten sie im Durchschnitt einen Produktivitätsgewinn von 32 Prozent. Dabei weisen die einzelnen Einschätzungen für das Jahr 2025 eine deutlich größere Streuung im Vergleich zum Jahr 2020 auf: pessimistische Angaben der Befragten liegen im Bereich von etwa 10 bis 30 Prozent, optimistische von etwa 20 Prozent der Befragten bei über 50 Prozent Produktivitätszuwachs. Der höchste von zwei Personen genannte Wert beträgt ca. 80 Prozent.

5.2.3   Produktivitätsmanagement in den Unternehmen

Ein optimal implementiertes Produktivitätsmanagement zeichnet sich dadurch aus, dass in Regelkreisen Werte erhoben, analysiert und verbessert werden.[302] Aus diesem Grund

---

[301] Vgl. Abbildung 35, n=70-72.
[302] Siehe hierzu Ausführungen in Abschnitt 3.1, insbesondere zu Abbildung 6.

wurde gefragt, wie erfasste Daten im Rahmen des Produktivitätsmanagements bei den Befragten im Unternehmen genutzt werden.[303]

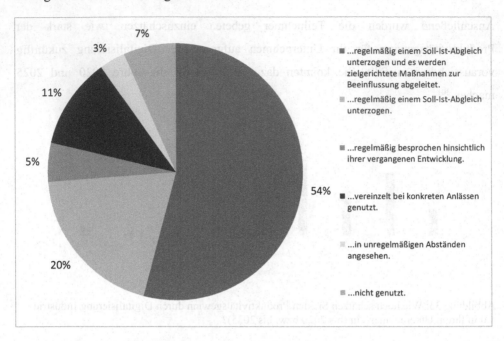

Abbildung 36: Wie werden die erfassten Daten für das Produktivitätsmanagement genutzt?

Über die Hälfte der Befragten unterzieht produktivitätsrelevante Daten einem regelmäßigen Soll-Ist-Abgleich inkl. Festlegung zielgerichteter Maßnahmen zu deren Beeinflussung. Bezieht man diejenigen mit ein, die keine Maßnahmen ableiten, jedoch regelmäßige Soll-Ist-Vergleiche durchführen, beträgt deren Anteil knapp drei Viertel aller Befragten. Die verbleibenden ca. 25 Prozent nutzen die digital vorliegenden Daten im Rahmen regelmäßiger Besprechungen zu den vergangenen Entwicklungen, vereinzelt bei konkreten Anlässen, sieht diese in unregelmäßigen Abständen an oder verwendet sie gar nicht.

Weiterhin konnten sich die Befragten dazu äußern, wie das Produktivitätsmanagement sie bei verschiedenen Herausforderungen unterstützt,[304] wozu auch die (digital) erfassten Daten einen Beitrag leisten.

---

[303] Vgl. Abbildung 36, n=61.
[304] Vgl. Abbildung 37, n=57-61.

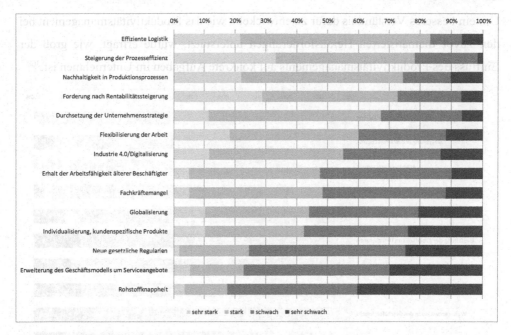

Abbildung 37: Wie unterstützt Produktivitätsmanagement Ihr Unternehmen bei folgenden Herausforderungen?

Produktivitätsmanagement kann nach Einschätzung der Vertreter aus den befragten Unternehmen vor allem dabei unterstützen, eine effiziente Logistik zu gestalten, Prozesseffizienz zu steigern und Nachhaltigkeit in Produktionsprozessen umzusetzen. Abbildung 37 zeigt allerdings auch, dass Produktivitätsmanagement aus Sicht der Befragten weniger geeignet ist, um gesetzliche Regularien umzusetzen, Geschäftsmodelle um Serviceangebote zu erweitern oder der Herausforderung knapper Rohstoffe zu begegnen. Bei einigen Herausforderungen schätzen größere Unternehmen die Unterstützung durch das Produktivitätsmanagement stärker ein als kleinere Unternehmen. Dies sind der Erhalt der Arbeitsfähigkeit älterer Beschäftigter[305], der Fachkräftemangel[306] und die Forderung nach Rentabilitätssteigerung[307].

---

[305] n=61; r_S=,408; p=,001.
[306] n=60; r_S=,276; p=,033.
[307] n=59; r_S=,332; p=,010.

Um ein besseres Verständnis dafür zu entwickeln, wie das Produktivitätsmanagement bei den zuvor thematisierten Herausforderungen unterstützt, wurde erfragt, wie groß der Einfluss des Produktivitätsmanagements auf konkrete Aufgaben im Unternehmen ist.[308]

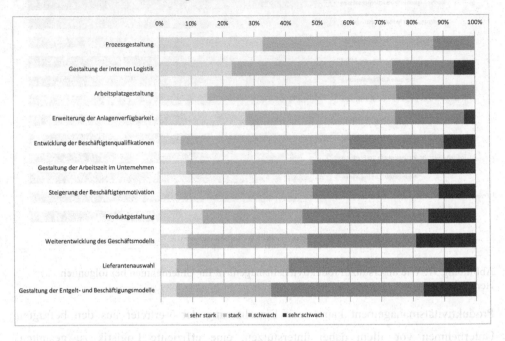

Abbildung 38: Wie groß ist der Einfluss Ihres Produktivitätsmanagements auf untenstehende Aufgaben in Ihrem Unternehmen?

Das Produktivitätsmanagement hat nach Ansicht der Befragten vor allem einen starken Einfluss auf die Prozessgestaltung, aber auch auf die Arbeitsplatzgestaltung, die Erweiterung der Anlagenverfügbarkeit sowie die Gestaltung der internen Logistik. Deutlich weniger stark ist hingegen der Einfluss auf die Gestaltung von Entgelt- und Beschäftigungsmodellen, die Lieferantenauswahl sowie die Produktgestaltung. Größere Unternehmen sehen die Gestaltung der internen Logistik[309] und die Erweiterung der Anlagenverfügbarkeit[310] stärker durch das Produktivitätsmanagement beeinflusst als kleine Unternehmen.

---

[308] Vgl. Abbildung 38, n=58-61.

[309] n=61; rs=,395; p=,002.

[310] n=59; rs=,435; p=,001.

Die Digitalisierung eröffnet neue Potenziale zur Gestaltung des Produktivitätsmanagements, weil sie die Grenzen traditioneller Methoden erweitert.[311] Hierzu wurden die Befragten gebeten für vorgegebene Antwortmöglichkeiten Angaben zu machen, welche dieser Potenziale aus ihrer Sicht zutreffen.[312]

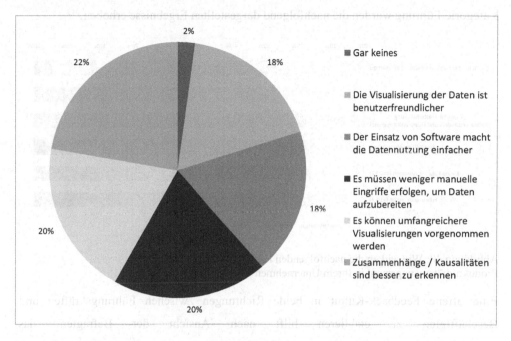

Abbildung 39: Welches Potenzial hat die Digitalisierung für das Produktivitätsmanagement in Ihrem Unternehmen?

Die Befragten sehen vielseitiges Potenzial, das Produktivitätsmanagement durch die Digitalisierung zu verbessern. Es gibt keine eindeutig favorisierten Potenziale, vielmehr wurden alle Antwortmöglichkeiten annähernd gleich häufig gewählt. Leicht überwiegt, dass die Befragten erwarten, Zusammenhänge und Kausalitäten besser erkennen zu können.

5.2.4 Einflüsse auf das Produktivitätsmanagement

Im nächsten Abschnitt des Fragebogens wurden Einflüsse auf das Produktivitätsmanagement und seine Ergebnisse abgefragt. Dafür wurden verschiedene

---

[311] Siehe hierzu auch Angaben in Abschnitt 3.1.
[312] Vgl. Abbildung 39, n=41, Mehrfachnennungen möglich.

Maßnahmen und Faktoren genannt, die sich in die Kategorien Führung, Beschäftigte, strategische Orientierung sowie Unternehmenskultur und -organisation gliedern lassen. Für alle Faktoren konnte angegeben werden, wie förderlich bzw. hinderlich diese hinsichtlich des Produktivitätsmanagements in den Betrieben sind. Mit Bezug zur Kategorie Führung wurden die nachfolgend dargestellten Ergebnisse erhoben.[313]

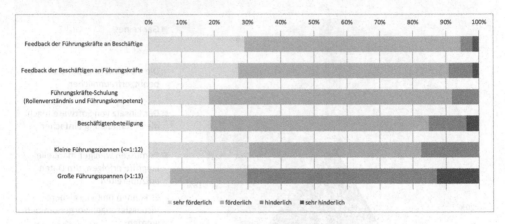

Abbildung 40: Wie wirken die nachfolgenden Faktoren/Maßnahmen auf das Produktivitätsmanagement in Ihrem Unternehmen?

Eine offene Feedback-Kultur in beide Richtungen zwischen Führungskräften und Beschäftigten zu etablieren hilft nach Ansicht der Befragten, das Produktivitätsmanagement zu beeinflussen. Als wichtig wird in diesem Rahmen auch angesehen, dass Führungskräfte mittels Schulungen in ihrem Rollenverständnis gefördert werden. Die Beschäftigten zu beteiligen wird ebenfalls als ein förderliches Mittel im Rahmen des Produktivitätsmanagements gesehen.

In der Literatur werden kleine Führungsspannen als förderlich für die Produktivität angesehen.[314] Kleine Führungsspannen, die hier mit nicht mehr als 12 Mitarbeitern je Führungskraft definiert sind, wurden von mehr als 80 Prozent der Befragten als förderlich für die Produktivität angesehen, größere Führungsspannen hingegen nur von knapp 30 Prozent. Größere Unternehmen sehen eher einen positiven Einfluss kleiner Führungsspannen (d. h. ≤1:12) auf das Produktivitätsmanagement als kleinere

---

[313] Vgl. Abbildung 40, n=46-55.
[314] Die Führungsspanne bezeichnet die Anzahl Mitarbeiter, die einer Person direkt unterstellt ist. Siehe für eine ausführliche Darstellung Dörich et al. 2017.

Unternehmen.[315] Ergänzend zu den führungsbezogenen Merkmalen wurde im nächsten Schritt auch nach beschäftigtenbezogenen Faktoren gefragt.[316]

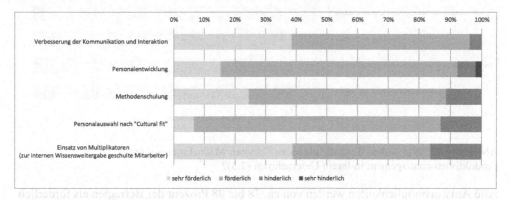

Abbildung 41: Wie wirken die nachfolgenden Faktoren/Maßnahmen auf das Produktivitätsmanagement in Ihrem Unternehmen (1/3)?

Von den genannten Antwortmöglichkeiten werden alle in einem Fenster von ca. 84 bis 96 Prozent der Befragten als förderlich bzw. sehr förderlich für das Produktivitätsmanagement eingeschätzt, ohne dass es größere Abstufungen gibt. Die Verbesserung der Kommunikation und des gegenseitigen Austauschs wird als wesentlichstes der vorgegebenen Merkmale für das Produktivitätsmanagement angesehen. Methodenschulungen werden von größeren Unternehmen eher als förderlich für das Produktivitätsmanagement wahrgenommen als von kleineren Unternehmen.[317] Gleiches gilt für die Verbesserung der Kommunikation und Interaktion.[318] Ein Aspekt, der die Kommunikation betrifft, ist die Vermittlung der strategischen Ausrichtung der Organisation, sofern diese strukturiert erarbeitet vorliegt. Darauf gehen die nachfolgenden Antwortmöglichkeiten ein.[319]

---

[315] n=46; rs=,351; p=,017.
[316] Vgl. Abbildung 41, n=46-53.
[317] n=53; rs=,287; p=,037.
[318] n=52; rs=,276; p=,047.
[319] Vgl. Abbildung 42, n=50-52.

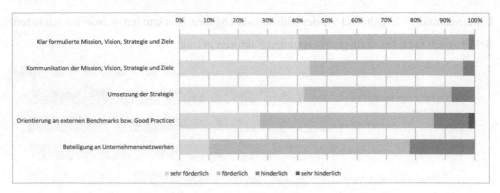

Abbildung 42: Wie wirken die nachfolgenden Faktoren/Maßnahmen auf das Produktivitätsmanagement in Ihrem Unternehmen (2/3)?

Alle Antwortmöglichkeiten werden von ca. 78 bis 98 Prozent der Befragten als förderlich oder sehr förderlich für das Produktivitätsmanagement eingeschätzt. Die hohe Einschätzung des Nutzens klar formulierter und kommunizierter Mission, Vision, Strategie und Ziele für das Produktivitätsmanagement unterstreicht deren Bedeutung für den Unternehmenserfolg. Die Beteiligung an Unternehmensnetzwerken erhält die geringste Zustimmung und wird von etwa 78 Prozent der Befragten als förderlich oder sehr förderlich für das Produktivitätsmanagement eingeschätzt. Abschließend wurden in diesem Abschnitt des Fragebogens Faktoren der Unternehmenskultur und -organisation hinsichtlich ihrer Wirkung auf das Produktivitätsmanagement abgefragt.[320]

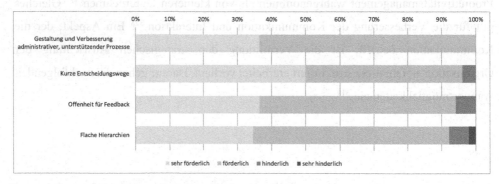

Abbildung 43: Wie wirken die nachfolgenden Faktoren/Maßnahmen auf das Produktivitätsmanagement in Ihrem Unternehmen (3/3)?

---

[320] Vgl. Abbildung 43, n=52.

Von den genannten Antwortmöglichkeiten werden alle von mindestens 92 Prozent der Befragten als förderlich bzw. sehr förderlich für das Produktivitätsmanagement eingeschätzt, ohne dass es klare Abstufungen gibt. Insbesondere eine sinnvolle Gestaltung administrativer, unterstützender Prozesse wird von allen Befragten als förderlich oder sehr förderlich angesehen. Interessant ist, dass die Mehrheit der Befragungsteilnehmer flache Hierarchien als förderlich oder sehr förderlich für das Produktivitätsmanagement ansieht und gleichzeitig große Führungsspannen als nachteilig einschätzt.[321] Auch wenn große Führungsspannen nicht zwangsläufig gleichzusetzen sind mit flachen Hierarchien, werden sie in der Praxis doch in den meisten Fällen korreliert sein.

5.2.5 Produktivitätsmanagement und Ganzheitliche Produktionssysteme / Industrial Engineering

Ganzheitliche Produktionssysteme (GPS) und Industrial Engineering (IE) werden eingesetzt, um Fertigungsabläufe effizienter und verschwendungsärmer zu gestalten. Dabei herrscht ein unterschiedliches Verständnis vor, wie die beiden Begriffe miteinander in Beziehung stehen.[322] Idealerweise ergänzen sich Digitalisierung und Ganzheitliche Produktionssysteme bzw. Industrial Engineering. Um eine Einschätzung des Potenzials der Digitalisierung hierfür zu erhalten, wurden verschiedene Fragen zu GPS / IE[323] in den Fragebogen aufgenommen. Abbildung 44 zeigt das Verständnis der Befragten zu den Begriffen (n=50).

---

[321] Siehe hierzu Abbildung 40.

[322] Vgl. hierzu bspw. Rönnecke 2009 S. 28 f. sowie Kötter und Helfer 2016 S. 42-52. Im Kontext dieser Schrift kann die integrative Anwendung verschiedener Methoden des Lean Managements als Ganzheitliches Produktionssystem bezeichnet werden. Das Industrial Engineering steht im Kontext der vorliegenden Schrift vor allem für die organisatorische Verankerung der Planung und Kontrolle, etwa von Produktionsabläufen, und somit für die Umsetzung des Produktivitätsmanagements, wie es in Abschnitt 3.3 ausgeführt wurde. Für eine Betrachtung unterschiedlicher Begriffsverwendungen siehe auch Conrad et al. 2018.

[323] Mit der Schreibweise GPS / IE werden alle möglichen Kombinationen des Begriffsverständnisses zusammengefasst. Die möglichen Kombinationen gehen aus Abbildung 44 hervor und sind im Einzelnen: GPS und IE gelten als unabhängig voneinander, GPS und IE sind identisch, IE ist ein Teil von GPS und GPS ist ein Teil von IE.

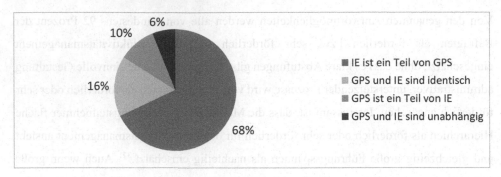

Abbildung 44: Wie verstehen Sie die Begriffe Ganzheitliches Produktionssystem (GPS) und Industrial Engineering (IE) in Ihrem Unternehmen?

Für über zwei Drittel der Befragten ist IE ein Teil von GPS, für etwa 10 Prozent ist GPS ein Teil von IE, ca. 16 Prozent sehen GPS und IE als identisch an und ca. 6 Prozent sehen GPS und IE unabhängig voneinander. Ausgehend von dem Verständnis ist von Interesse, wie die Befragten GPS / IE nutzen.[324]

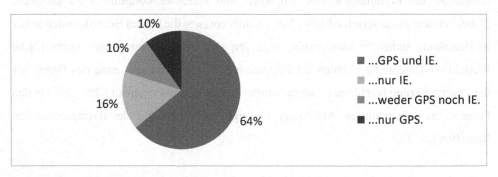

Abbildung 45: Was nutzen Sie in Ihrem Unternehmen? Wir nutzen..

Im betrieblichen Alltag nutzen etwa zwei Drittel der Antwortenden sowohl GPS als auch IE. Auffällig ist, dass mit ca. 10 Prozent der Befragten ein nicht geringer Teil weder GPS noch IE nutzt. Zu der in Abschnitt 3.1 gestellten These, dass die Digitalisierung idealerweise die Anwendungsmöglichkeiten von GPS / IE unterstützt, wurden die Fach- und Führungskräfte in der nächsten Frage um ihre Meinung dazu gebeten.[325]

---

[324] Vgl. Abbildung 45, n=50.
[325] Vgl. Abbildung 46, n=50.

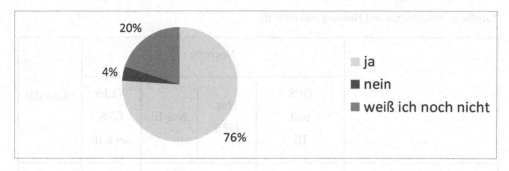

Abbildung 46: Erweitert die Digitalisierung die Anwendungsmöglichkeiten von GPS / IE?

Mehr als drei Viertel der Befragten sehen durch die Digitalisierung neue Möglichkeiten, die Anwendung von GPS / IE zu erweitern. Etwa ein Fünftel der Befragten kann die Erweiterung von Möglichkeiten aktuell noch nicht einschätzen. Daraus resultiert nur ein sehr kleiner Teil von ca. 4 Prozent der Befragten, die nicht davon überzeugt sind, dass die Digitalisierung und GPS / IE sich sinnvoll ergänzen können. Größere Unternehmen schen eher erweiterte Anwendungsmöglichkeiten der Digitalisierung für GPS / IE als kleinere.[326]

Wird das Verständnis und die Nutzung gegenübergestellt, ergibt sich nachfolgendes Bild in Tabelle 8. Daraus kann entnommen werden, dass die meisten Befragten (n=32) GPS und IE anwenden. 24 davon betrachten IE als einen Bestandteil von GPS. Ein klarer Zusammenhang zwischen Verständnis und Nutzung ist nicht erkennbar. Das persönliche Verständnis scheint in manchen Fällen nicht mit der vom Unternehmen vorgegebenen Nutzung übereinzustimmen bzw. unabhängig von der im Unternehmen verwendeten Bezeichnung zu sein.

---

[326] n=50; r_S=,290; p=,041.

Tabelle 8: Verständnis und Nutzung von GPS/IE

		Nutzung				
		GPS und IE	Nur GPS	Nur IE	Weder GPS noch IE	SUMME
Verständnis	GPS und IE sind identisch	5	1	-	2	8
	GPS ist ein Teil von IE	3	-	2	-	5
	IE ist ein Teil von GPS	24	2	5	3	34
	GPS und IE sind unabhängig voneinander	-	2	1	-	3
	SUMME	32	5	8	5	50

Abschließend wurde gefragt, welche Ansätze zur Unternehmensentwicklung genutzt werden. Neben der Methodennutzung aus GPS / IE konnten sich die Befragungsteilnehmer zur Nutzung der Digitalisierung sowie zur progressiven und disruptiven Entwicklung von Geschäftsmodellen äußern.[327]

---

[327] Vgl. Abbildung 47, n=45-48.

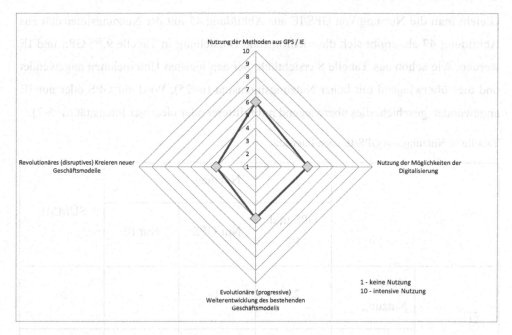

Abbildung 47: Wie nutzen Sie folgende Ansätze zur Unternehmensentwicklung?

Die progressive Weiterentwicklung bestehender Geschäftsmodelle ist weiter verbreitet als die disruptive Entwicklung neuer Geschäftsmodelle.[328] Die Nutzung neuerer Möglichkeiten der Digitalisierung erfolgt fast genauso häufig wie die Nutzung traditioneller Methoden des GPS / IE. Insgesamt ergab die Auswertung unter Nutzung von Korrelationsanalysen und Kreuztabellen, dass Unternehmen sich entweder unter intensiver Nutzung aller Ansatzmöglichkeiten weiterentwickeln oder insgesamt wenig aktiv sind, sowie die Möglichkeiten der Digitalisierung eher für die Weiterentwicklung bestehender Geschäftsmodelle als für die Entwicklung neuer Geschäftsmodelle genutzt werden. Größere Unternehmen nutzen die Methoden des GPS / IE[329], die Möglichkeiten der Digitalisierung[330] und die evolutionäre (progressive) Weiterentwicklung bestehender Geschäftsmodelle[331] eher als kleinere Unternehmen.

---

[328] Zur möglichen Begründung dieser Feststellung siehe auch Ausführungen in Abschnitt 4.1.6.1.
[329] n=47; r_S=,395; p=,006.
[330] n=48; r_S=,413; p=,004.
[331] n=46; r_S=,441; p=,002.

Gleicht man die Nutzung von GPS/IE aus Abbildung 45 mit der Nutzungsintensität aus Abbildung 47 ab, ergibt sich die nachfolgende Darstellung in Tabelle 9.[332] GPS und IE werden, wie schon aus Tabelle 8 ersichtlich, bei den meisten Unternehmen angewendet und dies überwiegend mit hoher Nutzungsintensität (n=25). Wird nur GPS oder nur IE angewendet, geschieht dies überwiegend mit mittlerer oder niedriger Intensität (n=5-7).

Tabelle 9: Nutzung von GPS/IE nach Intensität

		Nutzung			SUMME
		GPS und IE	Nur GPS	Nur IE	
Nutzungsintensität	Hohe Nutzung	25	1	-	26
	Mittlere Nutzung	6	2	6	14
	Niedrige Nutzung	-	2	1	3
SUMME		31	5	7	43

5.2.6 Strategische Ausrichtung des Produktivitätsmanagements

Das Produktivitätsmanagement soll dazu beitragen, eine Unternehmung weiterzuentwickeln und dadurch langfristige Wettbewerbsfähigkeit gewährleisten. Aus diesem Grund wurde zunächst rückblickend gefragt, wie das Produktivitätsmanagement in der Vergangenheit Unternehmensergebnisse beeinflusst hat. Diese Fragen wurden

---

[332] Die Nutzungsintensitäten wurden wie folgt zusammengefasst: 1 bis einschl. 3 entspricht einer niedrigen Nutzung, 4 bis einschl. 7 entspricht einer mittleren Nutzung und 8 bis einschl. 10 entspricht einer hohen Nutzung.

kategorisiert nach Auswirkungen auf die Produktion und die Prozesse[333], auf die Beschäftigten[334] sowie auf die Kosten des Unternehmens[335].

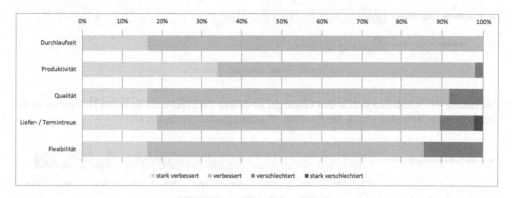

Abbildung 48: Wie haben sich in den vergangenen Jahren die Ergebnisse in Ihrem Unternehmen in den folgenden Bereichen durch das Produktivitätsmanagement verändert (1/4)?

Produktivitätsmanagement zeigt bei ca. 86 bis 98 Prozent der Befragten positive Auswirkungen. Besonders gut fällt auf, dass durch Produktivitätsmanagement Durchlaufzeiten verbessert werden. Hinsichtlich der mitarbeiterbezogenen Kennzahlen, die aufgrund der unterschiedlichen farblichen Kennzeichnungen der Antwortmöglichkeiten in zwei Grafiken aufgeteilt sind, ergeben sich folgende Erkenntnisse. Das Produktivitätsmanagement zeigt bei den meisten Befragten positive Auswirkungen auf die Beschäftigten in deren Unternehmen. Insbesondere konnte in den Unternehmen der Befragungsteilnehmer die Anzahl meldepflichtiger Unfälle reduziert werden. Der Umgang mit Fehlzeiten der Beschäftigten konnte hingegen durch das Produktivitätsmanagement nur begrenzt beeinflusst werden und zeigt bei gut der Hälfte der Befragten einen positiven, bei den verbliebenen einen negativen Einfluss. Hier fällt ein Anteil von über 40 Prozent der Antworten auf, in denen negative Einflüsse des Produktivitätsmanagements genannt werden.

---

[333] Vgl. Abbildung 48, n=42-49.
[334] Vgl. Abbildung 49, n=45-47, sowie Abbildung 50, n=47.
[335] Vgl. Abbildung 51, n=45-48.

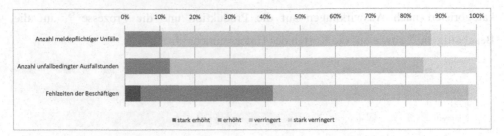

Abbildung 49: Wie haben sich in den vergangenen Jahren die Ergebnisse in Ihrem Unternehmen in den folgenden Bereichen durch das Produktivitätsmanagement verändert (2/4)?

Abbildung 50: Wie haben sich in den vergangenen Jahren die Ergebnisse in Ihrem Unternehmen in den folgenden Bereichen durch das Produktivitätsmanagement verändert (3/4)?

Die Auswirkungen des Produktivitätsmanagements auf die Motivation und Zufriedenheit der Beschäftigten waren in den vergangenen Jahren ambivalent. Gut die Hälfte der Befragten hat positive Erfahrungen gemacht, der Rest negative. Vermutet wird, dass einerseits durch Produktivitätsmanagement Prozesse leichter und störungsärmer ablaufen, was die Motivation erhöht, andererseits Leistungsdruck zunimmt, was die Zufriedenheit senkt. Zuletzt sind noch die Auswirkungen auf Kostenbestandteile abgebildet.

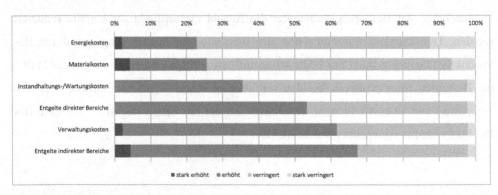

Abbildung 51: Wie haben sich in den vergangenen Jahren die Ergebnisse in Ihrem Unternehmen in den folgenden Bereichen durch das Produktivitätsmanagement verändert (4/4)?

Die Auswirkungen des Produktivitätsmanagements auf verschiedene Kostenarten sind sehr unterschiedlich. Positive Entwicklungen konnten die Befragten vor allem für prozessbezogene Kosten wie Energie, Material und die Wartung der Maschinen verzeichnen. Entgelt-bezogene Kosten sind hingegen tendenziell gestiegen, was aus Sicht der Unternehmen negativ zu werten ist.[336] Ebenso haben sich die Kosten für die Verwaltung tendenziell durch Produktivitätsmanagement erhöht. Aufbauend auf dieser retrospektiven Betrachtung des Einflusses von Produktivitätsmanagement in der Vergangenheit wurde anschließend abgefragt, wie das heutige Produktivitätsmanagement bei den Befragten organisiert ist.[337]

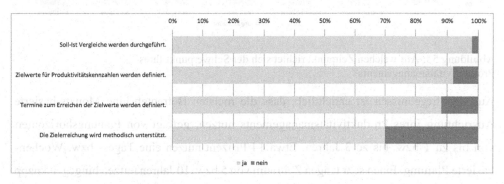

Abbildung 52: Wie erfolgt heute das Management der Produktivität in Ihrem Unternehmen?

Die Nutzung von Soll-Ist-Vergleichen ist fast bei allen Befragten Standard in deren heutigem Produktivitätsmanagement. Zielwerte werden bei über 90 Prozent der Befragten definiert. Wer Zielwerte für Produktivitätskennzahlen definiert, führt zumeist auch Soll-Ist-Vergleiche durch.[338] Fast genauso häufig wie Zielwerte definiert werden, sind diese auch mit Terminen verbunden, zu denen diese Werte zu erreichen sind. Eine methodische Unterstützung zur Zielerreichung erfolgt hingegen nur bei etwa 70 Prozent der Befragten. Größere Unternehmen definieren eher Zielwerte[339], Termine zum Erreichen von Zielwerten[340] und unterstützen eher methodisch[341] als kleinere Betriebe. In diesem Kontext wurde auch danach gefragt, auf welchen Zeithorizont das Produktivitätsmanagement schwerpunktmäßig ausgelegt ist. Die Befragten konnten aus

---

[336] Aus Arbeitnehmersicht stellen die erhöhten Entgeltkosten Steigerungen von Lohn und Gehalt dar.
[337] Vgl. Abbildung 52, n=50-51.
[338] n=50; rs=,484; p<,001.
[339] n=50; rs=,321; p=,023.
[340] n=51; rs=,313; p=,026.
[341] n=50; rs=,288; p=,043.

verschiedenen vorgegebenen Zeitfenstern wählen, um ihren Planungshorizont abzubilden.[342]

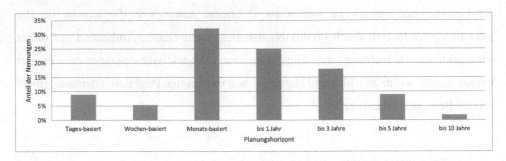

Abbildung 53: Auf welchen Zeitpunkt richtet sich der Schwerpunkt Ihres Produktivitätsmanagements?

Aus den Ergebnissen ist ersichtlich, dass die meisten Befragten eine Monats-basierte Ausrichtung ihres Produktivitätsmanagements nutzen, gefolgt von Planungshorizonten von bis zu 1 bzw. bis zu 3 Jahren. Etwa 14 Prozent nutzen eine Tages- bzw. Wochen-basierte Planung. Einen sehr langen Zeitraum von 5 bzw. 10 Jahren nutzen hingegen knapp 11 Prozent der Befragten. Basierend auf den Fragen zum Einfluss des Produktivitätsmanagements auf die bisherige Entwicklung und zu dessen aktuellen Aufbau wurden die Befragten noch um ihre Einschätzung gebeten, welchen Stellenwert das Produktivitätsmanagement für den betrieblichen Erfolg heute in ihren Unternehmen einnimmt und wie dieser Stellenwert in fünf Jahren voraussichtlich sein wird.[343]

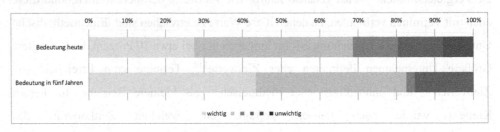

Abbildung 54: Welche Bedeutung hat das Produktivitätsmanagement für den Erfolg Ihres Unternehmens?

Die heutige Bedeutung des Produktivitätsmanagements für den Erfolg des eigenen Unternehmens schätzen mehr als zwei Drittel der Befragten auf den beiden höchsten

---

[342] Vgl. Abbildung 53, n=56.
[343] Vgl. Abbildung 54, n=46-51.

Stufen von „wichtig" ein. In fünf Jahren wird die Bedeutung lt. Angaben der Teilnehmer noch einmal deutlich zunehmen. Über 80 Prozent schätzen das Produktivitätsmanagement als dann „wichtig" bis „sehr wichtig" für den Erfolg des eigenen Unternehmens ein. Die Bedeutung des Produktivitätsmanagements für den Erfolg des eigenen Unternehmens schätzen größere Betriebe meist höher ein als kleinere. Dies gilt sowohl für heute[344] als auch für die Zukunft[345]. Abschließend an diesen Fragenblock wurden noch Angaben über die Auswirkungen des Produktivitätsmanagements auf die Beschäftigten in den Betrieben der Befragten erhoben.[346]

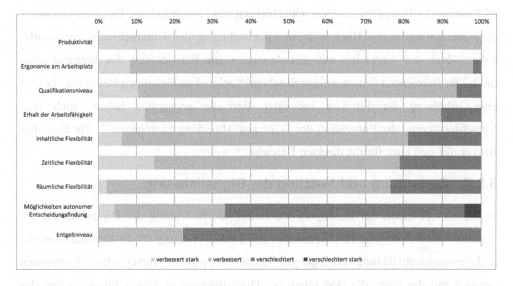

Abbildung 55: Wie wirkt sich das Produktivitätsmanagement auf die Beschäftigten in Ihrem Unternehmen aus?

Mit dem Management von Produktivität kann diese nach Angaben der Befragten verbessert bzw. stark verbessert werden, worin Einigkeit unter den Antwortenden herrscht.[347] Fast alle Befragungsteilnehmer geben zudem an, dass Produktivitätsmanagement auch bei der Verbesserung der Arbeitsplatzergonomie hilfreich ist sowie zur Verbesserung des Qualifikationsniveaus der Beschäftigten. Für gut

---

[344] n=51; rs=,312; p=,026.
[345] n=46; rs=,442; p=,002.
[346] Vgl. Abbildung 55, n=45-49.
[347] Würde ein Produktivitätsmanagement nicht zur Verbesserung der Produktivität führen, wäre es sinnfrei.

drei Viertel der Befragten hilft Produktivitätsmanagement zudem dabei, die Flexibilität der Beschäftigten bzgl. deren Arbeitsinhalte in zeitlicher und räumlicher Hinsicht zu verbessern. Einen tendenziell negativen Einfluss hat das Produktivitätsmanagement aus Sicht der Befragten auf die autonome Entscheidungsfindung der Beschäftigten. Dies ist vermutlich darauf zurückzuführen, dass die Standardisierung von Arbeitsabläufen üblicherweise kooperativ von mehreren Personen durchgeführt wird, d. h. von allen, die an einem Arbeitsablauf beteiligt sind. Anschließend lassen sich Standards zwar anpassen und verbessern, aber auch dies geschieht üblicherweise kooperativ. Weiterhin sehen fast 80 Prozent der Befragten eine Verschlechterung des Entgeltniveaus. Es ist zu vermuten, dass die Befragten mit Blick auf die Kostensituation des Unternehmens geantwortet haben, denn ein Vergleich mit den Aussagen zur Entwicklung des Entgeltniveaus indirekter Bereiche in den vergangenen Jahren[348] zeigt, dass diejenigen Befragten, die dort eine Erhöhung der Entgelte indirekter Bereiche angegeben haben, auch eine Verschlechterung der Entgelte in der Frage aus Abbildung 55 angaben.[349] Ein ähnliches Bild ergibt sich auch für die direkten Bereiche.[350]

5.2.7 Bedeutung und Nutzung der Digitalisierung

In diesem Abschnitt der Befragung wurde auf die Bedeutung der Digitalisierung für verschiedene betriebliche Funktionen sowie auf deren Nutzung für die Geschäftsmodell- und -prozessentwicklung eingegangen. Zunächst wurden verschiedene Funktionen genannt mit der Bitte, die Bedeutung der Digitalisierung in diesen Einsatzfeldern des eigenen Unternehmens zu bewerten.[351] Vergleichend zwischen den beiden Jahren 2015 und 2017 sind nur geringfügige Änderungen ersichtlich.

---

[348] Siehe hierzu Abbildung 51.
[349] n=44, rs=,487; p=,001.
[350] n=43, rs=,422; p=,005.
[351] Vgl. Abbildung 56, n=48-51 für 2017 und n=349-370 für 2015. Die älteren Daten sind der Untersuchung aus Institut für angewandte Arbeitswissenschaft e. V. 2015 entnommen, in der die gleiche Frage ebenfalls verbandlich organisierten Unternehmen der deutschen Metall- und Elektroindustrie gestellt wurde. Es kann hierbei nicht ausgesagt werden, in wie weit sich die Befragungsteilnehmer beider Kohorten überschneiden.

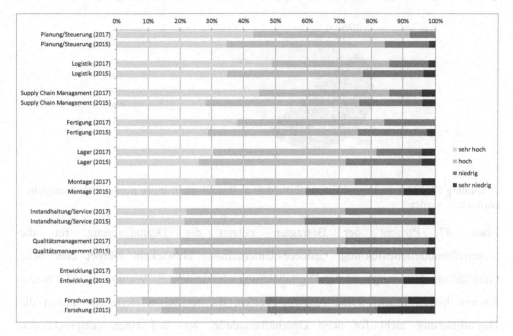

Abbildung 56: Welche Bedeutung messen Sie dem Thema Industrie 4.0 in Ihrem Unternehmen in den verschiedenen Einsatzfeldern bei?

Insgesamt messen die Befragten den Einsatzfeldern Planung/Steuerung, Logistik, Supply Chain Management und Fertigung die größte Bedeutung für die Digitalisierung in ihrem Unternehmen bei, was dem Ergebnis der Studie aus 2015 entspricht. Veränderungen in der Einschätzung im Vergleich zur älteren Studie ergaben sich in der Bedeutung für die Montage sowie für die Instandhaltung/Service. Diese werden gegenüber 2015 um ca. 15 bzw. 13 Prozentpunkte höher eingeschätzt. Dementsprechend liegen sie nun vor dem Qualitätsmanagement und der Entwicklung. In beiden Studien gaben die Befragten an, die Digitalisierung als eher unbedeutend für die Forschung anzusehen. Insgesamt zeigt der Vergleich zwischen 2017 und 2015, dass für alle Kategorien mit Ausnahme von Forschung und Entwicklung die Bedeutung, angegeben als „hoch" bzw. „sehr hoch", um durchschnittlich ca. 9 Prozentpunkte zugenommen hat. Insbesondere war weiterhin von Interesse, wie die Befragten die Digitalisierung für die Entwicklung neuer Geschäftsmodelle, die auf ihr basieren, nutzen.[352]

---

[352] Vgl. Abbildung 58, n=52

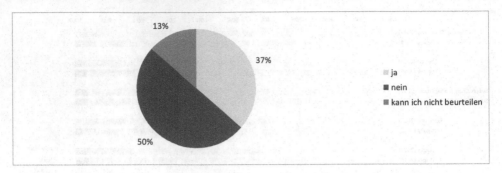

Abbildung 57: Führt die Digitalisierung dazu, dass in Ihrem Unternehmen neue Geschäftsmodelle entwickelt werden?

Etwa 37 Prozent der Befragten nutzen die Digitalisierung für die Geschäftsmodellentwicklung. Größere Unternehmen entwickeln hierbei eher neue Geschäftsmodelle aufgrund der Digitalisierung als kleinere.[353] Weitere ca. 13 Prozent können hierzu (noch) keine Aussage treffen, die restlichen Befragten nutzen die Digitalisierung nicht für neue Geschäftsmodelle, was auf einen entsprechenden Informationsbedarf zu diesem Thema hindeutet. Deutlich anders sehen die Ergebnisse für die Nutzung der Möglichkeiten der Digitalisierung für die Prozess(weiter)entwicklung aus.[354]

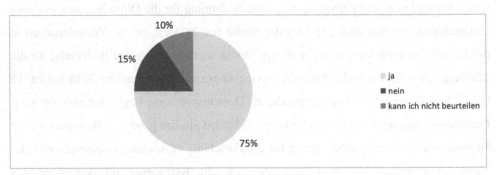

Abbildung 58: Werden die Möglichkeiten der Digitalisierung bei der Prozessentwicklung in Ihrem Unternehmen berücksichtigt?

Mit etwa drei Viertel Ja-Antworten nutzt ein Großteil der Befragten die Möglichkeiten der Digitalisierung bei der Prozessentwicklung im Unternehmen. Dieser hohe Anteil kann erklärt werden durch die vielseitigen und oft inkrementellen Einsatzmöglichkeiten der

---

[353] n=52; rs=,638; p<,001.
[354] Vgl. Abbildung 58, n=52.

Digitalisierung bei der Prozessgestaltung. Größere Unternehmen berücksichtigen die Möglichkeiten der Digitalisierung bei der Prozessentwicklung eher als kleinere.[355] Zusammenhänge zwischen der Entwicklung neuer Geschäftsmodelle, wie sie in Abbildung 57 gezeigt sind, sowie der progressiven und disruptiven Vorgehensweise aus Abbildung 47 sind nachfolgend in Tabelle 10 dargestellt (n=38-39). In Unternehmen, in denen die Digitalisierung Anlass zur Entwicklung neuer Geschäftsmodelle ist, erfolgt die Nutzung progressiver[356] und disruptiver[357] Ansätze intensiver. Ist die Digitalisierung Anlass zur Entwicklung neuer Geschäftsmodelle, werden dazu progressive Ansätze intensiver genutzt als disruptive.

---

[355] n=52; rs=,324; p=,026.
[356] n=39; rs=,460; p=,003.
[357] n=38; rs=,389; p=,016.

Tabelle 10: Entwicklung neuer Geschäftsmodelle nach Entwicklungsansatz

		Entwicklungs-ansatz	Entwicklung neuer Geschäftsmodelle aufgrund der Digitalisierung		SUMME
			ja	nein	
Nutzungsintensität	Hohe Nutzung	disruptiv	3	1	4
		progressiv	10	5	15
	Mittlere Nutzung	disruptiv	11	11	22
		progressiv	8	10	18
	Niedrige Nutzung	disruptiv	3	9	12
		progressiv	-	6	6
SUMME		disruptiv	17	21	38
		progressiv	18	21	39

5.2.8   Bedarfe und Feedback

Abschließend an die Befragung konnten sich die Teilnehmer noch äußern, zu welchen Themen sie sich allgemeine Informationen, konkrete Best-Practice-Beispiele oder Unterstützung bei der Umsetzung wünschen.[358]

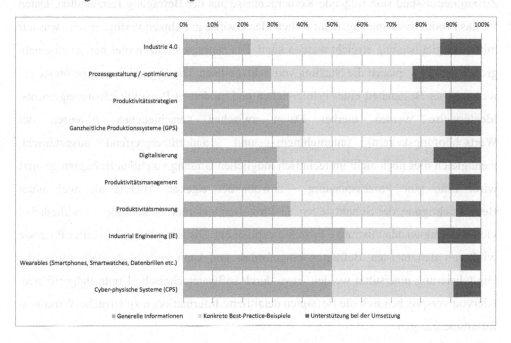

Abbildung 59: Zu welchen Themen wünschen Sie sich nähere Informationen oder Unterstützung?

In den vier Themenfeldern Industrie 4.0, Prozessgestaltung und -optimierung, Produktivitätsstrategien sowie Ganzheitliche Produktionssysteme besteht der größte Informationsbedarf.[359] Zu diesen Themen werden schwerpunktmäßig konkrete Best-Practice-Beispiele gewünscht, insbesondere zu Industrie 4.0. Für die Prozessgestaltung und -optimierung besteht ein nicht unerheblicher Bedarf an Unterstützung bei der Umsetzung. Zuletzt hatten die Befragten noch die Möglichkeit, Angaben in einem Freitextfeld zu machen, was – wenn überhaupt – zur Angabe von persönlichen Daten für eine spätere Zusendung der Befragungsergebnisse genutzt wurde. Mit dieser Schrift soll

---

[358] Vgl. Abbildung 59, n=44, Mehrfachnennungen möglich.
[359] Die Begriffe Digitalisierung und Industrie 4.0 wurden getrennt abgefragt, vordergründig weil in der betrieblichen Praxis v. a. der Begriff Industrie 4.0 tendenziell eher gebräuchlich ist.

u. a. der Informationsbedarf zu einem gewissen Grad gedeckt werden, sodass die Erkenntnisse aus der Befragung im Fortgang ab Kapitel 6 Berücksichtigung finden.

5.3 Zusammenfassung wesentlicher Befragungsergebnisse

Zusammenfassend sind folgende Kernergebnisse aus der Befragung festzuhalten. Daten für das Produktivitätsmanagement sollten idealerweise in Echtzeit verfügbar sein, was nur mittels Digitalisierung erreicht werden kann. Die Befragten nutzen dies bereits zu einem großen Teil bzw. planen die Nutzung von Echtzeitdaten. Die Digitalisierung ist für sie ein wesentlicher Bestandteil eines erfolgreichen und modernen Produktivitätsmanagements. Idealerweise werden hierbei Daten zwischen verschiedenen Akteuren der Wertschöpfungskette(n) unternehmens- und standortübergreifend ausgetauscht, wenngleich dies noch nicht im technisch möglichen Umfang von allen Befragten genutzt wird. Eine gute Prozessplanung – sowohl der eigenen Abläufe als auch unter Berücksichtigung der Schnittstellen zu Prozessen externer Stakeholder – schließt bei vielen Befragten administrative Prozesse explizit ein. Die Einhaltung definierter Prozesse wird von den meisten Befragten eingefordert und kann zudem ebenfalls durch die Digitalisierung unterstützt werden, etwa durch softwaretechnische Kontrollalgorithmen. Hiervon versprechen sich die Befragten detaillierte Informationen zu Ursache-Wirkungs-Zusammenhängen.

Weiterhin ist insbesondere die zwischenmenschliche Kommunikation ein wesentlicher Erfolgsfaktor für das Gelingen von Produktivitätsmanagement als auch Digitalisierung. Bei den meisten Befragten beinhaltet sie operative Inhalte genauso wie die Vermittlung von Vision, Mission und Strategie der Unternehmung, damit die Prozessbeteiligten ihr operatives Handeln in den Gesamtkontext aller Tätigkeiten einordnen können. Die Digitalisierung sollte hierbei ein Bestandteil der Vision, Mission und Strategie sein und somit die Geschäftsmodellentwicklung beeinflussen, kann jedoch auch vielfältig dazu beitragen, die Anforderungen an die Prozessentwicklung betriebsintern zu unterstützen für alle, teils auch sehr kleinteilige Prozessschritte. In diesem Kontext zeigt sich, dass die Digitalisierung bei ersterem nur bedingt von den Befragten berücksichtigt wird, bei letzterem hingegen schon deutlich intensiver. Dabei müssen technologische Optionen so ausgewählt und eingesetzt werden, wie es sinnvoll ist hinsichtlich der

Prozessanforderungen. Dies zeigt sich daran, dass die Nutzungsgrade – etwa der Visualisierungsmöglichkeiten durch ortsgebundene und mobile Endgeräte – bei den Befragten sehr unterschiedlich ausfallen.

Die Nutzung des Potenzials der Beschäftigten für die kontinuierliche Verbesserung bestehender Abläufe im Sinne eines etablierten Lean Managements wird bei den Befragten zu einem hohen Grad berücksichtigt. Die Vorteile sind v. a. für eine qualitativ hochwertige Gestaltung und Umsetzung der Prozesse im betrieblichen Alltag relevant. Eine offene Feedbackkultur, die zwischen Führungskräften und Mitarbeitern in beide Richtungen gelebt wird, zeigt sich in der Studie als eine wesentliche Grundlage, um Missverständnisse einerseits zu vermeiden und andererseits sukzessive Abläufe zielgerichtet verbessern zu können.

Nur durch ein aktives Managen der Produktivität kann es Unternehmen gelingen, ihre Wettbewerbsfähigkeit aufrecht zu erhalten und auszubauen. Die Befragungsergebnisse zeigen, wie wichtig Produktivitätsmanagement für diese Unternehmen der deutschen Metall- und Elektroindustrie insgesamt ist und wie gut es sich eignet, deren Leistungsfähigkeit zu verbessern. Damit einher gehen auch die teils hohen Erwartungen an die prozentuale Produktivitätssteigerung durch Digitalisierung in den nächsten Jahren, welche durch die neuen Möglichkeiten der Technologien eröffnet werden. Hierunter werden u. a. die Ausweitung der Optionen zur Gestaltung Ganzheitlicher Produktionssysteme bzw. des Industrial Engineerings, aber auch neue Formen der Prozessgestaltung und Weiterentwicklung von Geschäftsmodellen genannt. Bei letzterem dominiert in den befragten Unternehmen die progressive Weiterentwicklung bestehender Ansätze, welche sukzessive durch die Digitalisierung ergänzt werden, über die disruptive Neuentwicklung neuer Geschäftsmodelle.

Das Produktivitätsmanagement ist in den meisten Fällen bei den Befragten in Form geregelter Soll-Ist-Vergleiche etabliert mit festen Zyklen auf zumeist Monatsbasis, in denen produktivitätsrelevante Werte abgeglichen werden. Eine methodische Unterstützung für die Erreichung von Zielvorgaben wird ebenfalls größtenteils genutzt. Intensiviert werden könnte in den befragten Unternehmen teilweise noch die strategische

Ausgestaltung und Nutzung der Digitalisierung, sowohl für die Prozess- als auch insbesondere für die Geschäftsmodellentwicklung.

Einig sind sich die Befragten, dass das Potenzial der Digitalisierung zur Verbesserung der Produktivität in zweistelligen Prozentsätzen ausfallen dürfte. Die Studie belegt, dass die Digitalisierung zunehmend als Möglichkeit wahrgenommen wird, das (traditionelle) Produktivitätsmanagement eines Unternehmens zu unterstützen. Strategisch sinnvoll verankert, kann dadurch die eigene Stellung im Wettbewerb gesichert und ausgebaut werden, weshalb insbesondere die Auseinandersetzung mit der Kombinationsmöglichkeit von Produktivitätsmanagement und Digitalisierung vielen Befragungsteilnehmern erstrebenswert erscheint.

Abschließend an diesen Abschnitt sollen die zuvor getätigten zusammenfassenden Aussagen zur Befragungsstudie den in Abschnitt 5.1 gestellten Hypothesen zugeordnet und diese bestätigt bzw. widerlegt werden. Zur leichteren Übersicht erfolgt die Gegenüberstellung der Antworten zu den Hypothesen in Tabelle 11, wobei auch die übergeordneten Teilfragen noch einmal aufgelistet sind.

Tabelle 11: Teilfragen, Hypothesen und Antworten der Befragungsstudie

Teil-frage	Inhaltliche Aussagen	
1	Frage	Wie stehen die Unternehmen der deutschen Metall- und Elektroindustrie zu Produktivitätsmanagement?
	Hypothese	Wenn die Unternehmen der deutschen Metall- und Elektroindustrie Produktivitätsmanagement als wichtig erachten, unabhängig von ihren kennzeichnenden Eigenschaften (bspw. ihre Betriebsgröße), dann findet dieses auch Anwendung in den Betrieben.
	Antwort	Produktivitätsmanagement nimmt überwiegend einen wichtigen Stellenwert bei den befragten Unternehmen ein.

		Jedoch muss festgehalten werden, dass der Stellenwert des Produktivitätsmanagements hinsichtlich der kennzeichnenden Eigenschaften der Betriebe variiert. Die hier ausgewerteten Unterschiede hinsichtlich der Betriebsgröße sind oftmals dahingehend statistisch signifikant, dass größere Betriebe dem Produktivitätsmanagement eine größere Bedeutung beimessen als kleinere. Die Hypothese kann nur zum Teil bestätigt werden.
2	Frage	Wie erfolgt Produktivitätsmanagement derzeit?
	Hypothese	Wenn Produktivitätsmanagement betrieben wird, dann erfolgt dies bei allen Unternehmen in Form von etablierten Regelkreisen mit Soll-Ist-Vergleichen und festgelegten Terminen zur Zielerreichung.
	Antwort	Produktivitätsmanagement ist nicht in allen, aber in sehr vielen Fällen in Form geregelter Soll-Ist-Vergleiche etabliert, wobei die Prüfzyklen zumeist monatlich ausfallen. Die Zielerreichung wird in den meisten Fällen methodenbasiert unterstützt. Die Hypothese kann nur zum Teil bestätigt werden.
3	Frage	Welche produktivitätsrelevanten Daten werden (digitalisiert) erfasst?
	Hypothese	Wenn Daten (digitalisiert) erfasst werden, dann werden, unabhängig vom betrieblichen Funktionsbereich, vielseitige zeit- und mengenbezogene Daten (digitalisiert) erfasst, die geeignet sind, das Produktivitätsmanagement von einzelnen

		Arbeitsplätzen bis hin zum gesamten Unternehmen zu unterstützen.
	Antwort	Die Befragten nutzen bzw. planen zum Großteil eine digitale und echtzeitnahe Erfassung produktivitätsrelevanter Daten. Hinsichtlich der insgesamt erfassten Daten werden jedoch Schwerpunkte gelegt auf fertigungs-, montage-, qualitäts- und logistikbezogene Kenngrößen, die zudem stärker auf der Ebene von Arbeitsplätzen erfasst werden. Die Hypothese kann nur zum Teil bestätigt werden.
4	Frage	Welche Entwicklungen werden erwartet?
	Hypothese	Wenn die Unternehmensvertreter eine Erwartung an die weitere Entwicklung von Produktivitätsmanagement und Digitalisierung haben, dann, dass die Rolle der Digitalisierung für das Produktivitätsmanagement, und somit für die Ergänzung traditioneller Ansätze wie Industrial Engineering bzw. Lean Management, bei allen Unternehmen zunehmen und die mittels (traditionellem) Produktivitätsmanagement erzielbaren Ergebnisse (teils erheblich) verbessert werden können.
	Antwort	Die Befragten sehen einen großen Stellenwert in der Standardisierung von Prozessen und erwarten, dass insbesondere softwarebasierte Kontrollalgorithmen zur Prozessverbesserung genutzt werden können, vordergründig unter Erzielung detaillierterer Informationen zur Entscheidungsfindung. Die Hypothese kann bestätigt werden.

5	Frage	In wie weit ist das Produktivitätsmanagement in den Betrieben strategisch ausgerichtet?
	Hypothese	Wenn Produktivitätsmanagement betrieben wird, dann ist das Produktivitätsmanagement in allen Unternehmen an den strategischen Zielen der Unternehmung ausgerichtet und trägt so maßgeblich zu deren Erreichen bei.
	Antwort	Nicht alle Betriebe richten ihr Produktivitätsmanagement an strategischen Zielen aus. Die strategische Verankerung sowohl des Produktivitätsmanagements als auch der Digitalisierung wird von vielen Befragten als eine Frage guter innerbetrieblicher Kommunikation und Führung angesehen. Die Hypothese kann nur zum Teil bestätigt werden.
6	Frage	Wie wird die Digitalisierung zur Unterstützung des Produktivitätsmanagements genutzt?
	Hypothese	Wenn die Digitalisierung zur Unterstützung des Produktivitätsmanagements genutzt wird, dann findet sie in allen Unternehmen durchgängig in Form technischer Ansätze der Datenerfassung, -vernetzung, -verarbeitung, -visualisierung und -nutzung Anwendung.
	Antwort	Die Befragten wählen selektiv passende Technologien aus und bilden nicht alle die gesamte technisch mögliche Bandbreite an Digitalisierungsmaßnahmen ab. Dabei wird, wenn möglich, versucht produktionsfokussierte und administrative Prozesse gleichermaßen digital zu unterstützen und auch Partner in der Supply Chain einzubeziehen. Die Hypothese kann nur zum Teil bestätigt werden.

7	Frage	Wie wirken sich Produktivitätsmanagement und Digitalisierung auf die Arbeitswelt aus?
	Hypothese	Wenn Produktivitätsmanagement und Digitalisierungsmaßnahmen kombiniert werden, dann stellen die Kombinationen geeignete Ansätze dar, um die Arbeitsbedingungen der Beschäftigten in allen Unternehmen zu verbessern.
	Antwort	Mittels Produktivitätsmanagement und Digitalisierung wird in den Betrieben starker Einfluss auf die Arbeitsplatzgestaltung genommen und es konnten insbesondere meldepflichtige Unfälle, unfallbedingte Ausfallzeiten und Fehlzeiten reduziert werden. Die Motivationswirkung ist ambivalent, sodass einerseits positive Effekte, andererseits aber auch negative Effekte hervortreten. Es muss zudem angemerkt werden, dass die Arbeitsbedingungen nicht primär im Fokus stehen, weder im Produktivitätsmanagement noch bei der Ausgestaltung von Digitalisierungsmaßnahmen. Stellt ihre Verbesserung eine Möglichkeit zur Produktivitätssteigerung dar, dann werden sie gerne umgesetzt. Somit kann die Hypothese zusammenfassend bestätigt werden.

Mit den Ausführungen zu den Hypothesen, die sich zusammenfassend größtenteils bestätigen ließen, wenngleich nicht vollumfänglich, schließt dieser Abschnitt. Die eingangs in Kapitel 5 gestellte Zielstellung, mit der vorliegenden Befragungsstudie eine repräsentative Bestandaufnahme zum Stellenwert von Produktivitätsmanagement und der hierfür genutzten Digitalisierung innerhalb der deutschen Metall- und Elektroindustrie gewonnen zu haben, darf als erfüllt gewertet werden, wenngleich insbesondere die vergleichsweise kleine Stichprobe kritisch zu werten ist.

Im Folgenden sollen Handlungsempfehlungen gegeben werden auf Grundlage der Befragungsergebnisse für eine „Good Practice" bei der Ausgestaltung von Produktivitätsmanagement sowie der Einbindung der Digitalisierung.

5.4 Bedeutung der Befragungsergebnisse und Handlungsempfehlungen

Für Betriebe ist es von Interesse, wesentliche Handlungsfelder abzuleiten, denen sie sich widmen können und sollten.[360] Zunächst ist die Wichtigkeit von Daten als Basis für eine funktionierende Digitalisierung im Unternehmen hervorzuheben, worauf die Befragungsergebnisse hindeuten. Deshalb muss die grundlegende Arbeit darauf fokussiert werden, eine adäquate Datenbasis herzustellen, welche inhaltlich mit angemessener Breite und Tiefe sowie zudem zeitlich aktuell, d. h. möglichst in Echtzeit, Daten bereitstellt. Die Digitalisierung benötigt eine hohe Datenqualität, um angemessen genutzt werden zu können, vor allem im Rahmen der Entscheidungsunterstützung. Sie ermöglicht aber auch die Erfassung und Bereitstellung qualitativ hochwertiger Daten, vor allem in Form der sensorischen Datenerfassung und algorithmischen Auswertung. Wie diese Datenbasis aussehen soll, wird unter anderem durch die Struktur des Produktivitätsmanagements determiniert. Unternehmen müssen sich Gedanken machen, wie sie den Begriff Produktivität für sich definieren und mit welchen Kennzahlen sie diese messen wollen.[361] Für jede Produktivitätskennzahl ist das Aggregationsniveau zu bestimmen sowie der Betrachtungsumfang, in dem diese Kennzahlen erhoben werden sollen. Die digital erfassten Daten sollten die Grundlage zur Berechnung aller Produktivitätskennzahlen sein.

Darüber hinaus ist es wichtig, die Kennzahlen für die Produktivitätsmessung in ein ganzheitliches Management einzubinden, welches an den strategischen Zielen eines Unternehmens ausgerichtet ist und für das eine Evaluation in Form festgelegter Regelkreise möglich ist. Ein ganzheitliches Management liegt dann vor, wenn zu den Kennzahlen und ihren jeweiligen Bestandteilen Zielwerte für bestimmte Zeitpunkte definiert werden und deren Erreichung methodisch unterstützt wird.

---

[360] Siehe hierzu auch Ausführungen in Abschnitt 7.2.
[361] Siehe hierzu auch die Ansätze der befragten Unternehmen im Anhang in Tabelle 28.

Dabei gibt das Geschäftsmodell die strategische Ausrichtung eines Unternehmens vor. Das Produktivitätsmanagement muss in Einklang mit dieser Zielsetzung stehen und die Produktivitätskennzahlen müssen folglich die Erreichung der strategischen Unternehmensziele messen. In der taktischen Ausrichtung von Entscheidungen sowie in der operativen Umsetzung ist von Interesse, wie die Faktoren, welche ein Unternehmen als Einflussgrößen auf seine Produktivität definiert hat, beeinflusst werden können.

Ein funktionierendes Produktivitätsmanagement, welches die strategische Ausrichtung der betrieblichen Aktivitäten genauso unterstützt wie die taktische und operative Umsetzung, ist ein wesentlicher Faktor zur Umsetzung der Geschäftsstrategie. Abbildung 60 zeigt exemplarisch die schematischen Zusammenhänge.

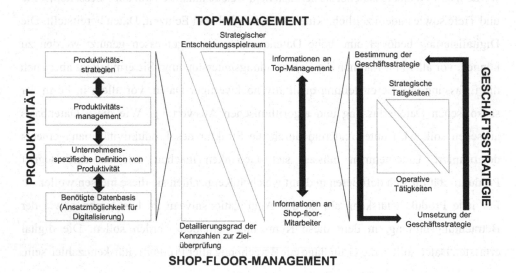

Abbildung 60: Zusammenhang von Produktivität, Produktivitätsmanagement und Produktivitätsstrategie[362]

Zwischen dem strategischen Top-Management und dem operativen Shop-Floor-Management bestehen vielseitige Zusammenhänge. Die zwischen beiden ablaufenden Informationsflüsse müssen die Festlegung und geplante Vorgehensweise zur Umsetzung der Geschäftsstrategie kommunizieren und Angaben über ihre Zielerreichung ermöglichen.[363] Dabei helfen Kennzahlen, wobei vor allem Produktivitätskennzahlen eine

---

[362] Eigene Darstellung in Anlehnung an Weber et al. 2017b S. 40.
[363] Siehe hierzu auch Ausführungen über die vertikale Integration in Abschnitt 4.1.4.

wichtige Rolle einnehmen. Diese sind unternehmensspezifisch zu definieren und müssen im Rahmen des Produktivitätsmanagements regelmäßig mit Zielvorgaben und -terminen versehen werden. Die Analyse der Zielerreichung sollte in Regelkreise eingebunden sein. Damit die Ziele erreicht werden, sollten sie methodisch unterstützt werden, wobei auch traditionelle Ansätze des Lean Managements Anwendung finden sollten. Die Grundlage hierfür ist, wie bereits geschildert, eine saubere Datenbasis, welche durch die Digitalisierung ermöglicht wird.

5.5 Zwischenfazit

Mit Kapitel 5 wurden die zuvor in Kapitel 4 gemachten Ausführungen zur Bedeutung der Digitalisierung und den an sie gestellten Erwartungen konkretisiert durch eine Befragung unter Fach- und Führungskräften aus der deutschen Metall- und Elektroindustrie, wobei traditionelle Ansätze der Produktivitätsverbesserung einbezogen wurden. Diese Industrie erwirtschaftet einerseits einen Großteil der industriellen Wertschöpfung in Deutschland und ist andererseits geprägt durch eine vergleichsweise große Vielfalt der darin verrichteten energetischen sowie informatorischen Tätigkeiten, weshalb diese Branche geeignet erscheint, die zuvor in Kapitel 4 gewonnenen Erkenntnisse aus der Literaturanalyse mit Ergebnissen aus der betrieblichen Praxis zu spiegeln und hieraus repräsentative Schlüsse zu ziehen.

Die Befragungsergebnisse zeigen, dass die Unternehmensvertreter vielseitige Potenziale durch die Digitalisierung für das Produktivitätsmanagement sehen.[364] Zudem wird die Bedeutung eines gut organisierten Produktivitätsmanagement deutlich. Hierzu wurde abgefragt, wie Produktivitätsmanagement in den Betrieben verankert ist und welche Rolle arbeitswissenschaftliche sowie betriebswirtschaftliche Ansätze des Industrial Engineerings und des Lean Managements (bzw. Ganzheitlicher Produktionssysteme) spielen.

Es ist, ausgehend von den dargestellten Befragungsergebnissen, insofern eine Verallgemeinerung der gewonnenen Aussagen auf die gesamte produzierende Industrie in

---

[364] Damit bestätigen sie Aussagen weiterer Studien und Erhebungen mit ähnlicher Ausgangsfrage, die nicht zwangsläufig auf diesen Industriezweig beschränkt sind (vgl. bspw. Lichtblau et al. 2015, Ganschar et al. 2016 oder Schöllhammer et al. 2017).

Deutschland möglich, als dass eine Notwendigkeit zur strukturierten Integration der Digitalisierung in das (bestehende) Produktivitätsmanagement gegeben und diese auch gewünscht ist, um weitere Potenziale auszuschöpfen. Bei dieser Aufgabe sollen die im weiteren Fortgang dieser Schrift in den Kapiteln 6 und 7 zu entwickelnden Ansätze helfen. Jedoch muss kritisch angemerkt werden, dass sich die hier gezeigten Ergebnisse nur auf eine Branche und zudem auf eine vergleichsweise kleine Stichprobe beschränken. Folglich wäre die Möglichkeit zur Verallgemeinerung der getroffenen Aussagen durch weitere empirische Erhebungen zu belegen.

Mit den Ergebnissen aus den Kapiteln 4 und 5 ist die erste Forschungsfrage final beantwortet, welche auf den Erwartungen durch die Entwicklung der Digitalisierung auf volks- sowie betriebswirtschaftlicher Ebene abzielt und die Treiber ihrer Entwicklung zu identifizieren sucht. Die Diskussion aus Abschnitt 4.1.5 zeigt, dass die Hoffnung nach positiven Effekten auf den Arbeitsmarkt in Deutschland besteht, jedoch auch Befürchtungen nachteiliger Effekte vorhanden sind. Unter retrospektiver Betrachtung der Auswirkungen von CIM und deren Fortschreibung auf die Digitalisierung kann die These untermauert werden, dass in Zukunft voraussichtlich eher positive als negative Effekte zu erwarten sein werden. Somit sind für die Volkswirtschaft Deutschland aufgrund der Digitalisierung per Saldo positive Arbeitsmarktveränderungen zu erwarten. Wichtig zu beachten ist dabei, dass sich die inhaltlichen Änderungen der Arbeitsaufgaben stärker auswirken dürften als der Saldo der Veränderung der Anzahl Arbeitsplätze.

Ergänzt werden diese volkswirtschaftlichen Erwartungen durch Möglichkeiten zur Steigerung der internationalen Wettbewerbsfähigkeit Deutschlands. Letztere liegt darin begründet, dass auf einzelwirtschaftlicher Ebene mit der Digitalisierung zum einen neue Geschäftsmodelle zur Umsatzgenerierung ermöglicht werden, und zum anderen Ansätze gesehen werden, die Grenzen traditioneller arbeitswissenschaftlicher sowie betriebswirtschaftlicher Ansätze zur Produktivitätsverbesserung, namentlich des Industrial Engineerings und des Lean Managements, zu überwinden. Unter gleichzeitiger Beachtung neuerer arbeitswissenschaftlicher Ansätze einer stärkeren Humanorientierung bei der Gestaltung von Arbeit, wie sie auch in der demografischen Entwicklung auf dem deutschen Arbeitsmarkt begründet liegen, soll die Nutzung des Potenzials der

Beschäftigten mittels der Digitalisierung steigen. Eine Zusammenfassung der Ergebnisse für die erste Forschungsfrage ist nachfolgend in Tabelle 12 dargestellt.

Tabelle 12: Beantwortung der ersten Forschungsfrage

Forschungs-frage-nummer	Forschungsfrage	Kapitel mit Antworten	Antworten auf Forschungsfrage
1	Welche Erwartungshaltung geht mit der Entwicklung der Digitalisierung auf volks- und betriebswirtschaftlicher Ebene einher und was sind die Treiber ihrer Nutzung?	4, 5	Neben der Erwartungshaltung, neue Geschäftsmodelle umsetzen zu können, sollen Grenzen traditioneller Ansätze der Produktivitätsverbesserung (Lean Management) durch erweiterte Möglichkeiten verschoben werden. Zudem soll das Produktivitätsmanagement stärker humanorientiert ausfallen. Mittels der Digitalisierung sollen diese Ziele erreicht und positive Effekte auf dem deutschen Arbeitsmarkt sowie für die internationale Wettbewerbsfähigkeit Deutschlands erzielt werden.

In der Folge wird in Kapitel 6 ein Ansatz zur zielgerichteten Klassifizierung und Auswahl von Produktivitätsstrategien vorgestellt, welche auf der Digitalisierung basieren. Dieser Ansatz wird dann in Kapitel 7 in ein Vorgehensmodell zur zielgerichteten Umsetzung von Digitalisierungsmaßnahmen integriert.

6 Strukturierung von Produktivitätsstrategien auf Basis der Digitalisierung

Die verschiedenen technologischen Ansätze der Digitalisierung sollen in diesem Kapitel mittels einer geeigneten Struktur klassifizierbar und aus dieser wiederum extrahierbar gemacht werden.

6.1 Klassifizierung von Digitalisierungsmaßnahmen

Die Tatsache, dass unter dem Begriff Digitalisierung eine große Bandbreite technologischer Gestaltungsmöglichkeiten subsummiert werden kann, erfordert es ein strukturiertes Schema zu entwickeln, anhand dessen diese unterschiedlichen Technologien klassifiziert werden können. Dafür ist eine Struktur zu bestimmen, welche einerseits das Einsortieren von Technologien stringent ermöglicht, andererseits aber auch das zielgerichtete Auswählen von Technologien unterstützt.[365] Der nachfolgend beschriebene Klassifikationsansatz wird als Ordnungsrahmen bezeichnet und soll diese Anforderungen erfüllen.[366] Die Herleitung dieses Ansatzes dient zur Beantwortung der dritten Forschungsfrage, welche auf eine geeignete Klassifikation von Digitalisierungsmaßnahmen für den industriellen Kontext abzielt.

6.1.1 Aufbau eines Ordnungsrahmens

Ausgangspunkt für die Entwicklung ist die Überlegung, dass die Digitalisierung eine verbesserte Informationsversorgung ermöglicht. Durch sie können Aufwände der Datenhandhabung verringert werden und zugleich Verbesserungen am Informationsergebnis entstehen. Speziell die Aufwände der Datenhandhabung lassen sich stufenweise untergliedern nach Erfassung, Weiterleitung, Verarbeitung und Bereitstellung, zusätzlich ergänzt um die Nutzung der aus den Daten gewonnenen Informationen.[367] Diese Schritte von der Datenerfassung bis zur Datennutzung sind

---

[365] Letzteres wird in einem mehrstufigen Vorgehensmodell zur Nutzung der Digitalisierung in Abschnitt 7.2 aufgegriffen.

[366] Die in den nachfolgenden Unterabschnitten gemachten Ausführungen basieren, sofern nicht anders angegeben, auf Weber et al. 2017a, Weber et al. 2018b und Weber et al. 2017d.

[367] Diese aufeinander aufbauenden Stufen lehnen sich an das Klassifikationsschema aus Abschnitt 4.1.3 an.

© Der/die Autor(en), exklusiv lizenziert durch
Springer-Verlag GmbH, DE, ein Teil von Springer Nature 2021
M.-A. Weber, *Nutzung der Digitalisierung zur Produktivitätsverbesserung in industriellen Prozessen unter Berücksichtigung arbeitswissenschaftlicher Anforderungen*, ifaa-Edition, https://doi.org/10.1007/978-3-662-63131-7_6

aufeinander abzustimmen, sodass sie ohne Medienbrüche voll-digitalisiert durchlaufen werden können. Abbildung 61 zeigt den schematischen Ablauf einschl. Beispielen je Stufe.

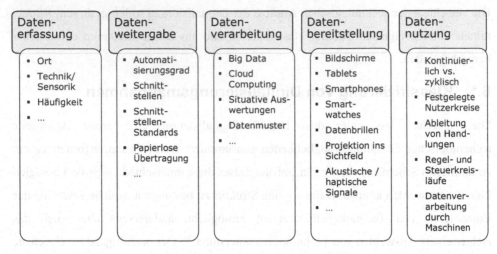

Daten-erfassung	Daten-weitergabe	Daten-verarbeitung	Daten-bereitstellung	Daten-nutzung
• Ort • Technik/ Sensorik • Häufigkeit • ...	• Automati-sierungsgrad • Schnitt-stellen • Schnitt-stellen-Standards • Papierlose Übertragung • ...	• Big Data • Cloud Computing • Situative Aus-wertungen • Datenmuster • ...	• Bildschirme • Tablets • Smartphones • Smart-watches • Datenbrillen • Projektion ins Sichtfeld • Akustische / haptische Signale • ...	• Kontinuier-lich vs. zyklisch • Festgelegte Nutzerkreise • Ableitung von Hand-lungen • Regel- und Steuerkreis-läufe • Datenver-arbeitung durch Maschinen

Abbildung 61: Anwendungsfelder der Digitalisierung für das Datenmanagement

Mit der Nutzung ausgewählter Technologien je Stufe wird die Grundlage des durch die Digitalisierung geprägten Datenmanagements geschaffen, welche integrativ zur strategischen Beeinflussung des Produktivitätsmanagements genutzt werden kann. Wie in Abschnitt 2.1.2 ausgeführt, fokussieren die operativen Entscheidungen zur Beeinflussung der Produktivität den Input und/oder den Output.[368] Beide Produktivitätsziele können weiter untergliedert werden nach quantitativen und qualitativen Merkmalen.[369] Werden diese Ziele der Produktivitätsbeeinflussung kombiniert mit den in Abbildung 61 dargestellten Anwendungsfeldern der Digitalisierung, so ergibt sich der in Tabelle 13 abgebildete Ordnungsrahmen in seiner ersten und einfachsten Ausprägung (hier als erste Stufe bezeichnet).

---

[368] Siehe hierzu Abbildung 4.
[369] Siehe hierzu Tabelle 2.

Tabelle 13: Ordnungsrahmen für Produktivitätsstrategien unter Berücksichtigung der Digitalisierung (erste Stufe)

Produktivitäts-ziel	Anwendungsfelder der Digitalisierung				
	Daten-erfassung	Daten-weiter-gabe	Daten-verarbei-tung	Daten-bereit-stellung	Daten-nutzung
Qualitativer Output ↑	Strategien-Cluster 1	Strategien-Cluster 2	Strategien-Cluster 3	Strategien-Cluster 4	Strategien-Cluster 5
Quantitativer Output ↑	Strategien-Cluster 6	Strategien-Cluster 7	Strategien-Cluster 8	Strategien-Cluster 9	Strategien-Cluster 10
Qualitativer Input ↓	Strategien-Cluster 11	Strategien-Cluster 12	Strategien-Cluster 13	Strategien-Cluster 14	Strategien-Cluster 15
Quantitativer Input ↓	Strategien-Cluster 16	Strategien-Cluster 17	Strategien-Cluster 18	Strategien-Cluster 19	Strategien-Cluster 20

In die zwanzig Felder der Matrix lassen sich verschiedene Produktivitätsstrategien auf Basis der Digitalisierung für die industrielle Produktion einordnen.[370] Jedes Feld kann mehrere Strategien beinhalten, sodass hier von Strategieclustern gesprochen wird. Diese einzelnen Strategiecluster können unabhängig voneinander sein oder starke Wechselwirkungen zueinander aufweisen, je nach betrachteter Technologie und dem Kontext, in dem sie eingesetzt wird.[371] Mittels dieser Cluster kann berücksichtigt werden, dass unterschiedliche Formen der Digitalisierung Effizienz- bzw. Produktivitätssteigerungen bewirken können,[372] welche hierdurch zueinander abgrenzbar werden.

---

[370] Aus didaktischen Gründen wird zunächst die Struktur des Ordnungsrahmens vollständig hergeleitet, bevor in Abschnitt 6.3 konkrete Beispiele benannt werden.
[371] Siehe die nachfolgend noch zu erläuternden Beispiele in Tabelle 15.
[372] Vgl. Bredmar 2017 S. 122.

Die Darstellung in Tabelle 13 kann weiter untergliedert werden. Im Folgenden wird sie in einen dreidimensionalen Würfel überführt, um eine genauere Technologiezuordnung zu ermöglichen. Für die dritte Achse, welche der Tabelle hinzugefügt wird, sind mehrere Möglichkeiten denkbar. Die zwei nachfolgend beschriebenen Ansätze fokussieren einerseits Anwendungsgebiete in betrieblichen Funktionen und andererseits Formen der Arbeitsunterstützung. Letzteres deckt energetische und informatorische Arbeitsunterstützung ab, einschließlich der Zwischenformen aus beiden.

Die Digitalisierung kann genutzt werden, um Produktivitätsziele in unterschiedlichen Funktionsbereichen eines Unternehmens zu erreichen. Grundlegend lassen sich diese Funktionsbereiche in direkte und indirekte Bereiche einteilen. Meyr nennt als direkte Kernbereiche einer Unternehmung die Beschaffung, die Produktion, die Distribution sowie den Vertrieb.[373] Die interne Logistik kann dem Bereich Produktion, die externe Logistik dem Bereich Distribution zugeordnet werden. Als indirekte Bereiche gelten v. a. die Funktionen der Administration.[374] Jedes Strategiecluster aus Tabelle 13 kann entsprechenden dieser Klassifikationsstruktur weiter differenziert werden, sodass sich der in Abbildung 62 abgebildete erweiterte Ordnungsrahmen ergibt (hier als zweite Stufe bezeichnet). Aus der zuvor zweidimensionalen Darstellung in Tabellenform ergibt sich eine dreidimensionale Darstellung als Kubus.

---

[373] Vgl. Rohde et al. 2000 S. 11. Die Quelle beschreibt den grundlegenden Aufbau von Advanced Planning and Scheduling-Systemen, wie sie als Weiterentwicklung von Enterprise Ressource Planning-Systemen entwickelt wurden. Diese Systeme stellen somit eine Entwicklungsstufe der IT-basierten Unternehmenssteuerung vor der aktuellen Entwicklung der Digitalisierung dar und sollen hier als Bindeglied beider Ansätze aufgegriffen werden.
[374] Die indirekten Bereiche umfassen bspw. das Controlling, die Rechtsabteilung und die Geschäftsleitung.

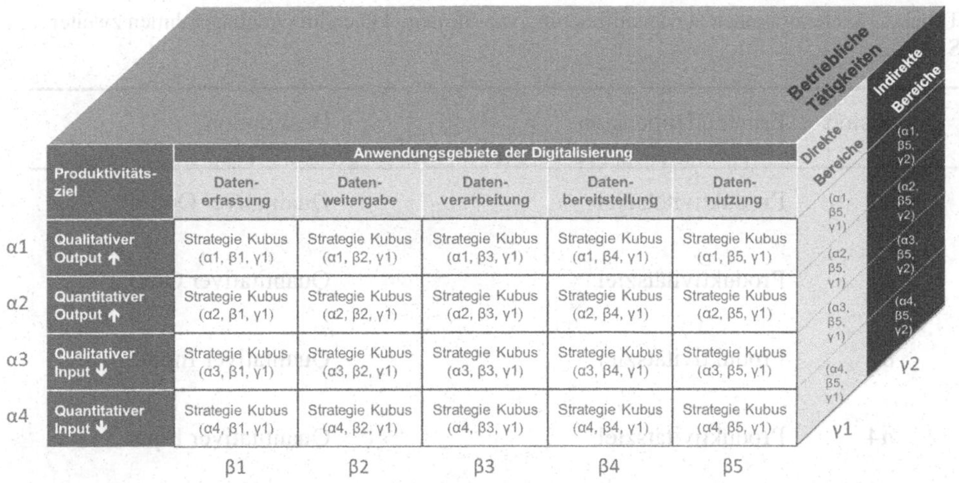
Anwendungsgebiete der Digitalisierung
Produktivitäts-ziel
Daten-erfassung
Daten-weitergabe
Daten-verarbeitung
Daten-bereitstellung
Daten-nutzung
α1
Qualitativer Output ↑
Strategie Kubus (α1, β1, γ1)
Strategie Kubus (α1, β2, γ1)
Strategie Kubus (α1, β3, γ1)
Strategie Kubus (α1, β4, γ1)
Strategie Kubus (α1, β5, γ1)
α2
Quantitativer Output ↑
Strategie Kubus (α2, β1, γ1)
Strategie Kubus (α2, β2, γ1)
Strategie Kubus (α2, β3, γ1)
Strategie Kubus (α2, β4, γ1)
Strategie Kubus (α2, β5, γ1)
α3
Qualitativer Input ↓
Strategie Kubus (α3, β1, γ1)
Strategie Kubus (α3, β2, γ1)
Strategie Kubus (α3, β3, γ1)
Strategie Kubus (α3, β4, γ1)
Strategie Kubus (α3, β5, γ1)
α4
Quantitativer Input ↓
Strategie Kubus (α4, β1, γ1)
Strategie Kubus (α4, β2, γ1)
Strategie Kubus (α4, β3, γ1)
Strategie Kubus (α4, β4, γ1)
Strategie Kubus (α4, β5, γ1)
β1
β2
β3
β4
β5
Betriebliche Tätigkeiten
Direkte Bereiche
(α1, β5, γ1)
(α2, β5, γ1)
(α3, β5, γ1)
(α4, β5, γ1)
γ1
Indirekte Bereiche
(α1, β5, γ2)
(α2, β5, γ2)
(α3, β5, γ2)
(α4, β5, γ2)
γ2

Abbildung 62: Ordnungsrahmen unter Klassifizierung nach Funktionsbereichen, grobe Unterteilung (zweite Stufe)

Aus den zuvor zwanzig Strategieclustern ergeben sich aufgrund der beiden Klassifizierungsmöglichkeiten auf der z-Achse nun insgesamt vierzig Strategiekuben. Um eine einfache Ansprache dieser Kuben zu gewährleisten, wird die Notation (α, β, γ) verwendet. In dieser Notation steht α für die gewünschte Zielrichtung bei der Produktionsbeeinflussung, β für das Anwendungsfeld der Digitalisierung und γ für den betrieblichen Funktionsbereich. In Tabelle 14 sind die möglichen Denotationen einsehbar.

Tabelle 14: Denotationen zur Identifizierung von Strategiekuben im Ordnungsrahmen zweiter Stufe

Dimension	Primäre Dimension	Deskription
α1	Produktivitätsziel	Qualitativer Output
α2	Produktivitätsziel	Quantitativer Output
α3	Produktivitätsziel	Qualitativer Input
α4	Produktivitätsziel	Quantitativer Input
β1	Anwendungsgebiet der Digitalisierung	Datenerfassung
β2	Anwendungsgebiet der Digitalisierung	Datenweitergabe
β3	Anwendungsgebiet der Digitalisierung	Datenverarbeitung
β4	Anwendungsgebiet der Digitalisierung	Datenbereitstellung
β5	Anwendungsgebiet der Digitalisierung	Datennutzung
γ1	Betrieblicher Funktionsbereich	Direkter Bereich
γ2	Betrieblicher Funktionsbereich	Indirekter Bereich

So steht beispielsweise (α4, β3, γ1) für den Subkubus, welcher Produktivitätsstrategien mit dem Ziel der Verringerung des quantitativen Inputs beschreibt bei Nutzung der Datenverarbeitung (β3) in einem direkten Funktionsbereich (γ1).

Eine Unterteilung in direkte und indirekte Bereiche erscheint für die praktische Nutzung des Ordnungsrahmens, worauf weiter unten eingegangen wird, noch als zu grob. Aus diesem Grund wird in Abbildung 63 eine abgewandelte, erweiterte dritte Stufe des Ordnungsrahmens entwickelt, in welchem die z-Achse unterteilt wird nach Forschung (F, γ1), Entwicklung (E, γ2), Planung/Steuerung (S, γ3), Supply Chain Management (C, γ4), Logistik (L, γ5), Fertigung (P, γ6), Montage (M, γ7), Qualitätsmanagement (Q, γ8), Lager

(G, γ9) und Instandhaltung/Service (I, γ10).[375] Durch diese Unterteilung ist eine genauere Zuordnung in verschiedene Funktionsbereiche industrieller Unternehmen mittels 200 Subkuben möglich.

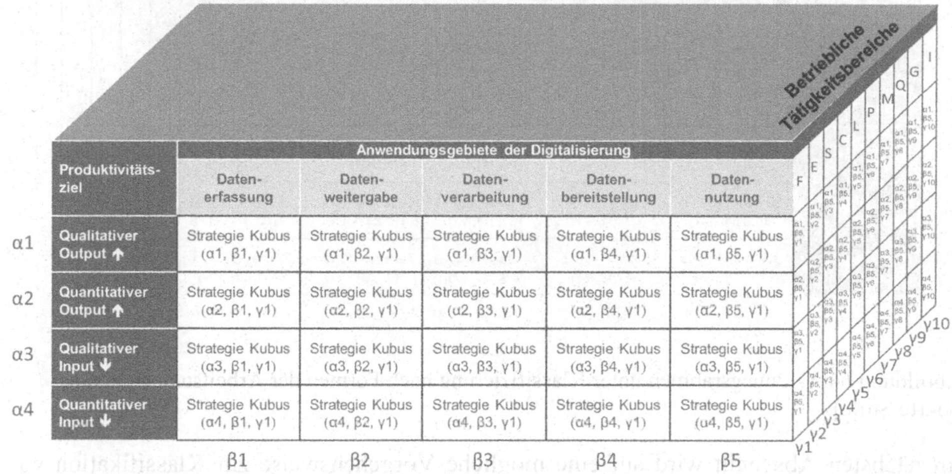

Abbildung 63: Ordnungsrahmen unter Klassifizierung nach Funktionsbereichen, feine Unterteilung (dritte Stufe)

Wie oben genannt, ist eine alternative Untergliederung der z-Achse hinsichtlich der Unterstützung energetischer als auch informatorischer Arbeit möglich, wobei der Übergang zwischen beiden Arbeitsformen fließend ist. Nach Schlick lässt sich Arbeit grob in fünf Abstufungen unterteilen. Diese sind mechanische Arbeit (MC), motorische Arbeit (MO), reaktive Arbeit (RA), kombinative Arbeit (KB) und kreative Arbeit (KA).[376] Unter Verwendung des dreidimensionalen Darstellungsansatzes aus Abbildung 62 und eines Austausches der Achsenunterteilung der z-Achse ergibt sich der in Abbildung 64 dargestellte alternative Kubus des Ordnungsrahmen (als vierte Stufe bezeichnet). Dieser Ordnungsrahmen unterteilt sich in hundert Subkuben, die ebenfalls durch die Klassifikation (α, ß, γ) gekennzeichnet werden können.

---

[375] Diese Untergliederung geht zurück auf Institut für angewandte Arbeitswissenschaft e. V. 2015 S. 15, worin typische Tätigkeitsfelder in industriellen Unternehmen genannt sind. Der Ordnungsrahmen mit diesem Klassifikationsschema findet sich auch in Jeske et al. 2018.
[376] Vgl. Schlick et al. 2018 S. 142 basierend auf Rohmert 1998. Eine Übersicht zu den einzelnen Arbeitsformen einschl. Beispielen findet sich im Anhang dieser Schrift in Tabelle 29.

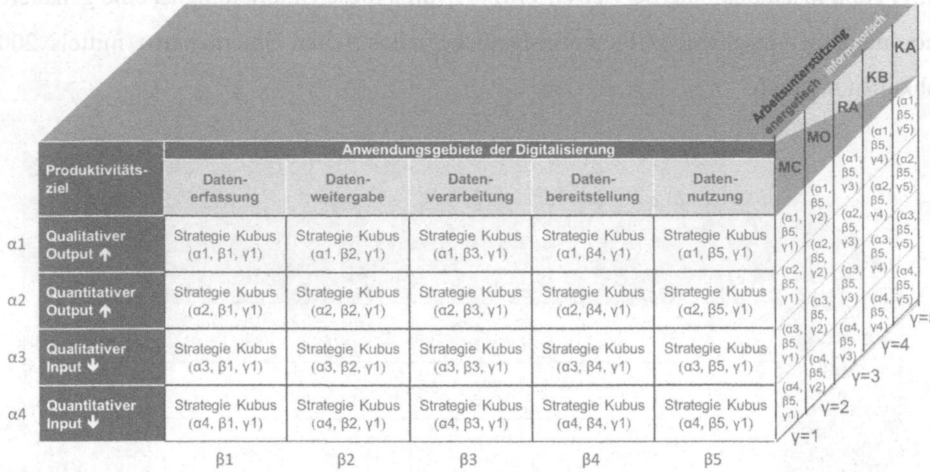

Produktivitäts-ziel	Anwendungsgebiete der Digitalisierung				
	Daten-erfassung	Daten-weitergabe	Daten-verarbeitung	Daten-bereitstellung	Daten-nutzung
α1 Qualitativer Output ↑	Strategie Kubus (α1, β1, γ1)	Strategie Kubus (α1, β2, γ1)	Strategie Kubus (α1, β3, γ1)	Strategie Kubus (α1, β4, γ1)	Strategie Kubus (α1, β5, γ1)
α2 Quantitativer Output ↑	Strategie Kubus (α2, β1, γ1)	Strategie Kubus (α2, β2, γ1)	Strategie Kubus (α2, β3, γ1)	Strategie Kubus (α2, β4, γ1)	Strategie Kubus (α2, β5, γ1)
α3 Qualitativer Input ↓	Strategie Kubus (α3, β1, γ1)	Strategie Kubus (α3, β2, γ1)	Strategie Kubus (α3, β3, γ1)	Strategie Kubus (α3, β4, γ1)	Strategie Kubus (α3, β5, γ1)
α4 Quantitativer Input ↓	Strategie Kubus (α4, β1, γ1)	Strategie Kubus (α4, β2, γ1)	Strategie Kubus (α4, β3, γ1)	Strategie Kubus (α4, β4, γ1)	Strategie Kubus (α4, β5, γ1)
	β1	β2	β3	β4	β5

z-Achse (Arbeitsunterstützung / energetisch / informatorisch): MC, MO, RA, KB, KA; γ=1, γ=2, γ=3, γ=4, γ=5

Abbildung 64: Ordnungsrahmen unter Klassifizierung nach Formen der Arbeitsunterstützung (vierte Stufe)

Im nächsten Abschnitt wird auf eine mögliche Vorgehensweise zur Klassifikation von Produktivitätsstrategien eingegangen. Die Benennung exemplarischer Beispiele erfolgt anschließend in Abschnitt 6.3. Hierfür werden die beiden Alternativen der z-Achse aus Abbildung 63 und Abbildung 64 kombiniert, sodass sich eine vierdimensionale Kategorisierung ergibt. In dieser vierdimensionalen Klassifikation (α, ß, γ, δ) steht α für das Produktivitätsziel, ß für die Anwendungsfelder der Digitalisierung, γ für den Funktionsbereich und δ für die Form der Arbeitsunterstützung.

Wenngleich somit die relativ große Anzahl von 1.000 Klassifikationsmöglichkeiten geschaffen wird,[377] so stellt dieser Ansatz doch eine Möglichkeit dar, ausreichend detailliert spezifische Beispiele zu klassifizieren und somit für die Gestaltung von integrativen Produktivitätsstrategien nutzbar zu machen. In den nächsten beiden Abschnitten wird eine Vorgehensweise zur Klassifizierung aufgezeigt, mit der Beispiele eingeordnet werden können, bevor anschließend die Extraktion von Beispielen beschrieben wird. Diese stellt dann wiederum die Grundlage dar, um den Aspekt der integrativen Produktivitätsstrategien ab Abschnitt 6.2 weiter auszuarbeiten.

---

[377] Vier Produktivitätsziele, fünf Anwendungsfelder der Digitalisierung, zehn Funktionsbereich und fünf Formen der Arbeitsunterstützung ergeben 4*5*10*5=1.000 Möglichkeiten.

6.1.2 Vorgehensweise zur Klassifikation

Für die Einordnung von Digitalisierungsmaßnahmen in den zuletzt aufgezeigten Ordnungsrahmen mit dem vierdimensionalen Klassifikationsschema (α, ß, γ, δ) empfiehlt sich allgemein das folgende Vorgehen. Nicht zwangsläufig muss so verfahren werden, weil eine Einsortierung prinzipiell auf verschiedene Weise möglich ist. Jedoch zeigt sich, dass die nachfolgend beschriebene Vorgehensweise einen besonders praktikablen Weg darstellt.

Wenn eine Produktivitätsstrategie auf einer Digitalisierungslösung basiert, sind zunächst die Spalten ausfindig zu machen, in welche die technische Lösung schwerpunktmäßig einzuordnen ist. Folglich ist ß zuerst zu bestimmen. Dabei ist zu unterscheiden, welche Aspekte die Strategie selbst bietet und welche Bestandteile durch vorgelagerte Stufen bereitgestellt werden.[378]

Im zweiten Schritt ist zu prüfen, welche Auswirkungen auf die Produktivität unmittelbar durch Einsatz der Technologie erzielt werden bzw. zu erwarten sind. Folglich ist α zu bestimmen. Hierfür ist zunächst zu unterscheiden, ob die Input- oder Output-Seite eines Prozesses (bzw. mehrerer Prozesse) beeinflusst wird, bevor nach quantitativen oder qualitativen Gesichtspunkten klassifiziert werden kann.[379]

Im dritten Schritt wird der Funktionsbereich benannt, in welchem die technische Lösung Anwendung finden soll. Folglich ist γ zu bestimmen.[380] Im vierten und letzten Schritt wird die Arbeitsform bestimmt, welche unterstützt werden soll. Folglich ist δ zu bestimmen.[381]

---

[378] Um dies zu verdeutlich, sei das Beispiel eines Tablets gewählt. Wenn dieses zum Anzeigen von Prozessinformationen genutzt werden soll, ist es der Datenbereitstellung zuzuordnen, wenngleich die angezeigten Daten selbstverständlich zuvor erfasst und aufbereitet worden sein müssen, was in den vorherigen Spalten zu verorten ist.

[379] Im zuvor skizzierten Beispiel des Tablets könnte ein Ansatz sein, dass detaillierte Montageinformationen bereitgestellt werden, welche einen korrekten Zusammenbau unterstützen sollen mit dem Ziel, dadurch den qualitativen Output zu steigern.

[380] Das Tablet aus dem obigen Beispiel könnte in der Produktion an Montagearbeitsplätzen eingesetzt werden.

[381] Dies ist im genannten Falle des Tablets reaktive Arbeit, weil der Mitarbeiter die auf dem Tablet angezeigten Montageanweisungen befolgt. Folglich wird das Tablet abschließend in den Subkubus (α1, ß4, γ7, δ3) eingeordnet.

Es sei angemerkt, dass Beispiele nicht notwendigerweise nur einem Kubus zugeordnet werden müssen.[382]

Wie aufgezeigt, soll der Ordnungsrahmen dabei helfen, Beispiele für die Nutzung der Digitalisierung zur Produktivitätsbeeinflussung zu klassifizieren. Ist erst einmal eine Vielzahl an Beispielen eingeordnet, können Praktiker hieraus für sie passende Ansätze strukturiert über die vier Klassifikationen (α, ß, γ, δ) suchen und auf eine Implementierung im eigenen Betrieb prüfen. Hierauf wird nachfolgend im Detail eingegangen.

6.1.3   Nutzung des Ordnungsrahmens zur Produktivitätsgestaltung

Die Anwendbarkeit des Ordnungsrahmens und somit die Auswahl spezifischer, an individuelle Unternehmensbedürfnisse angepasster Produktivitätsstrategien ist – wie zuvor bei der Klassifikation – auf vielseitigen Wegen möglich. Hierzu ist es wichtig, dass die Gesamtauswahl durch eine aufeinander abgestimmte Kombination der Nutzung verschiedener Möglichkeiten der Digitalisierung geprägt ist, wie in Abschnitt 6.2 noch aufgezeigt werden wird. Folglich wird selten eine einzelne Produktivitätsstrategie aus dem Kubus ausreichend sein, sondern eine Mischung verschiedener Ansätze ist zu wählen. Dabei kann es unterschiedliche Ansätze geben, die in ihrer Abgestimmtheit erfolgversprechend erscheinen, um bspw. operative Abläufe verschwendungsarm ablaufen zu lassen.[383]

Die Auswahl von betriebsspezifisch passenden Digitalisierungstechnologien aus dem Ordnungsrahmen kann auf ähnliche Weise wie zuvor beschrieben erfolgen, wobei prinzipiell Suchstrategien aus jeder Richtung des Klassifikationsschemas (α, ß, γ, δ) möglich sind. Zunächst kann bspw. bestimmt werden, welche Form der Produktivität im Unternehmen beeinflusst werden soll (Bestimmung von α).[384] Danach kann festgelegt werden, welche Tätigkeit zu betrachten ist (Bestimmung von γ).[385] Anschließend kann ein dafür passender Ansatz aus den Anwendungsgebieten der Digitalisierung ermittelt werden

---

[382] Siehe hierzu auch Beispiele in Tabelle 15 in Abschnitt 6.3.2, insbesondere die Beispiele 3, 7, 13 und 14.
[383] Vgl. Bredmar 2017 S. 123.
[384] Beispielsweise kann die Reduzierung von quantitativem Input durch optimierte Materialverbräuche fokussiert werden.
[385] Im zuvor skizzierten Beispiel kann dies die Materialentnahme in der Produktion sein.

(Bestimmung von β).[386] Abschließend kann die Art der Arbeitsunterstützung festgelegt werden (Bestimmung von δ).[387]

Ein Ansatz, wie der zuvor entwickelte Ordnungsrahmen in ein mehrstufiges Vorgehen zur Bestimmung und Umsetzung strategiekonformer Digitalisierungsmaßnahmen integriert werden kann, wird in Abschnitt 7.2.2 dargestellt.

6.2 Auswahl mehrerer Digitalisierungsmaßnahmen für einen Strategiemix

Eine Produktivitätsstrategie, welche die Möglichkeiten der Digitalisierung nutzt, sollte im Kern einen Bezugspunkt zur Geschäftsstrategie aufweisen, skalierbar sein, eine schnelle Entscheidungsfindung und Umsetzung unterstützen sowie konkrete Ansätze zur Wertschöpfungsgenerierung bzw. -verbesserung bieten.[388] Hierfür können mehrere Ansätze der Digitalisierung kombiniert werden. Die parallele Nutzung mehrerer Strategien wird als Strategiemix bezeichnet. Die gewählten technischen Lösungen sollen in ihrer integrativen Nutzung zu Ganzheitlichen Produktionssystemen führen.[389]

Die Gestaltung individuell angepasster Produktivitätsstrategien kann vielseitig ausfallen. In der Regel empfiehlt es sich, eine kombinierte Auswahl mehrerer Strategien zur gezielten Beeinflussung der Produktivität unter Berücksichtigung der Möglichkeiten der Digitalisierung zu verwenden. Die hierzu gewählten verschiedenen Möglichkeiten können parallel zueinander genutzt werden und ergänzen sich im Idealfall gegenseitig.[390] Die Gestaltung eines passenden Strategiemixes wird durch eine strukturierte Erfassung vielseitiger Produktivitätsstrategien unterstützt, wozu der Ordnungsrahmen aus Abschnitt 6.1.1 für Ansätze der Digitalisierung eine Hilfestellung bietet. Dabei ist die Interdependenz von Technik, Organisation und Personal zu berücksichtigen. Ein unternehmensspezifischer Strategiemix muss ausgewogen zusammengestellt und dynamisch im Zeitverlauf angepasst werden, weil das langfristige Ziel einer

---

[386] Im Kontext des obigen Beispiels könnte dies der Einsatz einer elektronischen Waage zur Bestimmung der auftragsspezifisch benötigten Materialmenge sein.
[387] Im vorliegenden Beispiel wäre dies reaktive Arbeit, wenn ein Mitarbeiter entsprechend der Angabe einer Waage Mengen entnimmt.
[388] Vgl. Bharadwaj et al. 2013 S. 472.
[389] Vgl. Weber et al. 2017a S. 3.
[390] Vgl. Weber et al. 2017b S. 43.

Beeinflussung und Weiterentwicklung der Produktivität dies unter sich ändernden Rahmenbedingungen erfordert. Herausforderungen dabei bestehen etwa darin, dass die nicht-linearen und wechselseitigen Beziehungen zwischen Input- und Outputfaktoren oftmals schwer zu bestimmen sind. Außerdem muss sich eine Unternehmung auf die Faktoren fokussieren, die ihrem unmittelbaren Einfluss unterliegen.[391] Weiterhin kommt dazu, dass lineare Zusammenhänge in der Form vorliegen, dass zunächst eine Strategie A umgesetzt werden muss, um darauf aufbauend eine Strategie B umsetzen zu können. Folglich sind Abhängigkeitsbeziehungen in der Form zu betrachten, welche technischen Voraussetzungen für eine bestimmte Strategie gelten.[392] Die Zusammenhänge zwischen den grundlegenden Daten, wie sie durch Einsatz der Digitalisierung erfasst werden, und ihrer Nutzung zur Erreichung strategischer Ziele wird in Abbildung 65 aufgezeigt.

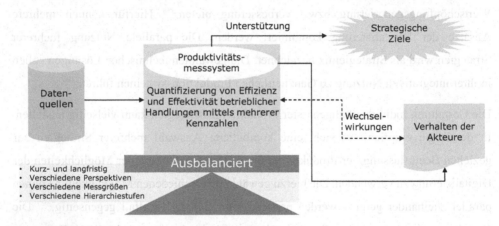

Abbildung 65: Datenbasiertes Produktivitätsmesssystem[393]

Die Ermittlung der Produktivität sollte auf Grundlage verschiedener Daten erfolgen, die kurz- und langfristige Entwicklungen aufzeigen und dabei verschiedene Perspektiven einnehmen, etwa hinsichtlich Material-, Personal- oder Maschinengesichtspunkten. Die

---

[391] Vgl. Oeij et al. 2011 S. 95 sowie Misterek et al. 1992 S. 31-33.

[392] Als Beispiel sei hier angeführt, dass Strategie A die Einführung von Sensorik zur Überwachung einer Maschine ist und Strategie B die regelnde Steuerung der gleichen Maschine durch Aktoren. Die Überwachung kann ohne steuernde Eingriffe erfolgen. Ein steuernder Eingriff kann aber nur erfolgen, wenn bekannt ist, nach welchen Größen die Maschine gesteuert werden soll.

[393] Eigene Darstellung in Anlehnung an die Ausführungen in Tangen 2004.

Vielseitigkeit der erhobenen Messgrößen ist zudem auf verschiedene Hierarchielevel und der je Level intendierten Nutzung abzustimmen.

Auf dieser Grundlage können die betrieblichen Handlungen nach ihrer Wirkung auf die Effizienz sowie auf die Effektivität analysiert werden und somit die strategische Zielerreichung unterstützen. Eine wesentliche Rolle nehmen die Beschäftigten ein, welche auf Basis dieses Produktivitätsmesssystems ihre Handlungen ausrichten. Es sei an dieser Stelle angemerkt, dass der Einsatz der Digitalisierung (bzw. der Computertechnologie im Allgemeinen) zur Produktivitätssteigerung oft nur unzureichend gemessen werden kann, weil den Inputfaktoren zumeist ein nicht messbarer Informationsgewinn auf der Output-Seite gegenübersteht.[394] Die Quantifizierung des Nutzens einer einzelnen Produktivitätsstrategie auf Grundlage der Digitalisierung ist somit nicht trivial, was erst recht für ganze Strategiemixe zutrifft.

Es bedarf einer Abschätzung, welche konkreten Ansätze der Digitalisierung zu welchen Produktivitätsauswirkungen führen. Dafür ist zunächst eine Sammlung von Beispielen mit ihrer Klassifikation in den Ordnungsrahmen notwendig, wie es im folgenden Abschnitt erfolgt, bevor diese Beispiele eine Grundlage zur Gestaltung eines unternehmensindividuellen Strategiemixes bieten.

6.3 Good Practice-Beispiele für Produktivitätsstrategien

Die Schematik des Ordnungsrahmens aus Abschnitt 6.1.1 in der letzten dort aufgezeigten Entwicklungsstufe mit der Vierfachklassifikation (α, ß, γ, δ) wird in diesem Abschnitt aufgegriffen und durch konkrete Beispiele exemplarisch veranschaulicht. Weil die zu klassifizierenden Beispiele nahezu unendlich sind, kann nur eine begrenzte Auswahl erfolgen, um den Rahmen dieser Schrift nicht zu überdehnen. Es geht folglich in diesem Abschnitt vor allem darum, eine praxisgerechte Anwendung des Ordnungsrahmens zu verdeutlichen.

---

[394] Vgl. Brynjolfsson und Hitt 1998 S. 51.

6.3.1 Ermittlung und Klassifizierung bestehender Produktivitätsstrategien

Aufgrund der Vielzahl an Möglichkeiten zur Gestaltung von Prozessen und deren Produktivität mittels der Digitalisierung besteht für viele Unternehmen, insbesondere für kleine und mittelständische Betriebe, ein Bedarf nach Strukturierung und Orientierung,[395] wofür der zuvor gezeigte Ordnungsrahmen eine Hilfestellung bieten soll. Beispiele für Produktivitätsstrategien zur Klassifikation lassen sich auf verschiedene Arten sammeln. Als Quellen werden im Folgenden die Beispielsammlungen der Plattform Industrie 4.0[396], das Labs Network Industrie 4.0[397] sowie in verschiedenen wissenschaftlichen Quellen publizierte Anwendungsfälle genutzt. Außerdem wird auf mittels teilstrukturierter Interviews erhobene Beispiele eingegangen, die unter Leitung des Autors dieser Schrift erfasst wurden.[398] Auf dieser Grundlage wird im folgenden Abschnitt eine begrenzte Anzahl ausgewählter Beispiele aufgezeigt, bevor danach in Abschnitt 6.3.3 generische Erkenntnisse aus der Klassifikation einer deutlich größeren Anzahl Beispiele gezogen werden.

6.3.2 Beschreibung und Klassifikation ausgewählter Beispiele

Die nachfolgend genannten Beispiele zeigen exemplarisch, welche Möglichkeiten die Digitalisierung bietet zur Gestaltung von Produktivitätsstrategien und in welcher Form diese umgesetzt werden können. Die Liste der Beispiele ist keineswegs abschließend und viele neue Anwendungen werden in kurzen Zeitabständen in der industriellen Praxis umgesetzt, die hier ergänzt werden könnten. An dieser Stelle der Schrift geht es in erster Linie darum zu veranschaulichen, wie die in Abschnitt 6.1 gezeigte Struktur des Ordnungsrahmens genutzt werden kann, um konkrete praxisorientierte Anwendungsbeispiele darin zu klassifizieren. Insofern wird nachfolgend die dort

---

[395] Vgl. Jeske et al. 2018 S. 191.
[396] Siehe www.plattform-i40.de sowie die Ausführungen dazu in Abschnitt 4.1.2 in Fußnote 136.
[397] Siehe https://lni40.de/. Das Labs Network Industrie 4.0 ist ein Zusammenschluss von Unternehmen der Plattform Industrie 4.0 sowie verschiedener Verbände. Primäre Zielsetzung ist die Unterstützung des deutschen Mittelstandes bei der Umsetzung der Digitalisierung.
[398] Gesprächspartner waren Geschäftsführer sowie Produktionsverantwortliche aus Unternehmen der Deutschen Metall- und Elektroindustrie. Eine ausführliche Darstellung findet sich in Institut für angewandte Arbeitswissenschaft e. V. 2018a.

angegebene Notation verwendet. Ergänzend wird, wo dies möglich ist, in Fußnoten kurz auf die Unternehmen eingegangen, welche das jeweilige Anwendungsbeispiel nutzen.

Tabelle 15: Klassifizierte Produktivitätsstrategien unter Nutzung der Digitalisierung

Nr.	Klassifikation gem. Ordnungsrahmen	Beschreibung
1	(α1, ß1, γ6, δ2)	Einsatz von Sensorik zur Nachjustierung von Produktionsmaschinen mit dem Ziel, den qualitativen Output zu steigern.[399]
2	(α1, ß1, γ6, δ3)	Nutzung von Computertomographie zur Qualitätsmessung von Kunststoffbauteilen in Fertigungsprozessen mit dem Ziel, den qualitativen Output zu erhöhen.[400]
3	(α1, ß1&5, γ9, δ1)	Nutzung elektro-pneumatischer Saug-Hebevorrichtungen in der Lagerlogistik zum Transport von mit RFID-Tags versehenen Produkten, welche je nach gespeicherter Produktinformation auf verschiedene Träger abgelegt werden mit dem Ziel, den qualitativen Output in Form korrekter Materialtransporte zu steigern.[401]

---

[399] Dieses Anwendungsbeispiel bezieht sich auf eine Drehmaschinensteuerung zur Implantatherstellung beim Unternehmen Stryker Trauma GmbH (vgl. Plattform Industrie 4.0 2018c).

[400] Dieses Anwendungsbeispiel entstammt der EBG Group (vgl. Institut für angewandte Arbeitswissenschaft e. V. 2018a S. 17).

[401] Das Anwendungsbeispiel entstammt der Mechatroniker-Ausbildung bei der ESR Pollmeier GmbH und wird dort kombiniert mit additiven Fertigungsverfahren (vgl. Labs Network Industrie 4.0 2018a).

4	(α1, ß3, γ10, δ4)	Etablierung automatisierter Fehlererfassung und Qualitätsberichterstellung i. V. m. selbstlernenden Systemen mit vollautomatischer Ursachenermittlung für vorbeugende Instandhaltungen mit dem Ziel, den qualitativen Output zu steigern.[402]
5	(α1, ß4, γ7, δ4)	Bereitstellung medial aufbereiteter Lerninhalte mittels Tablets, welche sich individualisiert an den Qualifikationsstand eines Mitarbeiters anpassen und zielgerichtet helfen, neue Arbeitsschritte in einer Montage zu erlernen mit dem Ziel, den qualitativen Output zu erhöhen.[403]
6	(α1, ß5, γ10, δ2)	Nutzung CAD-basierter Datensätze für eine additive Fertigung zur Ersatzteilreparatur in der Form, dass alte Teile nicht mehr ausgetauscht werden, sofern verschlissene Stellen additiv neu aufgetragen werden mit dem Ziel, den qualitativen Output in Form eines höheren Kundennutzens zu steigern.[404]
7	(α1&4, ß4, γ3, δ5)	Nutzung von Virtual Reality zur Visualisierung komplexer Sachverhalte mit den Zielen, den qualitativen Output in Form der Planungsqualität sowie den quantitativen Input in Form der benötigten Planungszeit zu reduzieren.[405]

---

[402] Dieses Anwendungsbeispiel entstammt der Limtronik GmbH (vgl. Plattform Industrie 4.0 2018b).

[403] Vgl. Weber et al. 2017a S. 5.

[404] Dieses Anwendungsbeispiel entstammt dem Unternehmen Siemens, welches Brennerspitzen von Gasturbinen durch additive Verfahren repariert und in diesem Rahmen die Reparaturzeiten um etwa 90 Prozent reduzieren konnte (vgl. Kinschel 2018 S. 307).

[405] Dieses Anwendungsbeispiel bezieht sich auf die Nutzung von Virtual Reality zur Fabrikplanung in kleinen und mittelständischen Unternehmen. Die Datengrundlage kann hierbei durch den zuvor zu erfolgenden Einsatz intelligenter Scanner realisiert werden (vgl. S. Bracht et al. 2018 342-346).

8	(α2, ß1, γ6, δ4)	Nutzung von Sensorik zur Überwachung des Verschleißes einer Produktionsanlage mit dem Ziel, die ungeplante Stillstandszeit zu reduzieren und somit den quantitativen Output zu erhöhen.[406]
9	(α2, ß4, γ2, δ5)	Nutzung von Virtual Reality für die Entwicklung von Produkten mit dem Ziel, den quantitativen Output zu erhöhen durch erhöhte Auftragseingänge.[407]
10	(α2, ß5, γ6, δ1)	Nutzung von flexibel nutzbaren Robotertischen zum Weitertransport von Werkstücken zwischen einzelnen Arbeitsplätzen in einer Fertigung mit dem Ziel, den quantitativen Output an Fertigerzeugnissen durch kürzere Durchlaufzeiten zu erhöhen.[408]
11	(α3, ß3, γ4, δ4)	Nutzung von künstlicher Intelligenz zur strukturierten Auswertung intern vorliegender sowie extern über das Internet einzubeziehender Daten über Lieferanten mit dem Ziel, den qualitativen Input zu verbessern in Form einer Bestenauslese unter potenziell in Frage kommenden Lieferanten.[409]
12	(α3, ß5, γ3, δ4)	Nutzung aktiver Ansprache potenzieller neuer Mitarbeiter über Social Media[410] mit dem Ziel, den qualitativen Input in Form von besser qualifiziertem

---

[406] Vgl. Weber et al. 2017a S. 5.
[407] Vgl. Eigner et al. 2012 S. 25.
[408] Dieses Anwendungsbeispiel entstammt der Schuhproduktion von Adidas, was im Rahmen einer kundenindividuellen und zeitlich hocheffizienten Produktion genutzt wird (vgl. Kellner et al. 2018 S. 281 f.).
[409] Vgl. Heinrich und Stühler 2018 S. 83-85.
[410] Beispielhafte Plattformen sind LinkedIn oder XING.

		Personal zu verbessern („das Unternehmen bewirbt sich beim potenziellen neuen Beschäftigten").[411]
13	(α4, ß1&3, γ6, δ3)	Nutzung von Sensorik zur Funktionsüberwachung von Produktionsanlagen i. V. m. mit einem Abgleich von Soll-Werten mit dem Ziel, den quantitativen Input in Form von Energie zu reduzieren.[412]
14	(α4, ß2&4, γ3, δ3)	Reorganisation der Büronutzung durch Bereitstellung von Laptops und Smartphones i. V. m. einer flächendeckenden Einführung von LAN und WLAN mit dem Ziel, den quantitativen Input von Form bereitgestellter Raumressourcen zu reduzieren (Mitarbeiter wählen frei verfügbare Arbeitsplätze, Entfall eigener Schreibtische einschl. darauf befindlicher Geräte).[413]
15	(α4, ß3, γ4, δ3)	Nutzung von Big Data zur Bestimmung optimaler Bestellpolitiken im Einkauf mit dem Ziel, die (quantitativen) Materialkosten auf der Inputseite zu reduzieren.

---

[411] Vgl. Lieske 2018 S. 146.

[412] Vgl. Kellner et al. 2018 S. 295, basierend auf Sensicast Systems 2006. In diesem Anwendungsbeispiel wird speziell auf Druckluftsysteme Bezug genommen, welche bei Undichtigkeiten erhöhte Energieverbräuche aufweisen. Durch den Sensoreinsatz sollen Messgrößen wie Temperatur, Leitungsdruck, Luftstrom und Stromverbrauch gemessen und mit Vorgabewerten abgeglichen werden, um Undichtigkeiten zeitnah erkennen und beheben zu können.

[413] Dieses Anwendungsbeispiel entstammt dem Unternehmen Philipps. Aufgrund der hohen Reisetätigkeit von Mitarbeitern ist der Leerstand an Büros vergleichsweise hoch, sodass durch die Reorganisation Bürofläche und Equipment eingespart werden kann (vgl. Kindermann und Lindemann 2018 S. 46 f.).

16	(α4, ß4, γ6, δ3)	Nutzung von Smartwatches zur Information von Produktionsmitarbeitern über aktuelle Bearbeitungszustände und Zeitpunkte nächster Arbeitsschritte mit dem Ziel, den quantitativen Input in Form von Arbeitszeit durch effizientere Abläufe zu reduzieren.[414]
17	(α4, ß4, γ7, δ3)	Einblenden von Montagehinweisen auf einem Tablet, welches mittels Augmented Reality die reale Montageumgebung erfasst mit dem Ziel, Zeitaufwände für das Überlegen der Montageschritte sowie die Qualifikationsanforderungen für die Montagetätigkeit zu verringern und somit den quantitativen Input zu reduzieren.[415]

Aus den Beispielen werden die große Bandbreite der technischen Ansätze sowie deren Klassifikationsmöglichkeiten deutlich. Wenn der Ordnungsrahmen mit einer großen Vielzahl an Beispielen gefüllt ist,[416] können Praktiker leicht für sie passende Lösungen ausfindig machen. Für Wissenschaftler ist auf dieser Grundlage die Aufgabenstellung von Interesse, wie die Verteilung der Beispiele innerhalb des Ordnungsrahmens ausfällt, insbesondere an welchen Stellen sich nur wenige Anwendungen finden und demnach ein Entwicklungsbedarf besteht. Basierend auf dem derzeitigen Stand klassifizierter Beispiele, welche der Autor dieser Schrift mit wissenschaftlichen Partnern vorgenommen hat, erfolgt im nächsten Abschnitt eine Analyse generischer Muster, welche beschreiben, wie die Digitalisierung in diesen Beispielen vordergründig Anwendung findet.

---

[414] Dieses Anwendungsbeispiel entstammt der Filterproduktion bei der Lenser Filtration GmbH (vgl. Labs Network Industrie 4.0 2018b).
[415] Vgl. Eigner et al. 2012 S. 25.
[416] Die Erstellung einer umfangreichen Beispieldatenbank basierend auf dem Ordnungsrahmen ist im Rahmen des BMBF-geförderten Forschungsprojekts TransWork bis Mitte des Jahres 2020 geplant. Näheres findet sich unter www.transwork.de.

6.3.3 Generische Aussagen zu nutzungsintensiven Anwendungen der Digitalisierung

Auf Basis des zuvor aufgezeigten Schemas können vielseitige Beispiele in den Ordnungsrahmen eingruppiert und über diese generische Aussagen zu häufig anzutreffenden Nutzungsmustern getroffen werden,[417] wobei diese Analyse auf Bereiche des Ordnungsrahmens mit besonders vielen Einordnungen begrenzt wird, um eine ausreichend große Anzahl Fallbeispiele zu berücksichtigen.

Konkret wird auf die Klassifikation von n=122 Praxisbeispielen in den Ordnungsrahmen gem. der dritten Stufe[418] zurückgegriffen, woran der Autor dieser Schrift beteiligt war.[419] Weil manche dieser Beispiele einen erweiterten Umfang hatten, wurden sie aufgeteilt, sodass letztlich n=170 Anwendungsfälle gem. der Vorgehensweise aus Abschnitt 6.1.2 klassifiziert und analysiert werden konnten. Entlang der einzelnen Achsen des Ordnungsrahmens zeigen sich unterschiedliche Verteilungshäufigkeiten. So wurden im Verlauf der fünf Stufen der Datenhandhabung nahezu durchgängig ähnlich viele Beispiele eingeordnet. Lediglich innerhalb der Datenweitergabe konnten vergleichsweise wenige Beispiele eingruppiert werden, was darin zu begründen ist, dass die Datenweitergabe zumeist vollautomatisiert und ohne besonders erwähnenswerte digitale Technologien umgesetzt wird. Die Verteilung der Praxisbeispiele nach der jeweils unterstützten Arbeitsform zeigt, dass die Zuordnung zu etwas mehr als der Hälfte mit einem Schwerpunkt auf informatorischen Tätigkeitsanteilen erfolgte. Die höchste Anzahl an Beispielen ist der kombinativen Arbeit zugeordnet. Diese Verteilung der Einordnung entspricht dem Charakter der Digitalisierung, welche insbesondere den Umgang mit Informationen unterstützt. Darauf basierende Anwendungen, welche energetische

---

[417] Vgl. Jeske et al. 2018 S. 196 f. Sofern nichts anderes vermerkt ist, erfolgt nachfolgend die Zitation aus dieser Quelle.

[418] Siehe Abbildung 64. Detaillierte Angaben finden sich in Jeske et al. 2018 S.193-195. Es sei an dieser Stelle angemerkt, dass eine weitere Unterteilung bis in die vierte Dimension für die nachfolgenden Ausführungen möglich wäre. Hiervon wird jedoch abgesehen, um die Ergebnisse aus der genannten Publikation hier widerzugeben. Für die nachfolgenden Ausführungen würde eine weitere Unterteilung nur einen marginalen Mehrwert bieten.

[419] Die n=122 Beispiele verteilen sich auf n=73 Beispiele der Plattform Industrie 4.0, auf n=45 Beispiele aus den „Anwendungsfällen der Woche" des Fraunhofer IAO (diese sind eine wöchentlich zusammengestellte Kurzbeschreibung spezifischer Anwendungen der Digitalisierung. Diese Dokumente sind nicht frei zugänglich) sowie n=4 Beispiele des Labs Network Industrie 4.0.

Tätigkeitsanteile unterstützen, finden sich deutlich seltener, was darauf zurückgeführt werden kann, dass körperlich belastende Tätigkeiten tendenziell häufiger automatisiert werden.[420] Die Verteilung der Praxisbeispiele nach Produktivitätszielen zeigt, dass quantitative Aspekte stärker fokussiert werden als qualitative, und dass eine Outputorientierung häufiger im Fokus steht als eine Inputorientierung. Dies kann durch die häufig verfolgte Zielstellung eines Mengenwachstums erklärt werden, welches Unternehmen bei der Zielerreichung höherer Marktanteile und Skaleneffekte für die Kostendegression helfen soll. Speziell mit Fokus auf die fünf Stufen der Datenhandhabung[421] ergeben sich die nachfolgenden Aussagen.

Die Datenerfassung zur Unterstützung reaktiver und kombinativer Tätigkeiten mit dem Ziel, die Output-Menge zu erhöhen oder die Inputmenge zu senken, wird anhand von n=27 eingeordneten Beispielen betrachtet. Daten werden in den meisten Fällen in der Produktion an Maschinen und Anlagen erfasst, um Zustandsdaten in Echtzeit bzw. echtzeitnah zugänglich zu machen. Dazu gehören in vielen Fällen Strommengen, um den Verbrauch an elektrischer Energie bewerten zu können. Zudem werden Daten zu Produktionsumgebungen – etwa Temperatur oder Luftfeuchtigkeit – erfasst. Auch Lagerbestände werden häufig digitalisiert ermittelt. Weiterhin findet sich Sensorik u.a. an Schraubwerkzeugen, Servomotoren oder Behältern, um unterschiedlichste Daten wie bspw. Vibrationen, Drehzahl, Drehmoment, Beschleunigung und Inhalte von Behältern zu ermitteln. Die eingesetzte Sensorik ist dabei zumeist miniaturisiert und teilweise energieautark gestaltet. Ein Schwerpunkt liegt dabei darauf, Vorgänge auf älteren Maschinen und Anlagen digital messbar zu machen.

Die Datenweitergabe zur Unterstützung reaktiver und kombinativer Tätigkeiten mit dem Ziel, die Output-Menge zu erhöhen oder die Inputmenge zu senken, wird anhand von n=16 eingeordneten Beispielen betrachtet. Die zur Datenweitergabe eingesetzten Technologien nutzen zumeist drahtlose Verbindungen sowie offene und teilweise herstellerunabhängige Schnittstellen. Darüber hinaus werden spezielle Software und (durchgängige) Plattformen genutzt, um Daten weiterzuleiten. Teilweise sind diese Technologien echtzeitfähig. Die

---

[420] Siehe hierzu auch die Ausführungen zu humanorientiertem Produktivitätsmanagement als Form eines modernen Industrial Engineerings in Abschnitt 3.3.
[421] Siehe hierzu Abbildung 61.

Datenweiterleitung bzw. Vernetzung erfolgt dabei sowohl vertikal – bspw. von CAD-Zeichnungen zu CNC-Programmen – als auch horizontal im Rahmen eines betriebsübergreifenden Datenaustausches. Die mit der Datenweiterleitung verbundenen Ziele betreffen die Anbindung bisher nicht vernetzbarer Maschinen und Anlagen bzw. der daran installierten Sensoren, um eine digitale Abbildung der Fertigung zu ermöglichen und einen Überblick über ablaufende Prozesse zu erlangen. Hierdurch sollen Voraussetzungen für Optimierungsmaßnahmen geschaffen werden, welche sowohl allgemeine Effizienzverbesserungen als auch die Realisierung einer „Losgröße-1-Fertigung" betreffen.

Die Datenverarbeitung zur Unterstützung reaktiver und kombinativer Tätigkeiten mit dem Ziel, die Output-Menge zu erhöhen oder die Inputmenge zu senken, wird anhand von n=20 eingeordneten Beispielen betrachtet. In diesen werden verfügbare Daten bspw. zusammengefasst und visualisiert, so dass Transparenz über den Zustand von Produktionsprozessen – möglichst in Echtzeit oder echtzeitnah – erreicht wird. Darauf aufbauend erfolgen unterschiedlichste Analysen, wobei große Datenmengen verarbeitet und bspw. aktuelle Messwerte aus laufenden Prozessen mit vorgesehenen Kennzahlen sowie Vergangenheitsdaten verglichen werden. Die Ergebnisse dienen als Entscheidungsgrundlage, etwa zur Fehlervorbeugung oder zur Planung verschiedener Transportrouten der Intralogistik.

Die Datenbereitstellung zur Unterstützung reaktiver und kombinativer Tätigkeiten mit dem Ziel, die Output-Menge zu erhöhen oder die Inputmenge zu senken, wird anhand von n=36 eingeordneten Beispielen betrachtet. Zur Bereitstellung von Daten werden in den analysierten Anwendungsbeispielen unterschiedliche Technologien eingesetzt, welche von mobilen Endgeräten wie Tabletcomputern, Datenbrillen und Smartwatches bis hin zu stationären Bildschirmen und teilweise Großbildschirmen reichen. Auf mobilen Endgeräten kommen u. a. Augmented Reality und Pick-by-Vision sowie weiterentwickelte Pick-by-Light-Lösungen[422] zum Einsatz, bei denen relevante Objekte

---

[422] Unter Pick-by-Light werden visuelle Anzeigen am Ort des Materials bezeichnet, die etwa in Form von alphanumerischen Angaben die zu entnehmende Menge an diesem Lagerort dynamisch angeben (vgl. Martin 2014 S. 401). Pick-by-Vision stellt eine Erweiterung in der Form dar, dass diese Informationen in das Sichtfeld eingeblendet werden, was durch Augmented Reality in Form von Datenbrillen etc. realisiert wird (vgl. Elkman et al. 2015 S. 124).

angeleuchtet werden. Als Applikationen werden bspw. digitale Plantafeln genutzt, Energieströme visualisiert, die Steuerung von Maschinen und Fertigungslinien ermöglicht, Zugriffe auf CAD-Zeichnungen realisiert oder eine papierlosen Wartungsadministration umgesetzt. Die jeweiligen Charakteristika der Anzeigemedien werden dabei gezielt für die jeweiligen Bedarfe genutzt, bspw. um Beschäftigten durch die Verwendung von Datenbrillen beide Hände für ihre Tätigkeit frei zu lassen oder Arbeitsanleitungen in Abhängigkeit des Arbeitsfortschritts anzuzeigen.

Die Datennutzung zur Unterstützung reaktiver und kombinativer Tätigkeiten mit dem Ziel, die Output-Menge zu erhöhen oder die Inputmenge zu senken, wird anhand von n=31 eingeordneten Beispielen betrachtet. Die Datennutzung basiert hierbei auf einer ausreichenden Datengrundlage und Vernetzung, welche in den vorherigen Stufen ermöglicht werden. Ein häufiger Verwendungszweck für digital verfügbare Daten ist deren kombinierte Betrachtung zum Zweck der Steuerung von Prozessen zur Erzeugung variantenreicher Produkte. Im Bereich der Produktionslogistik werden Daten zur automatischen Materialversorgung eingesetzt, teilweise auch zur Steuerung fahrerloser Transportsysteme.[423] Zudem wird die Lagerung empfindlicher Güter unterstützt von der Ein- und Auslagerung bis hin zur Überwachung des Lagerzustands. Die Arbeit der Instandhaltung kann durch kontinuierlich analysierte Maschinendaten an den tatsächlichen Maschinenzustand angepasst werden und sich somit stärker am Bedarf orientieren. Zudem werden die Daten für Simulationszwecke verwendet zur Optimierung von Produktionsprozessen sowie für virtualisierte Vorabprüfungen im Rahmen von Inbetriebnahmen.

6.4 Zwischenfazit

In Kapitel 6 wurde ein Ordnungsrahmen vorgestellt, welcher es erlaubt, Ansätze zur Produktivitätsbeeinflussung, welche auf der Digitalisierung basieren, zu strukturieren. Dieser Ordnungsrahmen weißt vier Felder zur Klassifizierung auf. Im ersten Feld werden grundlegende Möglichkeiten der Produktivitätsbeeinflussung, in Anlehnung an die

---

[423] Bei fahrerlosen Transportsystemen ist der Einsatz von Sensortechnologie zur (dynamischen) Umgebungserfassung und darauf basierende Steuerungsalgorithmen eine wesentliche Voraussetzung zur technischen Realisierung dieser Form des Materialflusstransports (vgl. Bechtsis et al. 2017 S. 3977).

Ausführungen in Kapitel 2, aufgeführt. Im zweiten Feld werden die Ansätze zur technischen Klassifizierung von Möglichkeiten der Digitalisierung, welche auf die Beantwortung der zweiten Forschungsfrage in Kapitel 4 zurückgehen, aufgegriffen. Im dritten Feld werden funktionale betriebliche Bereiche genannt, in welchen der Einsatz von Digitalisierungsmaßnahmen erfolgen kann. Zuletzt wird im vierten Feld eine arbeitswissenschaftliche Unterteilung der Digitalisierungsmaßnahmen nach tendenziell stärker energetischer bzw. tendenziell stärker informatorischer Arbeitsunterstützung vorgenommen. Mittels dieser vier Felder soll eine strukturierte und detaillierte Klassifikation ermöglicht werden, wofür exemplarische Beispiele im vorliegenden Kapitel genannt wurden.

Neben der zielgerichteten Klassifikation von Beispielen soll der Ordnungsrahmen insbesondere bei der Extraktion von Technologien hilfreich sein, wenn Digitalisierungsstrategien umgesetzt werden sollen. Somit ist mit diesem Strukturierungsansatz ein Fundament gelegt für ein Vorgehensmodell zur Integration von Digitalisierungsmaßnahmen in einen betrieblichen Kontext, wie es im nächsten Kapitel vorgestellt werden wird. Mit Kapitel 6 ist die dritte Forschungsfrage nach einer Klassifikation von Technologien und ihrer Zuordnung zu industriellen Anwendungsfeldern mit Blick auf eine positive Produktivitätsbeeinflussung final beantwortet. Eine Zusammenfassung ist nachfolgend in Tabelle 16 dargestellt.

Tabelle 16: Beantwortung der dritten Forschungsfrage

Forschungs-frage-nummer	Forschungsfrage	Kapitel mit Antworten	Antworten auf Forschungsfrage
3	Wie sieht eine Zuordnung von Informations- und Kommunikationstechnologien sowie darauf basierender Applikationen zu Anwendungs- und Nutzungsfeldern in der industriellen Produktion (einschließlich angrenzender Bereiche) aus mit dem Ziel, die Produktivität zu beeinflussen?	6	Die zuvor genannte Gliederung technischer Ansätze der Digitalisierung kann weiter konkretisiert werden hinsichtlich deren Produktivitätswirkung (Input- bzw. Outputwirkung, unterteilt nach qualitativen sowie quantitativen Aspekten), Anwendbarkeit in betrieblichen Funktionsbereichen (Entwicklung, Einkauf, Logistik, Produktion etc.) sowie Form der Arbeitsunterstützung (energetisch bzw. informatorisch).

Nachdem in Kapitel 6 eine Methode zur Strukturierung von Digitalisierungsmaßnahmen aufgezeigt, hierfür Beispiele beschrieben und diese einer Untersuchung auf generische Muster unterzogen wurden, erfolgt in Kapitel 7 die Einbindung dieses Ordnungsrahmens in ein Vorgehensmodell zur Umsetzung von Digitalisierungsmaßnahmen.

7 Umsetzungsansätze für Produktivitätsstrategien auf Basis der Digitalisierung

Unternehmen weisen einen individuellen Digitalisierungsgrad auf, der sich aus der bereits vorhandenen Nutzung verschiedener Informationstechnologien ergibt. Um weitere digitale Technologien nutzen zu können, müssen eventuell Anpassungen der Infrastruktur erfolgen.[424] In diesem Kapitel wird zunächst eine Vorgehensweise zur Evaluation und Anpassung der grundlegenden Voraussetzungen aufgezeigt, bevor ein mehrstufiger Ansatz entwickelt wird, welcher die Integration der Digitalisierung in Geschäftsmodelle und -prozesse zielgerichtet unterstützt. Mit diesem Ansatz wird ein Beitrag zur Beantwortung der vierten Forschungsfrage geleistet. In dieser wird gefragt, wie die zuvor aufgrund der Forschungsfragen 2 und 3 in Kapitel 6 hergeleitete Struktur zur Klassifikation von Digitalisierungsmaßnahmen in Form des Ordnungsrahmens genutzt werden kann, um strukturiert von den Rahmenbedingungen einer Unternehmung kommend zu erfolgreich eingesetzten Digitalisierungsansätzen zu gelangen. Die finale Beantwortung dieser vierten Forschungsfrage erfolgt mit Hilfe einer beispielhaften Verdeutlichung des Vorgehensmodells im nachfolgenden Kapitel 8.

Vorgehensmodelle zur Umsetzung der Digitalisierung finden sich verschiedentlich in der Literatur, worauf in Abschnitt 7.2 noch näher eingegangen wird. Diese Modelle sind insofern ähnlich, als dass sie häufig einen Idealzustand der Digitalisierung aufzeigen, zu dem sich ein Unternehmen iterativ hin entwickeln sollte, dabei jedoch nur selten arbeitswissenschaftliche Inhalte aufgreifen.[425] In diesem Sinne steht i. d. R. ein progressiver, betriebswirtschaftlich orientierter Ansatz im Vordergrund der meisten Modelle.

Der hier vorgestellte Ansatz grenzt sich zu den bisherigen, in der Literatur publizierten Modellen dadurch ab, dass er explizit die Perspektive der Produktivitätsbetrachtung

---

[424] Vgl. Weber et al. 2017a S. 3.
[425] Siehe hierzu auch Ausführungen über Reifegradmodelle in Abschnitt 4.1.6.3.

© Der/die Autor(en), exklusiv lizenziert durch
Springer-Verlag GmbH, DE, ein Teil von Springer Nature 2021
M.-A. Weber, *Nutzung der Digitalisierung zur Produktivitätsverbesserung in industriellen Prozessen unter Berücksichtigung arbeitswissenschaftlicher Anforderungen*, ifaa-Edition, https://doi.org/10.1007/978-3-662-63131-7_7

einnimmt und dabei den Ordnungsrahmen aus Abschnitt 6.1.1 integriert, welcher arbeitswissenschaftliche Strukturierungsansätze aufgreift und zu den betriebswirtschaftlichen Anforderungen hinzufügt. Dabei wird kein Idealzustand ex ante definiert, den es zu erreichen gäbe. Es erscheint nicht zielführend für ein nicht bekanntes individuelles Unternehmen mit seinen spezifischen Prozessen, welches diesen Ansatz nutzen wird, eine fest definierte Zielgröße a priori zu bestimmen.

Mit dem in diesem Kapitel vorzustellenden Vorgehensmodell wird ein wesentlicher Beitrag zur Beantwortung der eingangs gestellten Zielstellung dieser Schrift geleistet. Die zu füllende Forschungslücke liegt darin begründet, dass kein Vorgehensmodell mit dem zuvor genannten Fokus auf Produktivitätssteigerung mittels Digitalisierung unter Beachtung arbeitswissenschaftlicher sowie betriebswirtschaftlicher Gesichtspunkte existiert.

Zunächst werden Anforderungen an die Umsetzung der Digitalisierung skizziert und dabei auch die Erkenntnisse aus den Kapiteln 2, 3 und 4 aufgegriffen. Die Beschreibung des Vorgehensmodells erfolgt im Anschluss in Abschnitt 7.2.

7.1 Anforderungen an die Umsetzung der Digitalisierung

Wie in Abschnitt 3.1 bereits ausgeführt, gehören auf festgelegten Standards basierende Prozesse zur Grundvoraussetzung eines funktionierenden Lean Managements. In diesem Kontext werden sie einer stetigen Verbesserung unterzogen. In diesem Abschnitt werden die traditionellen Ansätze der kontinuierlichen Verbesserung aufgegriffen und explizit um die Digitalisierung erweitert.[426] Ausgehend von einer kontinuierlichen Verbesserung und der Verankerung der Lean-Prinzipien[427] in der Denkweise des Personals kann eine ganzheitliche Prozessorientierung unter Nutzung der Digitalisierung erreicht werden.[428]

---

[426] Die in diesem Abschnitt gemachten Angaben sind Institut für angewandte Arbeitswissenschaft e. V. 2016 entnommen, sofern kein anderer Quellenverweis gegeben ist. Eine ausführliche Erläuterung findet sich auch in Jeske 2016.

[427] Hierunter wird die präzise Beschreibung des Wertes eines Produkts, die Identifikation seines Wertstroms, die Gestaltung dieses Stroms ohne Unterbrechungen unter Verwendung des Pull-Prinzips und das Streben nach Perfektion verstanden (vgl. Gorecki und Pautsch 2014 S. 27).

[428] Vgl. Wiegand 2018 S. 12.

Die steigende Zahl technischer Möglichkeiten durch die Digitalisierung stößt einen Lern- und Anwendungsprozess an, der durch Standardisierungsbemühungen wesentlich unterstützt wird. Die erreichbare (zusätzliche) Wertschöpfung aus der Anwendung der Digitalisierung, welche über traditionelles Lean Management hinaus geht, erscheint hierbei aus Sicht des Geschäftsprozessmanagements von zentraler Bedeutung.[429] Es ergeben sich durch die Datenaufbereitung und -auswertung sowie die Vernetzung und Kommunikation neue Möglichkeiten, klassische Methoden des Lean Managements besser auszugestalten.[430]

Die Grundzüge des Lean Managements sind zwar in den meisten Unternehmen weitgehend bekannt, jedoch zeigt sich in der Praxis, dass diese längst nicht überall gelebte Kultur sind.[431] Demnach sind in vielen Unternehmen noch Potenziale zur Produktivitätssteigerung durch „konventionelle" Maßnahmen zu erzielen, welche vor der Nutzung der Digitalisicrung zu realisieren sind. Ein gut gestaltetes und kulturell verankertes Lean Management gilt somit als Grundlage der Digitalisierung.[432]

In Abbildung 66 wird das Schaubild aus Abbildung 9 von Seite 34 aufgegriffen und in einen mehrstufigen Ansatz überführt, der ausgehend von einem traditionellen Lean Management hin zu einer Prozessgestaltung führt, die bedarfsgerecht durch die Digitalisierung ergänzt wird. Die hierfür zu durchlaufenden fünf Stufen werden nachfolgend detailliert erläutert.

---

[429] Vgl. Giudice 2016 S. 267.
[430] Vgl. Wagner et al. 2017 S. 128.
[431] Siehe auch Ausführungen in Abschnitt 3.2.
[432] Davon abweichende Aussagen sind in der Literatur selten anzufinden. Sanders et al. kommen bspw. zu dem Schluss, dass durch die Digitalisierung die Hürden der erfolgreichen Implementierung von Lean Management übersprungen werden könnten (vgl. Sanders et al. 2016 S. 829). Kritisch betrachtet ist fraglich, ob die sowohl aus technischer wie auch aus betriebswirtschaftlicher Sicht notwendigen Ansätze der Verschwendungsreduzierung und somit der Effizienz- und Wertschöpfungserhöhung als so unwichtig gelten können, dass die Einführung eines Lean Managements zurückzustellen ist und stattdessen die Digitalisierung direkt angewendet werden kann. Wie in diesem Kapitel noch zu sehen ist, gibt es vielseitige Argumente dafür, zunächst „schlanke" Prozesse zu schaffen, sodass sich Lean Management und Digitalisierung sinnvoll ergänzen und nicht als nebeneinander stehend zu betrachten sind.

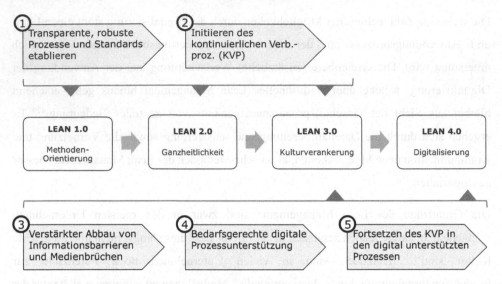

Abbildung 66: Fünfstufiger Ansatz zur kontinuierlichen Verbesserung mittels Digitalisierung[433]

Stufe 1: Schaffung standardisierter Prozesse

Durch eine systematische Beschreibung von Prozessen soll Transparenz für alle Prozessbeteiligten erreicht werden. Hierdurch wird die Erkennung und Realisierung von Verbesserungspotenzialen maßgeblich erleichtert. Die jeweils aktuelle Fassung einer Prozessbeschreibung stellt dabei den geltenden Standard dar. Bei der Analyse und Optimierung einzelner Arbeitsplätze und der integrativen Ausgestaltung mehrerer Arbeitsplätze werden Arbeitsabläufe und -mittel einheitlich gestaltet und der geschaffene Standard dokumentiert.

Stufe 2: Initiierung eines kontinuierlichen Verbesserungsprozesses

Aufbauend auf den zuvor standardisierten Prozessen, welche von allen Prozessbeteiligten gemäß der Prozessdokumentation befolgt werden, können Verbesserungspotenziale regelmäßig identifiziert und durch entsprechende Maßnahmen realisiert werden. Diese in kleinen Schritten erfolgende Vorgehensweise wird als kontinuierlicher Verbesserungsprozess bezeichnet.[434] Durchgeführte Verbesserungen sind nach ihrem Abschluss in die Prozessbeschreibungen einzupflegen, wodurch bisherige Standards

---

[433] Eigene Darstellung in Anlehnung an Institut für angewandte Arbeitswissenschaft e. V. 2016 S. 32.
[434] Vgl. Gorecki und Pautsch 2014 S. 191 f. Siehe hierzu auch die Ausführungen in Abschnitt 3.1.

aktualisiert werden. Die dauerhafte Aufrechterhaltung des kontinuierlichen Verbesserungsprozesses erfordert eine Verankerung in der Unternehmenskultur.

Stufe 3: Abbau von Informationsbarrieren und Medienbrüchen

Nach Durchlaufen der ersten beiden Entwicklungsstufen des Lean-Ansatzes, welche nun in einen Regelkreis gem. dem traditionellen Lean-Ansatz überführt werden können, sind Maßnahmen zu ergreifen, um die Prozesse sukzessive auf eine Integration der Digitalisierung vorzubereiten. Hierfür ist der Schwerpunkt des etablierten kontinuierlichen Verbesserungsprozesses nun explizit auf Kommunikationsflüsse zu richten. Es empfiehlt sich zunächst diejenigen Kommunikationsflüsse zu priorisieren, welche im Hinblick auf die Weiterentwicklung des Geschäftsmodells von strategischer Bedeutung sind. Durch eine verschwendungsarm gestaltete Kommunikation wird die Grundlage der für die Digitalisierung erforderlichen umfassenden Datenhandhabung geschaffen. Hierfür erfolgt eine prozessorientierte Analyse der Erzeugung, Erfassung, Weiterleitung, Verarbeitung und Nutzung von Informationen.[435] Etwaige Informationsbarrieren sowie Medienbrüche sind systematisch abzubauen, um eine durchgehende Integrität der digitalen Systeme zu ermöglichen. Auch ist zu vermeiden, dass digitale Datenbestände redundant gepflegt werden,[436] nicht einheitlich oder gar fehlerbehaftet sind. Der Verzicht auf Papier und die Abstimmung digitaler Austauschformate zählen ebenfalls zu dieser Stufe der Vorbereitung auf die Digitalisierung.

Stufe 4: Nutzung der Möglichkeiten der Digitalisierung

Ausgehend von integrativ gestalteten Kommunikationsflüssen sind die Möglichkeiten der Digitalisierung im Hinblick auf Potenziale für die eigenen Prozesse zu betrachten.[437] Die Umsetzung der identifizierten Verbesserungspotenziale erfolgt wiederum bedarfsgerecht im Kontext eines kontinuierlichen Verbesserungsprozesses, d. h. sie werden im Rahmen

---

[435] Die getrennte Betrachtung nach diesen fünf Aspekten erfolgt in Anlehnung an den Ordnungsrahmen, welcher in Abschnitt 6.1 präsentiert wurde. Siehe hierzu insbesondere die Ausführungen zu Abbildung 61.
[436] Eine Ausnahme wäre zulässig im Rahmen der Datensicherung.
[437] Hierbei helfen strukturierte Ansätze zur Klassifizierung von Beispielen der Digitalisierung, wie etwa der Ordnungsrahmen aus Abschnitt 6.1, sowie konkrete Beispiele, wie sie in Abschnitt 6.3.2 genannt sind.

der Prozessverbesserung eingeführt. In dieser Vorgehensweise werden, entsprechend dem Charakter eines kontinuierlichen Verbesserungsprozesses, nur jene Bestandteile der Digitalisierung schrittweise in die betriebliche Praxis integriert, welche für ein konkret betrachtetes Unternehmen nutzbringend sind. Änderungen, die zwar technisch oder organisatorisch prinzipiell möglich wären, für die jedoch kein konkreter Nutzen zu erwarten ist, werden folglich nicht näher betrachtet. In Anlehnung an die Entwicklungsstufen des Lean Managements[438] erfolgt hierdurch die Ergänzung des traditionellen Lean-Ansatzes mit den neuen technischen Möglichkeiten der Digitalisierung.[439] Dadurch werden neue Wertschöpfungsmöglichkeiten eröffnet, wie in Abbildung 67 schematisch aufgezeigt ist.

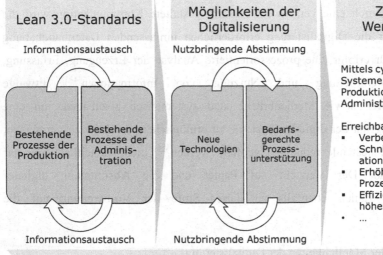

Abbildung 67: Weiterentwicklung von Prozessen mittels Digitalisierung[440]

Bestehende Prozesse in der Produktion sowie Administration zeichnen sich durch stetige Informationsflüsse aus, welche mit den Möglichkeiten der Digitalisierung bedarfsgerecht

---

[438] Siehe Abbildung 9 auf S. 23.
[439] Für eine Übersicht, wie traditionelle Lean Methoden durch die Digitalisierung in ihrem Anwendungsspektrum erweitert werden können, siehe bspw. Mayr et al. 2018.
[440] Eigene Darstellung in Anlehnung an Institut für angewandte Arbeitswissenschaft e. V. 2016 S. 35.

auf ein neues Niveau gehoben werden können. Somit werden einerseits die Prozesse inkrementell verbessert, jedoch ist die Digitalisierung auch für die flankierende, progressive Weiterentwicklung von Geschäftsmodellen zu nutzen.

Stufe 5: Einbezug der Digitalisierung in den kontinuierlichen Verbesserungsprozess

Abschließend an das Durchlaufen der zuvor genannten vier Stufen ist sicherzustellen, dass der kontinuierliche Verbesserungsprozess auch die Digitalisierung dauerhaft inkludiert. So müssen bestehende Standards weiterhin stetig hinterfragt und auf Verbesserungspotenziale überprüft werden. Hierfür ist ein Informieren über technische Neuerungen in regelmäßigen Abständen erforderlich, welche eventuell für die Prozessgestaltung und -optimierung nützlich erscheinen. Dabei sollte der Fokus nicht auf Prozesse im eigenen Betrieb beschränkt bleiben, sondern die Prozessschnittstellen mit internen und externen Partnern entlang der Wertschöpfungskette einschließen. Dazu muss auch ermittelt werden, welche Informationen die Partner benötigen und welche zum gegenseitigen Vorteil geteilt werden können und sollen.

Werden technische Lösungen integriert, so sind diese ganzheitlich, d. h. im Hinblick auf vielseitige Auswirkungen, zu planen und umzusetzen. Hierfür kann zunächst eine Grundeinteilung von Betrachtungsperspektiven nach technischen, organisatorischen und personellen Aspekten erfolgen. Weiterhin ist der Umfang bzw. Skalierungsgrad der Ansätze zu betrachten, ausgehend von einzelnen Arbeitsplätzen als kleinste Ebene (Mikroebene) über Arbeitsplatzverbünde (Mesoebene) bis hin zum gesamten Unternehmen (Makroebene). Unter Berücksichtigung dieser je drei Dimensionen lässt sich die in Tabelle 17 gezeigte Matrix aufspannen, in welche Beispiele, Bedarfe und Anforderungen eingeordnet sind. Um die Ganzheitlichkeit der Umsetzung sicherzustellen und dabei auch auf Themenfelder einzugehen, die nicht technischer Art sind, wird in Abschnitt 7.2.2.2 noch ein entsprechender Ansatz vorgestellt.

Tabelle 17: Umsetzungsplanung nach Auswirkungen der Digitalisierung[441]

	Technik	Organisation	Personal
Mikro	• Assistenzsysteme • Mensch-Roboter-Kollaboration • Mensch-Maschine-Schnittstellengestaltung • Usability	• Handlungs- und Entscheidungsspielraum • Aufgabengestaltung und -vielfalt	• Informationsbedarf und -bereitstellung • Qualifikation und Kompetenz • Befähigung und Verantwortung
Meso	• Prospektives Design von Produkten und Produktionsprozessen • Lernförderliche Technikgestaltung	• Organisation von Befugnis und Verantwortung • Verortung von Entscheidungsfunktionen • Einführung der Systeme • Lernförderliche Prozessgestaltung	• Technologie- und innovationsabhängige Kompetenzentwicklung sowie Personalentwicklung • Zwischenmenschliche Prozesse und Kommunikation
Makro	• Betriebs- und unternehmensübergreifende Geschäftsprozesse und Wertschöpfungsketten • Technologische Ressourcenflexibilität	• Personenbezogener Datenschutz und Persönlichkeitsrechte • Arbeitszeitgestaltung und Flexibilität	• Personalstrategie und -management • Verfügbarkeit von Fachkräften • Demografischer Wandel • Anpassung von Aus- und Weiterbildungscurricula

Es zeigt sich, dass in jedes Feld eine Vielzahl an Aspekten einsortiert werden kann, welche bei der Umsetzung der Digitalisierung zu beachten sind bzw. Möglichkeiten zur Nutzung der Digitalisierung darstellen. In generischer Weise werden einzelne dieser Aspekte im Verlauf des folgenden Abschnitts aufgegriffen.

7.2 Mehrstufiges Vorgehensmodell zur Nutzung der Digitalisierung

In diesem Abschnitt wird ein mehrstufiges Vorgehensmodell entwickelt, mit welchem die Nutzung der Digitalisierung strukturiert angegangen werden kann. Dieses basiert auf dem zuvor in diesem Kapitel skizzierten Grundgedanken, dass zunächst für die Digitalisierung passende Rahmenbedingungen mittels traditioneller Ansätze aus dem Industrial Engineering sowie dem Lean Management geschaffen werden sollen. Demnach ist das Vorgehensmodell in mehrere Stufen untergliedert, welche helfen, ausgehend von einer Evaluierung der betrieblichen Voraussetzungen geeignete Digitalisierungsmaßnahmen zu bestimmen und diese dann zielgerichtet zu implementieren.

---

[441] Eigene Darstellung in Anlehnung an Gebhardt 2015 S. 4, basierend auf DIN - Deutsches Institut für Normung und DKE - Deutsche Kommission Elektrotechnik 2015.

7.2.1 Inhaltlicher Umfang

Für eine strukturierte Umsetzung der Digitalisierung in einem Unternehmen wird nachfolgend ein Vorgehensmodell aufgezeigt. Dieses ist mehrstufig ausgelegt und bildet den gesamten Prozess von der Bestimmung geeigneter unternehmensspezifischer Ansätze der Digitalisierung bis zur ganzheitlichen Umsetzung dieser Ansätze ab.[442]

In der Literatur gibt es vielseitige Empfehlungen, wie die Digitalisierung umzusetzen ist. Eine Auflistung und Klassifikation von Vorgehensmodellen findet sich bei Terstegen et al.[443] Die Autoren haben knapp dreißig Vorgehensmodelle identifiziert, von denen acht für kleine und mittelständische Unternehmen sowie vier branchenspezifisch ausgelegt sind. Die in der Quelle genannten Modelle finden sich entweder in der Fachliteratur oder werden kommerziell durch Unternehmensberater angeboten. Vordergründig sind alle in der Quelle genannten Modelle für die produzierende Industrie gedacht. Es gibt jedoch auch Vorgehensmodelle, die bei Terstegen et al. nicht erfasst sind. Eine Übersicht verschiedener Vorgehensmodelle aus der Fachliteratur wird nachfolgend mit deren grundlegenden inhaltlichen Bestandteilen aufgezeigt. Hiermit soll die Bandbreite verdeutlicht und im Nachgang eine Abgrenzung des in dieser Schrift vorgestellten Vorgehensmodells vorgenommen werden. Die Ergebnisse dieses Vergleichs werden in Tabelle 18 zusammenfassend dargestellt.

Im Forschungsprojekt CypIFlex wurde ein generisches Vorgehensmodell entwickelt, welches in einer Vorbereitungsphase eine einheitliche Wissensbasis sicherstellen möchte, bevor Kompetenzen im Unternehmen analysiert und Ideen zur Optimierung von Prozessen und des Geschäftsmodelles erarbeitet werden, die zuletzt vor allem nach betriebswirtschaftlichen Kennzahlen zu bewerten sind.[444] Die Umsetzungsphase wird nur

---

[442] Eine anwenderorientierte Aufarbeitung in Form einer Checkliste bzw. Maßnahmenliste findet sich in Weber et al. 2017e und ist in Tabelle 30 wiedergegeben. Die hier im Folgenden behandelten Inhalte stellen die theoretischen bzw. strukturellen Grundlagen und Zusammenhänge zur Anwendung der genannten Checkliste dar. Dieser Ansatz wurde bereits in mehreren Unternehmen der deutschen Metall- und Elektroindustrie angewendet. Erfahrungen hieraus werden in Abschnitt 7.3 aufgezeigt. Für den Abdruck aller Fragen wird an dieser Stelle auf den Anhang dieser Schrift verwiesen.
[443] Vgl. Terstegen et al. 2019. Für eine Detailübersicht der Modelle siehe Institut für angewandte Arbeitswissenschaft e. V. 2019.
[444] Vgl. Technische Universität Darmstadt 2015 S. 16 f.

angerissen. Kaufmann beginnt seinen Ansatz mit der Analyse und Bewertung des Geschäftsmodells, um darauf basierend einen Industrie 4.0-Reifegrad zu bestimmen, der Verbesserungspotenziale des Geschäftsmodells aufzeigt.[445] Diese Analyse erfolgt langfristig und mündet in der Bestimmung eines zukünftigen Geschäftsmodells und dafür benötigter IT-Infrastruktur. Der Verband Deutscher Maschinen- und Anlagenbauer (VDMA) stellt einen Leitfaden mit fünf Abschnitten vor, welcher mit einer Vorbereitungsphase beginnt und über die Analyse- und Kreativitätsphase bis hin zur Bewertung und Einführung erarbeiteter Geschäftsmodelle führt.[446] Dabei werden produkt- und produktionsspezifische Aspekte berücksichtigt.

Schallmo präsentiert ebenfalls einen Ansatz speziell zur Geschäftsmodellentwicklung, in der das aktuelle Geschäftsmodell mit Blick auf seinen Digitalisierungsgrad analysiert wird, bevor Ziele zu dessen Weiterentwicklung bestimmt werden.[447] Zur Zielerreichung werden technische Ansätze gesammelt und bewertet sowie zuletzt implementiert. Auch Weinreich nimmt eine strategische Perspektive auf die Nutzung der Digitalisierung zur Weiterentwicklung von Geschäftsmodellen ein.[448] Hier werden zunächst die Strategie und Vision bestimmt, und darauf aufbauend zu digitalisierende Produkte ausgewählt, welche die Marktposition verbessern können. Jodlbauer und Schagerl zeigen die Nutzung von Referenztabellen für verschiedene Kriterien zur Bewertung des eigenen Reifegrads und ihre Nutzung zur Bestimmung eines Soll-Zustandes auf.[449] Neben der Evaluation der Reife von Führungskräften und Mitarbeitern für eine digitale Transformation ist der Ansatz primär technisch geprägt und fokussiert die digitale Datenverarbeitung, die Nutzung künstlicher Intelligenz sowie die digitale Prozessabbildung.

Erol et al. stellen einen dreistufigen Ansatz vor, mit dem eine Digitalisierungsvision und -strategie entwickelt werden soll.[450] Zunächst wird in einer Informationsphase ein gemeinsames Verständnis erarbeitet, bevor interne und externe Erfolgsfaktoren bestimmt und zuletzt mögliche Projekte zur Umsetzung konkretisiert werden. Lanza et al. stellen in

---

[445] Vgl. Kaufmann 2015 S. 31 f. Zu Reifegradanalysen siehe auch Abschnitt 4.1.6.3.
[446] Vgl. VDMA Verband Deutscher Maschinen- und Anlagenbauer 2015 S 6.
[447] Vgl. Schallmo 2016 S. 21-46
[448] Vgl. Weinreich 2016 S. 231-260.
[449] Vgl. Jodlbauer und Schagerl 2016 S. 1474-1479
[450] Vgl. Erol et al. S. 255.

ihrem dreistufigen Modell eine Reifegradbewertung vor, der anschließend in eine methodisch unterstützte Abweichungsanalyse und Reifegraderhöhung führt.[451] Letztere soll helfen, mittels einer Risiko- und Potenzialabschätzung sowie strukturiertem Kompetenzaufbau bei den Mitarbeitern die Produktivität in Prozessen zu erhöhen.

Tschandl et al. verfolgen in ihrem sechsstufigen Ansatz das Ziel, ausgehend von einem Impulsworkshop zur Digitalisierung die betriebliche Reife zu bestimmen und darauf aufbauend einen Soll-Zustand inkl. Maßnahmen zur Zielerreichung festzulegen.[452] Zuletzt wird für diese umzusetzenden Maßnahmen ein projektorientierter Ablauf zur Umsetzung bestimmt. Der Ansatz von Winkelhake sieht vor, ausgehend von einer Marktanalyse und den hier ermittelten Kundenanforderungen die Unternehmensstrategie und das Geschäftsmodell anzupassen, um daraus eine Digitalisierungsvision und Felder zur Digitalisierung abzuleiten.[453] Der Ansatz ist speziell für die Automobilindustrie ausgelegt. Peter stellt ein Modell vor, dass Kundenanforderungen und eigene Möglichkeiten des betrachteten Unternehmens zusammenbringt, um daraus neue Möglichkeiten zur Geschäftsmodellgestaltung abzuleiten.[454] Hierzu ergänzt er sieben zu betrachtende Handlungsfelder, welche die Kundenorientierung, die strategische Ausgestaltung von Geschäftsmodellen, neue Ansätze für Führung, Kultur und Arbeit, optimierte Arbeitsabläufe einschließlich Automation, neue Marketingkanäle sowie zuletzt technologische Ansätze der Digitalisierung einschließlich Apps umfassen. Bildstein und Seidelmann stellen einen siebenstufigen Ansatz vor, welcher sehr breit aufgestellt ist und in der Initialphase Expertengespräche und Besuche von Referenzunternehmen vorsieht.[455] Daraus sollen viele Beispiele guter Praxis abgeleitet, diese hinsichtlich ihrer Umsetzbarkeit im betrachteten Unternehmen evaluiert und eine als geeignet bewertete Teilmenge davon letztlich implementiert werden. Die Einbindung von Führungskräften und Mitarbeitern nimmt hierbei eine wichtige Rolle ein. Aus den Erfahrungen der Implementierung soll letztlich ein verfeinertes Vorgehen für zukünftige Digitalisierungsprojekte abgeleitet werden.

---

[451] Vgl. Lanza et al. 2016 S. 77.
[452] Vgl. Tschandl et al. 2017 S. 22.
[453] Vgl. Winkelhake 2017 S. 140.
[454] Vgl. Peter 2017 S. 57-61.
[455] Vgl. Bildstein und Seidelmann 2017 S. 234.

Ein Vorgehensmodell zur Umsetzung der Digitalisierung, das sich ebenfalls am Geschäftsmodell orientiert und daraus Maßnahmen ableitet, findet sich bei Koch et al.[456] Hierbei wird die bestehende IT-Infrastruktur für eine zukünftige Geschäftsmodellanpassung einbezogen. Etwaige Lücken werden identifiziert und Maßnahmen zu deren Schließung festgelegt. Das Modell endet mit der Priorisierung der Maßnahmen. Braun et al. stellen einen weiteren Ansatz vor, der über eine IST-Analyse, eine Zielbestimmungsanalyse und eine anschließende Maßnahmenumsetzung explizit die Spezifika kleiner und mittelständischer Unternehmen berücksichtigt.[457] Ausgehend von einer Umfeldanalyse des betrachteten Unternehmens werden der aktuelle Umsetzungsstand der Digitalisierung im Betrieb analysiert und Ziele bestimmt. Letztere umfassen Anpassungen des Geschäftsmodells sowie der genutzten Digitalisierungsansätze. Abschließend werden die Optionen zur Zielerreichung priorisiert und es werden Maßnahmen zu deren Umsetzung bestimmt. Die Autoren betonen die arbeitswissenschaftlichen Auswirkungen sich ändernder Arbeitsstrukturen, der Arbeitsorganisation sowie der benötigten Qualifikationsprofile.

Appelfeller und Feldmann bieten ein auf dem PDCA-Zyklus basierendes und das Kaizen explizit berücksichtigendes Vorgehensmodell an.[458] In einer ersten Phase wird eine digitale Vision erarbeitet, bevor in der zweiten Phase anhand von zehn Kriterien[459] der Reifegrad des betrachteten Unternehmens bestimmt wird. Für jedes Kriterium wird anschließend ein langfristiges Ziel festgelegt und diese dann in taktische Zwischenziele heruntergebrochen, welche mittels eines PDCA-Ansatzes schrittweise abzuarbeiten sind. Einen ähnlichen Ansatz bietet Fazli.[460] Dieser analysiert zunächst die wesentlichen Stakeholder, die angebotenen Produkte, die genutzten Vertriebskanäle und das Geschäftsmodell. Anschließend werden je Zielgruppe Bedarfe analysiert und Ziele gesetzt, wie diese Bedarfe zukünftig bedient werden sollen. Zuletzt werden für diese Ziele Ideen zur technischen Umsetzung entwickelt und auf ihre Umsetzbarkeit hin bewertet.

---

[456] Vgl. Koch et al. 2018 S. 7-14.
[457] Vgl. Braun et al. 2018 S. 255.
[458] Vgl. Appelfeller und Feldmann 2018 S. 16-18.
[459] Diese sind Prozesse, Anbindung von Kunden, Anbindung von Lieferanten, Mitarbeiter, Daten, Produkte und Dienstleistungen, Maschinen und Roboter, IT-Systeme und das Geschäftsmodell.
[460] Vgl. Fazli 2018 S. 253.

Fleischmann et al. stellen eine prozessorientierte Vorgehensweise unter Nutzung von Modellbildung für die Geschäftsprozessentwicklung und die Integration der Digitalisierung in diese vor.[461] Zunächst werden die Geschäftsprozesse modelliert und evaluiert, bevor Ansätze zu ihrer Optimierung und ihrer organisatorischen Verankerung entwickelt werden. Die Integration von IT-Systemen spielt hierbei eine wichtige Rolle. Denner et al. bieten ein weiteres Vorgehensmodell, welches auf der Geschäftsprozessmodellierung basiert.[462] Zunächst werden Geschäftsprozesse modelliert und dann zielgerichtet Digitalisierungsmaßnahmen bestimmt, welche in diese integriert werden können. Anschließend werden je Teilprozess Bewertungskriterien festgelegt und anhand deren dann die umzusetzenden Digitalisierungsmaßnahmen festgelegt. Im Ansatz von Matt et al. werden in fünf Stufen zunächst Informationen eingeholt und ein Bewusstsein für die Digitalisierung geschaffen, bevor eigene Anforderungen erhoben werden, anhand deren eine Selbstbewertung des digitalen Reifegrades erfolgt.[463] Letztere bildet die Grundlage zur Bestimmung von Potenzialen einschließlich geeigneter Digitalisierungsmaßnahmen zu deren Erreichung. Die letzte Stufe umfasst die Erstellung eines Implementierungsplans.

Der seitens des Vereins Deutscher Ingenieure (VDI) entwickelte Leitfaden zur Transformation eines Unternehmens sieht vor, in drei Stufen zunächst die Datenverfügbarkeit zu bestimmen und auf dieser Analyse aufsetzend datengetriebene Prozesse zu erstellen, die anschließend mittels künstlicher Intelligenz gesteuert werden sollen.[464] Das Modell von Morlock et al. sieht vor, eine Selbstbewertung des aktuellen Reifegrads eines Unternehmens vorzunehmen, darauf basierend die Anforderungen des nächsten Reifegrads zu ermitteln und ein Umsetzungskonzept unter Berücksichtigung technischer, personeller und organisatorischer Aspekte zu bestimmen.[465] Nach dessen Umsetzung beginnt dieser Zyklus erneut. Oleff et al. sehen vor, die aktuelle betriebliche Situation mittels einer Prozessaufnahme einschließlich einer Problemidentifikation zu

---

[461] Vgl. Fleischmann et al. 2018 S. 129-156.
[462] Vgl. Denner et al. 2018 S. 9.
[463] Vgl. Matt et al. 2018 S. 97-99.
[464] Vgl. VDI Verein Deutscher Ingenieure 2018 S. 27-29.
[465] Vgl. Morlock et al. 2016 S. 308.

erfassen sowie den digitalisierungsbezogenen Reifegrad zu bestimmen.[466] Auf dieser Grundlage sollen visionäre und operative Ziele bestimmt werden sowie konkrete Digitalisierungsmaßnahmen. Arbeitswissenschaftliche und rechtliche Aspekte werden in Teilen berücksichtigt.

Mit dieser Auflistung ist ein Überblick zu verschiedenen in der Fachliteratur einsehbaren Vorgehensmodellen gegeben. Der in dieser Schrift vorgestellte Ansatz unterscheidet sich von den o. g. Quellen dadurch, dass dieser vor allem die Integration einer nach strategischen Gesichtspunkten ausgewählten technischen Lösung mit ihren Auswirkungen auf angrenzende arbeitswissenschaftliche und betriebswirtschaftliche Handlungsfelder fokussiert unter Berücksichtigung der Produktivitätswirkung. Dies bedeutet, dass zunächst die Produktivitätsziele Berücksichtigung finden und anschließend explizit jene Handlungsfelder betrachtet werden, die unmittelbar oder mittelbar durch die Digitalisierung betroffen sind.

Zusammenfassend stellt Tabelle 18 die Ergebnisse aus der obigen Analyse der Vorgehensmodelle aus der Fachliteratur dar[467] und ordnet vorab das nachfolgend in Abschnitt 7.2.2 im Detail erläuterte Modell dieser Schrift ein.

---

[466] Vgl. Oleff und Malessa 2018 S. 174 f.
[467] Eigene Darstellung, ergänzt und inhaltlich erweitert nach Terstegen et al. 2019 S. 4 sowie Institut für angewandte Arbeitswissenschaft e. V. 2019.

Tabelle 18: Vergleich von Vorgehensmodellen

Vorgehensmodell nach	Informationseinholung	Strategischer Fokus (Ausrichtung an der Unternehmensstrategie)	Taktischer Fokus (Konkretisierung von Digitalisierungsmaßnahmen basierend auf der Strategie)	Operativer Fokus (Umsetzung von Digitalisierungsmaßnahmen)	Bewertung der abgeschlossenen Umsetzung	Berücksichtigung betriebswirtschaftlicher Inhalte	Berücksichtigung technischer Inhalte	Berücksichtigung arbeitswissenschaftlicher Inhalte	Geschäftsmodelloptimierung	Prozessoptimierung
	Phasen					**Inhaltlicher Fokus**				
CypIFlex (2015)	x	x	x			x			x	x
Kaufmann (2015)		x	x	x		x	x		x	
VDMA (2015)	x	x	x	x			x		x	
Schallmo (2016)		x		x		x	x		x	
Weinreich (2016)		x				x			x	
Jodlbauer und Schagerl (2016)	x						x			x
Erol et al. (2016)	x	x	x	x			x		x	
Lanza et al. (2016)		x	x			x				x
Tschandl et al. (2017)	x	x	x	x		x				x
Winkelhake (2017)		x	x	x		x			x	
Bildstein und Seidelmann (2017)	x	x	x	x	x					x
Koch et al. (2018)		x	x	x		x	x		x	
Braun et al. (2018)		x		x		x	x	x	x	
Appelfeller und Feldmann (2018)		x	x	x		x	x	x	x	
Fazli (2018)		x	x			x	x		x	
Fleischmann et al. (2018)		x		x	x	x				x
Denner et al. (2018)		x	x	x		x	x			x
Matt et al. (2018)	x	x	x	x			x			x
VDI (2018)			x	x			x			x
Morlock et al. (2018)			x	x		x	x	x		x
Oleff et al. (2018)		x		x		x	x	x		x
Vorgehensmodell in dieser Schrift	x	x	x	x		x		x	x	x

Neben der wichtigen Erkenntnis, dass die wenigsten Modelle arbeitswissenschaftliche Inhalte berücksichtigen, muss festgehalten werden, dass die inhaltliche Ausgestaltung selbst bei gleichen adressierten Kerninhalten zwischen den verschiedenen

Vorgehensmodellen stark verschieden ausfällt. Manche Modelle werden wenig konkret, andere gehen tiefer ins Detail. Folglich liegt zusammenfassend eine sehr große Heterogenität vor. Einziges verbindendes Merkmal ist, dass die meisten Modelle in Form von Regelkreisen aufgebaut sind und folglich die abzuarbeitenden Schritte als stetig wiederkehrend auszuführen betrachten.

Für das in dieser Schrift nachfolgend vorzustellende Modell gilt, dass ausgehend die Überlegung steht, dass die Gestaltung der Digitalisierung sowohl die Geschäftsmodelle betrifft – und damit die Produkte und Dienstleistungen der Unternehmen –, als auch die zu deren Erstellung notwendigen Geschäftsprozesse und untergeordneten Prozesse. Letztere sollen im Fokus des Modells stehen. Somit müssen Unternehmen als übergeordnete Maßnahme zunächst ihre bestehenden Geschäftsmodelle und die zugehörige Unternehmensstrategie prüfen und ggf. anpassen, bevor Anpassungen in untergeordneten Abläufen erfolgen können. So ist zu prüfen, ob mittels der Digitalisierung die Produkte sowie die betrieblichen Prozesse optimiert bzw. neu konzipiert werden können.

Strategische Möglichkeiten zur Nutzung der Digitalisierung, insbesondere für Prozesse, sind sukzessive auf die operationale Ebene herunterzubrechen und hinsichtlich einer strukturierten Umsetzung zu konkretisieren. Die Vorgehensweise im nachfolgenden Modell fundiert darauf, dass ein ganzheitlicher Ansatz zur Digitalisierung sowohl für einzelne Arbeitsplätze als auch für ein gesamtes Produktionssystem gelten muss und somit über die reine Betrachtung technischer Aspekte hinausgeht. Dies umfasst, dass die Digitalisierung Arbeitsinhalte, -prozesse und -umgebungen verändert und somit – neben der Technik – betriebswirtschaftliche und arbeitswissenschaftliche Auswirkungen berücksichtigt werden müssen. Insbesondere diese Aus- und Wechselwirkungen werden in der Folge bei der Beschreibung des Vorgehensmodells einbezogen.

Fragen zur Umsetzung der Digitalisierung sind aufgrund dieser interdisziplinären Erfordernisse idealerweise in einem bereichsübergreifenden Team zu diskutieren und zu beantworten. Es wird daher empfohlen, eine Gruppe aus Vertretern unterschiedlicher

Unternehmensbereiche[468] zusammenzustellen, welche für den Erfolg der Umsetzung der Digitalisierung die Verantwortung trägt. Eventuell empfiehlt es sich zudem, externe Spezialisten heranzuziehen, wenn Knowhow im eigenen Unternehmen durch unternehmensfremde Kompetenzen und Erfahrungen ergänzt werden soll.

7.2.2 Aufbau und Struktur

Das mehrstufige Vorgehensmodell gliedert sich in zwei Teile, die grundsätzlich unabhängig voneinander angewendet werden können. Diese sind in Abbildung 68 dargestellt.

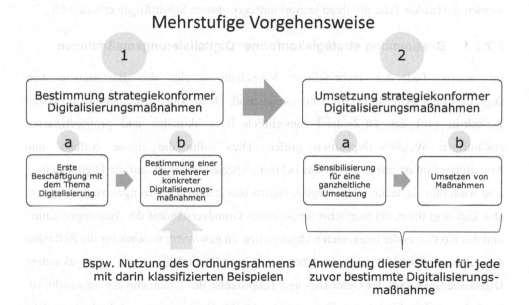

Abbildung 68: Mehrstufiges Vorgehensmodell zur Umsetzung der Digitalisierung

Im ersten Teil wird die generelle Überprüfung der Ausgangssituation einer Unternehmung behandelt mit dem Ziel, mögliche geeignete Digitalisierungsmaßnahmen zu

---

[468] Hierunter sind Unternehmensbereiche zu verstehen, die direkt oder indirekt auf das Ergebnis der Einführung einer Digitalisierungsmaßnahme einwirken bzw. von dieser Einführung betroffen sind. Beispiele für zu benennende Personen sind Mitglieder der Geschäftsleitung, die Arbeitnehmervertreter, Fachkräfte für Arbeitssicherheit, Prozessingenieure und Mitarbeiter, welche die Technik im Alltag anwenden sollen.

identifizieren.[469] Dieser Teil ist vordergründig konzipiert für Unternehmen, die sich bislang nicht oder nur am Rande mit Digitalisierung beschäftigt haben. Für die Auswahl von Digitalisierungsmaßnahmen kann der Ordnungsrahmen aus Abschnitt 6.1.2 verwendet werden, sodass dieser ein Bestandteil des hier gezeigten Vorgehensmodells wird. Im zweiten Teil wird die ganzheitliche Umsetzung der zuvor bestimmten Digitalisierungsmaßnahmen behandelt, wobei dieser Teil für jede Digitalisierungsmaßnahme getrennt anzuwenden ist. Der zweite Teil ist vordergründig konzipiert für Unternehmen, die bereits Maßnahmen festgelegt haben und diese nun erfolgreich umsetzen und in die betrieblichen Prozesse integrieren möchten. Nachfolgend werden die beiden Teile mit ihren je zwei untergeordneten Schrittfolgen erläutert.[470]

7.2.2.1 Bestimmung strategiekonformer Digitalisierungsmaßnahmen

Im ersten Teil des mehrstufigen Vorgehens erfolgt die Bestimmung von Digitalisierungsmaßnahmen, die umzusetzen sind. Dafür sollen Unternehmen im ersten Teilschritt (1a) den Ist-Zustand hinsichtlich ihrer aktuellen und prognostizierten zukünftigen Wettbewerbsposition prüfen. Dies sollte die eigene Aufbau- und Ablauforganisation mit in den Fokus nehmen. Speziell mit Blick auf die Digitalisierung sind weiterhin die technischen Gegebenheiten und Rahmenbedingungen zu analysieren. Das Ziel liegt darin, ein möglichst umfassendes Grundverständnis der Ausgangssituation und des Kontextes der betrachteten Organisation zu gewinnen, welches für die Reflexion der Zukunftsfähigkeit des bestehenden Geschäftsmodells sowie des aktuellen Digitalisierungsgrads der Geschäfts- und Teilprozesse des Unternehmens notwendig ist. Im Fokus stehen hierbei die Themenfelder Markt, Organisation und Technik, welche nachfolgend nacheinander erläutert werden. Erst dieses Grundverständnis kann die Bestimmung von Digitalisierungsmaßnahmen im Teilschritt (1b) zielführend ermöglichen.

---

[469] Unter Digitalisierungsmaßnahmen werden technische Applikationen verstanden, bspw. Datenbrillen, spezielle Sensorik oder spezifische Datenübertragungsstandards. Das Wort dient als Sammelbegriff aller Technologien, die unter den Begriffen Digitalisierung subsummiert werden. Siehe hierzu auch die Ausführungen in Abschnitt 4.1.3.
[470] Neben der detaillierten Erläuterung in Weber et al. 2017e finden sich Kurzerläuterungen hierzu in Weber et al. 2018e sowie Weber et al. 2018d. Sie stellen die Quellen für diesen Abschnitt der Schrift dar, sofern nicht anders gekennzeichnet.

Im Fokus der Betrachtungen zum Markt eines Unternehmens liegt die Frage, wie die eigene Stellung im Wettbewerb durch Digitalisierung gestaltet bzw. nachhaltig verbessert werden kann. Die Möglichkeiten hierfür ergeben sich aus der vielseitigen Anwendbarkeit der Digitalisierung, wird aber auch notwendig durch Entwicklungen des Marktes und der Wettbewerber. In diesem Kontext ist zu analysieren, wie Wettbewerber die Digitalisierung nutzen und wie deren Aktivitäten mittel- bis langfristig das eigene Geschäftsmodell bedrohen können. Es gilt in diesem Zusammenhang zu überlegen, welche eigenen Konzepte ein Unternehmen verfolgen sollte und welche Grundlagen für diese strategische Ausrichtung bestehen bzw. noch geschaffen werden müssen.

Im Fokus der Betrachtungen zur Organisation eines Unternehmens steht die Frage, welche Grundlagen aus organisatorischer Sicht vorhanden sind, um die Digitalisierung einführen zu können. Es gilt zu analysieren, ob die betrachtete Organisation strukturiert aufgebaut ist und störungsfreie sowie robuste Prozessabläufe vorweisen kann. Dafür bedarf es wiederum definierter Standards, die allen Prozessbeteiligten bekannt sind und von diesen gelebt werden. Auch hier gilt der in Abschnitt 7.1 genannte Aspekt, dass ein Unternehmen zunächst verschwendungsarme Prozesse möglichst ohne Medienbrüche gestalten sollte, bevor dann sukzessive durch die Digitalisierung weitere Verbesserungen erfolgen. Zudem gehört hierzu, ob die betrachtete Organisation ein in Regelkreisen organisiertes Produktivitätsmanagement vorweisen kann, in welchem Kennzahlen im Rahmen von Soll-Ist-Abgleichen auf einer kontinuierlichen Basis evaluiert und in steuernde Maßnahmen überführt werden.

Im Fokus der Betrachtungen zur Technik eines Unternehmens gilt es die Frage zu beantworten, welche Voraussetzungen hinsichtlich Hard- und Software bereits verfügbar sind, auf denen weitere Maßnahmen basieren können. Die Digitalisierung benötigt eine abgestimmte technische Infrastruktur, um eine umfassende Integration und Vernetzung verschiedener Technologien zu ermöglichen. Aus diesem Grund ist eine Bestandsaufnahme der bereits vorhandenen und für die Digitalisierung verwendbaren technischen Systeme notwendig. Mittels einer SWOT-Analyse[471] können Stärken und Entwicklungspotenziale in den drei genannten Themenfeldern strukturiert werden.

Diese Bestimmung konkreter Digitalisierungsmaßnahmen erfolgt im zweiten Teilschritt (1b) und soll eine Auswahl möglichst konkreter Technologien darstellen, welche in der Praxis eingeführt und in operativen Prozessabläufen genutzt werden sollen.[472] Dafür ist es wichtig, dass diese Digitalisierungsmaßnahmen für Unternehmensprozesse Vorteile versprechen. Speziell in diesem Schritt kann der Ordnungsrahmen aus Abschnitt 6.1.2 herangezogen werden, um geeignete Technologien zu finden.[473] Die Auswahl von Technologien aus dem Ordnungsrahmen und deren Integration in das eigene Unternehmen darf hierbei nicht unstrukturiert erfolgen, sondern sollte idealerweise in ein ganzheitliches Konzept integriert sein. Die Nutzung der Digitalisierung muss die strategischen Ziele des betrachteten Unternehmens unterstützen. Somit ist sie sowohl für Geschäftsmodelle als auch für die zu deren Umsetzung notwendigen Prozesse zu berücksichtigen.

Bei der Festlegung auf einzelne Maßnahmen sind Stärken und Schwächen sowie erwartete Chancen und Risiken des betrachteten Unternehmens, wie sie in Teilschritt (1a) aufgezeigt wurden, zu berücksichtigen. Folglich müssen sie sich daran eng orientieren und lösungsorientiert eingesetzt werden. Mit der Beschreibung dieser beiden Teilschritte ist die erste Stufe des Vorgehensmodells erläutert.

7.2.2.2   Umsetzung strategiekonformer Digitalisierungsmaßnahmen

Die zweite Stufe (2) behandelt die strategiekonforme Umsetzung der zuvor in Teilschritt (1b) ausgewählten Digitalisierungsmaßnahmen und zielt dabei auf eine ganzheitliche Vorgehensweise ab. Darunter ist zu verstehen, dass möglichst alle Auswirkungen der Einführung und Nutzung der gewählten Technologie Berücksichtigung finden sollen, insbesondere jene, die nicht technischer, sondern arbeitswissenschaftlicher und betriebswirtschaftlicher Art sind.

---

[471] SWOT steht als Abkürzung für Strengths (Stärken), Weaknesses (Schwächen), Opportunities (Chancen), Threats (Bedrohungen). Die Checkliste aus Weber et al. 2017e listet hierfür vielfältige praxisorientierte Fragestellungen auf mit dem Ziel, wesentliche Aspekte rechtzeitig zu berücksichtigen. Siehe hierzu auch Tabelle 30 im Anhang dieser Schrift.
[472] Siehe hierzu Ausführungen in Abschnitt 6.2, insbesondere zu Abbildung 66.
[473] Siehe Ausführungen in Abschnitt 6.1.3 bzgl. der Anwendungsweise des Ordnungsrahmens.

Die zweite Stufe geht von einer klar definierten Digitalisierungsmaßnahme einschließlich eines dafür vorgesehenen technischen Umsetzungskonzepts aus. Auf dieser Basis werden im ersten Teilschritt (2a) mögliche Auswirkungen der jeweiligen Digitalisierungsmaßnahme mit Blick auf elf verschiedene Handlungsfelder analysiert, wie sie in Abbildung 69 abgebildet sind.[474]

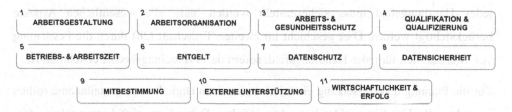

Abbildung 69: Handlungsfelder zur Beachtung bei der Einführung von Digitalisierungsmaßnahmen

Die Handlungsfelder wurden so bestimmt, dass sie Themenfelder abdecken, die üblicherweise bei der Umsetzung technischer Maßnahmen, so auch der Digitalisierung, im betrieblichen Kontext neben den technischen Fragestellungen berührt sind. Sie umfassen arbeitswissenschaftliche, betriebswirtschaftliche und teils auch rechtliche Inhalte. Wenngleich es nicht sinnvoll erscheint, eine klare Zuordnung der Handlungsfelder zu einer einzelnen Wissenschaft vorzunehmen, so lassen sich die Handlungsfelder 1 (Arbeitsgestaltung), 2 (Arbeitsorganisation), 3 (Arbeits- und Gesundheitsschutz) und 4 (Qualifikation und Qualifizierung) primär der Arbeitswissenschaft zuordnen. Die Handlungsfelder 6 (Entgelt), 8 (Datensicherheit), 10 (Externe Unterstützung) und 11 (Wirtschaftlichkeit und Erfolg) sind primär der Betriebswirtschaftslehre zuzuschreiben. Zuletzt behandeln die Handlungsfelder 5 (Betriebs- und Arbeitszeit), 7 (Datenschutz) und 9 (Mitbestimmung) vordergründig Inhalte mit betriebswirtschaftlicher Perspektive, wobei in diesen rechtliche Fragestellungen einen wichtigen Stellenwert einnehmen. Im betriebspraktischen Kontext sind die Grenzen schwimmend und alle genannten Inhalte

---

[474] Diese elf Handlungsfelder gehen zurück auf Stowasser 2014, wonach arbeitspolitische Themenfelder der Arbeit 4.0 neben rechtlichen Rahmenbedingungen, Entgelt und Arbeitszeit, Arbeitsschutz, Arbeitsgestaltung und -organisation auch Fragen der Qualifikation und Qualifizierung beinhalten. Sie wurden für die hier geschilderte Vorgehensweise inhaltlich ergänzt.

müssen abgedeckt werden, um eine erfolgreiche Implementierung von Digitalisierungsmaßnahmen sicherzustellen.[475]

Jedes Handlungsfeld ist hinsichtlich möglicher Auswirkungen der Digitalisierungsmaßnahmen darauf, bzw. möglicher Restriktionen auf die Einführung der Digitalisierungsmaßnahmen zu untersuchen. Beispielsweise kann die Methode der SWOT-Analyse[476] je Feld angewendet werden, um inhaltliche Aussagen zu gewinnen. Für jedes Handlungsfeld muss sichergestellt werden, dass alle wesentlichen Aspekte berücksichtigt werden. Dies geschieht im zweiten Teilschritt (2b) durch die Festlegung von Maßnahmen für jedes Handlungsfeld, sofern darin Handlungsbedarf ersichtlich ist.

Für die Planung und Umsetzung einer jeden einzelnen Digitalisierungsmaßnahme sollten zunächst alle Handlungsfelder betrachtet werden. Dabei kann sich herausstellen, dass nicht immer alle der elf Felder von Bedeutung sind. In diesen Fällen erfolgt eine Reduktion des Betrachtungsumfangs. In der Folge werden die einzelnen Handlungsfelder zunächst einleitend definiert und anschließend ihre Relevanz bei der Umsetzung von Digitalisierungsmaßnahmen aufgezeigt.

Handlungsfeld Arbeitsgestaltung

Arbeitsgestaltung beinhaltet Maßnahmen zur Anpassung der Arbeit an den Menschen. Sie bezieht sich auf die Arbeitsumgebungsbedingungen, auf inhaltliche Aspekte der Tätigkeit, auf die Gestaltung von Arbeitsmitteln und den Arbeitsplatz.[477]

---

[475] Im Fokus dieser Schrift stehen, wie zuvor ausgeführt, bewusst keine technischen Anforderungen an die Umsetzung von Digitalisierungsmaßnahmen. Mit der Analyse technischer Rahmenbedingungen in Schritt 1a des Vorgehensmodells sind hier die bestehenden technischen Voraussetzungen evaluiert und es wird davon ausgegangen, dass in Schritt 1b Digitalisierungsmaßnahmen bestimmt werden, die auf diesen Rahmenbedingungen aufsetzen können, jedoch eventuell auch technischen Anpassungsbedarf aufweisen. Insofern könnten die aufgezeigten Handlungsfelder in Schritt 2b noch ergänzt werden um diesen technischen Anpassungsbedarf. Dies könnte bspw. mit einem gleichlautenden Handlungsfeld oder mittels fünf aufeinander aufbauenden Handlungsfeldern geschehen, welche inhaltlich auf dem Klassifikationsschema aus Abschnitt 4.1.3 aufbauen.

[476] Die Checkliste aus Weber et al. 2017e listet hierfür vielfältige praxisorientierte Fragestellungen auf mit dem Ziel, alle wesentlichen Aspekte rechtzeitig zu berücksichtigen. Siehe hierzu Tabelle 30 im Anhang dieser Schrift.

[477] Vgl. Ausilio et al. 2015 S. 92.

Die Digitalisierung beeinflusst die Arbeitsgestaltung in hohem Maße, weil die verschiedenen Technologien vielseitig eingesetzt werden können. Damit gehen neben Verbesserungsmöglichkeiten für Prozesse insbesondere auch solche zur physischen und kognitiven Entlastung der Mitarbeiter einher. Ein Beispiel für physische Entlastung stellt der Einsatz kollaborierender Roboter dar, um Bauteile zusammen mit dem Menschen in Vorrichtungen einzupassen, oder die Nutzung aktiver Exoskelette beim Heben von Behältern im Lager. Um den Menschen kognitiv bei informatorischer Arbeit zu unterstützen, können bedarfsgerechte Informationen mittels Tablets oder Datenbrillen an Arbeitsplätzen bereitgestellt werden, die auf konkrete Arbeitsaufgaben und die Qualifikation des jeweiligen Mitarbeiters abgestimmt sind.[478]

Handlungsfeld Arbeitsorganisation

Die Gestaltung der Arbeitsorganisation bestimmt, wie Mitarbeiter eines Unternehmens im Produktionsablauf zusammenarbeiten. Dabei geht es um die systematische und zweckmäßige Gliederung und Gestaltung des Arbeitsablaufs beziehungsweise der Arbeitsaufgabe, deren Aufteilung zwischen Mitarbeiten und Betriebsmitteln sowie zwischen mehreren Mitarbeitern.[479]

Mithilfe der Digitalisierung besteht die Möglichkeit, die Arbeitsorganisation neu zu strukturieren. Insbesondere kann dies das Verhältnis zwischen Führungskraft und Mitarbeiter betreffen. Eine Führungskraft kann beispielsweise bei der Schicht- und Einsatzplanung entlastet werden, wenn ihre Mitarbeiter die Besetzung von einzelnen Schichten selbstständig über ein webbasiertes Tool auf dem Smartphone abstimmen. Eine Führungskraft kann zudem durch verschiedene auf Sensorikeinsatz beruhende Berichte, die automatisch Daten auf eine standardisierte Weise weitergeben und bereitstellen, bei der Informationseinholung entlastet werden. Ein anderes Beispiel ist, Entscheidungsprozesse über standardisierte E-Mail-Workflows zwischen Vorgesetzten und Mitarbeitern zu etablieren. Ein weiteres Beispiel ist die Einführung einer Mensch-Roboter-Kollaboration, welche Fragen nach der Aufteilung der Arbeitsinhalte zwischen Mensch und Roboter aufwirft. Dabei ist zu bestimmen, welche Tätigkeitsanteile der

---

[478] Vgl. Weber et al. 2017e S. 27.
[479] Vgl. Ausilio et al. 2015 S. 115.

Mensch und welche der Roboter vor dem Hintergrund der eigenen Fähigkeiten übernehmen soll. Weiterhin können sich durch die Digitalisierung Entscheidungsprozesse verlagern, wenn für Maschinen bei Problemen Handlungsempfehlungen und Hilfen zur Problemlösung auf Tablets oder anderen Medien bereitgestellt werden. Diese exemplarisch aufgezeigten Beispiele zeigen, dass der Arbeitsorganisation eine wesentliche Aufgabe bei der Gestaltung von Digitalisierungsmaßnahmen zukommt.[480]

Handlungsfeld Arbeits- und Gesundheitsschutz

Der Arbeits- und Gesundheitsschutz ist v. a. im Arbeitsschutzgesetz (ArbSchG) gesetzlich geregelt hinsichtlich der Rechte und Pflichten des Arbeitgebers und der Arbeitnehmer.[481] Daraus geht der klare Präventionsauftrag an den Arbeitgeber hervor, arbeitsbedingte Gesundheitsgefahren zu vermeiden.[482]

Die technischen Möglichkeiten der Digitalisierung können genutzt werden, um den betrieblichen Arbeits- und Gesundheitsschutz zu fördern und auszubauen. Sie können aber auch bei unzureichender Planung und unsachgemäßer Nutzung eine Gefährdung für die Mitarbeiter darstellen. Deshalb ist es wichtig, sich bei der Einführung von Digitalisierungsmaßnahmen über mögliche Auswirkungen auf die Sicherheit der Beschäftigten Gedanken zu machen. Beispielsweise kann ein aktives Exoskelett genutzt werden, um diejenigen Mitarbeiter körperlich zu entlasten, die schwere Gegenstände heben (unter der Annahme, dass diese Aufgabe nicht anderweitig durch Vollautomatisierung auszuführen ist). Ein anderes Beispiel ist die Nutzung von Sensorik zur Erkennung von Atemfrequenz und Herzschlag, wenn etwa Mitarbeiter der Betriebsfeuerwehr Brände löschen und dafür in einen verrauchten Raum gehen müssen. Durch Nutzung dieser Daten können gesundheitlich kritische Körperzustände während der Brandbekämpfung erkannt und entsprechende Rettungsmaßnahmen eingeleitet werden. Zusammenfassend ist für jede Digitalisierungsmaßnahme eine Gefährdungsbeurteilung notwendig.[483]

---

[480] Vgl. Weber et al. 2017e S. 28 f.
[481] Siehe auch Richardi 2018.
[482] Vgl. Jäger et al. 2015 S. 391.
[483] Vgl. Weber et al. 2017e S. 31.

Handlungsfeld Qualifikation und Qualifizierung

Personalentwicklung wird verstanden als Gesamtheit der Maßnahmen, welche der individuellen beruflichen Entwicklung der Mitarbeiter dienen, sprich ihrer Qualifizierung. Diese Maßnahmen vermitteln den Mitarbeitern unter Beachtung ihrer persönlichen Interessen die zur optimalen Wahrnehmung ihrer jetzigen und zukünftigen Aufgaben erforderlichen Qualifikationen.[484]

Sollen verschiedene Techniken im Rahmen der Digitalisierung eingesetzt werden, müssen Führungskräfte und Mitarbeiter auf die Veränderungen ihrer Arbeitsplätze gut vorbereitet werden. Dies kann beispielsweise durch zielgruppengerechte Schulungen erfolgen. Idealerweise wird die Vermittlung theoretischer Inhalte mit dem Ausprobieren der einzuführenden Technologien in Pilotbereichen kombiniert. Beispielsweise können Mitarbeiter an einem Pilotarbeitsplatz die Kollaboration mit einem Roboter ausprobieren und dessen Bedienung erlernen. Dies ist insbesondere wichtig, um etwaige Ängste und Vorurteile abzubauen, weshalb Qualifizierungsmaßnahmen immer einen adäquaten Umfang aufweisen müssen und nie zu knappgehalten sein dürfen. Nur wenn das Verständnis über den Nutzen der Digitalisierungsmaßnahmen vermittelt wird und die zukünftigen Anwender lernen, diese zu bedienen, kann ihre erfolgreiche Implementierung in die alltägliche Praxis sichergestellt werden.[485]

Handlungsfeld Betriebs- und Arbeitszeit

Arbeitszeitgestaltung umfasst die Planung und Festlegung von Dauer, Lage und Verteilung der Arbeitszeit. Im Sinne des Arbeitszeitgesetzes ist Arbeitszeit die Zeit vom Beginn bis zum Ende der Arbeit ohne Ruhepausen. Die Arbeitszeiten aller Mitarbeiter müssen in Summe die erforderliche Betriebszeit des Unternehmens abdecken. Die erforderliche Betriebszeit ergibt sich unter anderem aus dem Auftragseingang und der Dauer der jeweils erforderlichen Arbeitsschritte.[486]

Die Digitalisierung bietet die Möglichkeit, die Arbeitszeit im beiderseitigen Interesse des Unternehmens sowie der Mitarbeiter zu flexibilisieren. Beispielsweise kann durch die

---

[484] Vgl. Adenauer et al. 2015 S. 305.
[485] Vgl. Weber et al. 2017e S. 32.
[486] Vgl. Jäger und Lennings 2015 S. 134.

Nutzung von VPN-Verbindungen zum Unternehmensserver zeitlich und örtlich flexibel gearbeitet werden, etwa wenn ein Arbeitsort außerhalb des Werksgeländes vereinbart wird und/oder der Arbeitnehmer seine Arbeitszeit in den rechtlichen Grenzen frei einteilen kann. Ein anderes Beispiel ist die selbstständige Schichtabstimmung zwischen einzelnen auf dem Shopfloor tätigen Mitarbeitern. Durch eine höhere Arbeitszeitflexibilität können einerseits Unternehmen auf Schwankungen des Arbeitsvolumens reagieren und andererseits Mitarbeiter ihren Bedürfnissen nach einer bestmöglichen Vereinbarkeit von Beruf und Privatleben besser nachkommen. Ein solcher von den Mitarbeitern induzierter Wunsch nach Flexibilität kann auch im Sinne des Unternehmens sein, wenn beispielsweise Telefonkonferenzen mit Kollegen in anderen Teilen der Welt anstehen, die zeitlich außerhalb der normalen europäischen Arbeitszeiten liegen. Damit einher geht die gemeinsame Verantwortung von Arbeitgeber und Arbeitnehmer, die vertragliche Arbeitszeit sowie die gesetzlichen Vorgaben hierzu einzuhalten. Hierin liegt die Herausforderung, wenn beispielsweise Techniken wie Remote-Zugang zu Servern, Smartphones zur Bearbeitung betrieblicher E-Mails oder Fernwartung von Maschinen über Tablets genutzt werden.[487]

Handlungsfeld Entgelt

Als Entgelt wird die monetäre Vergütung des Arbeitnehmers für seine geleistete Arbeit im Rahmen eines Arbeitsverhältnisses bezeichnet.[488] Hierzu gehören alle laufenden oder einmaligen Zahlungen eines Arbeitgebers. Im Allgemeinen wird beim Begriff des Entgeltes von einer Geldleistung als Gegenleistung zu einer erbrachten Leistung ausgegangen. Vielfach existiert als Grundlage für ein Entgelt eine vertragliche Vereinbarung, in welcher Leistung und Gegenleistung definiert werden. Entgelt kann dabei sowohl die Entlohnung beziehungsweise Bezahlung aus einem Arbeitsverhältnis als auch die Gegenleistung für eine im Rahmen eines Auftragsverhältnisses erbrachte Leistung sein.[489]

---

[487] Vgl. Weber et al. 2017e S. 34.
[488] Vgl. Springer Fachmedien 2005 S. 156. Das Entgelt kann in eine leistungsunabhängige und eine leistungsbezogene Komponente aufgeteilt werden (vgl. Institut für angewandte Arbeitswissenschaft e. V. 2018b S. 2).
[489] Vgl. Marburger 2017, Angaben zu §14(1) Sozialgesetzbuch Viertes Buch (SGB IV).

Mittels der Digitalisierung können sich die Arbeitsanforderungen an Mitarbeiter sowie die zur Ausführung erforderlichen Qualifikationen verändern, wie zuvor aufgezeigt. Beispielsweise können Informationen mittels Bildschirme, Projektoren oder Augmented-Reality-Brillen zur Umsetzung einzelner Arbeitsschritte bedarfsgerecht bereitgestellt werden und dadurch die Arbeitsanforderungen und somit der erforderliche Qualifizierungsbedarf abnehmen. Gegenteilige Wirkungen sind ebenfalls möglich. Dies gilt, wenn beispielsweise Produktionsmitarbeiter zukünftig nicht mehr an einer Maschine selbst Produkte herstellen, sondern einen vernetzten Maschinenpark überwachen, in dem die Produkte automatisiert hergestellt werden. Prozesskenntnisse über die Maschinen bleiben weiterhin wichtig, Kenntnisse über die IT-Vernetzung und insbesondere über Ansätze zur Problemlösung bei Störungen sind in diesem Fall zusätzlich erforderlich. Daraus können, je nach Gestaltung der Arbeitsaufgabe, tendenziell höhere Anforderungen resultieren. Das Anforderungsniveau kann zudem jedoch – auch bei stark veränderter Arbeitsaufgabe – insgesamt unverändert bleiben. Somit sind unterschiedliche Wirkungen von Digitalisierungsmaßnahmen auf das Entgelt möglich. Anhand der beschriebenen Beispiele wird deutlich, dass es wichtig ist, die möglichen Auswirkungen frühzeitig zu analysieren, um passende Entscheidungen unter Berücksichtigung von Unternehmenspolitik und Wettbewerbsfähigkeit treffen zu können.[490]

Handlungsfeld Datenschutz

Der Schutz von Daten vor Missbrauch, unberechtigter Einsicht oder Verwendung sowie Änderung oder Verfälschung wird als Datenschutz bezeichnet. Im engeren Sinne bezieht er sich nur auf personenbezogene Daten, im weiteren Sinne auf alle Daten. Auch der Schutz der Integrität eines Systems gehört zum Datenschutz.[491]

Insbesondere durch die Nutzung von Sensorik fallen viele, teilweise auch personenbezogene Daten an. Deshalb ist es wichtig, dass in jedem Unternehmen, das Digitalisierungsmaßnahmen umsetzen möchte, Analysen dazu gemacht werden, welche Daten einerseits überhaupt erfasst werden (sollen) und wie damit andererseits im Interesse

---

[490] Vgl. Weber et al. 2017e S. 35 f.
[491] Vgl. Pommerening 1991 S. 10.

des Datenschutzes umgegangen werden muss.[492] Beispielsweise kann mit einem Smartphone der Fernzugriff auf Serverdaten eines Unternehmens ermöglicht werden, sodass Schutzvorkehrungen zu treffen sind, die bei Verlust eines Smartphones sicherstellen, dass keine Dritten Zugriff auf die Daten erhalten. Dies kann etwa durch Passworteingaben oder auch die Verwendung von Finger- oder Irisscannern gewährleistet werden. Ein anderes Beispiel ist die Erfassung von mitarbeiterbezogenen Leistungsdaten an Maschinen, beispielsweise wenn ein Mitarbeiter sich persönlich an einer Maschine an- und abmeldet und zwischenzeitlich Messwerte über gefertigte Stückzahlen erfasst werden. In diesem Fall kann die Speicherung der Produktionsdaten so gestaltet werden, dass sie auf anonymer Basis erfolgt, das heißt, ohne dass eine Verknüpfung mit der Personalnummer erfolgt. Auch aus Sicht der Vorbeugung gegen Änderungen und Verfälschung von Daten ist es wichtig, Datenbanksysteme so zu gestalten, dass unbeabsichtigtes und manipulatives Ändern der Datenbankeinträge unterbunden werden.[493]

Handlungsfeld Datensicherheit

Die Gesamtheit aller organisatorischen und technischen Vorsorgemaßnahmen gegen Verlust, Fälschung und unberechtigten Zugriff wird als Datensicherung bezeichnet. Der angestrebte (Ideal-)Zustand, der mit allen Maßnahmen zur Datensicherung erreicht werden soll, wird als Datensicherheit bezeichnet.[494]

Es ist wichtig einen hohen Grad an Datensicherheit anzustreben. Im Rahmen der Digitalisierung gibt beispielsweise die Nutzung einer Cloud die Möglichkeit, Daten ins Internet zu verlagern und dort auf verteilten Servern zu sichern. Außerdem kann dadurch ein ortsunabhängiger Zugriff ermöglicht werden. Nicht selten sind Cloud-Lösungen zudem sicherer als lokale eigene Server. Neben der Frage, auf welche Weise Daten redundant gesichert werden können, ist auch die Häufigkeit von Datensicherungen festzulegen. Diese muss in Abhängigkeit der Wertigkeit der Daten so gestaltet werden,

---

[492] Insbesondere ist hier die 2016 in Kraft getretenen und ab 2018 anzuwendenden Datenschutz-Grundverordnung der EU zu beachten. Siehe auch Europäisches Parlament und Rat der Europäischen Union 27.04.2016.
[493] Vgl. Weber et al. 2017e S. 36.
[494] Vgl. Pommerening 1991 S. 10.

dass ein Unternehmen ohne viel Aufwand seine gesicherten Daten nutzen kann, wenn sein primäres System ausgefallen ist. Für einige Betriebe kann Datensicherung bedeuten, dass einmal täglich auf einen externen Server zwischengespeichert wird, während für andere eine Sicherung im Stunden- oder gar Minutentakt erforderlich ist. Bei den örtlichen Fragen der Sicherung ist auch zu bestimmen, wo sich die Server – insbesondere bei Cloud-Lösungen – befinden und welchen landesspezifischen Rechtsprechungen diese unterliegen.[495]

Handlungsfeld Mitbestimmung

Unter Mitbestimmung wird die Teilhabe aller in einer Organisation vertretenen Gruppen an Entscheidungsprozessen verstanden. Im Besonderen wird unter der wirtschaftlichen Mitbestimmung die institutionelle Teilhabe der Arbeitnehmer(-vertreter) an betrieblichen Entscheidungsprozessen verstanden. Träger der Arbeitnehmermitbestimmung sind die Betriebsräte und der Aufsichtsrat.[496]

Im Rahmen der Digitalisierung sind viele rechtliche Anforderungen zu beachten und teilweise auch spezifische, unternehmensbezogene Rechtsfragen bei der Umsetzung einer bestimmten Digitalisierungsmaßnahme zu klären. Werden diese an Arbeitsplätzen eingeführt, kann die Mitbestimmungspflicht von Arbeitnehmervertretungen relevant sein. In jedem Fall empfiehlt es sich – auch ohne formale juristische Anspruchsgründe zur Mitbestimmung – die Betriebsräte und ihre Mitglieder einzubeziehen, wenn die Umsetzung von Digitalisierungsmaßnahmen geplant werden. Dabei gilt der Grundsatz, dass alle Beteiligten, welche von der Einführung betroffen sind, möglichst frühzeitig in den Veränderungsprozess eingebunden werden sollten. Beispielsweise kann die Einführung einer Mensch-Roboter-Kollaboration (MRK) damit verbunden werden, Mitarbeitern und Betriebsräten in einer ersten Informations- und Diskussionsveranstaltung die geplante Maßnahme vorzustellen und mit ihnen zu besprechen, wobei ein Fokus auf den mit der Einführung verfolgten Zielen liegen muss. Konkret kann das bedeuten, dass

---

[495] Vgl. Weber et al. 2017e S. 38. Für eine ausführliche Darstellung zum Umgang mit Datensicherheit im Kontext der Informationstechnologie im Allgemeinen und der Digitalisierung im Speziellen siehe bspw. Knoll und Strahringer 2017.
[496] Vgl. Springer Fachmedien 2005 S. 2064.

MRK zur körperlichen Entlastung der Beschäftigten genutzt werden soll und nicht, wie vielleicht befürchtet, zum Abbau von Arbeitsplätzen.[497]

Handlungsfeld Externe Unterstützung

Externe Unterstützung wird von Unternehmen in Anspruch genommen, wenn außenstehende Experten projektorientiert an der Weiterentwicklung des eigenen Unternehmens mitwirken sollen. Hierzu zählen kommerzielle Beratungsdienstleister, wissenschaftliche Einrichtungen und Arbeitgeberverbände.

Weil die Einführung von Digitalisierungsmaßnahmen mehrere Themen- bzw. Handlungsfelder betreffen kann, wie zuvor gezeigt, und sich nicht für alle dieser Felder notwendigerweise Knowhow in jedem Unternehmen findet, erscheint es sinnvoll, zeitlich und auf einen konkreten Zweck begrenzt externe Unterstützung zu nutzen. Externe Beratungsdienstleister verfügen über Erfahrungen aus ähnlichen Projekten bei anderen Unternehmen und wissen somit i. d. R. gut, was eine „Good-Practice" auszeichnet. Von diesem Wissen können Unternehmen profitieren. Auf der anderen Seite besteht die Gefahr, eigenes Knowhow auch nach außen zu transferieren. Wenn statt kommerziellen Dienstleistern auf Unterstützung durch wissenschaftliche Einrichtungen wie Hochschulen oder Forschungsinstitute oder auf Angebote von Verbänden zurückgegriffen wird, können die Kosten für die Inanspruchnahme externer Hilfe deutlich reduziert werden. Beteiligen sich Unternehmen an Forschungsprojekten, welche beispielsweise durch den Bund gefördert werden, können sie ihre Digitalisierungsmaßnahmen im Verbund entwickeln und dafür auch finanzielle Unterstützung erhalten.[498]

Handlungsfeld Wirtschaftlichkeit und Erfolg

Wirtschaftlichkeit bezeichnet im Allgemeinen den Unternehmenserfolg. Zumeist wird sie ausgedrückt durch das Verhältnis zwischen Ertrag und Aufwand, aber auch zwischen Leistungen (Erlösen) und Kosten.[499] Jede Investition eines Unternehmens wird vor dem Hintergrund getätigt, dass daraus langfristige (i. d. R. finanzielle) Vorteile hervorgehen. Dies trifft auch auf Investitionen in die Digitalisierung zu, insbesondere da die Kosten für

---

[497] Vgl. Weber et al. 2017e S. 39 f.
[498] Vgl. Weber et al. 2017e S. 42.
[499] Vgl. Wöhe 2002 S. 47 f. sowie Thommen et al. 2017 S. 46 f.

Anschaffung, Nutzung und Wartung abzuwägen sind. Nicht immer kann für jede Digitalisierungsmaßnahme ein klarer erwarteter Return on Investment im Voraus berechnet werden. Beispielsweise können Tablets genutzt werden, um Mitarbeitern an ihren Arbeitsplätzen die Möglichkeit zu bieten, Informationen zum Produktzusammenbau digital bereitzustellen. Die daraus resultierenden Qualitätsverbesserungen der Produkte aufgrund eines korrekten Zusammenbaus können jedoch nur indirekt auf die Nutzung dieser Tablets zurückgeführt werden. Andere Maßnahmen, etwa die Verwendung additiver Fertigungsmethoden zur Bauteileherstellung, können besser kalkuliert und mit konventionellen Produktionsmethoden verglichen werden. Generell ist es wichtig, Analysen zur Wirtschaftlichkeit von Investitionen in Digitalisierungsmaßnahmen frühzeitig durchzuführen und dabei indirekte Erfolgswirkungen bestmöglich zu integrieren. Oftmals zeigt sich bei Investitionsprojekten, dass relativ betrachtet erhöhte Kosten in der Einführungsphase aufzuwenden sind, welche langfristig finanzielle Vorteile bringen.[500]

Mit der Beschreibung dieser beiden Teilschritte ist die zweite Stufe des Vorgehensmodells erläutert. Es folgen Ausführungen zu Erfahrungen aus der Anwendung des mehrstufigen Ansatzes bei ausgewählten Unternehmen der deutschen Metall- und Elektroindustrie.

7.3 Anwendung des mehrstufigen Vorgehensmodells

Mit Blick auf das mehrstufige Vorgehensmodell lassen sich zu der initialen Beschäftigung mit den markt-, organisations- und technikspezifischen Rahmenbedingungen sowie den arbeits- und betriebswirtschaftlichen Erfordernissen zur Umsetzung von Digitalisierungsmaßnahmen aus den elf Handlungsfeldern aus Abschnitt 7.2.2 Fragen zur prospektiven Ausgestaltung umzusetzender Digitalisierungsmaßnahmen genauso stellen wie zur retrospektiven Sammlung von Erfahrungen im Umgang damit. In diesem Abschnitt der Schrift soll die retrospektive Sicht eingenommen werden und es werden Empfehlungen aus der Praxis aufgezeigt, die darauf basieren, wie Unternehmen erfolgreich mit dem Ansatz des mehrstufigen Vorgehensmodells umgegangen sind. Insofern soll in diesem Abschnitt, in Ergänzung zu den inhaltlichen Erkenntnissen einer

---

[500] Vgl. Weber et al. 2017e S. 45 f.

Implementierung von Digitalisierungsmaßnahmen, auch eine Bewertung der Leistungsfähigkeit des Vorgehensmodells vorgenommen werden.

7.3.1 Erfahrungen aus der betrieblichen Nutzung des Vorgehensmodells

Die Datenbasis für die Ausführungen in diesem Abschnitt liefern teilstrukturierte Interviews aus zehn Unternehmen der deutschen Metall- und Elektroindustrie[501] aus dem Zeitraum Januar bis Juni 2017, welche unter Leitung des Autors dieser Schrift in Form von studentischen Abschlussarbeiten[502] durchgeführt wurden und in denen die Fragenliste aus dem Anhang Verwendung fand.[503] Der Branchenfokus wurde aus den gleichen Gründen wie bei der Befragungsstudie in Kapitel 5 gewählt.[504] Die Fragenliste gab dabei die grundsätzliche Struktur in der Form vor, dass alle Handlungsfelder in den Gesprächen abgedeckt sein sollten und für die jeweilige Unternehmung passende Fragen gestellt wurden. Hierbei zeigte sich, dass manche Handlungsfelder stärker, andere weniger stark von den Digitalisierungsmaßnahmen betroffen waren. Weitere der gewonnenen Erkenntnisse ergaben sich direkt aus den Gesprächen. Gesprächspartner waren Produktionsverantwortliche der Betriebe. Die Ergebnisse dieser Interviews sind in einer Praxisbroschüre publiziert,[505] welche vordergründig Vertreter aus der Wirtschaft adressiert. In dieser Schrift werden generische Muster und Empfehlungen aus den Interviewangaben abgeleitet und nachfolgend dargestellt.

---

[501] Es handelt sich um die Unternehmen Avola Maschinenfabrik A. Volkenborn GmbH & Co. KG, Bitzer Kühlmaschinenbau GmbH, EBG Group, Heidelberger Druckmaschinen AG, ILLIG Maschinenbau GmbH & Co. KG, Josef Schulte GmbH, paragon AG, Paul Hettich GmbH & Co. KG, Phoenix Contact GmbH & Co. KG sowie Waldner Laboreinrichtungen GmbH & Co. KG. Eine größere Stichprobe wäre wünschenswert gewesen. Die hier gezeigten Ergebnisse können daher nicht zwangsläufig auf die gesamte Branche verallgemeinert werden. Aufgrund des großen Aufwands zur Durchführung der Einzelinterviews, einschließlich des Findens von Führungskräften, die sich für ein Gespräch von 1 bis 2 Stunden Dauer Zeit nehmen, musste die Stichprobe begrenzt werden. Die Auswahl der genannten Betriebe erfolgte auf Vermittlung der regionalen Arbeitgeberverbände Metall NRW sowie Südwestmetall, wobei von verbandlicher Seite Betriebe vorgeschlagen wurden, die sich im verbandlichen Austausch als innovativ im Umgang mit der Digitalisierung gezeigt hatten. Auch diese Methode zur Auswahl der Betriebe führt dazu, dass die hier gezeigten Ergebnisse nur als bedingt repräsentativ gelten können.
[502] Vgl. Perez Pena 2017 sowie Kese 2017.
[503] Siehe Tabelle 30, basierend auf Weber et al. 2017e.
[504] Siehe auch Begründung zur Wahl der Branche der deutschen Metall- und Elektroindustrie in Abschnitt 5.1.
[505] Vgl. Institut für angewandte Arbeitswissenschaft e. V. 2018a.

Hinsichtlich der ersten Stufe des Vorgehensmodells aus Abbildung 68 nannten die Befragten die nachfolgenden Gründe für die Auseinandersetzung mit der Digitalisierung und die damit verfolgten Zielstellungen. Zunächst haben fast alle Unternehmensvertreter die Wichtigkeit von Lean Management im Tagesgeschäft betont. Insbesondere wurden ein etablierter kontinuierlicher Verbesserungsprozess, Total Productive Maintenance[506] sowie schnelles Rüsten, Kanban und Visualisierung als Voraussetzungen für das Gelingen der Digitalisierung genannt. Als Gründe für die Auseinandersetzung mit der Digitalisierung wurden lange Durchlaufzeiten, einschließlich langer Materialliegezeiten, der Mangel an Fachkräften und ein steigender Informations(management)bedarf genannt. Die zum Lösen dieser Probleme verfolgten Zielstellungen fokussieren sich bei den Befragten auf die Produktion, den Kundenkontakt sowie auf personalbezogene Aspekte. So soll im ersten Bereich der Produktion eine gesteigerte Produktivität erreicht werden, welche sich in Form von Zeitersparnissen in Produktionsprozessen und somit in kürzeren Durchlaufzeiten ausdrückt. Weiterhin erhoffen sich die Befragten eine bessere Erreichung von Qualitätszielen und die Umsetzung einer kundenindividuellen Produktfertigung. Hierfür soll insbesondere die Etablierung eines vollständigen digitalen Schattens inkl. autonomer Identifikationsmöglichkeiten realer Objekte beitragen.

Im zweiten Bereich der kundenbezogenen Aspekte erhoffen sich die Befragten eine Erweiterung des Kundenstamms und einen intensiveren Datenaustausch mit den Kunden, was generell zu einer verbesserten Kommunikation führen soll. Ein weiteres kundenbezogenes Ziel ist die verbesserte Einhaltung von Lieferzeiten.

Im dritten und letzten Themenfeld Personal sollen eine optimierte Personaleinsatzplanung, welche auch einen Beitrag zur Lösung des Fachkräftemangels[507] leistet, sowie eine verbesserte Arbeitssicherheit erreicht werden.[508] Interessant zu sehen ist anhand der

---

[506] Der Begriff bezeichnet Instandhaltungsmaßnahmen, welche auch dann durchgeführt werden, wenn noch keine Anzeichen für einen (baldigen) Ausfall erkennbar sind (vgl. Thonemann 2005 S. 340). Der Grundgedanke der vorbeugenden Wartung ist die Vermeidung von Maschinenausfällen. Indirekt wird dadurch die Möglichkeit zur Realisierung geringer (Sicherheits-)Bestände unterstützt.

[507] Der sog. Fachkräftemangel beschreibt ein Verfügbarkeitsproblem, welches darin besteht, dass es für eine bestehende Nachfrage an Arbeitskräften zu wenige Fachkräfte mit der erforderlichen Qualifikation sowie Interesse an einer Beschäftigung in bestehenden Unternehmen gibt (vgl. Anding 2018 S. 17).

[508] Vgl. Institut für angewandte Arbeitswissenschaft e. V. 2018a S. 20-25.

genannten Aspekte, dass Kostenreduktionen nur mittelbar im Fokus der Digitalisierung stehen und nicht als vordergründiges Argument durch die Befragten angegeben wurden.

Anschließend an die Darstellung von Gründen und Zielen, welche sich auf den ersten Teil des Schaubildes aus Abbildung 68 beziehen, sollen nachfolgend Good-Practice-Ansätze aufgezeigt werden, wie die Befragten hinsichtlich zu beachtender Aspekte aus den elf Handlungsfeldern gem. Abbildung 69 umgegangen sind.[509] Diese Ansätze beziehen sich auf die zweite Stufe des Vorgehensmodells. Nachstehend wird eine Übersicht gegeben über die Digitalisierungsmaßnahmen der Befragten. In Tabelle 19 sind die technischen Lösungen aufgeführt, wobei in manchen Unternehmen mehrere Digitalisierungsmaßnahmen umgesetzt wurden.[510]

Tabelle 19: Digitalisierungsmaßnahmen der befragten Unternehmen

Unternehmen	Digitalisierungsmaßnahme
AVOLA MASCHINENFABRIK A. Volkenborn GmbH & CO. KG	Reorganisation des Lagers als chaotisches Lagersystem inkl. Nutzung von Barcodes und Barcode-Scannern. Das Lagerverwaltungssystem ist an ein neues ERP-System angeschlossen mit verbesserter Stammdatenpflege, Disposition, Kostenkalkulation und Fertigungssteuerung.
BITZER	Monitoring von Aufträgen durch Visualisierungen an einzelnen Arbeitsplätzen (i. d. R. durch Großbildschirme) ausgehend von der Einlastung durch ein ERP-System.
EBG Group (1/2)	Nutzung eines Computertomographen zur Qualitätsprüfung von Kunststoffbauteilen.

---

[509] Vgl. Institut für angewandte Arbeitswissenschaft e. V. 2018a S. 27-49.
[510] Vgl. Institut für angewandte Arbeitswissenschaft e. V. 2018a S. 13-17.

EBG Group (2/2)	Nutzung kollaborierender Roboter für Schraubvorgänge zur Unterstützung des Personals.
Heidelberger Druck (1/2)	Einführung eines MES einschl. Produkt- und Prozessdatenerfassung im Produktionsprozess. Auf dieser Basis erfolgt eine Auswertung der Prozesswerte und somit eine gezielte Schwachstellenanalyse. Die Datenbasis wird Cloud-basiert abgebildet mit einer Möglichkeit für Schnittstellen zu Kundenmaschinen.
Heidelberger Druck (2/2)	Nutzung grafischer Montage- und Produktplanung auf der Grundlage einheitlicher 3D-CAD[511]-Konstruktionen zwischen Konstruktion, Einkauf, Fertigung, Montage und Aftersales-Service. Daten sind durchgängig entlang des Produktionsprozesses nutzbar. Entwicklung einer eigenen Software zum Umgang mit diesen Daten sowie Anwendung von Augmented Reality, insbesondere im Servicebereich.
ILLIG Maschinenbau GmbH & Co. KG	Nutzung der Digitalisierung für den innerbetrieblichen Wertschöpfungsprozess in Kombination mit Lean-Maßnahmen.
Josef Schulte GmbH	Einführung eines Intralogistiksystems zur Vernetzung von Hard- und Software in der Produktion. Maschinendaten können in das ERP-System übernommen werden. Nutzung der Erfassung von Produkten über Barcodes zum Tracking im Produktionsprozess mit einer Schnittstelle für Kunden

---

[511] Die Abkürzung CAD steht für Computer Aided Design.

	zur (annähernd echtzeitnahen) Erfassung des Bearbeitungs-zustandes.
paragon AG	Einführung eines ERP-Systems einschl. Datenerfassung, Vernetzung und Auswertung mit einem Nutzungsschwerpunkt auf der vorausschauenden Instandhaltung.
Paul Hettich GmbH & Co. KG (1/2)	Vernetzung aller Produktionsanlagen über das ERP-System mit den Zielen, Kundenaufträge ab Erteilung bis Auslieferung digital zu begleiten und eine Selbststeuerung der Produktion zu unterstützen.
Paul Hettich GmbH & Co. KG (2/2)	Anzeigen von Störungsmeldungen von Maschinen auf Smartwatches sowie von Anleitungen zur Maschineninstandhaltung auf Augmented Reality-Brillen.
PHOENIX CONTACT GmbH & Co. KG	Bereitstellung von Daten für und Vernetzung von Engineering, Konstruktion, Arbeitsvorbereitung, Computer-Aided-Manufacturing (CAM), mechanische Fertigung, Montage, Test und Erprobung mittels prozessübergreifender Nutzung einer gleichen Datenbasis.
WALDNER Laboreinrichtungen GmbH & Co. KG	Etablierung eines transparenten und echtzeitfähigen Datenaustausches vom ERP-System zu den speicherprogrammierbaren Maschinensteuerungen zur Realisierung einer „Losgröße 1"-Produktion.

Im ersten Handlungsfeld „Arbeitsgestaltung" wurde vor allem die starke Änderung von Arbeitsaufgaben durch die Digitalisierung von den Unternehmensvertretern betont. Um mit diesem Wandel umzugehen, wurden eine offene Lernkultur verbunden mit einer positiven Grundeinstellung zur Digitalisierung als Empfehlungen genannt. Mit der Digitalisierung konnten in den Betrieben zudem Schnittstellenprobleme reduziert und somit interne Bereiche besser vernetzt werden.

Im zweiten Handlungsfeld „Arbeitsorganisation" wurde, neben der positiven Grundeinstellung zur Digitalisierung, ein „Denken in Prozessen" als positiver Aspekt genannt, da sich durch die Digitalisierung Bereichs- und Abteilungsgrenzen verschieben. Eine vermehrte Projektarbeit in interdisziplinären Projektteams hat den Unternehmen bei der Umsetzung der Digitalisierungsmaßnahmen geholfen. Die Befragten konnten mehr Transparenz erreichen in Verbindung mit einer Reduktion zeitlicher Verzögerungen in den Prozessen. Dies ging einher mit einer verbesserten Informationsbereitstellung, wozu Kennzahlen gehören, die bei Über- bzw. Unterschreitung von Grenzwerten Warnmeldungen abgeben und somit Handlungsbedarfe anzeigen. Mit Blick auf den Personaleinsatz konnten in den Betrieben mehr Freiräume für Mitarbeiter bei der Entscheidungsfindung realisiert, die Möglichkeiten zur Nutzung von Home-Office weiter ausgebaut und insgesamt bürokratische Strukturen abgebaut werden.

Im dritten Handlungsfeld „Arbeits- und Gesundheitsschutz" zeigt sich, dass die befragten Unternehmensvertreter das Arbeitsschutzgesetz nicht als eine Restriktion wahrgenommen haben. Physische Entlastungen konnten erreicht werden, jedoch bei erhöhten kognitiven Anforderungen. Insgesamt konnten Unfallgefahren reduziert werden. Die Zahl der Bildschirmarbeitsplätze stieg durch die Digitalisierungsmaßnahmen an, sodass nun eine größere Anzahl entsprechend der Bildschirmarbeitsplatzverordnung zu bewerten sind.

Im vierten Handlungsfeld „Qualifikation und Qualifizierung" zeigte sich bei den Befragten ein vermehrter Informations- und Austauschbedarf zwischen den Mitarbeitern, dem mit Schulungsmaßnahmen begegnet wurde. Die Digitalisierung hilft in den Betrieben den Informationsaustausch innerhalb der operativen Abläufe bereichsübergreifend zu verbessern. In diesem Kontext wurde auch Prozesswissen stärker vermittelt, wobei einige Befragte ein Kaskadenprinzip nutzen, bei dem Mitarbeiter sich gegenseitig schulen. Als eine Voraussetzung zur Umsetzung der Digitalisierung wurde eine hohe Affinität zur Bedienung von Software genannt, die möglichst bei den Beschäftigten vorhanden sein sollte.

Im fünften Handlungsfeld „Betriebs- und Arbeitszeit" ergaben sich bei den Befragten durch die Digitalisierungsmaßnahmen keine umfangreichen Änderungen der Arbeitszeiten. Generell wurden Auswirkungen der Digitalisierung erst zeitverzögert feststellbar. Bei einigen Betrieben ergaben sich flexiblere Möglichkeiten der Betriebs- und Arbeitszeitplanung, vor allem an administrativen Arbeitsplätzen.

Im sechsten Handlungsfeld „Entgelt" machten die Befragten keine auswertbaren Angaben. Es ist anzunehmen, dass etwaige Änderungen der Entgeltstrukturen als ein besonders sensibles Thema nicht nach außen kommuniziert werden sollen. Deshalb können hier keine generalistischen Erkenntnisse abgeleitet werden.

Im siebten Handlungsfeld „Datenschutz" machten die Befragten deutlich, dass eine frühzeitige Klärung der Auswirkungen der Digitalisierungsmaßnahmen und damit eventuell verbundener Bedenken mit dem Betriebsrat sinnvoll ist. So wurde mehrmals betont, dass in den Betrieben keine Nutzung personenbezogener Daten zur Leistungskontrolle erfolgt und Kennzahlen in einigen Fällen explizit aggregiert erhoben werden, bspw. über mehrere Arbeitsplätze, um Rückschlüsse auf Einzelpersonen gar nicht erst zu ermöglichen. Eine Kommunikation der Ziele, die mit den Datenerhebungen verfolgt werden, führte bei den Befragten zu einer deutlichen Steigerung der Akzeptanz der Digitalisierungsbestrebungen bei der Belegschaft, wobei Grenzen der Datenerhebung klar im Voraus vereinbart wurden. Eine Beratung durch interne Datenschutzbeauftragte und externe Datenschutzexperten haben mehrere Betriebe genutzt. Um die Datenschutzbestrebungen zu fördern, begrenzen einige der Unternehmen die Nutzung von Apps auf betriebliche Endgeräte, d. h. die Verwendung privater Smartphones ist bspw. in diesen Unternehmen unzulässig. Vereinzelt wurde eine hohe Transparenz der Daten als förderlich für die Akzeptanz genannt. So können in einigen Betrieben die Mitarbeiter bereichsübergreifend Daten einsehen und haben somit Einblicke in Bereiche, denen sie nicht zugeordnet sind.

Im achten Handlungsfeld „Datensicherheit" wurde die Empfehlung von den Befragten ausgesprochen, Datensicherheitskonzepte schon früh in die Planung von Digitalisierungsmaßnahmen zu integrieren, um etwa Fehler bei der Hardwareauswahl zu vermeiden, bspw. wenn bestimmte Hardware gegebene Anforderungen nicht erfüllen oder eine Nachrüstung kostenintensiv ausfallen würde. Weiterhin wurde für einmalige Anschaffungen von Maschinen die Vorgehensweise benannt, externe Maschinenanlagenhersteller nur im benötigten Umfang im betriebseigenen Maschinennetzwerk freizuschalten und somit in der Kooperation mit Dritten enge Grenzen für die Datenfreigabe zu setzen. Für den alltäglichen Umgang mit Datensicherheit nutzen die Unternehmen professionelle, externe Rechenzentren, führen regelmäßige Updates ihrer Systeme durch und verwenden außer Haus gelagerte Speicher zur Datensicherung. Als ein wichtiges Anforderungskriterium für die Datensicherung wurde die Erfassung möglichst aktueller Zustandsdaten genannt. Im Bereich der Führung erscheint den Befragten die Sensibilisierung der Führungskräfte für Datensicherheit als ein wichtiger Punkt. Vereinzelt werden zudem Codierungen genutzt, etwa auf Zeichnungen, um ein Abfotografieren und Weiterleiten sensibler Daten durch mobile Endgeräte zu erschweren. Auch spielt die Nutzung von passwortgeschützten Bereichen bei den Unternehmen eine wichtige Rolle, um Datenzugriffe zu beschränken.

Im neunten Handlungsfeld „Mitbestimmung" haben sich alle Befragten für eine frühzeitige Abstimmung mit ihren Betriebsräten entschieden, welche nicht bloß auf ein reines Informieren begrenzt wurde. Vielmehr haben die Unternehmensvertreter die Expertise der Arbeitnehmervertreter genutzt, um den Erfolg der Digitalisierungsmaßnahmen dadurch abzusichern. Idealerweise erfolgte die Gewinnung des Betriebsrats als Multiplikator und Unterstützer der Digitalisierungsmaßnahmen, was in sehr vielen Fällen gelungen ist. So wurden Workshops zwischen Betriebsratsmitgliedern und Mitarbeitern zu neuen Digitalisierungsmaßnahmen durchgeführt und dabei etwa frühzeitig rechtliche Aspekte berücksichtigt.

Im zehnten Handlungsfeld „Externe Unterstützung" zeigt sich, dass die genannten Unternehmen diese rege in Anspruch nehmen. Die Schwerpunkte liegen dabei auf Unterstützung bei der Konzepterstellung, auf Schulungen und auf der technischen Implementierung. Als Unterstützer wurden regionale Kompetenznetzwerke, Kammern,

Fachverbände und Kooperationen mit Forschungs- und Hochschuleinrichtungen genannt. Auch wurde die Expertise von Unternehmensberatungen herangezogen. Darüber hinaus haben die Befragten an Unternehmensbesuchen teilgenommen, um sich über Good-Practice-Beispiele in anderen Betrieben zu informieren. In manchen Fällen spielte auch die Nutzung öffentlicher Fördermittel, bspw. im Rahmen der Teilnahme an einem staatlich geförderten Forschungsprojekt, eine Rolle. Dabei wurde stellenweise betont, dass die Ziele, welche mit der Digitalisierung verfolgt werden, vor Inanspruchnahme externer Unterstützung möglichst klar sein sollten, damit man nicht vollumfänglich auf die Meinung der externen Dritten angewiesen ist. Dies bedeutet, dass es sich empfiehlt, im Vorfeld der Nutzung externer Unterstützung eigenes Wissen bestmöglich anzueignen.

Im elften Handlungsfeld „Wirtschaftlichkeit und Erfolg" zeigen sich bei den Befragten vielseitige positive Auswirkungen durch die Digitalisierungsmaßnahmen. So gut wie alle Unternehmensvertreter konnten eine höhere Flexibilität und Reaktionsgeschwindigkeit sowie eine verbesserte Auslastung von Maschinen und Personal erzielen. Diese Erfolge gehen mit einer besseren Planbarkeit der Bedarfsmengen und einer gesteigerten Produktivität einher, welche in Einzelfällen mit bis zu 30 Prozent angegeben wurde. Zudem können Qualitätsanforderungen besser erfüllt und die Umlaufbestände in der Produktion reduziert werden. Aus Sicht der Planung ist zudem hervorzuheben, dass einige Befragte mit weniger Variabilität in Prozessen umgehen müssen. Vereinzelt wurde noch genannt, dass sich die Rückmeldungen zwischen Mitarbeitern und Führungskräften verbesserten i. V. m. einer Festigung der Unternehmenswerte. Zudem sehen sich manche der Befragten in der Lage, einen Transfer der Erfahrungen und Technologien auf andere Standorte leicht umzusetzen, wodurch sie Skaleneffekte ausnutzen können. Außerdem wurde genannt, dass der offensive Umgang mit den neuen Digitalisierungsmaßnahmen einen Werbeeffekt hat und dazu beiträgt, Neukunden zu gewinnen.

Abschließend kann festgehalten werden, dass – wenngleich ein Stichprobenumfang von zehn Unternehmen nicht als statistisch repräsentativ für die gesamte Branche gelten kann und die o. g. Aussagen immer vor dem Hintergrund der individuellen Ausgangsbasis und der konkret betrachteten Digitalisierungsmaßnahmen beleuchtet werden müssen –, die aufgezeigten Aussagen einen Einblick in Beweggründe und Handlungsansätze zur Umsetzung der Digitalisierung sowie dadurch zu erwartender Auswirkungen geben.

7.3.2 Bewertung des Vorgehensmodells

Um die Leistungsfähigkeit des Vorgehensmodells beurteilen zu können, muss die Zielsetzung des Modells beachtet werden, d. h. die Unterstützung von Unternehmen bei der Bestimmung ihres Status Quo im Hinblick auf die Digitalisierung sowie bei der Bestimmung von (strategiekonformen) Digitalisierungsmaßnahmen und deren ganzheitlicher Implementierung. Zudem muss die Ausgestaltung des Modells selbst beachtet werden.

Methodisch gilt das Vorgehensmodell als qualitativer Ansatz. Dieser kann retrospektiv, oder prospektiv genutzt werden. In Abschnitt 7.3.1 wurde er retrospektiv in Form von Interviews angewendet. Grundsätzlich ist das Modell für eine prospektive Nutzung in einem Unternehmen für eine geplante Beschäftigung mit der Digitalisierung gedacht. Als Gütekriterien zur Bewertung qualitativer Ansätze muss insbesondere die Reliabilität und die Validität des Vorgehensmodells kritisch hinterfragt werden.[512] Das Modell selbst wird als stringent und folglich nachvollziehbar und verständlich bewertet, weil es auf mehreren, aufeinander aufbauenden Stufen beruht, die in einer Chronologie zueinanderstehen. Es folgt hierdurch einem klaren Aufbau, sowohl im Hinblick auf die anzuwendenden Schritte als auch auf die innerhalb dieser Schrift zu behandelnden Inhalte. Wird das Vorgehensmodell von verschiedenen Personen angewendet, würde dies nach gleicher Systematik erfolgen und daher gleiche Ergebnisse fördern. Wie eingangs erwähnt, würde dieser Prozess unterstützt werden, wenn das Vorgehensmodell von einem interdisziplinären Team genutzt würde, welches sich mit der Digitalisierung in einem Unternehmen beschäftigt. Die Reliabilität wird folglich als gegeben angesehen.

Hinsichtlich der Validität muss zunächst die semantische Gültigkeit der Ergebnisse hinterfragt werden, d. h. die Genauigkeit der Inhalte und ihre Interpretation. Dies gilt für den im vorherigen Abschnitt dargestellten retrospektiven Anwendungsfall des Vorgehensmodells. Die aufgezeigte Vorgehensweise, mittels Interviews unter Zuhilfenahme des Vorgehensmodells einschließlich der (offenen) Fragen aus Tabelle 30 zu Ergebnissen zu kommen, folgt einerseits einer festgelegten Struktur, ist jedoch auch

---

[512] Siehe Goldenstein et al. 2018 S. 103 f bzgl. Gütekriterien bei der Bewertung empirisch-qualitativer Forschung. Die in diesem Abschnitt gemachten Angaben orientieren sich an den in der Quelle genannten Kriterien.

abhängig vom ausgewählten Unternehmen, dem dortigen Gesprächspartner sowie des Interviewenden. Aufgrund der Tatsachen, dass Unternehmen sehr heterogen sind und zudem das Thema Digitalisierung eine sehr große Bandbreite möglicher technischer Ansätze (und daraus folgender Auswirkungen bei deren Implementierung) aufweist, muss hier mit einer gewissen Problematik bei der Interpretation und insbesondere der Verallgemeinerung der gewonnen Erkenntnisse gerechnet werden. Wie jedoch gezeigt werden konnte, decken sich die getätigten Aussagen der Unternehmensvertreter mit Erkenntnissen aus der Literatur,[513] weshalb zumindest für die kleine hier dargestellte, sicherlich nicht repräsentative Stichprobe eine gute inhaltliche Validität gegeben ist.[514] Das Vorgehensmodell selbst ist so gewählt, dass es arbeitswissenschaftliche und betriebswirtschaftliche Inhalte fokussiert und hierbei von einer Analyse betrieblicher Rahmenbedingungen kommend den Weg bis zur Planung und Implementierung von konkreten Digitalisierungsmaßnahmen abdeckt, die unterstützt durch den Ordnungsrahmen aus Abschnitt 6.1.1, gewählt werden können. In Abschnitt 7.2.1 wurde bereits diese inhaltliche Abgrenzung zu anderen Vorgehensmodellen, die in der Literatur publiziert wurden, verdeutlicht und in Tabelle 18 vergleichend dargestellt. Insbesondere die Tatsache, dass das vorliegende Modell einen Fokus auf Produktivitätssteigerung einschließlich arbeitswissenschaftlicher Prüfkriterien aufweist, und diese – zusammen mit anderen Kriterien – mittels der Fragenliste aus Tabelle 30 für die elf Handlungsfelder konkretisiert werden, begründet ein wesentliches Unterscheidungskriterium zu anderen Vorgehensmodellen aus der Literatur. Dabei wird im vorliegenden Modell bewusst kein Reifegradansatz integriert, weil der Umfang der genutzten Digitalisierung zu einem spezifischen Unternehmen passen muss und ein Vergleich mit absoluten Benchmarks nicht zielführend erscheint. Insofern muss die hier gegebene Bewertung unter der gewählten Zielsetzung des Modells und seiner Spezifika betrachtet werden. Denkbar sind Abwandlungen des vorliegenden Vorgehensmodells sowie seine kombinierte Anwendung

---

[513] Hierunter fallen insbesondere die Bedeutung von traditionellen Ansätzen des Produktivitätsmanagements als Grundlage von Digitalisierungsmaßnahmen, Aspekte guter Führung und eine arbeitswissenschaftlich sowie betriebswirtschaftlich fundierte Vorgehensweise bei der Veränderung von Arbeitsplätzen und Prozessen.
[514] Ergänzend ist noch anzumerken, dass die Ergebnisse aus den Interviews an die Interviewten zurückgegeben wurden, sodass ausgeschlossen werden kann, dass es Abweichungen zwischen der Wahrnehmung der Interviewten und des Interviewenden gab.

zusammen mit anderen Modellen, um weitere Potenziale zu heben. Diese können Ausblick weiterer Forschung sein.

7.4 Zwischenfazit

In Kapitel 7 wurde ein zweistufiges Vorgehensmodell zur Gestaltung der Digitalisierung in der betrieblichen Praxis entwickelt. Dieses gründet auf einer Analyse der aktuellen Unternehmenssituation nach marktorientierten, technologieorientierten sowie organisationsorientierten Gesichtspunkten. Am Ende der ersten Stufe steht die Auswahl einer umzusetzenden Digitalisierungsmaßnahme, wozu der Ordnungsrahmen aus Kapitel 6 eine Hilfe bietet.

Darauf aufbauend wurden elf Handlungsfelder aufgezeigt, in welchen Auswirkungen, Restriktionen sowie Gestaltungsmöglichkeiten jeder zuvor bestimmten Digitalisierungsmaßnahme zu beachten sind. Deren Berücksichtigung ist in die zweite Stufe des Vorgehensmodells integriert und soll sicherstellen, dass Digitalisierungsmaßnahmen nicht nur technisch erfolgreich umgesetzt werden, sondern auch arbeitswissenschaftliche und betriebswirtschaftliche Anforderungen angemessen in die Gestaltung einfließen, sodass die letzteren beiden die Klassifikation und die Inhalte der Handlungsfelder bestimmen. Am Ende dieser zweiten Stufe steht die erfolgreiche ganzheitliche Umsetzung einer jeden Digitalisierungsmaßnahme. Damit ist die vierte Forschungsfrage nach einer zielgerichteten Gestaltung der betrieblichen Produktivität mittels der Digitalisierung unter Bezug des in Kapitel 6 entwickelten Ordnungsrahmens in allgemeingültiger Form beantwortet.

Zur Veranschaulichung wurden in diesem Kapitel Good-Practice-Ansätze aus empirischen Erhebungen aufgezeigt, welche mit Blick auf das Vorgehensmodell für ausgewählte Unternehmen angeben, wie diese mit den Chancen und Herausforderungen der Digitalisierung umgegangen sind. Zur detaillierten Verdeutlichung einer möglichen Produktivitätswirkung von Digitalisierungsmaßnahmen unter Einbezug ausgewählter Aspekte aus den in diesem Kapitel gezeigten Handlungsfeldern wird im nächsten Kapitel eine Fallstudie mit Bezug zur Mensch-Roboter-Kollaboration aufgezeigt. Anhand dessen wird das Vorgehensmodell exemplarisch veranschaulicht und die vierte Forschungsfrage final beantwortet. Im Anschluss daran werden in Kapitel 10 allgemeingültige Chancen und kritische Aspekte der Digitalisierung herausgearbeitet werden.

8 Produktivitätspotenziale am Beispiel der Mensch-Roboter-Kollaboration

Um die im vorherigen Kapitel gemachten Ausführungen für ein mehrstufiges Vorgehensmodell zur Gestaltung der Digitalisierung im betrieblichen Kontext zu veranschaulichen, wird nachfolgend ein anwenderorientiertes Beispiel herangezogen. Hierfür wird die Mensch-Roboter-Kollaboration (MRK) als eine Form der energetischen Arbeitsunterstützung mit einem Einsatzszenario in einer industriellen Produktion gewählt.

Zunächst erfolgt eine allgemeine Beschreibung, was unter MRK zu verstehen ist und wie diese Form der Mensch-Maschine-Interaktion zu anderen Formen der Roboternutzung abzugrenzen ist. Anschließend wird eine Fallstudie vorgestellt, in der eine Ist-Situation ohne MRK beschrieben und die Produktivitätswirkung durch eine Sollprozessmodellierung mittels MRK verdeutlicht wird. Mit diesem Kapitel soll in Ergänzung zu den Ausführungen in Kapitel 7 die vierte Forschungsfrage final beantwortet werden, welche nach Möglichkeiten zur Beeinflussung und zielgerichteten Gestaltung der Produktivität von Produktionssystemen mittels der Digitalisierung fragt.

8.1 Beschreibung der Mensch-Roboter-Kollaboration

Um das Anwendungsszenario in Abschnitt 8.2 vollumfänglich einordnen zu können, ist es sinnvoll, zunächst einige allgemeingültige Ausführungen über MRK voranzustellen. In diesem Abschnitt wird ein Verständnis für die technischen Besonderheiten kollaborierender Roboter sowie Anforderungen an ihre Anwendung im industriellen Kontext gelegt.[515]

8.1.1 Definition und Abgrenzung zu anderen Formen der Mensch-Maschine-Interaktion

Roboter stellen eine Form von Betriebsmitteln in industriellen Produktionsprozessen dar[516] und können autonom betrieben werden oder in direkter Interaktion mit dem

---

[515] Sofern nicht anders angegeben, gründen die in diesem Abschnitt gemachten Angaben auf Schüth und Weber 2019, Weber et al. 2018c, Weber und Stowasser 2018a, Weber und Stowasser 2018b, Weber 2018, Trübswetter et al. 2018 sowie Weber und Stowasser 2017.
[516] Vgl. ISO 8373:2012.

© Der/die Autor(en), exklusiv lizenziert durch
Springer-Verlag GmbH, DE, ein Teil von Springer Nature 2021
M.-A. Weber, *Nutzung der Digitalisierung zur Produktivitätsverbesserung in industriellen Prozessen unter Berücksichtigung arbeitswissenschaftlicher Anforderungen*, ifaa-Edition, https://doi.org/10.1007/978-3-662-63131-7_8

Menschen.[517] Grundlegend können Mensch und Roboter auf vier Arten in einem Raum arbeiten, wobei in allen Formen Sicherheitsanforderungen eine wesentliche Rolle spielen.[518] Eine Klassifikation dieser vier Möglichkeiten findet sich in Abbildung 70, welche nachfolgend erläutert wird.

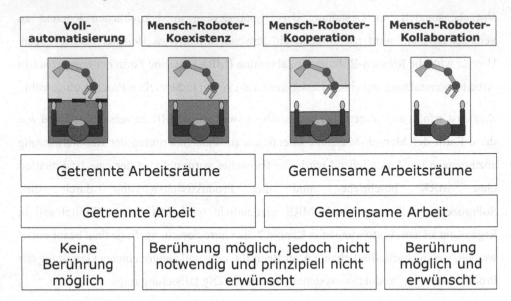

Abbildung 70: Klassifikation von Arbeitsplätzen mit Robotern[519]

Bei der zuerst genannten Vollautomatisierung arbeiten Mensch und Roboter jeweils in eigenen, räumlich getrennten Arbeitsbereichen. Diese Form ist bereits seit Jahrzehnten in der produzierenden Industrie etabliert.[520] Das wesentliche Merkmal ist der den Roboter umgebende Schutzzaun, wodurch der Mensch nicht in den Arbeitsbereich des Roboters

---

[517] Aus didaktischen Gründen wird nachfolgend von „dem Mensch" und „dem Roboter" gesprochen und es werden somit explizit zwei Subjekte benannt, welche in den Ausführungen in Bezug zueinander hinsichtlich der Arbeitsweise gestellt werden können.

[518] Vgl. Robelski 2016 S. 1.

[519] Eigene Darstellung in Anlehnung an Otto und Zunke 2015 S. 13. Es sei an dieser Stelle erwähnt, dass die Begriffe Mensch-Roboter-Kooperation und Mensch-Roboter-Kollaboration verschiedentlich in Wissenschaft und Praxis synonym verwendet werden, wenn auf die Mensch-Roboter-Kollaboration im hier genannten Verständnis Bezug genommen wird.

[520] Roboter werden zur Automatisierung in der Industrie seit den 1960er Jahren eingesetzt. Ihre Entwicklung ist eng verbunden mit der Entwicklung speicherprogrammierbarer Steuerungen, sodass sie ab den 1970er Jahren weite Verbreitung fanden (vgl. Haun 2013 S. 4 f.).

gelangen und sich verletzen kann. Berührungen werden hierdurch folglich ausgeschlossen. In den nachfolgend genannten drei Formen entfällt dieser Schutzzaun.

Bei der als zweites genannten Mensch-Roboter-Koexistenz erfolgt die Arbeit weiterhin in getrennten Arbeitsräumen. Der Roboter sowie seine Umgebung[521] sind durch intelligente Sensorik dazu befähigt zu erkennen, ob der Mensch den Arbeitsbereich des Roboters betritt.[522] Falls dies erfolgt, stoppt der Roboter umgehend, um eine Gefährdung auszuschließen. Beispielsweise kann diese Form genutzt werden für vollautomatisierte Fertigungsprozesse, die mit schwachen und somit wenig gefährlichen Robotern umgesetzt werden.

Neben dem traditionellen Einsatz von autonom arbeitenden Robotern (mit oder ohne Schutzzaun) eröffnet die Einbeziehung von Menschen in die Arbeit von Robotern, bzw. die Einbeziehung von Robotern in die Arbeit von Menschen, neue Anwendungsszenarien. Bei der als drittes genannten Mensch-Roboter-Kooperation nutzen der Mensch und der Roboter einen überlappenden Arbeitsbereich in Ergänzung zu ihren eigenen Arbeitsbereichen. Diese Form wird i. d. R. für eine sequenzielle Arbeitsabfolge genutzt. Beispielsweise legt der Roboter ein Bauteil nach Bearbeitung in seinem Bereich auf einem gemeinschaftlich von Roboter und Mensch genutzten Werktisch ab, welches anschließend von dem Menschen, nachdem der Roboterarm den Werktisch verlassen hat, genommen und in dessen Arbeitsbereich weiterbearbeitet wird. Wenngleich Berührungen in dieser Form genauso wenig wie bei der Koexistenz erwünscht sind, so sind sie bei der Kooperation wahrscheinlicher und folglich sicherheitstechnisch noch stärker zu berücksichtigen.

Die Unterscheidung zwischen einem Arbeitsraum für den Roboter und einem für den Menschen wird im zuletzt genannten Fall der MRK nicht mehr vorgenommen. Mensch und Roboter interagieren in einem gemeinsamen Raum, in dem Berührungen explizit prozesstechnisch notwendig sein können. Beispielsweise greift der Mensch den

---

[521] Hiermit ist bspw. eine Produktionshalle gemeint, in welcher etwa durch optische Vorhänge mittels Lasertechnologie und daran gekoppelte Steuerungstechnologie ein Betreten des Arbeitsraumes des Roboters durch einen Menschen erkannt und daraufhin die Operationen des Roboters gestoppt werden können.
[522] Siehe bspw. Nördinger 2016b für eine Übersicht zu möglichen Ansätzen der Gewährleistung von Sicherheit beim Einsatz von Robotersystemen ohne Schutzzaun.

Roboterarm, um diesen zunächst an eine erste bestimmte Stelle zu führen, etwa über eine Kiste mit Rohteilen auf einem Werktisch. Hierdurch wird dem Roboter zu verstehen gegeben, dass dieser an der gezeigten Stelle Rohteile entnehmen soll. Anschließend kann der Mensch den Roboterarm an eine zweite bestimmte Stelle führen, etwa eine Verpackungseinheit für fertig bearbeitete Bauteile. In diesem Anwendungsfall kann der Roboter die Rohmaterialien entnehmen, dem Mensch zur Bearbeitung anreichen, sie anschließend wieder abnehmen und zuletzt in die Verpackungseinheit ablegen. Folglich kann bei MRK eine gleichzeitige, parallele Arbeitsweise von Mensch und Roboter vorliegen. Die Tätigkeiten können zudem getrennt oder gemeinsam ausgeführt werden.

Als Mensch-Roboter-Kollaboration kann zusammenfassend eine informatorische Interaktion in Kombination mit einer energetischen bzw. physischen Interaktion zwischen Mensch und Roboter verstanden werden. Zur informatorischen Interaktion zählt die Instruktion des Roboters hinsichtlich der auszuführenden Arbeitsaufgabe sowie die Steuerung im Prozess.[523] Diese menschinduzierte Steuerung kollaborierender Roboter kann auf mehrere Arten erfolgen, bspw. über berührungslose Gestensteuerung[524] oder über direkte Berührungen. Zur energetischen Interaktion zählen, wie aufgezeigt, die Handführung des Roboters sowie der Austausch von Werkstücken im Arbeitsprozess.[525]

Kollaborierende Robotersysteme sind folglich ein technisches Beispiel für ein Assistenzsystem, das auf den neueren Entwicklungen der Digitalisierung basiert und welches sich für den unmittelbaren Einsatz mit einem Menschen eignet, etwa an Montagearbeitsplätzen. Wesentlich bestimmend für die Einsetzbarkeit ist eine sichere und ergonomisch günstige Verwendung. Damit diese umgesetzt und gewährleistet werden, müssen verschiedene Anforderungen an MRK-Arbeitsplätze gestellt werden. Tabelle 20 fasst wesentliche Anforderungen zusammen, die anschließend kurz erläutert und in den nächsten Abschnitten dieser Schrift vertieft werden.

---

[523] Vgl. Naumann 2014 S. 509.
[524] Vgl. Liu und Wang 2018 S. 356.
[525] Vgl. Naumann 2014 S. 511 f.

Tabelle 20: Anforderungen an Arbeitsplätze mit kollaborierenden Robotern[526]

Technologisch	Medizinisch / biomechanisch	Prüftechnisch	Ergonomisch	Arbeitsorga-nisatorisch
•Sensorik zur Erkennung von Menschen (taktil, per Kamera, Ultraschall etc.) •Intelligente Steuerung („künstliche Intelligenz") •Sichere Steuerung von Position und Geschwindigkeit	•Begrenzung biomechanischer Beanspruchung durch Kollisionen auf tolerables Maß •Orientierung an Schmerzschwelle und Verletzungs-eintritt (je Körperteil) •Bestimmung zulässiger Grenzwerte •Beanspruchungs-kriterien umfassen Stoßkraft, Klemm-/ Quetschkraft, Druck / Flächenpressung	•Ermittlung und Beurteilung von Risiken bei kritischen Kollisions-vorgängen mit biofidelen Messgeräten •Beanspruch-ungskriterien sind max. Kollisionskraft und dabei lokal entstehender max. Druck auf Kollisionsfläche •Messungen für dynamische und quasistatische Kollisions-wirkungen	•Keine Einschränkung und Störung von menschlicher Wahrnehmung, Aufmerksamkeit und Denken durch MRK •Relevante Aspekte: •MRK-Abstand und Positionierung relativ zum Mensch •MRK-Bewegungsbahn •MRK-Beschleuni-gung •MRK-Geschwindigkeit	•Sicherheit und Gesundheit des Menschen durch Gestaltung von MRK-Arbeitsplatz sicherstellen •Beachtung von Gesetzen und Normen •Physische und psychische Entlastung forcieren •Produktive Nutzung der MRK

Aus technologischer Sicht ist die sichere Steuerung eines kollaborierenden Roboters zu gewährleisten, wofür die Sensorik und Softwaresteuerung elementar verantwortlich sind. Aus medizinisch-biomechanischer Sicht sind Auswirkungen von etwaigen Berührungen, insbesondere unbeabsichtigten, zu beurteilen, um körperliche Beanspruchungen auf ein tolerables Maß zu begrenzen. Hierbei erfolgt eine Orientierung an in arbeitsmedizinischen Prüfverfahren bestimmten Grenzwerten[527] für Schmerz- und Verletzungsempfinden je Körperteil, welche sich nach Stoß-, Klemm- und Quetschkräften sowie Druck- und Flächenpresskräften unterscheiden.[528] Auf dieser Basis können Risiken bei Kollisionsvorgängen softwaretechnisch beurteilt und mittels Aktorik unmittelbar in angemessene Roboterbewegungen überführt werden. Für den Mensch, der einen kollaborierenden Roboter nutzt, muss die Interaktion mit dem Roboter ergonomisch günstig ausfallen. Weiterhin muss ein Unternehmen, welches den Einsatz von MRK erwägt, Vorschriften und gesetzliche Regelungen beachten und den Arbeitsschutz gewährleisten. Zudem gehen Überlegungen zur Nutzung von MRK zumeist mit der

---

[526] Eigene Darstellung basierend auf den Ausführungen von IFA Institut für Arbeitsschutz der Deutschen Gesetzlichen Unfallversicherung 2017.
[527] Siehe hierzu Ausführungen in Abschnitt 8.1.4.3, insbesondere zur ISO/TS 15066-2017.
[528] Die zulässigen Kräfte werden durch biofidele Messgeräte (d. h. Prüfvorrichtungen zur Simulation von Krafteinwirkungen auf menschliche Körperteile) ermittelt und anschließend beurteilt.

Erwartung einher, Produktivitätsziele besser erreichen zu können, sodass letztlich eine Wirtschaftlichkeitsbetrachtung erfolgen muss.

Die in Tabelle 20 genannten Aspekte werden nachfolgend detailliert diskutiert. Hierfür wird im nächsten Abschnitt beleuchtet, in welchen Einsatzbereichen MRK aus arbeitsorganisatorischer und wirtschaftlicher Sicht sinnvoll erscheint, ist dies doch die grundlegende Ausgangsüberlegung für deren Einsatz.

8.1.2   Betriebliche Einsatzgebiete und Wirtschaftlichkeit

Die Einsatzmöglichkeiten kollaborierender Roboter sind vielfältig, ebenso die damit verfolgten Zielstellungen. Außerhalb industrieller Produktionsprozesse werden sie bspw. in der Medizin für Operationsvorgänge[529] oder in der Altenpflege[530] eingesetzt. In Industrieunternehmen sollen sie dazu beitragen, Produktivitätsziele zu verwirklichen und primär die physische sowie sekundär die psychische Belastung der Beschäftigten zu reduzieren. Neben einer Verbesserung der Arbeitsergonomie in industriellen Produktionsprozessen, welche häufig eine hohe Motivation zum Einsatz von MRK darstellt, ist weiterhin denkbar, die Betriebszeiten – bspw. an Wochenenden oder in Nachtschichten – zu verlängern. Wenn in diesen Produktionszeiten außerhalb der Kernarbeitszeiten nur ein geringer Personaleinsatz stattfinden kann, lassen sich fehlende menschliche Arbeitskräfte durch kollaborierende Roboter ausgleichen. Sie stellen somit eine Option dar, Personalengpässe auszugleichen.[531]

Die Überlegungen hinsichtlich eines Einsatzes von MRK sind immer im Kontext der Arbeitsgestaltung als Ganzes zu sehen, wobei Sicherheitsaspekte aus den bereits genannten Gründen eine große Rolle spielen. Werden diese beachtet, ist eine sichere und flexible Kollaboration von Mensch und Roboter geeignet, die Produktivität zu verbessern.[532] Generell richtet sich der Einsatz von Robotern in der industriellen Produktion – unabhängig von den in Abbildung 70 skizzierten Klassifikationen – nach

---

[529] Vgl. Chandrasekaran und Conrad 2015 S. 298.
[530] Vgl. Bauer et al. 2008 S. 13.
[531] Mögliche Einsatzfelder sind bspw. Aufgaben der Werkstückzufuhr und -entnahme an Bearbeitungsmaschinen. Generell kann sich der Einsatz von MRK überall dort anbieten, wo eine flexible Skalierbarkeit des Automatisierungsgrades der Fertigung gewünscht und technisch durch kollaborierende Roboter möglich ist, wozu auch die Abdeckung von Kapazitätsspitzen gehört.
[532] Vgl. Tsarouchi et al. 2017 S. 581.

den herzustellenden Produkten mit ihren jeweiligen Mengen. Eine fixe Automatisierung in Form konventioneller Roboter findet dort Anwendung, wo Massenfertigung vorherrscht. Kollaborierende Roboter werden hingegen dort genutzt, wo manuelle Arbeit überwiegt, diese jedoch für eine ausreichende zu fertigende Mindeststückzahl genutzt wird, welche die Anschaffungskosten eines Robotersystems zur Unterstützung manueller Tätigkeiten sowie die Kosten für dessen Inbetriebnahme rechtfertigt.[533] Zu kleine Stückzahlen rechtfertigen die Anschaffung und Einrichtung eines Robotersystems nicht, zu große Stückzahlen haben im Regelfall Anpassungen der Produktstruktur sowie Änderungen der Produktionsprozesse zur Folge, wodurch eine (Voll-)Automatisierung ermöglicht werden soll.[534] Der Rolle des Prozessdesigns kommt insofern die wichtige Aufgabe zu, als dass sie einen wirtschaftlichen Einsatz der Roboter gewährleisten muss.

Die Nutzung kollaborierender Robotersysteme soll im Hinblick auf die Kostenstruktur im Vergleich zu alternativen Automatisierungslösungen betrachtet werden. Aus Abbildung 71 geht hervor, dass verschiedene (idealisierte) Stückkostenverläufe in Abhängigkeit der gefertigten Stückzahl für verschiedene Formen der Roboternutzung vorliegen.

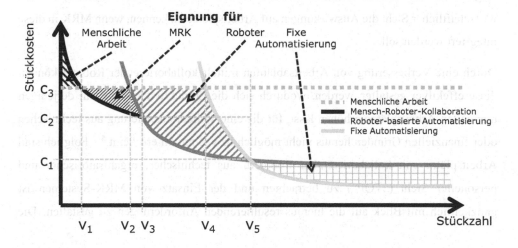

Abbildung 71: Stückkostenverläufe für verschiedene Formen der Roboternutzung[535]

---

[533] Vgl. Matthias und Ding 2013 S. 4.
[534] Vgl. Jodlbauer et al. 2018 S. 53.
[535] Eigene Darstellung in Anlehnung an Matthias und Ding 2013 S. 4.

Die menschliche Arbeit ist durch einen konstanten Stückkostenverlauf gekennzeichnet und eignet sich besonders für kleine Stückzahlen. Die drei dargestellten Formen der Roboternutzung sind die MRK, Roboter-basierte Automatisierung und fixe Automatisierung.[536] Die Kosten der Roboter für Anschaffung, Inbetriebnahme und den laufenden Betrieb werden regressiv auf die gefertigte Stückzahl verteilt, sodass sich Kostenverläufe ergeben, die sich asymptotisch der Abszisse annähern. Hierbei fallen die absoluten Stückkosten der MRK bei steigender Stückzahl geringer aus als bei der rein-menschlichen Arbeit. Die absoluten Stückkosten der Roboter-basierten Automatisierung sind mit steigender Stückzahl geringer als bei MRK und liegen wiederum mit zunehmender Menge höher als bei der fixen Automatisierung. Hierdurch ergeben sich die abgebildeten Kostenverläufe, wonach MRK sinnvoll erscheint bei einer ausreichend großen Stückzahl, welche die Einrichtung und Nutzung dieser Roboter rechtfertigt. Sie ist jedoch nicht mehr sinnvoll, wenn größere Stückzahlen gefertigt werden, welche auch die Anschaffung und Inbetriebnahme partieller bzw. vollständiger Automationslösungen rechtfertigen, die bei zunehmender Stückzahl günstiger sind. Prozessgestalter müssen sich folglich mit den Kostenstrukturen kollaborierender Roboter vertraut machen, um aus wirtschaftlicher Sicht die Auswirkungen auf Arbeitsplätze zu kennen, wenn MRK in diese integriert werden soll.

Durch eine Verbesserung von Arbeitsabläufen mittels kollaborierender Roboter können diese effektiver gestalten werden, wodurch sich die Produktivität vor allem derjenigen manuellen Arbeitsplätze erhöhen lässt, für die eine Vollautomatisierung aus technischen oder finanziellen Gründen heraus nicht möglich bzw. sinnvoll erscheint.[537] Folglich sind Arbeitsplätze mit kollaborierenden Robotern aus technischer, organisatorischer und personeller Sicht („TOP") zu betrachten und der Einsatz von MRK-Systemen ist ganzheitlich mit Blick auf die hieraus resultierenden Anforderungen zu gestalten. Die

---

[536] Unter der Roboter-basierten Automatisierung wird die partielle Nutzung von Robotern für ausgewählte Arbeitsschritte verstanden, welche durch diese Roboter autonom ausgeführt werden. Fixe Automatisierung beschreibt die weitestgehende bzw. vollständige Automation von Produktionsprozessen.

[537] Ergänzend hierzu sei anzumerken, dass der Einsatz kollaborierender Robotersysteme auch als eine Chance betrachtet werden kann, um dem demographischen Wandel in Deutschland (und in anderen Ländern) zu begegnen, wenn durch diese Systeme die Leistungsfähigkeit älterer Beschäftigter gesteigert werden kann. Siehe auch Thomas et al. 2016.

technische Sicht fokussiert primär hard- und softwarebezogene Möglichkeiten sowie technische Restriktionen der Robotersysteme. Sie werden berücksichtigt bei der organisatorischen Gestaltung von Arbeit im Rahmen der Aufteilung von Tätigkeitsanteilen. Aus personeller Sicht sind diejenigen Aspekte zu betrachten, die für den Menschen bei der Arbeit im vordergründigen Interesse stehen, insbesondere seine Sicherheit und seine Fähigkeiten. In Abbildung 72 ist dieser Zusammenhang schematisch aufgezeigt und mit beispielhaften Aussagen zu den drei Betrachtungsperspektiven versehen.

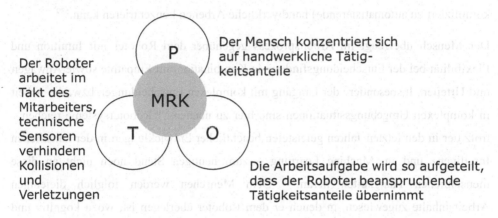

Abbildung 72: Kollaborierende Roboter nach technischer, organisatorischer und personeller Sicht[538]

Weil sicherheitstechnische Anforderungen ein wesentliches Merkmal der MRK sind, werden diese im nächsten Abschnitt detailliert aufgegriffen und mit ergonomischen Anforderungen an die Arbeitsplatzgestaltung in Bezug gesetzt.

8.1.3 Anforderungen an die Arbeitsorganisation und -gestaltung

Grundlegende Merkmale zur Erzielung eines produktiven Einsatzes von MRK sowie der Erfüllung von Ergonomieanforderungen an die Arbeitsplätze werden in der Arbeitsorganisation festgelegt. Hierbei sind die technischen Möglichkeiten sowie die technischen Grenzen kollaborierender Robotersysteme zu berücksichtigen.

---

[538] Eigene Darstellung nach Institut für angewandte Arbeitswissenschaft e. V. 2016 S. 11.

Ausgehend steht die Überlegung, welche Tätigkeiten von dem Mensch auszuüben und welche Tätigkeiten von dem Roboter zu übernehmen sind. Die Verteilung der Tätigkeiten zwischen Mensch und Roboter wird von Prozessplanern in der Produktion vorgenommen, wobei speziell bei kollaborierenden Robotern die Überlegung im Vordergrund steht, in welchen Fähigkeiten und Fertigkeiten jeweils der Mensch und der Roboter im gegenseitigen Vergleich überlegen ist und wie diese synergetisch mit Blick auf die zu verrichtende Arbeitsaufgabe kombiniert werden können. In der Regel wird der Roboter stark beanspruchende Tätigkeitsanteile übernehmen, sodass sich der Mensch auf (nur kompliziert zu automatisierende) handwerkliche Arbeiten konzentrieren kann.[539]

Der Mensch überzeugt im Arbeitsprozess gegenüber dem Roboter mit Intuition und Flexibilität bei der Entscheidungsfindung in Kombination mit Empathie sowie Abwägen und Urteilen. Insbesondere der Umgang mit komplexen Entscheidungen bzw. die Arbeit in komplexen Umgebungssituationen sind hier zu nennen.[540] Robotersysteme reichen – trotz der in den letzten Jahren geleisteten beachtlicher Entwicklungen in der künstlichen Intelligenz und im Machine Learning – zum heutigen Stand noch nicht an diese menschlichen Fähigkeiten heran.[541] Dem Menschen werden folglich diejenigen Arbeitsinhalte zugewiesen, in denen er dem Roboter überlegen ist, wozu kognitiv und motorisch anspruchsvolle Aufgaben gehören.[542] Der Roboter hingegen ist gegenüber dem Menschen besser geeignet, diejenigen energetischen Arbeiten zu übernehmen, welche schwer sind hinsichtlich der zu bewegenden Massen. Weiterhin sind Roboter geeignet, um Bewegungsvorgänge auszuführen, welche schwer umsetzbar sind hinsichtlich abzufahrender Bewegungsbahnen, oder welche aufgrund von Monotonie herausfordernd erscheinen, wenn sie ausdauernd und mit sehr hoher Wiederholgenauigkeit zu reproduzieren sind. Die Präzision bei der Ausführung von Arbeiten ist ein weiterer Aspekt, welcher für den Einsatz von Robotern spricht.[543]

---

[539] Vgl. Institut für angewandte Arbeitswissenschaft e. V. 2016 S. 11.
[540] Vgl. Beumelburg 2005 S. 26 basierend auf Thiemermann und Schulz 2002.
[541] Die Thematik der künstlichen Intelligenz wird im Ausblick dieser Schrift in Abschnitt 10.2 aufgegriffen.
[542] Ein Beispiel hierfür ist die Arbeit mit biegeschlaffen Bauteilen, etwa das Durchführen von Kabeln durch mehrere Öffnungen eines Bauteils.
[543] Vgl. Beumelburg 2005 S. 26 basierend auf Thiemermann und Schulz 2002.

Unter Berücksichtigung der zuvor genannten Kombination der überlegenen Fähigkeiten von Mensch und Roboter sowie der zuvor skizzierten Sicherheitsanforderungen können Bewegungen nur mit begrenzten Geschwindigkeiten der kollaborierenden Roboter[544] erfolgen, was einen Einfluss auf die möglichen Vorgabezeiten von Arbeitsaufgaben hat. Es empfiehlt sich die Taktung bei MRK-Arbeitsplätzen an menschlichen Leistungsgrenzen auszurichten. Dies erfolgt unabhängig davon, ob der Mensch eine Tätigkeit ausführt und dieser hierbei dem Roboter „zuarbeitet", oder der Roboter vordergründig eine unterstützende Funktion für den Menschen ausübt.[545] Hieraus ist abzuleiten, dass die Vorgabezeitplanung den Menschen als primär bestimmenden Faktor betrachten muss und nicht den Roboter, wie dies bei der Vollautomatisierung der Fall ist.

8.1.4 Gewährleistung von Arbeitsschutz und Ergonomie

Sicherheitstechnische Aspekte sind bereits bei der Aufgabenverteilung zwischen Mensch und Roboter zu berücksichtigen,[546] wie zuvor bereits ausgeführt. Um bei allen kollaborativen Tätigkeiten Arbeitsschutz und Ergonomie zu gewährleisten, liegt ein Schwerpunkt auf der Vermeidung unbeabsichtigter Berührungen zwischen Mensch und Roboter, weil diese eine Verletzungsgefahr darstellen können. Aus diesem Grund wird einleitend in diesem Abschnitt ein Verständnis für mögliche Berührungsarten zwischen Mensch und Roboter gelegt, bevor Maßnahmen zur Gewährleistung von Arbeitsschutz und Ergonomie aus verschiedenen Blickrichtungen skizziert werden.

8.1.4.1 Berührungsarten zwischen Mensch und Roboter

Die MRK ist dadurch gekennzeichnet, dass sie ohne Schutzeinrichtungen, insbesondere Schutzzäune, auskommt. Aus diesem Grund sind passive und aktive

---

[544] Die empfohlene Geschwindigkeit der Bewegungsabläufe kollaborierender Roboter liegt bei bis zu 1,5 Meter pro Sekunde und somit deutlich unter der Geschwindigkeit von Robotern in vollautomatisierten Produktionsanlagen, welche mit 5 bis 10 Meter pro Sekunde arbeiten (siehe Matthias und Ding 2013 sowie Haddadin et al. 2014 für weiterführende Informationen).
[545] Beispielsweise kann in einer weitestgehend automatisierten Produktion ein kollaborierender Roboter ein Bauteil zur Sichtprüfung einem Menschen hinhalten, sodass der Mensch eine eher passive Rolle in diesem Produktionsprozess spielt – er arbeitet in diesem Fall dem Roboter zu. Ein anderes Beispiel wäre eine umfangreiche, primär vom Menschen ausgeführte Tätigkeit wie das Einpassen von Bauteilen in ein Fertigungsobjekt, wobei der Roboter eine vordergründig unterstützende Arbeit wie das Tragen einer Last ausführt.
[546] Vgl. Marvel et al. 2015 S. 262 f.

Sicherheitsvorkehrungen zu treffen, insbesondere für unerwünschte Kontakte.[547] Hierbei sind Fragestellungen des Informationsaustausches zwischen Mensch und Roboter und insbesondere die hierauf basierende Informationsverarbeitung durch den Roboter zu betrachten.[548] Die dafür notwendigen hohen Sicherheitsanforderungen werden insbesondere durch technische Begrenzungen von Kräften und Verfahrwegen sowie durch intelligente Sensor- und Softwaresysteme gewährleistet. Im Fall von Berührungen zwischen Mensch und Roboter muss über Sensorik der Mensch durch den Roboter erkannt und eine zielgerichtete Steuerung des Roboters sichergestellt werden. Hierbei ist es zunächst erforderlich, dass die Steuerungssoftware zwischen beabsichtigten und unbeabsichtigten Berührungen unterscheiden kann und in beiden Fällen adäquate Roboterbewegungen steuert. Zur Kategorisierung grundlegender Berührungsarten mit Beispielen dient das Schema aus Abbildung 73.

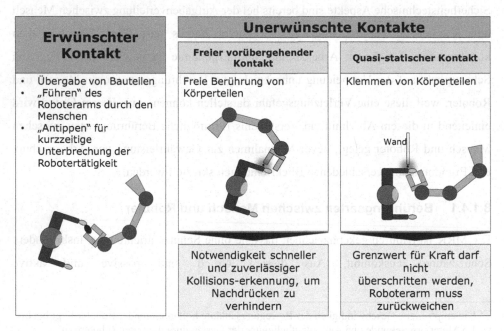

Abbildung 73: Kontaktmöglichkeiten zwischen dem Menschen und dem Roboter[549]

---

[547] Unter passiven Sicherheitsvorkehrungen werden hardwarebezogene bzw. bautechnische Konstruktionsmerkmale verstanden. Unter aktiven Sicherheitsvorkehrungen werden softwarebezogene bzw. algorithmische Merkmale der Robotersteuerung verstanden.
[548] Vgl. Naumann 2014 S. 509.
[549] Eigene Darstellung in Anlehnung an Matthias 2015 S. 13.

Unerwünschte Kontakte sind der freie vorübergehende Kontakt sowie der quasi-statische Kontakt. Ein freier vorübergehender Kontakt[550] beschreibt Berührungen zwischen dem Menschen und dem Roboter im freien Raum. Ein quasistatischer Kontakt beschreibt ein Einklemmen menschlicher Körperteile zwischen dem Roboter und einem anderen festen Gegenstand, bspw. einem Werktisch. Der umfangreichen Sensorik des Roboters kommt in Kombination mit der Steuerungssoftware (im Rahmen ihrer begrenzten künstlichen Intelligenz) die Aufgabe zu, zwischen den möglichen Kontaktformen zu unterscheiden und darauf zielgerichtet Handlungen abzuleiten.

Liegt eine freie Berührung des Menschen vor, muss diese Kollision als solche erkannt werden und der Roboter darf nicht nachdrücken. Liegt ein Einklemmen vor, ist dies ebenfalls zu erkennen und der Roboter muss ein Stück zurückweichen, um den Menschen wieder „zu befreien". In beiden Fällen sind Höchstgrenzen für in arbeitsmedizinischen Studien bestimmte Grenzwerte für ausgeübte Drücke je betroffener Körperregion einzuhalten. Sie geben folglich eine Orientierung, welche Kräfte maximal zulässig sind, um die Auswirkungen von Berührungen auf ein tolerables Maß zu begrenzen.[551]

Nachfolgend wird Bezug auf eine bestmögliche ergonomische und sichere Gestaltung von Arbeitsplätzen mit kollaborierenden Robotern genommen und unterschiedliche daran gestellte Anforderungen werden genannt.

---

[550] Auch als transienter Kontakt oder dynamischer Stoß bezeichnet.
[551] Vgl. Meixner 2017 S. 11. Auf ein tolerables Maß zu begrenzen bedeutet in diesem Kontext, dass keine bleibenden Verletzungen entstehen dürfen und die Schmerzen vertretbar sind. Demnach liegen die zulässigen Toleranzwerte ausgesprochen niedrig. Beispielsweise liegen die biomechanischen Grenzwerte für einen quasistatischen Kontakt an der Stirnmitte bei 130 N/cm² für den maximal zulässigen Druck bzw. 130 N max. zulässiger Kraft. Am Oberarmknochen sind hingegen 220 N/cm² bzw. 150 N als maximal zulässige Kräfte angegeben (vgl. ISO/TS 15066 S. 33). Diese Schwellwerte für Verletzungsgefahren werden je Körperregion bestimmt und berücksichtigen somit, dass ein Mensch Schmerzen je nach Körperteil unterschiedlich schnell und intensiv empfindet. Aus der medizinischen und biomechanischen Forschung gibt es definierte Grenzwerte, an denen sich die Betreiber kollaborierender Robotersysteme orientieren müssen. Siehe hierzu auch Ausführungen in Abschnitt 8.1.2.3. Neben den Angaben aus der ISO/TS 15066 sind die Berufsgenossenschaftlichen Regeln (BGR) und Berufsgenossenschaftlichen Vorschriften (BGV) zur Sicherstellung des Gesundheitsschutzes am Arbeitsplatz zu berücksichtigen.

8.1.4.2 Vorkehrungen zur Gewährleistung von Ergonomie und Arbeitsschutz

Ergonomische Aspekte sind bei der Prozessentwicklung unter Einbezug kollaborierender Roboter ausdrücklich zu berücksichtigen. Erhoffte Ergonomieverbesserungen stellen in vielen Fällen einen wesentlichen Grund dar, neben der Wirtschaftlichkeit, warum sich Betriebe für den Einsatz von MRK entscheiden.[552] Hierbei sind auch sicherheitsbezogene Maßnahmen zu beachten,[553] welche zu einer körperlich wenig belastenden sowie unfallfreien Arbeit führen sollen. Diese Maßnahmen stehen im Fokus dieses Abschnitts.

Die Verantwortlichkeit für einen ergonomischen sowie sicheren Einsatz von Robotersystemen lässt sich grundlegend auf die Hersteller kollaborierender Robotersysteme, die sie betreibenden Unternehmen sowie die mit den Robotern arbeitenden Werker aufteilen. Diese drei „Akteure" müssen den Einsatz des Robotersystems, das hiermit verwendete Werkzeug sowie die mit dem Roboter und dem Werkzeug zu bearbeitenden Werkstücke sicher und ergonomisch gestalten. Abbildung 74 zeigt diesen Zusammenhang schematisch auf.

---

[552] Vgl. Bauer et al. 2016 S. 9.
[553] Vgl. Marvel et al. 2015 S. 262.

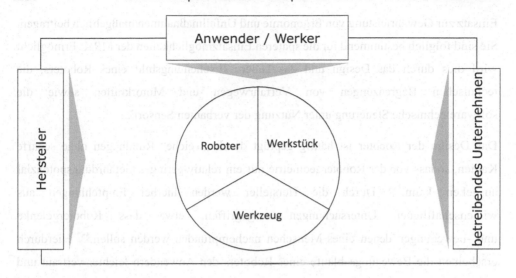

Abbildung 74: Perspektiven auf die Gewährleistung eines ergonomischen und sicheren Einsatzes kollaborierender Roboter[554]

Es gibt Vorkehrungen, welche durch technisch-konstruktive und softwarespezifische Merkmale am Robotersystem vorgenommen werden und die primär in der Verantwortung der sie entwickelnden Hersteller liegen. Darüber hinaus gibt es Vorkehrungen, welche ein Betreiber kollaborierender Robotersysteme durch arbeitsorganisatorische und arbeitsgestalterische Maßnahmen trifft. Zuletzt gibt es Vorkehrungen und Maßnahmen, welche ein Werker zu beachten und zu ergreifen hat, wenn er mit dem Roboter im operativen Einsatz an einem Arbeitsplatz kollaboriert, und die er sich i. d. R. durch Qualifizierungsmaßnahmen aneignet.[555]

Nur wenn alle drei Beteiligten – Hersteller, Betreiber und Nutzer – ihres jeweiligen Beitrags bewusst sind und diesen leisten, kann ein erfolgreicher und sicherer Einsatz gewährleistet werden. Im Folgenden werden diese Anforderungen näher konkretisiert.

Vorkehrungen durch den Hersteller

Die Hersteller kollaborierender Robotersysteme berücksichtigen schwerpunktmäßig sicherheitskritische Merkmale bei der Entwicklung der Systeme, welche im späteren

---

[554] Eigene Darstellung basierend auf Weber und Stowasser 2018b S. 3 sowie Weber et al. 2018c S. 621.
[555] Siehe hierzu auch Ausführungen in Abschnitt 8.1.5.

Einsatz zur Gewährleistung von Ergonomie und Unfallmaßnahmen maßgeblich beitragen. Sie sind folglich bestimmend für die späteren Einsatzmöglichkeiten der MRK. Ermöglicht wird dies durch das Design und das äußere Erscheinungsbild eines Roboters, die technischen Begrenzungen von Verfahrwegen und Motorkräften sowie die softwaretechnische Steuerung unter Nutzung der verbauten Sensorik.

Das Design der Roboter ist häufig geprägt durch „weiche" Rundungen ohne scharfe Kanten, sodass von der Robotergeometrie nur ein relativ geringes Gefährdungspotenzial ausgehen kann.[556] Durch die Hersteller werden hierbei Empfehlungen aus wissenschaftlichen Untersuchungen aufgegriffen, etwa dass Robotergelenke und -bewegungen denen eines Menschen nachempfunden werden sollen.[557] Hierdurch erscheinen die Bewegungsabläufe eines Roboters den Anwendern leichter vertraut und prognostizierbar, was die Akzeptanz erhöht. Ergänzend hierzu soll die Geschwindigkeit der Roboterbewegungen nicht wesentlich schneller sein als die von menschlichen Bewegungsabläufen. Demnach sollen kollaborierende Roboter nur ähnlich schnelle Bewegungen vornehmen können wie der mit diesen Robotern arbeitende Werker, wobei in der Praxis die Bewegungsabläufe der Roboter häufig etwas langsamer ausfallen. Schnelle und unvorhersehbare Roboterbewegungen würden hingegen zu Verunsicherung führen.[558] Mit der Anlehnung an ein menschliches Erscheinungsbild geht eine weitere sicherheitskritische Eigenschaft in der Form einher, dass eine Begrenzung von Verfahrwegen vorliegt. Indem kollaborierende Roboter begrenzt sind in ihrer räumlichen Abmessung, wird der mögliche Aktionsradius eingeschränkt, was Gefahren für die Werker verringert.[559]

Weiterhin kann genannt werden, dass kollaborierende Roboter durch ein niedriges Eigengewicht relativ leicht sind und hierdurch nur eine kleine potenzielle (Eigen-) Kollisionsmasse vorliegt.[560] Zusätzlich zu den zuvor genannten Eigenschaften werden bei kollaborierenden Robotern die Drehmomente begrenzt, welche maximal durch die

---

[556] Teilweise werden ergänzend Schaumstoffe zur Umhüllung eingesetzt, um etwaige Kollisionsschäden weiter minimieren zu können.
[557] Vgl. Goetz et al. 2003 S. 55.
[558] Vgl. Dragan et al. 2015 S. 7.
[559] Als angemessen gelten etwa 60 bis 80 cm für Länge, Breite und Höhe der Roboterarme. Diese liegen somit in den Grenzen menschlicher Körpermaße.
[560] Im Regelfall liegen die Gewichte zwischen 1 bis 30 kg.

Motoren des Roboters ausgeübt werden können.[561] Hierdurch werden die aktiv durch den Roboter ausübbaren Kräfte begrenzt. Abbildung 75 zeigt die aus Anwendersicht wesentlichen Merkmale, welche zu einer bestmöglichen Akzeptanz kollaborierender Roboter führen und i. d. R. herstellerseitig Berücksichtigung finden.

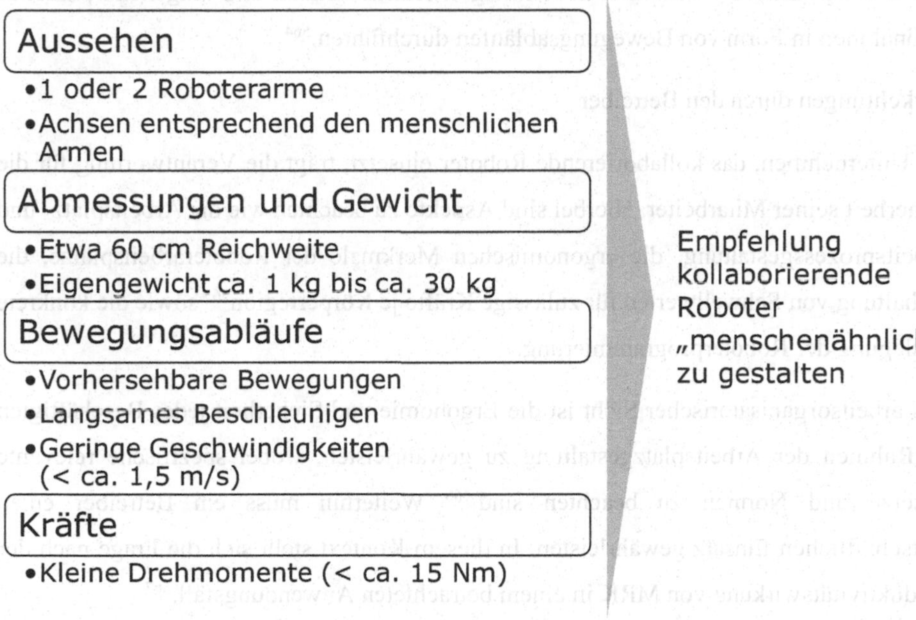

Aussehen
- 1 oder 2 Roboterarme
- Achsen entsprechend den menschlichen Armen

Abmessungen und Gewicht
- Etwa 60 cm Reichweite
- Eigengewicht ca. 1 kg bis ca. 30 kg

Bewegungsabläufe
- Vorhersehbare Bewegungen
- Langsames Beschleunigen
- Geringe Geschwindigkeiten (< ca. 1,5 m/s)

Kräfte
- Kleine Drehmomente (< ca. 15 Nm)

Empfehlung kollaborierende Roboter „menschenähnlich" zu gestalten

Abbildung 75: Ansätze zur Förderung der Akzeptanz kollaborierender Roboter[562]

Über die hardwaretechnisch-konstruktiven Vorkehrungen hinausgehend ist ein wesentliches Merkmal kollaborierender Robotersysteme ihre in Grenzen vorhandene künstliche Intelligenz.[563] Diese drückt sich in ihrer Lernfähigkeit aus, bspw. wenn ein Werker den Roboterarm an eine bestimmte Stelle führt und dem Roboter somit seine Arbeitskoordinaten vermittelt. Sie zeigt sich darüber hinaus vor allem in der

---

[561] Als angemessen kleine Drehmomente gelten Kräfte bis etwa 15 Nm. Würden die ausgeübten Kräfte wesentlich darüberliegen, könnte ein Roboter im Zweifelsfall nicht zuverlässig zwischen kollisions- und arbeitsbedingten Kräften unterscheiden. Für den Fall, dass für bestimmte Arbeitsprozesse höhere Drehmomente benötigt werden, etwa im Rahmen von Schraubvorgängen, muss dies in der Programmierung explizit berücksichtigt werden und ein Roboter muss die auszuführende Arbeitsaufgabe sicher erkennen können. Unter Umständen muss der Mensch den Arbeitsbereich zuvor zusätzlich verlassen.
[562] Eigene Darstellung in Anlehnung an Weber et al. 2018c S. 620.
[563] Siehe hierzu auch Ausführungen in Abschnitt 10.2.

softwarebasierten Kollisionserkennung und dem darauf basierenden Ableiten von Handlungen. Eine sichere Steuerung von Position und Geschwindigkeit des Roboters ist aus den genannten Gründen zu gewährleisten, weshalb der Sensortechnik eine zentrale Rolle zukommt. Diese muss den Werker mit seiner jeweiligen – unter Umständen sicherheitskritischen – Situation zuverlässig erkennen können und umgehend passende Maßnahmen in Form von Bewegungsabläufen durchführen.[564]

Vorkehrungen durch den Betreiber

Ein Unternehmen, das kollaborierende Roboter einsetzt, trägt die Verantwortung für die Sicherheit seiner Mitarbeiter. Hierbei sind Aspekte zu beachten wie die Arbeitsplatz- und Arbeitsprozessgestaltung, die ergonomischen Merkmale der Roboterarbeitsplätze, die Einhaltung von Schwellwerten für zulässige Kräfte je Körperregion[565] sowie die konkrete Auslegung der Roboterprogrammierung.

Aus arbeitsorganisatorischer Sicht ist die Ergonomie und Sicherheit jedes Beschäftigten im Rahmen der Arbeitsplatzgestaltung zu gewährleisten, wobei spezifische relevante Gesetze und Normen zu beachten sind.[566] Weiterhin muss ein Betreiber einen wirtschaftlichen Einsatz gewährleisten. In diesem Kontext stellt sich die Frage nach der Produktivitätswirkung von MRK in einem betrachteten Anwendungsfall.[567]

Aus prozessorientierter Sicht werden Ergonomie- und Sicherheitsaspekte wesentlich durch die Bauteile und den zur Bearbeitung eingesetzten Werkzeugen beeinflusst, welche für eine Fertigung mit kollaborierenden Robotern ausgewählt werden. So gelten bspw. Bauteile mit scharfen Kanten oder heißen Oberflächen genauso wenig geeignet für MRK wie Bauteile, welche mit gefährlichen Flüssigkeiten befüllt sind. Eine falsche Zuführung der Bauteile durch den Roboter an den Werker kann nicht ausgeschlossen werden und stellt folglich eine Verletzungsgefahr dar. Hinsichtlich der Werkzeugauswahl gelten die

---

[564] Umgesetzt wird dies im Regelfall mittels taktiler, kamera- oder ultraschallbasierter Sensorik. Eine redundante Erfassung der Peripheriemerkmale zur Erhöhung der Sicherheit kann sinnvoll sein (vgl. Zeising et al. 2015 S. 373). Siehe hierzu auch Ausführungen in Abschnitt 4.1.3.1.
[565] Vgl. Elkman et al. 2015 S. 58 f. sowie ISO/TS 15066.
[566] Vgl. Stowasser 2017 S. 27. Siehe hierzu auch Ausführungen in Abschnitt 8.1.4.3.
[567] Die Produktivitätswirkung ist insbesondere festzustellen im direkten Vergleich eines Arbeitsprozesses ohne und mit MRK, wie es auch im Rahmen der Fallstudie im Abschnitt 8.2 erfolgt.

gleichen Anforderungen. So sind bspw. Schneidewerkzeuge ungeeignet, weil diese, ähnlich wie scharfkantige Bauteile, Verletzungen hervorrufen können. Auch spitze oder heiße Werkzeuge, etwa Löteinrichtungen, gelten als ungeeignet.

Werden schlussendlich Bauteile ausgewählt, welche nicht unter die zuvor genannten Ausschlusskriterien fallen, so sind bei diesen die bewegten Massen zu bestimmen, welche potenziell zu einer Nichteinhaltung vorgegebener maximal zulässiger Kollisionskräfte führen können. Folglich sind nur angemessen leichte Bauteile zugelassen.[568] Sämtliche Sicherheitsaspekte sind einzelfallspezifisch zu prüfen für alle Werkzeug- und Werkstückkombinationen. Eine Änderung der Arbeitsprozesse erfordert sodann eine wiederholte Prüfung sicherheitskritischer Merkmale.[569]

Speziell in ergonomischer Hinsicht dürfen den Beschäftigten bei einer Arbeit an MRK-Arbeitsplätzen keine Einschränkungen oder Störungen ihrer menschlichen Wahrnehmungen entstehen. Ein Werker muss sich auf seine Arbeitstätigkeit konzentrieren können, ohne Aufmerksamkeit zur kritischen Begutachtung der Roboterbewegungen aufwenden zu müssen. Wesentlich wird dieses Ziel durch die Positionierung des Roboters erreicht, welche einen angemessenen Abstand zwischen Robotersystem und Mensch gewährleistet.[570] So sollten kollaborierende Roboter vor einem Werker in dessen Augenhöhe oder leicht darunter installiert sein, wohingegen eine Positionierung hinter oder über dem menschlichen Kopf als nicht empfehlenswert gilt.

Darüber hinaus ist die Roboterprogrammierung – im Rahmen ihrer technischen Möglichkeiten sowie Grenzen – durch die Betreiber so auszulegen, dass durch sie eine präventive Sicherheitsvorkehrung gewährleistet ist. Maßgeblich fällt hierunter die Auslegung der Geschwindigkeit konkret durchzuführender Roboterbewegungen.[571]

---

[568] Als angemessen leicht gelten Bauteile in der Praxis bis ca. 5 kg (vgl. Nördinger 2016a S. 4), wobei kollaborierende Robotersysteme i. d. R. etwas höhere Nutzlasten vorweisen, die den gesamten einstelligen Kilogrammbereich abdecken.
[569] Es sei an dieser Stelle angemerkt, dass eine CE-Kennzeichnung für MRK-Arbeitsplätze nicht herstellerseitig erfolgt, sondern im Rahmen einer Einzeluntersuchung des konkreten Arbeitsplatzes vorgenommen wird.
[570] Vgl. Naber et al. 2013 S. 423.
[571] Oftmals wird diese in der Praxis weniger schnell ausgelegt, wie ein Roboter technisch in der Lage wäre. Hierbei ist die Balance zu wahren zwischen dem als unproduktiv anzusehenden Warten eines Werkers auf den Roboter und zu schnellen Roboterbewegungen, die zu physischer und psychischer Überforderung und Gefährdungen führen können.

Hierbei ist der Aspekt der Beschleunigung im Rahmen von Bewegungsabläufen zu berücksichtigen, wobei eine „ruckartig" schnelle Beschleunigung weniger sinnvoll ist wie ein langsames Anfahren, weil der Mensch die Bewegungen in diesem Fall schlecht bis gar nicht prognostizieren kann. Gleiches gilt für das Beenden von Bewegungen, die sukzessive auslaufen und nicht abrupt stoppen sollten.[572]

Aus Sicht der Prozessgestaltung gilt es in diesem Rahmen auch, Nebentätigkeiten der Werker an MRK-Arbeitsplätzen zu reduzieren. Dies trägt u. a. dazu bei, das Ziel einer körperlichen Entlastung zu erreichen durch das Vermeiden ungünstiger Körperhaltungen bzw. -bewegungen. Bei der Prozessgestaltung können zudem anwenderspezifische Vorlieben und körperliche Voraussetzungen (bzw. Einschränkungen) berücksichtigt werden,[573] womit eine Individualisierung der Arbeitsplätze forciert wird.

Vorkehrungen durch den Nutzer

Ein Werker als Nutzer einer kollaborierenden Roboteranlage am Arbeitsplatz trägt Verantwortung für die Gewährleistung von Ergonomie und Sicherheit. Basis ist die Aneignung von Wissen durch eine erfolgreiche Teilnahme an Qualifizierungsmaßnahmen, ein sorgfältiger sowie sachgerechter Umgang mit dem Roboter und ggf. das Tragen zusätzlicher Schutzausrüstung.

Im Rahmen von Qualifizierungsmaßnahmen, welche primär durch das betreibende Unternehmen anzubieten sind, ist ein Werker an Besonderheiten der Arbeit mit kollaborierenden Robotern heranzuführen.[574] Dies betrifft MRK-Arbeitsplätze im Allgemeinen sowie einen konkret betrachteten Arbeitsplatz eines Werkers mit dem dort installierten Robotersystem im Besonderen. Hierbei sind theoretische Erkenntnisse und praktische Erfahrungen, letztere durch konkrete Übungsaufgaben im Arbeitsumfeld, zu vermitteln. Insbesondere technische Grenzen sind deutlich zu machen.

Unter einem sorgfältigen und sachgerechten Umgang mit MRK am Arbeitsplatz ist zu verstehen, dass diese nur für diejenigen Zwecke eingesetzt wird, für die das Robotersystem im Rahmen der Arbeitsorganisation und -gestaltung vorgesehen wurde.

---

[572] Vgl. Koppenborg et al. 2013 S. 419 f.
[573] Vgl. Dieber et al. 2017 S. 300 sowie Hengstebeck et al. 2018 S. 52.
[574] Siehe hierzu auch Ausführungen in Abschnitt 8.1.5.

Hierunter fällt insbesondere, dass nur die festgelegten Werkzeuge angebracht und die zuvor bestimmten Bauteile bearbeitet werden dürfen. Sofern notwendig, kann zusätzlich das Tragen von Schutzkleidung verlangt werden,[575] wozu Handschuhe oder Schutzbrillen zählen können.

In diesem Abschnitt wurde gezeigt, dass die Verantwortung für den sicheren Einsatz gleichermaßen bei dem Nutzer, dem Hersteller und dem Betreiber kollaborierender Robotersysteme liegt. Mögliche Auswirkungen auf Ergonomie und Sicherheit sowie Ansätze zu ihrer Verbesserung müssen von diesen drei Parteien bestmöglich erkannt und beurteilt werden. Dies umfasst primär physische Aspekte, jedoch auch psychische.[576] Ausgehend von diesen Überlegungen wird nachfolgend auf normative Anforderungen eingegangen, welche Rahmenbedingungen für den Einsatz kollaborierender Roboter vorgeben und die folglich die wesentlichen in Tabelle 20 aufgezeigten Anforderungen abdecken.

8.1.4.3 Normative Anforderungen

Um eine ordnungsgemäße Betriebsfähigkeit von MRK-Systemen zu gewährleisten, ist die Beachtung gesetzlicher und regulatorischer Anforderungen erforderlich, welche ergänzt werden durch die Befolgung dokumentarischer Nachweispflichten sowie regelmäßiger technischer Überprüfungen. Zu der Vielzahl an Regelungen, die es zu beachten gilt, soll hier ein Überblick gegeben werden.[577] Zunächst ist die europäische Maschinenrichtlinie 2006/42/EG zu nennen, welche über das Produktsicherheitsgesetz in nationales deutsches Recht überführt ist. Diese Richtlinie dient dazu, für MRK-Anlagen bei Erstauslieferung ein angemessenes Sicherheitsniveau zu gewährleisten. Darüber hinaus sind mehrere

---

[575] Vgl. Matthias et al. 2011 S. 2.
[576] Auf negativen Stress, der durch nicht prognostizierbare Roboterbewegungen verursacht wird, wurde bereits eingegangen. Der Einsatz kollaborierender Roboter kann weiterhin genutzt werden, um psychische Belastungen zu reduzieren. Bspw. induziert die Bewegungsbahn des Roboters die Bearbeitungsreihenfolge und erinnert den Mensch an diese.
[577] Eine vollumfängliche Diskussion der Inhalte, welche sich aus den im vorliegenden Abschnitt genannten Regularien ergeben, würde über den Rahmen dieser Schrift hinausgehen. Weiterführende Informationen finden sich etwa in VDMA Verband Deutscher Maschinen- und Anlagenbauer 2016.

Normen anzuwenden. Hierzu seien die EN ISO 10218 Teil 1 und Teil 2 genannt, welche Sicherheitsanforderungen allgemeiner Art an Industrieroboter stellen.

Die technische Spezifikation DIN ISO/TS 15066-2017 darf als die wichtigste Anforderung an Arbeitsplätze mit kollaborierenden Robotern angesehen werden und definiert Sicherheitsanforderungen an die Arbeitsumgebung und die Arbeitsorganisation. So werden in den Hauptabschnitten der Spezifikation[578] die Gestaltung von kollaborierenden Industrierobotersystemen, die Anforderungen an Anwendungen von kollaborierenden Robotersystemen, die Verifizierung und Validierung sowie Benutzerinformationen behandelt. Um die hohen Sicherheitsanforderungen zu realisieren, wird in der Spezifikation eine umfassende Risikobeurteilung unter Einbezug der Umgebung des Roboters eingefordert.[579] Bei der Gestaltung von kollaborierenden Robotersystemen werden in Abschnitt 4 der Spezifikation die räumliche Anordnung mit daraus resultierenden Merkmalen, die Gefährdungsidentifizierung einschließlich Maßnahmen zur Risikominimierung sowie die Beschreibung von Arbeitsaufgaben in den Fokus genommen. Abschnitt 5 stellt den Schwerpunkt dar und behandelt den Ablauf der kollaborativen Arbeit. Insbesondere werden darin Berechnungsansätze für Geschwindigkeits-, Leistungs- und Kraftbegrenzungen aufgezeigt. In Kapitel 6 wird bzgl. der Verifizierung und Validierung auf Abschnitt 6 der ISO 10218-2:2011 verwiesen. Letztlich werden in Abschnitt 7 Benutzerinformationen hinsichtlich der benötigten Dokumentation für die Beschreibung des Robotersystems, dessen zugehörigen Arbeitsplatz und Betrieb an diesem aufgezeigt.

Folglich ergänzt die DIN ISO/TS 15066-2017 die Ausführungen der zuvor genannten EN ISO 10218. Darüber hinaus sind die Gestaltungsleitsätze zur Risikobeurteilung und -minderung der Sicherheit von Maschinen gem. EN ISO 12100 und EN ISO 14121 zu beachten. Weiterhin sind sicherheitsbezogene Teile der Roboter-Steuerungen nach EN

---

[578] Die DIN-Normen sind größtenteils mittels der sog. „High-Level-Structure" mit einem einheitlichen Aufbau und folglich mit einer einheitlichen Kapitelstruktur versehen. So regeln die Abschnitte 1, 2 und 3 den Anwendungsbereich, normative Verweisungen sowie Begriffsdefinitionen, bevor ab Abschnitt 4 (erster Hauptabschnitt) der Inhalt der jeweiligen Norm beschrieben wird.
[579] Vor dem Hintergrund der noch fortdauernden intensiven Weiterentwicklung kollaborierender Robotersysteme wird in der Spezifikation ausdrücklich darauf hingewiesen, dass für die angegebenen Grenzwerte etc. Aktualisierungen zu erwarten sind (vgl. ISO/TS 15066 S. 5).

ISO 13849 auszulegen. Darüber hinaus sind in der EN ISO 13855 arbeitsschutzrelevante Aspekte für Schutzeinrichtungen geregelt. Zudem gelten die Unfallverhütungsverordnung, die Betriebssicherheitsverordnung und die Anlagenprüfung nach VDE 0105-100 auch für MRK. Zuletzt sind die Technischen Regeln für Betriebssicherheit nach TRBS 1201 zu nennen, welche arbeitswissenschaftliche Erkenntnisse für überwachungsbedürftige Anlagen aufführen. Es kann zusammengefasst werden, dass sämtliche Anforderungen an konventionelle Industrieroboter auch auf kollaborierende Roboter anzuwenden sind, es jedoch darüber hinausgehende Anforderungen gibt, die lediglich für MRK gelten.

Es bestehen vielfältige Möglichkeiten, wie die Forderungen aus den genannten Regelwerken umgesetzt werden können. Diese sind fallspezifisch auszulegen, sodass keine allgemeingültige Vorgehensweise geschildert werden kann. Jedoch ist es möglich, nachfolgend eine Übersicht zu möglichen Ansätzen zu geben. Leicht erreichbare Not-Halt-Tasten sind bei MRK-Applikationen der Regelfall. Bei der Arbeitsplatzgestaltung ist auf schnell erreichbare Fluchtwege zu achten, ebenso auf Möglichkeiten für die Beschäftigen, sich jederzeit vom Roboter entfernen zu können. Die sensortechnische Umwelterkennung, wie sie zuvor geschildert wurde, und darauf basierende Abschaltfunktionen sind technische Vorkehrungen zur Sicherstellung einer möglichst gefahrlosen Arbeitsumgebung, welche ergänzt werden können durch den Einsatz lichtbasierter Projektion von Sicherheitsräumen und deren vollständige sensorische Überwachung. Letztere kann etwa umgesetzt werden mittels Sensorfußböden zur Lokalisierung des Menschen im Arbeitsumfeld.

Die Einhaltung dieser vielseitigen Regelungen sowie der zuvor genannten Anforderungen an Hersteller, Betreiber und Anwender wird maßgeblich durch Kenntnisse darüber gefördert, sodass der Qualifizierung von Einrichtern und Nutzern eine wesentliche Aufgabe zukommt. Auf diese wird im Folgenden in der Art Bezug genommen, dass aufgezeigt wird, wie eine Good-Practice-Vorgehensweise zur Qualifizierung für die MRK aussehen kann.

8.1.5 Stufenweise Qualifizierung für die Nutzung kollaborierender Roboter

Weil betreibende Unternehmen in der Verantwortung des Einsatzes von MRK stehen, ist ein korrekter und sicherer Umgang mit den kollaborierenden Robotersystemen durch ihr Personal zu gewährleisten. Für eine erfolgreiche Gestaltung von Produktionsarbeit mittels kollaborierender Robotersysteme ist die Qualifizierung der damit operierenden Beschäftigten, insbesondere der Werker, von großer Bedeutung, wie bereits zuvor genannt. Diese kann bspw. durch speziell geschulte externe Lehrkräfte und Ausbilder erfolgen, welche mit den jeweiligen Roboterherstellern kooperieren und somit ein hohes technisches Verständnis in die Qualifizierungsmaßnahmen einbringen können.[580]

Die in dieser Schrift bereits geschilderte Empfehlung, das im operativen Arbeitsprozess tätige Personal frühzeitig in Digitalisierungsmaßnahmen einzubinden, gilt selbstredend auch für MRK. Die Qualifizierung sollte eine Sensibilisierung für die Chancen und Herausforderungen umfassen, aber auch dem Abbau von etwaigen Unsicherheiten und Ängsten dienen. In Abbildung 76 ist ein dreistufiger Ansatz aufgezeigt, welcher im Rahmen der Qualifizierung für den Einsatz kollaborierender Robotersysteme Anwendung finden kann.

---

[580] Vgl. acatech - Deutsche Akademie der Technikwissenschaften 2016 S. 21.

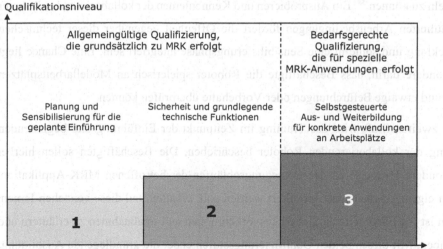

Qualifikationsniveau

Allgemeingültige Qualifizierung,
die grundsätzlich zu MRK erfolgt

Bedarfsgerechte
Qualifizierung,
die für spezielle
MRK-Anwendungen erfolgt

Planung und
Sensibilisierung für die
geplante Einführung

Sicherheit und grundlegende
technische Funktionen

Selbstgesteuerte
Aus- und Weiterbildung
für konkrete Anwendungen
an Arbeitsplätze

1   2   3

Zeitverlauf der Nutzung kollaborierender Roboter und der begleitenden Qualifizierung

Abbildung 76: Stufen der Qualifizierung für kollaborierende Robotersysteme[581]

In der ersten Stufe steht die Erzielung von Akzeptanz der geplanten MRK-Maßnahme als Voraussetzung für ihre erfolgreiche Einführung im Fokus. Oftmals ist es für Beschäftigte eine neue, ungewohnte Situation, mit einem Roboter an ihrem Arbeitsplatz unmittelbar zusammenzuarbeiten und Vorerfahrungen hierin fehlen. Unsicherheiten im Umgang mit den Systemen, Ängste um langfristigen Arbeitsplatzverlust und Vorbehalte über die Sinnhaftigkeit dieser Anwendungen gehen damit mitunter einher. Deshalb erscheint die Einbeziehung der Personen, die zu einem späteren Zeitpunkt MRK an ihren Arbeitsplätzen nutzen sollen, bereits in diesem frühen Stadium sinnvoll. Sie erhalten hierdurch die Möglichkeit, frühestmöglich über geplante arbeitsorganisatorische und -gestalterische Änderungen informiert zu werden und diese wesentlich mitgestalten zu können. Weil in der ersten Stufe die geplante MRK-Applikation i. d. R. noch nicht am eigenen Arbeitsplatz zur Verfügung steht, empfiehlt sich hier ein Ausprobieren und Kennenlernen der Technologie im Rahmen eines Pilotarbeitsplatzes oder während des Besuchs einer Modellfabrik, um eine an die zukünftige Arbeitsumgebung angepasste Wissensvermittlung zu ermöglichen und erste praktische Erfahrungen an Demonstratoren

---

[581] Eigene Darstellung in Anlehnung an Weber et al. 2018c S. 621.

sammeln zu können.[582] Ein Ausprobieren und Kennenlernen der kollaborierenden Roboter in simulierten Arbeitsbedingungen fördert die Offenheit gegenüber dieser technischen Entwicklung und sollte in eine Sensibilisierungsphase integriert sein. Eine Chance liegt insbesondere darin, dass Beschäftigte die Roboter spielerisch an Modellarbeitsplätzen testen und etwaige Befürchtungen oder Vorbehalte überprüfen können.

In der zweiten Stufe wird das Training im Zeitpunkt der Einführung und beginnenden Nutzung der kollaborierenden Roboter beschrieben. Die Beschäftigten sollen hierbei insbesondere Hinweise zu den Bewegungsabläufen der betroffenen MRK-Applikation, die am eigenen Arbeitsplatz installiert werden soll, erhalten und diese verstehen lernen. Zudem ist die Bandbreite an Sicherheitsvorkehrungen und -maßnahmen zu erläutern und einzuüben. Mit diesen beiden Qualifizierungsstufen endet die grundlegende Ausbildung, welche die kollaborierenden Roboter für die Arbeitsprozesse verwendbar und das Personal hieran einsatzbar machen soll.

Darauf aufbauend erfolgen spezifische Weiterqualifizierungen in der dritten Stufe. Je nach persönlichem Aufgabengebiet der Beschäftigten[583] muss der Umgang mit einem kollaborierenden Roboter zur Bewältigung einer jeweiligen Arbeitsaufgabe gelehrt werden. Für die jeweilige Zielgruppe ist, wie in den beiden vorherigen Stufen, die Verständlichkeit aller Schulungsinhalte zu gewährleisten. Eine Kontrolle der Lernergebnisse im Anschluss an Qualifizierungsmaßnahmen ist empfehlenswert bzw. wird normseitig gefordert. Beherrschen die Beschäftigten die Funktionen eines Robotersystems bereits sicher im Arbeitsalltag, kommen für sie selbstgesteuerte Aus- und Weiterbildungen in Betracht, wodurch sie fortgeschrittene Interaktionen und erweiterte Funktionen erlernen können. Hierzu zählen bspw. die Programmierung neuer Bewegungen für neue Arbeitsschritte. Ein Lernen am Arbeitsplatz fördert das praxisintegrierte, situative Lernen und kann wiederum mittels digitalisierter Lernmaterialien, etwa in Form von Lehrvideos, eigenhändig durch die Beschäftigten

---

[582] Als Modellfabriken werden Einrichtungen bezeichnet, die i. d. R. halb-öffentlich sind und einem interessierten Fachpublikum zu Demonstrationszwecken zur Verfügung stehen. In ihnen wird die Bandbreite der industriellen Digitalisierungsmöglichkeiten in beispielhaften Anwendungsgebieten veranschaulicht, somit auch zu MRK.
[583] Hierzu können die Programmierung und Ersteinrichtung von MRK-Systemen, die Instandhaltung oder die Bedienung im operativen Produktionsablauf zählen.

erfolgen. Der Lerntransfer kann hierdurch in einem Arbeitsprozess direkt überprüft werden. Weiterhin zeichnet sich ein handlungsorientiertes Lernen dadurch aus, dass Inhalte leichter verinnerlicht und besser behalten werden.

Mit diesen Ausführungen endet die Schilderung der strukturierten, mehrstufigen Qualifizierung von Personal für den Einsatz an MRK-Arbeitsplätzen und es wird nachfolgend der Schwerpunkt auf die Einführung kollaborierender Robotersysteme gelegt.

8.1.6   Vorgehensweise für die Einführung kollaborierender Roboter

Bei der Einführung kollaborierender Roboter gelten die betriebliche Produktivität und die Verbesserung der Arbeitsplatzergonomie als die beiden primären praxisrelevanten Zielsetzungen.[584] Wie bereits skizziert, ist die MRK betriebswirtschaftlich dort sinnvoll, wo eine ausreichend große Stückzahl mit einem hohen Anteil an Handarbeit zu fertigen ist.[585] Unter Beachtung der zuvor in Abschnitt 8.1.4 genannten Anforderungen an Arbeitsschutz und Ergonomie ist der Einsatz kollaborierender Roboter auf ein enges Anwendungsfeld begrenzt. Somit stellt sich folglich die Frage nach einer praxisgerechten Vorgehensweise bei der Planung von MRK-Arbeitsplätzen. Empfehlenswert erscheint die Bestimmung kritischer zu erfüllender Merkmale, eine Priorisierung der hierauf zu prüfenden Faktoren und somit ein sukzessiver Prüfansatz. In Abbildung 77 ist ein Vorgehensmodell mit sechs Schritten aufgezeigt,[586] welches diesen Ansprüchen genügen soll und nachfolgend erläutert wird. Dieses wird in der Fallstudie in Abschnitt 8.2 aufgegriffen.[587]

---

[584] Diese beiden Aspekte werden vordergründig in der Fallstudie in Abschnitt 8.2 behandelt.
[585] Vgl. Matthias und Ding 2013 S. 4.
[586] Vgl. Checkliste aus Weber und Stowasser 2018b.
[587] Ein alternativer mehrstufiger Prüfansatz findet sich bspw. in Zhang et al. 2017.

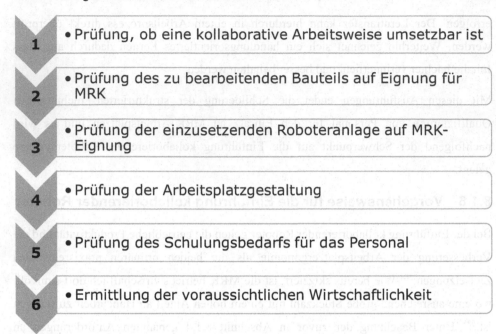

1. • Prüfung, ob eine kollaborative Arbeitsweise umsetzbar ist

2. • Prüfung des zu bearbeitenden Bauteils auf Eignung für MRK

3. • Prüfung der einzusetzenden Roboteranlage auf MRK-Eignung

4. • Prüfung der Arbeitsplatzgestaltung

5. • Prüfung des Schulungsbedarfs für das Personal

6. • Ermittlung der voraussichtlichen Wirtschaftlichkeit

Abbildung 77: Vorgehensmodell zur Prüfung auf MRK-Eignung[588]

Im ersten Schritt ist zu prüfen, ob eine kollaborative Zusammenarbeit, wie sie in Abbildung 70 beschrieben und zu anderen Arbeitsplätzen mit Robotern abgegrenzt wurde, beabsichtigt und prozesstechnisch umsetzbar ist. Folglich wird der weitere Prüfverlauf von der Arbeitsorganisation bestimmt. Fällt diese Prüfung positiv aus, ist im zweiten Schritt die Bauteileignung zu untersuchen. Wird die Bauteileignung bestätigt, erfolgt im dritten Schritt die Prüfung der in Frage kommenden Roboteranlage auf ihre technische sowie sicherheitsbezogene Eignung an einem spezifischen Arbeitsplatz. Hierbei sind insbesondere die in Abschnitt 8.1.4.3 aufgezeigten gesetzlichen und normativen Anforderungen zu prüfen. Bei erfolgreicher Prüfung erfolgt im Anschluss die Bestimmung der notwendigen Wissensvermittlung an das Personal, welches zukünftig mit dem gewählten MRK-System arbeiten soll. Es empfiehlt sich, diese in einem Schulungsplan zu konkretisieren.[589] Im letzten Schritt ist zu ermitteln, ob voraussichtlich

---

[588] Eigene Darstellung in Anlehnung an die Checkliste aus Weber und Stowasser 2018b.
[589] Entscheidet sich ein Unternehmen zur Einführung eines MRK-Systems, stellen Schulungsnachweise und Prüfungen des Schulungserfolgs eine empfehlenswerte bzw. geforderte ergänzende Dokumentation dieses Schrittes dar. Das Qualifizierungsmodell aus Abbildung 76 kann hierbei Anwendung finden.

ein wirtschaftlicher Einsatz des kollaborierenden Robotersystems gegeben sein wird. Folglich ist in diesem Schritt das erwartete Produktivitätspotenzial zu antizipieren.

Ausgehend von dieser Vorgehensweise stellt sich die Frage, in wie weit solche Überlegungen in der Industrie gemacht werden und kollaborierende Robotersysteme Anwendung finden, worauf im nächsten Abschnitt Bezug genommen wird.

8.1.7 Praktische Relevanz

Um die praktische Relevanz von MRK zu erörtern, sei zunächst ein Blick auf die Verbreitung des Einsatzes kollaborierender Roboter vorgenommen. Es liegen bislang keine validen Angaben zur zahlenmäßigen Verbreitung kollaborierender Roboter in der industriellen Produktion vor. Die Auto- und Maschinenbauindustrie gilt jedoch als Vorreiter in der Anwendung dieser Systeme. Die International Federation of Robotics hat für das Jahr 2016 ca. 254.000 verkaufte Industrieroboter angegeben und erwartet für den Zeitraum bis Ende des Jahrzehnts einen deutlichen Marktwachstum insbesondere für kollaborierende Robotersysteme.[590] Im Jahr 2017 wurden weltweit 381.000 Industrieroboter verkauft.[591] Der Marktanteil kollaborierender Roboter betrug um 2017 etwa 3 Prozent, wobei eine Steigerung auf 34 Prozent bis zum Jahr 2025 erwartet wird.[592] Aus diesen Größenangaben kann in etwa auf das Marktvolumen für MRK geschlossen werden. MRK als eigene Gattung von Robotern bilden einen relativ kleinen Nischenmarkt ab, der jedoch einem hohen Wachstum unterliegt.[593]

Wenn betriebspraktische Arbeitsinhalte so aufgeteilt werden sollen, dass von kollaborierenden Robotern monotone oder ergonomisch ungünstige Arbeitsschritte ausgeführt und von Werkern diejenigen Arbeitsschritte übernommen werden, in denen sie Robotern überlegen sind, dann stellt sich die Frage nach konkreten Anwendungsszenarien, die dies verdeutlichen. Dazu werden nachfolgend einige Beispiele aus der deutschen Metall-   und   Elektroindustrie   aufgezeigt,   um   die   Bandbreite   der

---

[590] Vgl. IFR International Federation of Robotics 2016 S. 16.
[591] Vgl. IFR International Federation of Robotics 2018 S. 13.
[592] Vgl. Robotics Industries Association 2018.
[593] Vgl. Grüling 2014.

Anwendungsmöglichkeiten zu verdeutlichen,[594] bevor in Abschnitt 8.2 ein modellhaftes Anwendungsszenario detailliert beschrieben wird.

Ein erstes Anwendungsbeispiel umfasst das sensitive Fügen von Zahnrädern in einem Montagewerk. Mitarbeiter befüllen eine Vorrichtung mit Kleinteilen und geben dem Roboter anschließend ein Startsignal, wonach dieser beginnt, Einzelteile in einem komplizierten Montageprozess zu verbinden. Die Werker müssen die Bauteile selbst nicht halten und werden dadurch physisch entlastet.[595] Ein zweites Anwendungsszenario zur körperlichen Entlastung ist das Einpassen von Längsträgern zur Verschweißung von Verstärkungsplatten an Automobilen. Der Roboter dient hier dem Halten und Positionieren der Bauteile, der Werker übernimmt die Schweißarbeiten. Ein drittes Anwendungsszenario liegt in der Nutzung von MRK zur psychischen Entlastung von Werkern bei repetitiven Testprozessen von Leiterplatten.[596] Diese Aufgabe unterliegt einem hohen Fehlerpotential aufgrund leichter Bruch- und Verschmutzungsgefahr sowie der Anforderung nach einem korrekten Sortieren der geprüften Einheiten. Diese monotone Prüf- und Feinarbeit gilt als ermüdend, sodass nach mehreren Wiederholungen des Prozesses Fehler auftreten können, was den Stresspegel erhöht und folglich eine psychische Belastung darstellt. Kollaborierende Roboter schaffen hierbei Abhilfe, wenn sie die Prüfobjekte aus dem Werkstückträger entnehmen, für Mitarbeiter auf ergonomisch günstiger Höhe zur Prüfung halten und anschließend in Abhängigkeit vom Messergebnis automatisiert in Werkstückträger einsortieren.

Mit diesem Abriss von Anwendungsbeispielen endet Abschnitt 8.1 und es ist ein breites Grundverständnis für die Thematik kollaborierender Roboter gelegt. Auf dieser Grundlage

---

[594] Für die im nachfolgenden Absatz skizzierten Beispiele vgl. Trübswetter et al. 2018.
[595] Es sei hierbei angemerkt, dass das Halten eines wenige Kilogramm schweren Bauteils als einmaliger Vorgang i. d. R. nicht als physisch anstrengend empfunden wird. Muss jedoch das selbe Bauteil über eine mehrstündige Schichtdauer immer wieder gehalten werden, so liegt sehr wohl eine physische Belastung vor. Dieser kann ein MRK-System vorbeugen.
[596] Zunächst erscheint es nicht erwartungskonform, dass kollaborierende Roboter, die zur energetischen Arbeitsunterstützung eingesetzt werden, auch zur Reduktion psychischer Belastungen beitragen können. Bspw. ist dies dadurch gegeben, dass der Roboter Arbeitsschritte induziert und ein Werker hierdurch leichter an die Bearbeitungsfolge erinnert wird (vgl. Hegenberg et al. 2018 S. 249).

wird nachfolgend ein Fallbeispiel behandelt und die Produktivitätsauswirkung vor dem Kontext der vorliegenden Schrift untersucht.

8.2 Beschreibung der Fallstudie

In diesem Abschnitt wird eine Fallstudie beschrieben, in welcher das Vorgehensmodell aus Abschnitt 7.2.2 aufgegriffen wird. Dabei erfolgt die Anwendung für einen Montagearbeitsplatz, an dem ein Bauteil nach vorgegebenem Arbeitsplan zu montieren ist. Der Nutzen von MRK, als ein Beispiel für eine Digitalisierungsmaßnahme, wird mittels eines Vorher-Nachher-Vergleichs erörtert, wobei in der Ausgangssituation nur manuelle Montagetätigkeiten stattfinden und in der Alternativsituation MRK integriert wird. Hierfür wird das Prüfschema aus Abbildung 77 zugrunde gelegt. Insbesondere steht bei den Ausführungen die Produktivitätswirkung der Integration von MRK in den betrachteten Arbeitsplatz im Vordergrund.

Die Fallstudie hat Modellcharakter und soll der Veranschaulichung der Produktivitätswirkung der Digitalisierung dienen. Die gewählte abstrakte Betrachtung weist hinsichtlich einer praxisgerechten Umsetzung einen Konkretisierungsbedarf auf.

8.2.1 Ausgangssituation und Bestimmung einer Digitalisierungsmaßnahme

Zunächst wird die Ausgangssituation beschrieben, zu welcher Angaben zum Unternehmen, die produktbezogene Bauteilbeschreibung, Angaben zum manuell stattfindenden Arbeitsvorgang einschl. Prozesszeiten und zu dem betrachteten Montagearbeitsplatz gehören. Diese Situation wird nachfolgend in Abschnitt 8.2.2 für eine Integration von MRK angepasst.

8.2.1.1 Unternehmens- und Produktbeschreibung

In dem betrachteten Unternehmen werden in Montageprozessen Wellenaufnahmen inkl. Lagerung hergestellt. Es wird angenommen, dass der Betrieb über mehrere gleichartige Montagearbeitsplätze verfügt, sodass die nachfolgend gemachten Erläuterungen zu einem Arbeitsplatz auf alle anderen verallgemeinert werden können. Den Montageprozessen können zerspanungstechnische Fertigungsprozesse vorausgegangen sein, die nachfolgend jedoch nicht weiter betrachtet werden.

Die Anwendung des Vorgehensmodells beginnt mit Schritt 1a aus Abbildung 68. Das Unternehmen betrachtet seine Produktivität in der Montage als zu gering und sieht folglich Handlungsbedarf. Das liegt darin begründet, dass einerseits ein wettbewerblicher Druck vorliegt, die Herstellkosten zu senken, sowie der Wunsch besteht, höhere Kundentakte durch eine höhere Ausbringungsmenge der Montage je Schicht bedienen zu können. Hierin liegt die grundlegende Aufgabenstellung begründet, welche durch Nutzung des Vorgehensmodells in dem betrachteten Unternehmen zu lösen ist.

In Schritt 1a soll die Ausgangssituation analysiert werden. Hierfür wird zunächst das Bauteil mit seiner Aufbaustruktur beschrieben, bevor eine Beschäftigung mit den Rahmenbedingungen des Unternehmens sowie der Digitalisierung als mögliche Lösung der zuvor genannten Problemstellung erfolgen kann.

Insgesamt sind vier Einzelteile für eine fertige Wellenaufnahme mit Lagerung zu montieren: ein Grundteil, ein Kugellager, ein Sicherungsring und eine Deckplatte. Alle Teile sind aus Eisen gefertigt.[597] In die Wellenaufnahme gehen vier Schrauben als Hilfsstoffe ein. Das Grundteil ist in Abbildung 78 dargestellt.[598] Hierfür wird ein Gewicht von 3,9 kg angenommen. In dieses Grundteil ist ein Kugellager einzulegen, welches in Abbildung 79 dargestellt ist und wofür ein Gewicht von 0,5 kg angenommen wird. Dieses Kugellager wird im Grundteil mit Hilfe eines Sicherungsringes fixiert, für den ein Gewicht von 0,1 kg angenommen wird. Dieser ist in Abbildung 80 abgebildet.

---

[597] Hierauf gründet die Gewichtsermittlung bei einem spezifischen Gewicht von Eisen in Höhe von 7,87 g / cm³. Eine genauere Werkstoffspezifikation ist für die hier betrachtete Fallstudie nicht erforderlich.
[598] Alle im Folgenden dargestellten Zeichnungen sind vereinfachend erstellt mit den wesentlichen Größenangaben.

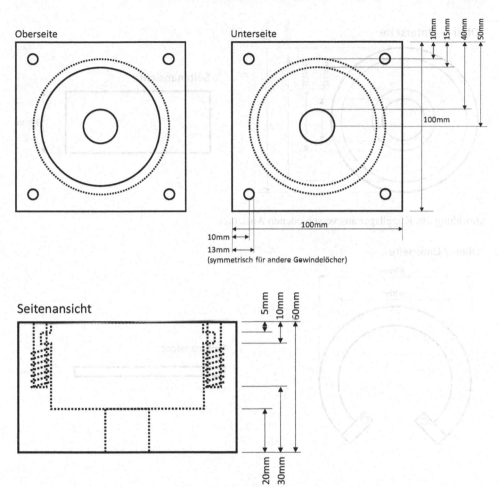

Abbildung 78: Grundteil aus verschiedenen Ansichten

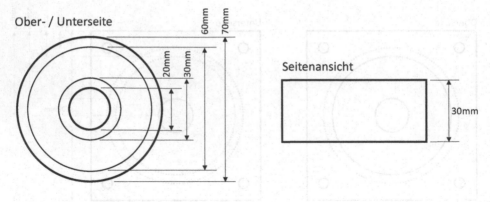

Abbildung 79: Kugellager aus verschiedenen Ansichten

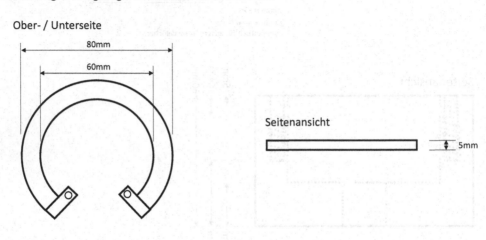

Abbildung 80: Sicherungsring aus verschiedenen Ansichten

Nachdem das Kugellager in das Grundteil eingelegt und mit dem Sicherungsring fixiert wurde, wird eine Deckplatte mit 4 Schrauben auf das Grundteil montiert. Für die Deckplatte wird ein Gewicht von 0,8 kg angenommen. Diese ist in Abbildung 81 dargestellt. Für die Schrauben vom Typ M6 mit einer Länge von 30 mm wird insgesamt ein Gewicht von 0,1 kg angenommen.

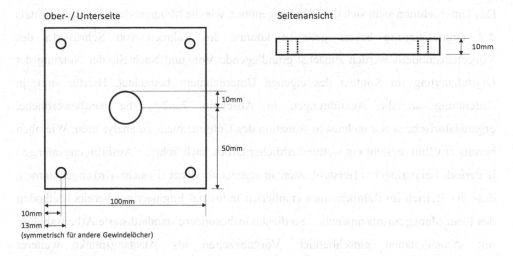

Abbildung 81: Deckplatte aus verschiedenen Ansichten

Am Ende des Montageprozesses ist das in Abbildung 82 dargestellte Erzeugnis geeignet, eine Welle aufzunehmen. Das Enderzeugnis ist mit einem Gesamtgewicht von 5,4 kg angegeben (ohne Welle). Basierend auf dieser Produktbeschreibung kann im nächsten Abschnitt ein Arbeitsplan erstellt werden.

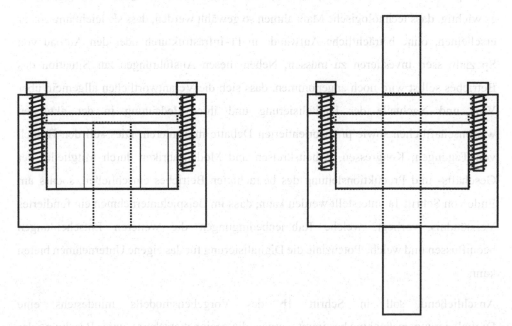

Abbildung 82: Fertig montiertes Bauteil in der Seitenansicht ohne und mit Welle

Das Unternehmen sieht sich der Frage gegenüber, wie die Montage der Einzelteile mittels der Digitalisierung besser gelingen könnte. Im Rahmen von Schritt 1a des Vorgehensmodells werden zunächst grundlegende Vor- und Nachteile der Nutzung der Digitalisierung im Kontext des eigenen Unternehmens betrachtet. Hierfür sind, in Anlehnung an die Ausführungen in Abschnitt 7.2.2.1, die wettbewerbliche, organisatorische sowie technische Situation des Unternehmens zu analysieren. Wie oben bereits erwähnt, besteht ein wettbewerblicher Druck nach höheren Ausbringungsmengen je Periode bei geringeren Herstellkosten. In organisatorischer Hinsicht wird angenommen, dass der Betrieb im Rahmen eines etablierten Industrial Engineerings bereits Methoden des Lean Managements anwendet. So dienen insbesondere standardisierte Arbeitsabläufe mit Arbeitsplänen einschließlich Vorgabezeiten als Ausgangspunkt weiterer Verbesserungen. Hierbei wird angenommen, dass aus arbeitswissenschaftlicher Sicht an den Montagearbeitsplätzen noch Potenzial zur Ergonomieverbesserung besteht.

In technischer Hinsicht wird angenommen, dass das Unternehmen über rudimentäre IT-Kenntnisse sowie eine historisch gewachsene IT-Infrastruktur verfügt, welche sich durch heterogene und zumeist unverbundene Systeme auszeichnet. Vor diesem Hintergrund ist es wichtig, dass technologische Maßnahmen so gewählt werden, dass sie leicht umsetzbar erscheinen, ohne beträchtliche Aufwände in IT-Infrastrukturen oder den Aufbau von Spezialwissen investieren zu müssen. Neben diesen Ausführungen zur Situation des Betriebes selbst wird noch angenommen, dass sich die Verantwortlichen allgemein über Vor- und Nachteile der Digitalisierung und ihrer Bedeutung in der aktuellen wissenschaftlichen sowie praxisorientierten Debatte informieren. Dies soll den Besuch von Tagungen, Kongressen, Arbeitskreisen und Modellfabriken durch Mitglieder der Geschäfts- und Produktionsleitung des betrachteten Betriebes einschließen, sodass am Ende von Schritt 1a unterstellt werden kann, dass im Beispielunternehmen ein fundiertes Verständnis vorliegt, welche Rahmenbedingungen die weiteren Entscheidungen beeinflussen und welche Potenziale die Digitalisierung für das eigene Unternehmen bieten kann.

Anschließend soll in Schritt 1b des Vorgehensmodells mindestens eine Digitalisierungsmaßnahme bestimmt werden, die geeignet erscheint, unter Beachtung der in Schritt 1a abgeleiteten Rahmenbedingungen die eingangs gestellte Problemstellung zu lösen. Hierfür werden im Beispielbetrieb mehrere Optionen betrachtet, die zuvor aus dem Ordnungsrahmen extrahiert wurden.[599]

Als erste Option ist es denkbar, die Werker im Montageprozess mittels besserer Informationsversorgung, ermöglicht durch Augmented Reality, gezielter durch den Montageprozess zu leiten. Hierunter könnte bspw. das Anleuchten von Entnahmepositionen für ein schnelleres Greifen oder die Projizierung von Montageanleitungen in das Sichtfeld fallen. Weil das Produkt jedoch relativ einfach aufgebaut und folglich zu montieren ist, die Anzahl Einzelteile sehr begrenzt ist sowie eine gute Qualifizierung des Personals angenommen wird, erscheint diese Option nicht geeignet, die oben genannte Zielstellung nachhaltig zu verfolgen. Zudem ginge damit ein nicht unerheblicher Programmieraufwand einher (und dies bei jeder Änderung der Montageaufgaben), welcher fremdvergeben werden müsste, wenn das Unternehmen hierfür kein Personal qualifizieren möchte.

Als zweite Option wird die Mensch-Roboter-Kollaboration in Betracht gezogen. Weil ein energetischer Montageprozess vorliegt und ein Roboter hierbei gezielt Unterstützung leisten kann, sehen die Verantwortlichen des Unternehmens hier vielseitige Möglichkeiten, die Arbeitsorganisation neu zu gestaltet und folglich höhere Potenziale zu heben als bei einer rein informatorischen Verbesserung der Arbeitsaufgabe. Dabei sollen betriebswirtschaftliche und arbeitswissenschaftliche Kriterien der Montage verbessert werden.

Unter Berücksichtigung der Rahmenbedingungen, wie sie oben geschildert wurden, wird der Aufwand für die Integration eines solchen Robotersystems als akzeptabel angesehen, weil keine zusätzlichen IT-Infrastrukturen bereitgestellt werden müssen (der Roboter kann als in sich geschlossenes System an einem Arbeitsplatz integriert werden), der Programmieraufwand vergleichsweise gering ausfällt (es besteht die Möglichkeit der intuitiven Programmierung durch händisches Bewegen des Roboters in Ergänzung zu einer leicht erlernbaren softwaregestützten Steuerung) und die Flexibilität des Einsatzes

---

[599] Es sei angenommen, dass der Betrieb den Ordnungsrahmen nach Abbildung 64 gewählt hat, wobei $\alpha=2$ (Erhöhung des quantitativen Outputs), $\beta=4$ bzw. 5 (Bereitstellung bzw. Nutzung von Daten) und $\gamma=1$ bzw. 2 (Fokus auf energetischer Arbeitsunterstützung) als Suchkriterien für Digitalisierungsmaßnahmen bestimmt wurden.

kollaborierender Robotersysteme hoch ist. Bei der Suche nach geeigneten
Digitalisierungsmaßnahmen legt sich das Unternehmen auf Grundlage dieser – hier noch
sehr allgemeingültigen Argumente – am Ende von Schritt 1b auf MRK fest und sieht hierin
die größten Potenziale zur Erreichung der Zielstellung.[600] In diesem Zuge wird
angenommen, dass sich die Verantwortlichen im Unternehmen mit den Inhalten aus
Abschnitt 8.1 vertraut machen und damit Schritt 1 aus dem Vorgehensmodell
vollumfänglich abschließen. In Schritt 2 soll geklärt werden, ob die bislang gestellten
Erwartungen im konkreten Anwendungsfall erfüllt werden können und welche
Auswirkungen die Integration von MRK haben wird. Bevor auf diese geplante Integration
von MRK als gewählte Digitalisierungsmaßnahme eingegangen werden kann, müssen
zunächst der Arbeitsplan und der Arbeitsplatz näher beschrieben werden.

8.2.1.2   Arbeitsplanbeschreibung

Die Produktstruktur ist so gewählt, dass sie keine groben Produktionsfehler durch falschen
Zusammenbau zulässt.[601] In Tabelle 21 sind die Montagetätigkeiten, wie sie im vorherigen
Abschnitt beschrieben wurden, tabellarisch nach ihrer zeitlichen Abfolge aufgeführt
einschließlich der dazugehörigen Vorgabezeiten.[602] Alle Tätigkeiten werden sequenziell
durchlaufen.

---

[600] Im praktischen Kontext würde in Schritt 1b auch ein konkretes Robotermodell von einem
Anbieter ausgewählt werden, weil nur damit die nachfolgenden Prüfungen konkretisiert werden
können. In dieser Schrift soll, aus Gründen der Allgemeingültigkeit und der Vermeidung von
Werbung, davon abgesehen werden, ein Modell konkret zu benennen.
[601] Hierdurch wird das Prinzip des Poka Yoke aus dem Lean Management, welches für die
„Vermeidung von Fehlern" steht, unterstützt. Poka Yoke wird umgesetzt durch eine intelligente
Produkt- sowie Prozessentwicklung, bei der Fehler vermieden bzw. unmittelbar für
Korrekturbedarfe offensichtlich werden. (vgl. Kubiak und Benbow 2010 S. 335).
[602] Zur erleichterten Berechnung werden hier und im Folgenden Zeiten in Dezimalform
angegeben. Für die Berechnung der Vorgabezeiten erfolgte zuerst die Annahme, dass der Mensch
mit 1,2 m/s seine Armbewegungen ausführt. Die Distanzen wurden gem. der noch zu erläuternden
Abbildung 83 bestimmt. Zudem wurden pauschal jeweils 10 Sekunden für die Greifvorgänge auf
die Wegezeiten addiert. Neben diesen Wegezeiten wurden noch Zeiten für die Tätigkeiten am
Werktisch selbst addiert. Im Einzelnen betragen Wegezeit und Zeiten am Werktisch für die sechs
Arbeitsvorgänge (1 bis 6, Angaben in Sekunden): 10,58 + 10,00; 10,75 + 15,00; 11,50 + 20,00;
11,17 + 10,00; 11,50 + 70,00; 10,58 + 15,00.

Tabelle 21: Arbeitsvorgänge ohne MRK einschl. Vorgabezeiten

Arbeits-vorgang	Tätigkeit	Ggf. Werkzeug	Vorgabezeit (in Minuten)
1	Entnahme Grundteil aus Rohmateriallager und Ablegen auf Werktisch		0,34
2	Entnahme Kugellager aus Kleinteilelager und Einsetzen in Grundteil		0,43
3	Entnahme Sicherungsring aus Kleinteilelager und Einsetzen in Grundteil	Zange	0,53
4	Entnahme Deckplatte aus Rohmateriallager und Aufsetzen auf Grundteil		0,35
5	Entnahme von 4 Schrauben aus Kleinteilelager und Verschrauben der Deckplatte mit dem Grundteil	Schrauben-dreher	1,36
6	Entnahme des Fertigteils vom Werktisch und Einlegen in das Fertigteilelager		0,43

Die Bereitstellung aller Teile einschließlich der Durchführung der Tätigkeiten erfolgt zentral an einem Montagearbeitsplatz. Dieser wird im nächsten Abschnitt beschrieben.

8.2.1.3 Arbeitsplatzbeschreibung

Das zuvor beschriebene Bauteil wird an einem Arbeitsplatz von einer dort tätigen Arbeitsperson montiert. Diese arbeitet an einem Werktisch, auf dem die Montage stattfindet. Hinter dem Werktisch befinden sich zwei Lagerplätze, einmal für das Rohmaterial (Grundteil und Deckplatte) und einmal für die fertig montierte Wellenaufnahme. Aus Sicht des Monteurs befindet sich links vom Werktisch ein Kleinteilelager, aus dem dieser das Kugellager, den Sicherungsring sowie die Schrauben für den Montageprozess entnimmt. Alle Lagerplätze sind als Rollenlagersysteme ausgelegt und in ergonomisch günstiger Griffhöhe gestaltet, wodurch eine Entnahme an der immer gleichen Stelle ermöglicht wird. Rechts vom Monteur befindet sich an den Werktisch angeschlossen in gleicher Höhe das benötigte Handwerkzeug. Dieses umfasst eine Zange zum Einpassen des Sicherungsrings sowie einen Schraubendreher zur Verschraubung der vier Schrauben. Abbildung 83 zeigt den Montagearbeitsplatz in der Draufsicht ohne MRK einschl. der Maßangaben.

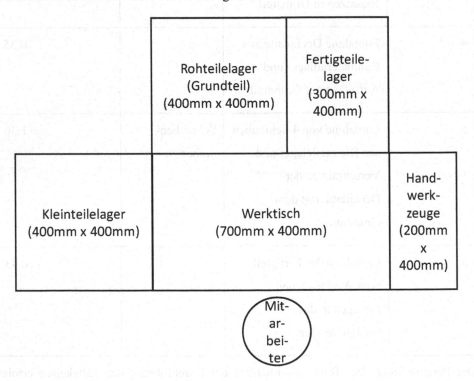

Abbildung 83: Montagearbeitsplatz in der Draufsicht ohne MRK

Der Arbeitsplatz ohne MRK stellt die Ausgangssituation dar, mit welcher die Produktivitätsbewertung des Arbeitsplatzes mit MRK verglichen werden soll. Hierfür wird nachfolgend zunächst die Ausgangssituation bewertet.

8.2.1.4 Bewertung der Ausgangssituation und der Eignung kollaborativer Roboter

Um die eingangs in Abschnitt 8.2.1.1 gestellte wettbewerbliche Erwartung nach kürzeren Durchlaufzeiten bei geringeren Herstellkosten bewerten zu können, muss die Ausgangssituation dahingehend analysiert werden. Hierbei wird primär die aktuelle Produktivität erläutert, jedoch werden auch andere nachteilige Eigenschaften der Ist-Situation aufgezeigt. Weil das Unternehmen den Anspruch hat, neben betriebswirtschaftlichen Kenngrößen auch arbeitswissenschaftliche Gesichtspunkte der Montagetätigkeit zu verbessern, müssen der Arbeitsplan und der Arbeitsplatz aus verschiedenen Perspektiven bewertet werden.

Unter Berücksichtigung der zuvor in Tabelle 21 genannten Vorgabezeiten ergibt sich das in Abbildung 83 gezeigte Gantt-Diagramm der Arbeitsvorgänge, welche die Basis für die weitere Bewertung ist.

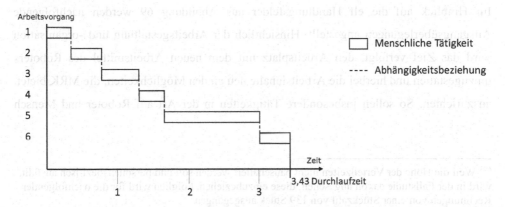

Abbildung 84: Gantt-Diagramm der Arbeitsvorgänge ohne MRK

Ein vollständiger Montagezyklus ist nach 3,43 Minuten abgeschlossen. Nach Durchlauf aller sechs Arbeitsvorgänge beginnt der Zyklus erneut. Bei einer Achtstundenschicht können – eine kontinuierliche Produktion unterstellt – insgesamt 139 Stück hergestellt werden. Dabei sind keine Verteilzeiten berücksichtigt, wodurch jede Form von Pause des Monteurs zu einer Reduzierung der Stückzahl je Schicht führt.[603]

Wenn die Mitarbeiterstunde mit 39,30 EUR bewertet wird,[604] ergeben sich Stückfertigungskosten von 2,25 EUR (ohne Einbezug von Materialkosten).[605] Werden die Stückkosten mit der Stückzahl je Schicht multipliziert, ergeben sich 312,71 EUR Fertigungskosten je Schicht.

Die fehlenden persönlichen Verteilzeiten sind ebenso wie die Tatsache, dass der Monteur je Schicht ein hohes Bauteilgewicht zu bewegen hat,[606] als ergonomisch ungünstig zu werten. Mit der Beanspruchung der Muskeln geht eine Abnahme der Kraftkontrolle beim Anziehen der Schrauben einher, sodass aus qualitativer Sicht zudem mit Einbußen beim Verschraubungsprozess im Schichtverlauf zu rechnen ist.

Die hier geschilderte Situation einschließlich ihrer Bewertung stellt den Ausgangspunkt für den Produktivitätsvergleich dar. Gemäß Schritt 2a des Vorgehensmodells aus Abbildung 68 sollen zunächst alle Beteiligten sensibilisiert werden, einerseits für die Bewertung der Ausgangssituation und andererseits für die Notwendigkeit, eine Veränderung mittels einer Digitalisierungsmaßnahme umzusetzen.

Im Hinblick auf die elf Handlungsfelder aus Abbildung 69 werden nachfolgende Ausgangsüberlegungen angestellt. Hinsichtlich der Arbeitsgestaltung und -organisation wird das Ziel verfolgt, den Arbeitsplatz mit dem neuen Arbeitsmittel des Roboters umzugestalten und hierbei die Arbeitsinhalte neu an den Möglichkeiten, die MRK bietet, auszurichten. So sollen insbesondere Tätigkeiten in der Art auf Roboter und Mensch

---

[603] Weil die Höhe der Verteilzeiten nicht pauschaliert werden soll und personenspezifisch ausfällt, wird in der Fallstudie davon abgesehen, diese einzubeziehen. Folglich wird für die nachfolgenden Rechnungen von einer Stückzahl von 139 Stück ausgegangen.

[604] Dieser Kostensatz entspricht den Arbeitskosten je geleisteter Stunde im verarbeitenden Gewerbe im Jahr 2017 (vgl. Statistisches Bundesamt (Destatis) 2018).

[605] Materialkosten werden nicht betrachtet, weil diese sich zwischen der Situation ohne und mit MRK nicht verändern. Folglich sind sie nicht entscheidungsrelevant.

[606] Das Bauteil ist mit 5,4 kg angegeben (Summe der Einzelteile). Folglich sind zunächst die Einzelteile zu bewegen und anschließend das fertig montierte Bauteil, sodass je Zyklus 10,8 kg zu bewegen sind. Bei 139 Stück je Schicht ergibt sich eine zu bewegende Gesamtmasse von 1.501,2 kg. Das Bewegen des Werkzeuges ist hierin noch nicht enthalten. Diese Zahlen verdeutlichen die oben gemachte Ausführung, dass Verteilzeiten zur Erholung im praktischen Kontext nötig werden.

aufgeteilt werden, dass eine Parallelisierung von Arbeit ermöglicht wird[607] und die Ergonomie der Beschäftigten verbessert werden kann. Das Unternehmen wird sich in diesem Rahmen insbesondere mit der gesetzes- und normkonformen Gestaltung des Arbeitsplatzes auseinandersetzen müssen.[608] Dies beinhaltet Maßnahmen zur Gewährleistung des Arbeits- und Gesundheitsschutzes, wofür im Beispielunternehmen auch Qualifizierungsmaßnahmen nach dem in Abbildung 76 gezeigten stufenbasierten Schema erfolgen sollen. So könnte zunächst ausgehend von dem in Schritt 1b des Vorgehensmodells bestimmten Robotersystem eine Schulung durch Vertreter des Roboterherstellers erfolgen. Hierbei wird es insbesondere wichtig sein, die Mitarbeiter vom Nutzen des Roboters für ihre Arbeit zu überzeugen und etwaige psychische Belastungen, welche mit dem Erlernen der Kollaboration mit dem Roboter und den neu gestalteten Arbeitsabläufen einhergehen, zu reduzieren.

Darüber hinaus wird ein Qualifizierungsbedarf dahingehend bestehen, dass Programmierkenntnisse zumindest in geringem Umfang angeeignet werden müssen, wenngleich die Robotersysteme sich häufig durch eine einfache, intuitive Steuerung auszeichnen und auch die Möglichkeit besteht, mittels händischer Führung des Roboters einen Teil der Programmierung auszuführen. Unter der Annahme, dass bislang kein Robotereinsatz in dem Beispielunternehmen erfolgt, empfiehlt es sich eine ausreichende Anzahl Personen zu schulen, die den Roboter am Arbeitsplatz einrichten und bei Änderungen von Arbeitsabläufen anpassen können. Weil MRK vergleichsweise leicht zu bedienende Geräte sind, ist der Qualifizierungsbedarf jedoch als überschaubar zu werten.

Mögliche Auswirkungen auf die Betriebs- und Arbeitszeit werden im vorliegenden Beispiel so betrachtet, dass zunächst keine Änderungen erfolgen. Jedoch bietet sich für das Unternehmen bei guter arbeitsorganisatorischer Gestaltung der Montagetätigkeit unter Einsatz von MRK die Chance, die Arbeitszeit der Monteure besser zu nutzen, weil Verteilzeiten besser integriert und grundsätzlich auch über eine Zweimaschinenbedienung nachgedacht werden kann, wie weiter unten noch zu sehen sein wird. Hinsichtlich der

---

[607] Weil dies den Schwerpunkt der hier betrachteten Fallstudie darstellt, werden arbeitsgestalterische und arbeitsorganisatorische Veränderungen detailliert ab Abschnitt 8.2.2 betrachtet.
[608] Siehe hierzu die Ausführungen in Abschnitt 8.1.4.

Ausgestaltung von Entgeltfragen für die Monteure ergibt sich ein doppelseitiges Bild. Einerseits sollen Arbeitsaufgaben auf den Roboter übertragen werden, sodass die beim Menschen verbleibenden Tätigkeitsanteile (und die zu deren Ausführung benötigten Kompetenzanforderungen) sinken, was folglich ein geringeres Entgelt zur Folge haben könnte. Andererseits erlangen die Beschäftigten eine höhere Qualifizierung für den Umgang mit den Robotern und müssen im Arbeitsalltag mit diesen zielgerichtet zusammenarbeiten, was ein höheres Entgelt begründen kann.[609] Für das Beispielunternehmen wird mit Blick auf diese ambivalenten Auswirkungen vereinfachend davon ausgegangen, dass keine Änderung in der Entgeltstruktur für die Monteure erfolgt.[610]

Hinsichtlich des Datenschutzes besteht mit kollaborierenden Robotersystemen grundsätzlich die Möglichkeit, Daten über die mit dem Roboter arbeitenden Personen zu erheben. Aus diesem Grund soll im Beispielbetrieb unter Einbeziehung des dortigen Betriebsrats festgehalten werden, dass grundsätzlich keinerlei Datenspeicherung erfolgt. Mit Blick auf die Datensicherheit muss lediglich gewährleistet werden, dass die Programmiercodes eines Roboters gegen Verlust gesichert werden müssen. Dies darf als einfach umzusetzen gewertet werden, weil ein kollaborierendes Robotersystem in sich geschlossen ist und Programmiercodes folglich leicht auf externen Datenträgern gesichert werden können. Im Handlungsfeld „Externe Unterstützung" wurde bereits genannt, dass Vertreter eines Robotersystemanbieters bei der Implementierung und Qualifizierung unterstützen sollen. Darüber hinaus gehender Beratungsbedarf wird im Beispielunternehmen nicht betrachtet, da erwartet wird, dass die arbeitsorganisatorischen und -gestalterischen Entscheidungen durch das interne Industrial Engineering bearbeitet werden können.

---

[609] Mitarbeiter, welche zudem Qualifikationen zur Roboterprogrammierung erlangt haben, sind hier nicht weiter betrachtet, da davon ausgegangen wird, dass diese nicht die Montagetätigkeiten ausführen.

[610] Unter Berücksichtigung der im Fortgang noch zu erläuternden Neugestaltung der Arbeitsorganisation und der dadurch gewonnenen Verteilzeiten sowie der Reduktion der physischen Belastung kann zudem argumentiert werden, dass die Arbeitsbelastung insgesamt sinken wird und bei gleichbleibendem Entgelt die Monteure weniger Arbeitsleistung zu erbringen haben als zuvor, was de facto als eine Entgeltsteigerung verstanden werden kann, welche die Zusatzqualifikation mitabdeckt und die Motivation zur Nutzung von MRK am Arbeitsplatz steigert.

Zuletzt bleibt das Handlungsfeld „Wirtschaftlichkeit und Erfolg". Im nächsten Abschnitt werden die Veränderungen am Arbeitsplatz durch die Integration eines kollaborierenden Roboters und die damit angestrebten Verbesserungspotenziale beschrieben, welche die wirtschaftliche Verbesserung und somit die erfolgreiche Implementierung der MRK gewährleisten sollen. Dies geht eng mit der detaillierten Beschreibung der arbeitsorganisatorischen Veränderungen einher. Ergänzend wird anschließend in Abschnitt 8.2.3 der Nutzen von MRK aus quantitativer und qualitativer Sicht beschrieben.

8.2.2   Integration der Mensch-Roboter-Kollaboration

Im Folgenden wird auf Schritt 2b des Vorgehensmodells aus Abbildung 68 eingegangen und beschrieben, wie die eigentliche Umsetzung der Digitalisierungsmaßnahme im Beispiel erfolgt. Es werden hierfür Überlegungen aus Schritt 2a aufgegriffen und konkretisiert. Ausgehend von der Ausgangssituation werden nun insbesondere die Überlegungen aufgezeigt, warum MRK für den vorliegenden Arbeitsprozess und Arbeitsplatz sinnvoll erscheint. Folglich werden die im vorherigen Abschnitt angerissenen Überlegungen zu arbeitsgestalterischen und arbeitsorganisatorischen Veränderungen konkretisiert. Anschließend wird auf die quantitativen sowie qualitativen Änderungen und damit erzielten Verbesserungen durch die Integration des kollaborierenden Roboters eingegangen.

Um die Nutzung eines kollaborierenden Roboters für den betrachteten Arbeitsplatz zu planen, wird nachfolgend für die Ausgestaltung eines Plans zur Integration das Prüfschema aus Abbildung 77 angewendet.

Schritt 1: Prüfung der Umsetzbarkeit einer kollaborativen Arbeitsweise

Gemäß dem ersten Prüfschritt ist zunächst zu ermitteln, ob eine kollaborative Arbeitsweise umsetzbar ist. Mit Blick auf die beschriebenen Montagetätigkeiten lässt sich feststellen, dass diese geprägt sind durch eine überschaubare Anzahl an Arbeitsschritten, die allesamt mit dem Handling von Metallteilen zu tun haben. Die Arbeitsschritte lassen sich hierbei insofern voneinander trennen, als dass diese auf mehrere ausführende Subjekte aufgeteilt werden können – unabhängig davon, ob diese Subjekte Menschen oder Roboter sind. Zudem besteht die Möglichkeit, diese voneinander zu entkoppeln und teilweise – unter Beachtung von Reihenfolgebeziehungen – zu parallelisieren. Grundsätzlich wird folglich im Hinblick auf den ersten Prüfschritt aus Abbildung 77 bejaht, dass eine kollaborative Arbeitsweise umsetzbar ist.

Schritt 2: Prüfung der Bauteileignung für eine kollaborative Arbeitsweise

Im zweiten Prüfschritt ist zu ermitteln, ob das Bauteil für MRK geeignet ist. Alle Einzelteile des beschriebenen Bauteils weisen keine scharfen Kanten auf und werden in Raumtemperatur bearbeitet. Zudem zeichnen sie sich durch ein Gewicht im niedrigen einstelligen Kilobereich aus. Auch die Bauteilgröße ist mit wenigen Zentimetern im Rahmen dessen, was ein kollaborierender Roboter zu bearbeiten in der Lage ist. Folglich wird mit Blick auf den zweiten Prüfschritt aus Abbildung 77 bejaht, dass das Bauteil für eine kollaborative Arbeitsweise geeignet ist.

Schritt 3: Prüfung der einzusetzenden Roboteranlage auf kollaborative Eignung

Im dritten Prüfschritt gilt es zu ermitteln, ob die zu nutzende Roboteranlage kollaborationsgeeignet ist. Für den vorstehenden Montageprozess liegt bislang keine Roboteranlage vor, welche dort integriert ist. Aus diesem Grunde wird die Anschaffung eines neuen Roboters in Erwägung gezogen. Folglich kann diese Anschaffung explizit im Hinblick auf eine Eignung für kollaborativen Betrieb erfolgen. Es wird deshalb ein handelsübliches Robotersystem gewählt, welches von einem Fachanbieter für den MRK-Betrieb entwickelt wurde.[611] Folglich wird im Hinblick auf den dritten Prüfschritt aus Abbildung 77 die Kollaborationsfähigkeit bejaht. Für das beispielhaft betrachtete Robotermodell wird ein Maschinenstundensatz mit einem Wert von 12,72 EUR angesetzt.[612]

---

[611] Am Markt bieten verschiedene Unternehmen Robotersysteme an, die explizit für den Kollaborationsbetrieb entwickelt wurden und hinsichtlich ihrer technischen Daten vergleichbar sind. Es wird in dieser Schrift davon abgesehen, ein konkretes Modell zu benennen, weil keine Werbung für einen Hersteller platziert werden soll. Technische Eigenschaften werden nachfolgend nicht weiter betrachtet. Auf die Kosten des Roboters wird in der Wirtschaftlichkeitsbetrachtung eingegangen.

[612] Die Herleitung des Maschinenstundensatzes ist wie folgt: Die Anschaffungskosten werden mit 100.000 EUR beziffert, die mit einer geplanten Nutzungszeit von 8 Jahren linear abgeschrieben werden. Bei ca. 0,80 m Spannweite des Roboterarmes wird ein quadratischer Arbeitsraum von 4 m² Fläche angenommen, der mit einer jährlichen Raummiete von 180 EUR je m² in die Kalkulation einfließt. Hinzu kommt ein Stromverbrauch von 3 kWh, der mit 0,26 EUR je kWh einbezogen wird. Weiterhin werden 7 Prozent kalkulatorische Zinsen auf die halben Anschaffungskosten berechnet und pauschal 2.000 EUR jährliche Wartungskosten einbezogen.

Schritt 4: Prüfung der Arbeitsplatzgestaltung auf Kollaborationseignung

Im vierten Prüfschritt ist zu ermitteln, ob die Arbeitsplatzgestaltung für die Integration eines kollaborierenden Roboters geeignet ist. In die Arbeitsplatzanordnung aus Abbildung 83 lässt sich ein kollaborierender Roboter am besten integrieren, wenn eine Layoutänderung vorgenommen wird, welche sich an der arbeitsorganisatorischen Aufteilung der Tätigkeitsschritte auf Mensch und Roboter orientiert. Hierfür werden die Arbeitsvorgänge aus Tabelle 21 übernommen und leicht verändert für eine Nutzung mit dem kollaborierenden Roboter.

Zur Umsetzung dieser Planung bedarf es zunächst einer Anpassung des Montagearbeitsplatzes, worauf nachfolgend Bezug genommen wird. Der kollaborierende Roboter wird dem Werker gegenüber angeordnet und die Lagerplätze für Roh- und Fertigteile im 45°-Winkel dahinter angeordnet, um dem Roboter den Greifvorgang zeiteffizient zu ermöglichen. Um zudem dem Roboter die Koordination bei der Bereitstellung des Bauteils und dessen späterer Entnahme zu erleichtern, wird auf dem Werktisch eine Einspannvorrichtung angebracht, in welcher das Grundteil eingelegt und montiert wird. Zuletzt werden auf dem Werktisch links und rechts zwei synchron zu betätigende Permanentschalter installiert, welche für die Steuerung der Schraubvorgänge durch den Roboter benötigt werden. Abbildung 85 zeigt den Arbeitsplatz in der Draufsicht mit MRK.

Die jährliche Kapazität ist mit 230 Arbeitstagen im Ein-Schichtbetrieb mit 8 Stunden Soll-Arbeitszeit je Schicht und einem effektiven Nutzungsfaktor von 80 Prozent berücksichtigt.

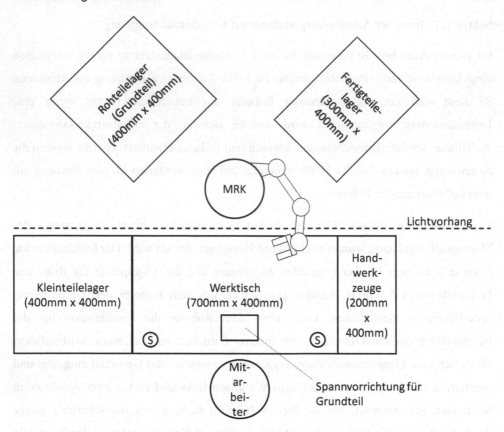

Abbildung 85: Montagearbeitsplatz in der Draufsicht mit MRK

Der kollaborierende Roboter interagiert mit dem Monteur an dem Werktisch. Das Roh- und Fertigteilelager wird, weil es sich hinter dem Roboter befindet, durch einen Lichtvorhang vom Arbeitsbereich des Monteurs getrennt. Wird durch diesen Lichtvorhang sicher erkannt, dass sich der Werker nicht im hinteren Teil des Arbeitsplatzes befindet, kann der Roboter dort mit erhöhter Geschwindigkeit die Entnahme von Rohteilen und das Einlegen von Fertigteilen ausführen. Für den Fall, dass der Mensch sich dort aufhalten sollte, würde die übliche MRK-Geschwindigkeit für kollaborierende Arbeiten gewählt.[613] Aufgrund der Rollenbahnen ist eine sichere Positionierung zum Greifen bzw. Ablegen für den Roboter gewährleistet. Mit den beiden Permanentschaltern, welche durch

---

[613] Siehe auch Ausführungen zur Berechnung der Vorgabezeiten für Tabelle 22.

gleichzeitige Nutzung der linken und der rechten Hand zu betätigen sind, wird der Roboter befähigt höhere Kräfte aufzuwenden für die Verschraubung der vier Schrauben.[614]

Anschließend werden die Tätigkeiten aufgeteilt auf den Roboter und den Menschen. Der Roboter übernimmt die Entnahme des Grundteils sowie der Deckplatte aus dem Rohmateriallager und deren Ablegen auf dem Werktisch. Am Ende der Montage lagert er die fertige Wellenaufnahme ein. Der Mensch entnimmt das Kugellager und baut dieses zusammen mit dem Sicherungsring ein. Der alte Schraubvorgang aus Arbeitsvorgang 5 wird auf zwei neue Arbeitsvorgänge 5 und 6 aufgeteilt. Der Mensch setzt nun die Schrauben lediglich ein, wohingehend der Roboter die eigentliche Verschraubung ausführt. Auf dieser Basis ergibt sich die in Tabelle 22 abgebildete Auflistung der Arbeitsvorgänge inkl. Vorgabezeiten.[615]

---

[614] Für alle kollaborierenden Vorgänge wird im vorgestellten Beispiel ein maximaler Kraftaufwand betrachtet, der unter 15 Nm liegt. Für die Schraubvorgänge werden Kräfte von 17 Nm aufgewendet (dieser Wert gilt für Stahlschrauben der Größe M6 mit Regelgewinde, wie sie im vorliegenden Beispiel betrachtet werden, bei einer Festigkeitsklasse von 12,9 gem. DIN 912). Weil beide Hände zum Betätigen der beiden Permanentschalter benötigt werden, ist ausgeschlossen, dass der Monteur mit seinen Händen in den Schraubprozess eingreift und verletzt werden kann.
[615] Zur Berechnung der Vorgabezeiten (Angaben in Sekunden): die Angaben zu den Arbeitsvorgängen 2 und 3 wurden aus Tabelle 21 übernommen. Die Zeit für Arbeitsvorgang 5 ändert sich insofern, dass ein Greifen nach dem Werkzeug nicht mehr nötig ist, ebenso wenig das händische Verschrauben. Demnach wird als Wegezeit 10,75 und als Zeit am Werktisch 15,00 angenommen. Für alle kollaborierenden Vorgänge wird im vorgestellten Beispiel eine Geschwindigkeit von 1,5 m/s für die Wegstrecken betrachtet, die vor einem Lichtvorhang vom Roboter zurückgelegt werden. Für die Ein- und Auslagervorgänge kann eine Geschwindigkeit bis 2,0 m/s hinter diesem Lichtvorhang aufgewendet werden, wobei nachfolgend davon ausgegangen wird, dass der Mensch nicht in den Bereich hinter den Lichtvorgang eingreift. Die Zeiten am Werktisch werden für die Arbeitsvorgänge 1 und 7 pauschal verdoppelt, da der Roboter mehr Zeit zum Greifen benötigt als ein Mensch. Für Arbeitsvorgang 5 ergibt sich eine Reduktion, weil der Mensch nicht mehr die Verschraubung ausführt. Der verbleibende Zeitanteil wird Arbeitsvorgang 6 zugerechnet. Als Zeiten für die Wege und Tätigkeiten am Werktisch ergeben sich: 10,80 + 20,00; 10,75 + 15,00; 11,50 + 20,00; 10,91 + 10,00; 10,75 + 15,00; 10,00 + 40,00; 10,46 + 25,00.

Tabelle 22: Arbeitsvorgänge mit MRK einschl. Vorgabezeiten

Arbeits-vorgang	Tätigkeit	Ausführung	Ggf. Werkzeug	Vorgabezeit (in Minuten)
1	Entnahme Grundteil aus Rohmateriallager und Ablegen auf Werktisch (in Einlegevorrichtung)	Roboter		0,51
2	Entnahme Kugellager aus Kleinteilelager und Einsetzen in Grundteil	Mensch		0,43
3	Entnahme Sicherungsring aus Kleinteilelager und Einsetzen in Grundteil	Mensch	Zange	0,53
4	Entnahme Deckplatte aus Rohmateriallager und Aufsetzen auf Grundteil	Roboter		0,35

5	Entnahme von 4 Schrauben aus Kleinteilelager und Einsetzen in die Deckplatte, danach Betätigung der Simultanschalter	Mensch		0,43
6	Verschrauben der Deckplatte	Roboter und Mensch[616]	Schraub-aufsatz	0,83
7	Entnahme des Fertigteils vom Werktisch und Einlegen in das Fertigteilelager	Roboter		0,59

Im Gegensatz zu den Prozesszeiten aus Tabelle 21 kann keine einfache Addition der Prozesszeiten erfolgen, weil bestimmte Tätigkeiten parallel ablaufen. Zunächst betrifft dies die Arbeitsvorgänge 1 und 2. Der Zeitanteil für die Entnahme der Kugellager aus dem Kleinteilelager (im vorliegenden Beispiel 0,17 Minuten) fällt unabhängig von der Bewegung des Roboters an. Erst für das Einsetzen des Kugellagers muss der Arbeitsvorgang 1 abgeschlossen sein. Während die menschenbezogenen Arbeitsvorgänge 2, 3 und 5 ablaufen, kann der Roboter bereits den Arbeitsvorgang 4 durchführen. Hierbei ist anzumerken, dass zuerst Arbeitsvorgang 1 beendet sein muss. Weil die menschenbezogenen Tätigkeiten länger dauern, ergibt sich eine Stillstandszeit für den Roboter in Höhe von 0,86 Minuten. Arbeitsvorgang 6 wird primär durch den Roboter ausgeführt, erfordert aber das Betätigen der beiden Simultanschalter durch den Menschen,

---

[616] Der Mensch ist während dieses Arbeitsvorgangs insofern zeitlich gebunden, als dass er die Simultanschalter betätigen muss.

sodass hier beide gleichzeitig arbeiten. Während Arbeitsvorgang 7 und der Großteil von Arbeitsvorgang 1 vom Roboter ausgeführt werden, ergibt sich für den Menschen eine Wartezeit in Höhe von 1,28 Minuten. Somit lässt sich das in Abbildung 86 gezeigte Gantt-Diagramm für einen vollständigen Zyklus erstellen.

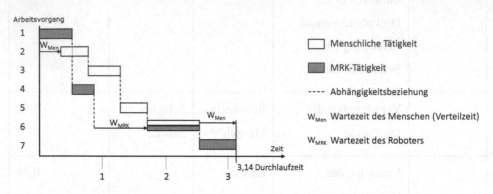

Abbildung 86: Gantt-Diagramm der Arbeitsvorgänge mit MRK

Nach dieser Anpassung des Arbeitsplatzes kann für den vierten Prüfschritt aus Abbildung 77 bejaht werden, dass die Arbeitsplatzgestaltung – und auch die arbeitsorganisatorische Aufteilung der Tätigkeiten auf Mensch und Roboter – für eine kollaborative Arbeitsweise geeignet ist.

Schritt 5: Prüfung des Schulungsbedarfs für das eingesetzte Personal

Im fünften Prüfschritt wird der Schulungsbedarf für das einzusetzende Personal ermittelt, welcher sich aus der Änderung des Arbeitsplatzes durch die MRK-Integration ergibt. Wird unterstellt, dass bislang der Montageprozess von angelerntem Personal ohne Erfahrung im Umgang mit kollaborierenden Robotern durchgeführt wurde, so wird die beabsichtigte Veränderung des Arbeitsplatzes mit einem Schulungsbedarf für dieses Personal einhergehen. Wird das Qualifizierungsvorgehen aus Abbildung 76 gewählt, so bietet es sich an, gemäß der ersten Qualifizierungsstufe alle Mitarbeiter, die an diesem Arbeitsplatz tätig sein werden, zunächst allgemein in einer unternehmensinternen Schulung über MRK und deren Nutzen zu unterrichten.[617] Die zweite Qualifizierungsstufe, welche sich mit dem gewählten technischen System beschäftigt, muss das zuvor ausgesuchte Robotermodell

---

[617] Die Schulungsinhalte hierfür sollten auf den Zielsetzungen beruhen, welche mit der MRK-Integration verfolgt und die nachfolgend erläutert werden.

fokussieren. Folglich bietet es sich hier an, eine Schulung zu den Funktionalitäten des Roboters in Kooperation mit dem Hersteller der Roboteranlage durchzuführen.

Die dritte Qualifizierungsstufe umfasst die Ausbildung des Personals am Arbeitsplatz im realen Montagekontext. Die zuvor beschriebenen Änderungen der Tätigkeiten sind im Vergleich zur Ausgangssituation als moderat zu bezeichnen und lassen eine leichte Einfindung nach wenigen Durchläufen des Montageprozesses erwarten. Insofern muss im fünften Prüfschritt aus Abbildung 77 die Frage nach einem Schulungsbedarf bejaht werden, der moderat vom hierfür zu leistenden Aufwand ausfällt.

Schritt 6: Ermittlung der voraussichtlichen Wirtschaftlichkeit

Die Vorteile der MRK-Integration müssen aus betriebswirtschaftlicher Sicht Kosteneinsparungen für das Unternehmen und aus Mitarbeitersicht Ergonomievorteile mit sich bringen. Die verbesserten Arbeitsbedingungen haben wiederum indirekt positive wirtschaftliche Effekte, wie etwa eine Reduktion krankheitsbedingter Ausfälle. Diese Aspekte sind Bestandteil des sechsten und letzten Prüfschrittes.

Weiter konkretisiert, sollen mit der Anschaffung eines kollaborierenden Roboters im vorgestellten Beispiel kosten-, zeit-, ergonomie- und qualitätsbezogene Aspekte verbessert werden, wie Abbildung 87 zeigt. Diese knüpfen an die zuvor gemachten Ausführungen zur Bewertung der Ausgangssituation an. Die einzelnen Teilzielstellungen werden nachfolgend erläutert.

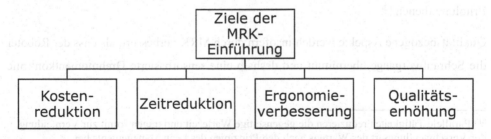

Abbildung 87: Ziele der Einführung eines kollaborierenden Robotersystems

Aus Kostensicht sollen die Stückkosten sinken, in welche der bereits genannte Maschinenstundensatz von 12,72 EUR einfließt. Für den Monteur wird, wie bereits genannt, im vorliegenden Beispiel ein Kostensatz von 39,30 EUR je Stunde gewählt.

Hieraus soll ein direkter Nutzen in Form geringerer Herstellkosten und folglich einer besseren Wettbewerbsfähigkeit resultieren.

Hinsichtlich der Zeiten ist das vordergründige Ziel eine Reduzierung der gesamten Montagezeit je Bauteil. Dies soll durch schnellere Bewegungsabläufe sowie parallele Tätigkeiten zwischen Mensch und Roboter erreicht werden.[618] Schnellere Bewegungsabläufe werden beim Menschen dadurch erreicht, dass weniger Arbeitsaufgaben auszuführen sind, welche in einer verbesserten Lernkurve resultieren. Sie werden weiterhin dadurch erreicht, dass Griffwege verkürzt werden, weil der Mensch nicht mehr alle Bauteile selbst greifen muss und sich auf die ihm nahe angeordneten Bauteile konzentrieren kann. Beim Roboter werden schnellere Bewegungen dadurch ermöglicht, dass dieser hinter einer Lichtschranke mit erhöhter Geschwindigkeit arbeiten kann. Die Parallelisierung von Arbeitsaufgaben wird dadurch erzielt, dass der Roboter das Grundteil aus dem Rohmateriallager entnimmt und anreicht, während der Mensch das Kugellager entnimmt.[619] Auch kann der Roboter die Deckplatte aus dem Rohteilelager entnehmen und anreichen, während der Mensch das Kugellager mit dem Sicherungsring fixiert. Die Parallelisierung von Tätigkeiten führt zur Reduktion gegenseitiger Wartezeiten.

In ergonomischer Hinsicht soll der Monteur entlastet werden beim Handling der Bauteile. Insbesondere gilt es, die zu bewegenden Massen zu reduzieren. Weiterhin sollen kurze Wartezeiten, welche aus der geänderten Prozessgestaltung resultieren, der inkrementellen Erholung dienen.[620]

Qualitätsbezogene Aspekte werden insofern durch MRK verbessert, als dass der Roboter die Schraubvorgänge übernimmt und deshalb eine sensorbasierte Drehmomentkontrolle

---

[618] Parallele Tätigkeiten reduzieren die gegenseitige Wartezeit und tragen somit zur Vermeidung der Verschwendungsart des Wartens nach den Prinzipien des Lean Managements bei.

[619] Beim zyklischen Durchlaufen der Montagetätigkeit für mehr als ein Bauteil erfolgt zudem die Einlagerung der fertig montierten Welle parallel zur Entnahme des Kugellagers.

[620] In der Ausgangssituation war dies nicht vorgesehen. Auch wenn im Fall mit MRK Wartezeiten als eine Verschwendungsart nun eingeplant sind, erscheinen diese sinnvoll, da der Mensch Erholung braucht. Wie bereits zuvor angemerkt, ist die Annahme keiner Verteilzeiten im Fall ohne MRK nicht realitätsnah. Folglich kann angenommen werden, dass der Zyklus mit MRK die gesamte Schicht über wiederholend durchlaufen werden kann, was im Fall ohne MRK als nicht möglich erscheint.

an jeder Schraube erfolgen kann. Dadurch wird sichergestellt, dass diese nicht zu schwach bzw. nicht zu fest angezogen werden.

In welcher Form die hier insgesamt getroffenen Vorüberlegungen zu einer Verbesserung im Hinblick auf die o. g. Zielstellungen führen, wird im nächsten Abschnitt analysiert.

8.2.3 Nutzen des Einsatzes eines kollaborierenden Robotersystems

Im Hinblick auf die im Abschnitt 8.2.2 gemachten Überlegungen, welche Zielsetzungen mit dem Einsatz von MRK verbessert werden sollen, erfolgt nun eine quantitative sowie qualitative Analyse in Form eines Vergleichs mit der Situation ohne kollaborierenden Roboter. Hierfür wird zunächst das Zeit-Ziel betrachtet, woraus sich anschließend eine Kostenbewertung ableiten lässt. Anschließend werden das Ergonomie- und das Qualitäts-Ziel betrachtet.

Verbesserungen des Zeit-Ziels

Im Hinblick auf die Zeiten zeigt sich mit Blick auf Abbildung 88, dass die Vorgabezeit je Stück um 8,5 Prozent von 3,43 auf 3,14 Minuten verkürzt wird. Dieser Effekt ist einerseits den schnelleren Bewegungsabläufen aufgrund kürzerer Wege und der Nutzung unterschiedlicher Geschwindigkeiten geschuldet, sowie andererseits auf die Möglichkeit zur Parallelisierung von Tätigkeiten zurückzuführen.

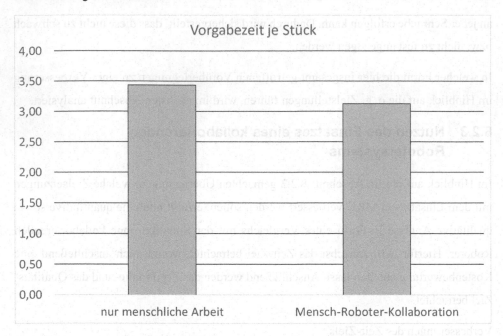

Abbildung 88: Vergleich der Vorgabezeiten je Stück

Anschließend werden ausgehend von den Vorgabezeiten die möglichen Stückzahlen in einer 8-Stunden-Schicht ermittelt. Das Ergebnis ist in Abbildung 89 gezeigt. Der Grafik ist ein Anstieg der Stückzahl je Schicht um 9,4 Prozent von 139 auf 152 Stück zu entnehmen.[621] Somit steigt die absolute Output-Menge.

---

[621] In dieser Betrachtung ist kritisch anzumerken, dass im Fall ohne MRK bislang keine Verteilzeiten berücksichtigt wurden, während im MRK-Fall Wartezeiten in der Durchlaufzeit vorgesehen sind, die als Verteilzeit genutzt werden können. Unter Berücksichtigung von Verteilzeiten im Fall ohne MRK fällt das Potenzial der Stückzahlzunahme folglich noch größer aus, weil sich die 139 Stück im Fall ohne MRK reduzieren würden.

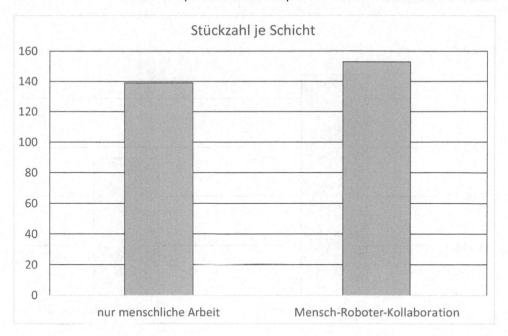

Abbildung 89: Vergleich der Stückzahl je Schicht

Verbesserungen des Kosten-Ziels

Im Hinblick auf die Kosten sind unterschiedliche Stundensätze für Mensch und Roboter im MRK-Fall zu berücksichtigen, die sich auf neu verteilte Vorgabezeiten aufteilen. Abbildung 90 zeigt, dass die Stückkosten um 38,2 Prozent von 2,25 EUR auf 1,39 EUR sinken.[622]

---

[622] Anzumerken ist, dass die Personalkosten für die volle Stunde anfallen, jedoch nur anteilig je Arbeitsvorgang in die Kalkulation einfließen. Folglich kann auch über einen erweiterten Mitarbeitereinsatz nachgedacht werden, worauf noch Bezug genommen wird.

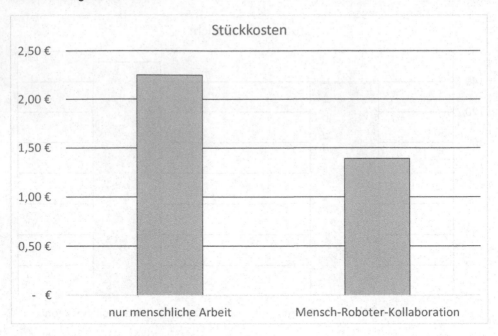

Abbildung 90: Vergleich der Stückkosten

Die Gesamtkosten für eine Schicht, ermittelt aus der Stückzahl je Schicht und den Stückkosten, dargestellt in Abbildung 91, sinken um 32,4 Prozent von 312,71 EUR auf 211,38 EUR.

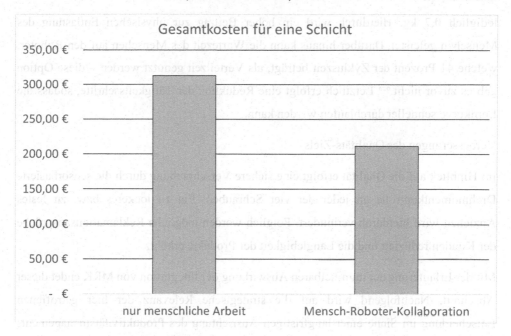

Abbildung 91: Vergleich der Gesamtkosten je Schicht

Bei den Gesamtkosten zeigt sich einerseits der Kosteneffekt und andererseits der quantitative Produktivitätseffekt einer gesteigerten Output-Menge, wobei diese zwei Effekte sich gegenseitig positiv beeinflussen.

Verbesserungen des Ergonomie-Ziels

Im Hinblick auf die Ergonomie werden kürzere Greifwege erzielt, die sich auf die Positionen links und rechts des Werktisches beschränken und somit auch das ungünstige Greifen schwerer Teile von bzw. nach vorne eliminieren. Dies wird ergänzt um die Tatsache, dass deutlich weniger Gewicht zu heben ist, weil der Roboter insbesondere die Handhabung der schweren Bauteile übernimmt. Wenn die Entnahme des Grundteils und das Einlagern der fertigen Wellenaufnahme nicht mehr händisch erfolgen, sparen diese den energetischen Arbeitsaufwand zum Bewegen der Gewichte (3,9 kg für das Grundteil und 5,4 kg für das fertige Endprodukt). Hinzu kommt der Entfall der Entnahme der Deckplatte (0,8 kg). Insgesamt ergibt sich somit eine Einsparung der aufzuwendenden energetischen Arbeit für den Mensch von 10,1 kg je Arbeitsvorgang. Bei einer insgesamt zu bewegenden Masse von 10,8 kg entspricht dies einer Reduktion um 93,5 Prozent auf lediglich 0,7 kg. Hierdurch wird ein hoher Beitrag zur physischen Entlastung des Menschen geleistet. Darüber hinaus kann die Wartezeit des Menschen auf den Roboter, welche 41 Prozent der Zykluszeit beträgt, als Verteilzeit genutzt werden – diese Option gab es zuvor nicht.[623] Letztlich erfolgt eine Reduktion der Tätigkeitsschritte, sodass die Lernkurve schneller durchlaufen werden kann.

Verbesserungen des Qualitäts-Ziels

Im Hinblick auf die Qualität erfolgt eine sichere Verschraubung durch die sensorbasierte Drehmomentkontrolle an jeder der vier Schrauben. Ein zu lockeres bzw. zu festes Anziehen wird hierdurch verhindert. Folglich werden mögliche Reklamationsansprüche der Kunden reduziert und die Langlebigkeit der Produkte erhöht.

Mit der Erläuterung der unmittelbaren Auswirkung der Integration von MRK endet dieser Abschnitt. Nachfolgend wird auf die strategische Relevanz der hier getroffenen Entscheidung im Sinne einer langfristigen Ausrichtung des Produktivitätsmanagements eingegangen.

8.2.4 Strategische Relevanz der Entscheidung für kollaborierende Roboter

Die Integration eines kollaborierenden Roboters, wie sie in dieser Fallstudie skizziert wurde, ist keine kurzfristige und kurzlebige Entscheidung, sondern sollte einer langfristig orientierten Produktivitätsstrategie folgen. Dafür sind Überlegungen zu treffen, aus welchen Gründen MRK für eine langfristige Nutzung sinnvoll erscheint und wie eine strategische Vorgehensweise aussehen kann, um MRK in einer breiteren Anwendung zu nutzen als bislang beschrieben. Dafür wird exemplarisch davon ausgegangen, dass die Änderung am zuvor beschriebenen Montagearbeitsplatz Pilotcharakter hat und weitere Anwendungsmöglichkeiten betrachtet werden sollen.

---

[623] Alternativ kann für diese Zeit auch eine Mehrmaschinenbedienung in Erwägung gezogen werden, bspw. an einem gespiegelt angeordneten Montagearbeitsplatz auf der anderen Seite des Werkers. Dies rechtfertigt die ohnehin anfallenden Personalkosten, welche für diese Zeit einem anderen, auf dem gespiegelten Montagearbeitsplatz zu produzierendem Produkt zugerechnet werden können.

Die Notwendigkeit einer langfristigen Nutzung des zuvor beschriebenen kollaborierenden Robotersystems ergibt sich unter anderem aus den Kosten für Anschaffung und Inbetriebnahme, welche im vorliegenden Fall mit 100.000 EUR angenommen wurden und somit die Erwartung aufstellen, dass sich diese Kosten amortisieren müssen, wofür eine ausreichend große zu fertigende Stückzahl benötigt wird, auf welche die Kosten umgelegt werden können. Auch aus der Tatsache heraus, dass ein Montagearbeitsplatz umgestaltet wird sowie Zeit und Kosten aufzuwenden sind für die Qualifizierung von Personal, erscheint eine längerfristige Nutzung der MRK sinnvoll.

Ein kollaborierendes Robotersystem ist dadurch gekennzeichnet, dass es sich sehr flexibel einsetzen lässt und folglich eine relativ leichte Adaptierbarkeit an neue Arbeitsaufgaben gegeben ist. Im Gegenzug zu konventionellen Roboteranlagen, welche i. d. R. mit einem vergleichsweise hohen Aufwand für eine spezifische Tätigkeit eingerichtet werden, kann die MRK deutlich flexibler Anwendung finden. Im vorliegenden Beispiel kann dies u. a. bedeuten, dass die Roboteranlage auch für abgewandelte Bauteile genutzt werden kann. Folglich wäre die Roboteranlage auch für Varianten bzw. Folgegenerationen des Produktes mit geringem Anpassungsaufwand nutzbar. Etwaige Änderungen des Montagearbeitsplatzes, die sich bspw. auf eine geänderte Bauteilzusammensetzung zurückführen lassen, sind zudem ebenfalls leicht umsetzbar und der Roboter kann in einem geänderten Layout an geeigneter Stelle flexibel integriert werden. Zudem kann der Roboter mit vergleichsweise geringem Aufwand abgebaut und an einem anderen Arbeitsplatz integriert werden.

Wenn das Unternehmen die Entscheidung für MRK einmal getroffen hat und eine ausreichende Anzahl an Mitarbeitern dafür qualifiziert ist, kann die Kollaboration als solche als „gewohnt und bekannt" angenommen werden, wodurch die Ausweitung des MRK-Einsatzes deutlich erleichtert wird. So lassen sich ausgehend von dem einen Montagearbeitsplatz, welcher in dieser Fallstudie betrachtet wurde, weitere Montagearbeitsplätze mit kollaborierenden Robotern einrichten und das Personal leicht an diesen beschäftigen.

Die hier aufgezeigten Überlegungen verdeutlichen exemplarisch die Tragweite der Entscheidung für kollaborierende Robotersysteme, wenn beabsichtigt wird, diese perspektivisch in breiterem Umfang in der Montage zu nutzen. Eine detailliertere Beschreibung würde an dieser Stelle eine Ausweitung der Fallstudie auf ein gesamtes Produktionsunternehmen erfordern und geht folglich über den Rahmen dieser Schrift hinaus. Jedoch wird deutlich, dass Skaleneffekte bei der Qualifizierung genutzt werden können und je nach Gestaltung einer Arbeitsaufgabe die Produktivitätspotenziale, welche sich aus verschiedenen Prozesszeiten und deren monetärer Bewertung durch unterschiedliche Stundensätze ergeben, sich gegenseitig positiv beeinflussen. Grundlage hierfür ist der hohe Flexibilisierungsgrad beim Einsatz der MRK.

8.3 Zwischenfazit

In Kapitel 8 wurde mittels einer Fallstudie veranschaulicht, wie die Produktivitätswirkungen durch den Einsatz der Digitalisierung ausfallen können. Hierfür wurde das mehrstufige Vorgehensmodell aus Kapitel 7 herangezogen und als Digitalisierungsmaßnahme die Mensch-Roboter-Kollaboration gewählt. Letztere ist folglich ein Beispiel für eine Produktivitätsstrategie, die sich in den Ordnungsrahmen aus Abschnitt 6.1.1 einordnen lässt. Im Rahmen der Fallstudie wurden vordergründig Auswirkungen auf Durchlaufzeiten und Kosten analysiert, aber auch qualitative Aspekte wie die Auswirkungen auf die Ergonomie am Arbeitsplatz sowie die Produktqualität in die Betrachtung einbezogen. Folglich adressiert die Fallstudie arbeitswissenschaftliche und betriebswirtschaftliche Einflüsse, welche mittels der Digitalisierungsmaßnahme in Form kollaborierender Roboter erzielt werden können. Es ist hierbei jedoch zu beachten, dass die aufgezeigten Werte exemplarisch gewählt sind, um als didaktisch geeignetes Beispiel zu erscheinen. Eine Verallgemeinerung auf alle MRK-Anwendungen kann hieraus nicht abgeleitet werden.

Als Zwischenfazit aus diesem Kapitel kann festgehalten werden, dass kollaborierende Robotersysteme zu einer spürbaren physischen Entlastung im Arbeitsprozess beitragen[624] und darüber hinaus messbare Produktivitätsverbesserungen aus zeitlicher und monetärer Sicht mit sich bringen können. Die in Abbildung 92 gezeigten Faktoren stellen in einer

---

[624] Vgl. Börkircher und Walleter 2018 S. 74 f.

Übersicht die Rahmenbedingungen dar, welche den Einsatz von MRK zielführend erscheinen lassen.

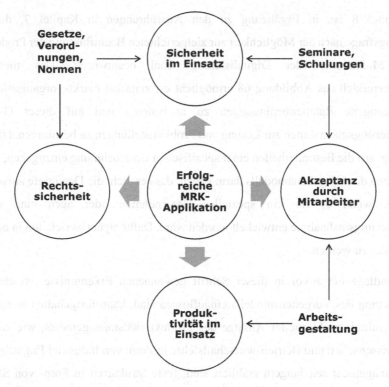

Abbildung 92: Faktoren für eine erfolgreiche MRK-Applikation[625]

Die gesetzlichen sowie normativen Regelungen bieten einen Rahmen für Rechtssicherheit beim Einsatz kollaborierender Roboter und liefern grundlegende Anhaltspunkte zu ihrer sicheren Auslegung im praktischen Kontext. Qualifizierungen des Personals sind wichtig, um eine zielgerichtete Nutzung der Robotersysteme zu gewährleisten. Neben der Sicherstellung von Arbeitsschutz und Ergonomie leisten diese Qualifizierungsmaßnahmen darüber hinaus einen wesentlichen Beitrag zur Akzeptanz der kollaborierenden Roboter bei den Mitarbeitern. Die Arbeitsgestaltung gewährleistet letztlich den aus Unternehmensperspektive wirtschaftlichen und somit produktiven Einsatz der Systeme. Letzter wurde exemplarisch anhand einer Fallstudie dargestellt,

---

[625] Eigene Darstellung in Anlehnung an Matthias 2015 S. 3.

welche Verbesserungspotenziale durch MRK in zeitlicher, kostenbezogener, ergonomischer sowie qualitativer Hinsicht aufzeigt.

Mit Kapitel 8 ist, in Ergänzung zu den Ausführungen in Kapitel 7, die vierte Forschungsfrage nach der Möglichkeit zur zielgerichteten Beeinflussung der Produktivität mittels Maßnahmen der Digitalisierung final beantwortet. Das mehrstufige Vorgehensmodell aus Abbildung 68 ermöglicht es, zunächst markt-, organisations- und technikbezogene Rahmenbedingungen zu analysieren und auf dieser Grundlage Digitalisierungsmaßnahmen zur Lösung von Problemstellungen zu bestimmen. Hierbei ist es wichtig, auf die Besonderheiten einer spezifischen Unternehmung einzugehen, weshalb die Grenzen des Vorgehensmodells darin liegen, dass es nicht die Detailtiefe aufweist, die es hätte, wenn es für ein spezielles Unternehmen oder auch eine spezielle Digitalisierungsmaßnahme entwickelt worden wäre. Dafür eignet es sich, um in der Breite angewendet zu werden.

Auf Grundlage der zuvor in dieser Schrift gewonnenen Erkenntnisse, welche in die Ausgestaltung des Vorgehensmodells eingeflossen sind, kann festgehalten werden, dass zunächst mittels traditioneller Ansätze des Produktivitätsmanagements, wie sie in der Arbeitswissenschaft und Betriebswirtschaftslehre in Form von Industrial Engineering und Lean Management seit langem etabliert sind, feste Strukturen in Form von Standards eingeführt werden sollten, bevor Digitalisierungsmaßnahmen integriert werden. Um letztere für eine spezifische Unternehmung möglichst strukturiert zu bestimmen, ist in das Vorgehensmodell der Ordnungsrahmen aus Kapitel 6 integriert, womit die Antworten aus der zweiten und dritten Forschungsfrage ebenfalls in der Modellgestaltung aufgegriffen wurden. Eine Zusammenfassung der Antwort auf die vierte Forschungsfrage ist nachfolgend in Tabelle 23 dargestellt.

Tabelle 23: Beantwortung der vierten Forschungsfrage

Forschungs-frage-nummer	Forschungsfrage	Kapitel mit Antworten	Antworten auf Forschungsfrage
4	Wie kann eine Beeinflussung und zielgerichtete Gestaltung der Produktivität von Produktionssystemen aussehen unter Berücksichtigung der Zuordnungen der Informations- und Kommunikationstechnologien sowie darauf basierender Applikationen zu Anwendungs- und Nutzungsfelder?	7, 8	Die Nutzung der Digitalisierung zur Produktivitätssteigerung muss unternehmensspezifisch erfolgen, sollte jedoch auf mittels Lean Management gestalteten standardisierten Prozessen fundieren. Ein kontinuierlicher Verbesserungsprozess inkludiert die Digitalisierung.

Im Anschluss an diese konkrete Fallstudie werden in Kapitel 9 allgemeine Chancen sowie kritische Aspekte der Digitalisierung herausgearbeitet, bevor in Kapitel 10 ein Ausblick auf offene Forschungsfragen sowie zukünftige technologische Entwicklungen gegeben wird. Mit diesen beiden Kapiteln werden die verbliebenen Forschungsfragen beantwortet.

9 Chancen und kritische Aspekte der Digitalisierung

Werden die Inhalte der vorangegangenen Kapitel reflektiert, so zeigt sich, dass mit der Digitalisierung hohe Erwartungen für die Wirtschaft als Ganzes einher gehen,[626] dass viele hochrangige Befragungsteilnehmer aus der deutschen Metall- und Elektroindustrie pro-aktiv voran gehen, diese Potenziale für ihre Unternehmen zu nutzen,[627] und dass es möglich ist, die Vielfältigkeit der Digitalisierung zu strukturieren und somit für eine zielgerichtete Anwendung nutzbar zu machen.[628] Um die Euphorie, welche in der allgemeinen Debatte um die Digitalisierung allgegenwärtig erscheint, im Gesamtkontext zu beleuchten, soll in diesem Kapitel eine Gegenüberstellung von Chancen und kritischen Aspekten aus der Nutzung der Digitalisierung erfolgen, wozu neben den zuvor genannten Erkenntnissen aus den vorangegangenen Kapiteln auch verschiedene Literaturquellen Verwendung finden. Diese Analyse erfolgt im Hinblick auf den arbeitswissenschaftlichen sowie betriebswirtschaftlichen Kontext und somit einzelwirtschaftlich. Wenngleich eine volkswirtschaftliche Analyse nicht im Fokus dieser Schrift steht, werden dennoch gesamtwirtschaftliche Aussagen für den Produktionsstandort Deutschland ergänzt. Die Ausführungen in diesem Kapitel dienen dazu, Antworten auf die fünfte und sechste Forschungsfrage zu finden, welche sich mit Chancen und kritischen Aspekten der Digitalisierung sowie deren Nutzung zum Ersatz traditioneller Ansätze der Produktivitätsverbesserung auseinandersetzen.

Die Bewertung der Chancen und kritischen Aspekte – der Begriff „Risiken" wird an dieser Stelle bewusst nicht gewählt –, welche aus der Nutzung der Digitalisierung für Industrieunternehmen im Allgemeinen und für deren Produktivitätsstrategien im Speziellen resultieren, fällt nicht leicht. Dies liegt insbesondere darin begründet, dass unter dem Begriff der Digitalisierung sehr viel verstanden werden kann.[629] Demnach kann dieses Kapitel nur den Anspruch erheben, eine Bewertung auf Metaebene zu geben und

---

[626] Siehe hierzu Ausführungen in Abschnitt 4.1.5.
[627] Siehe hierzu Ausführungen in Kapitel 5 sowie in Abschnitt 6.3 und Abschnitt 7.3.
[628] Siehe hierzu Ausführungen in Abschnitt 6.1.
[629] Siehe hierzu Ausführungen in Abschnitt 4.1.3.

© Der/die Autor(en), exklusiv lizenziert durch
Springer-Verlag GmbH, DE, ein Teil von Springer Nature 2021
M.-A. Weber, *Nutzung der Digitalisierung zur Produktivitätsverbesserung in industriellen Prozessen unter Berücksichtigung arbeitswissenschaftlicher Anforderungen*, ifaa-Edition, https://doi.org/10.1007/978-3-662-63131-7_9

eine generische Betrachtung vorzunehmen. Eine kleinteilige Analyse für ausgewählte Technologien hingegen müsste im Kontext eines konkreten Anwendungsszenarios erfolgen.

9.1   Chancen durch die Digitalisierung

Die Digitalisierung bietet durch eine neue Qualität der Prozessgestaltung nicht nur die Chance, die Wettbewerbsfähigkeit des Hochlohnstandortes Deutschland zu heben, sondern durch wissensbasierte produktbezogene Dienstleistungen und neue Geschäftsmodelle rund um den starken industriellen Schwerpunkt deutscher Produktion zusätzliche Wertschöpfungs- und Beschäftigungsimpulse zu erzeugen.[630] Kagermann sieht ökonomische, ökologische und soziale Chancen durch die Digitalisierung für den Produktionsstandort Deutschland. So nennt er die Flexibilisierungs- und Produktivitätspotenziale für die Produktion, welche sich in einer effizienteren Ressourcennutzung ausdrücken, wozu etwa eine intelligente Maschinensteuerung, die Planung von Logistikabläufen oder das frühzeitige Erkennen von Ausschuss zählen. Damit geht einher, dass Unternehmen resilienter werden gegenüber der Nachfragevolatilität am Markt. Die Individualisierungsmöglichkeiten von Produkten steigen und Optionen zum Anbieten gänzlich neuer Produkte bzw. Dienstleistungen sind gegeben, d. h. neue Gestaltungsmöglichkeiten für Geschäftsmodelle. Aus volkswirtschaftlicher Perspektive geht mit der Digitalisierung die Möglichkeit einher, den Fachkräftemangel abzufedern und Arbeitsplätze am Hochlohnstandort Deutschland zu halten bei gleichzeitig besserer Work-Life-Balance[631]. Zudem kann eine Reindustrialisierung urbaner Regionen erfolgen.[632]

---

[630] Vgl. Kagermann 2017 S. 235
[631] Der Begriff der Work-Life-Balance steht für eine aus Arbeitnehmersicht akzeptable zeitliche Verteilung zwischen beruflicher Tätigkeit sowie privaten Aktivitäten. Mit der Digitalisierung wird einerseits die Möglichkeit geschaffen, die beiden Komponenten flexibler zu verteilen, auf der anderen Seite wird jedoch auch die Abgrenzung dazwischen unschärfer. Der Begriff als solcher erscheint mitunter schlecht gewählt, impliziert er doch, dass es eine Trennung zwischen „Arbeit" und „Leben" gibt und folglich die Arbeit nicht Teil des Lebens ist. Weiterhin kann man den Begriff auch so verstehen, dass eine klare Hierarchie besteht zwischen dem „schönen Leben" und der „schlechten Arbeit". Dennoch ist der Begriff Work-Life-Balance breit etabliert und wird aus diesem Grund auch in dieser Schrift gewählt. Der interessierte Leser findet mehr zu der Thematik bspw. in Kratzer et al. 2015.
[632] Vgl. Kagermann 2017 S. 239 f.

Durch die Digitalisierung werden Informationen mit einem höheren Niveau an Transparenz über ein Produktionssystem erfass- und auswertbar. Die zugrundeliegenden Daten können in kleineren zeitlichen Abständen und mit einem höheren Detailgrad an mehr Orten erfasst und für eine feinere und aktuellere Leistungsbeurteilung genutzt werden, als das bislang der Fall war. Damit liefern sie eine wesentliche Grundlage zur effizienzgerichteten Gestaltung und Durchführung von Produktionsprozessen in strategischer wie operativer Hinsicht. Hierbei wird mehr Transparenz über die physische Ebene von Produktionsvorgängen geschaffen. Insbesondere die Unterstützung der noch nicht automatisierten bzw. nicht automatisierbaren Tätigkeiten gewinnt durch die Digitalisierung vielseitige neue Möglichkeiten. Damit einher geht ein höheres Niveau an Kontrolle und Regulierung von Prozessabläufen.[633]

Nach Bracht et al. liegen wesentliche Vorteile darin, dass die Produktentwicklung bereits digital unterstützt werden kann durch eine Kombination von produktbezogenen CAD-Datensätzen mit produktionsseitigen Informationen über die umzusetzenden Fertigungsabläufe. Hierzu zählen insbesondere die Bewertung der technischen Herstellbarkeit sowie monetäre Aussagen über Fertigungszeiten und damit einhergehenden Produktionskosten.[634] Das Simultaneous Engineering[635] wird hierdurch bspw. maßgeblich unterstützt.

Die Reduzierung des zeitlichen Planungsaufwandes – etwa durch simultane Planungsprozesse – geht mit einer Steigerung der Planungsqualität und einer höheren Akzeptanz der Planungsergebnisse einher, was sowohl für das Produkt als auch für die Produktionsprozesse gilt. Durch die bessere Planbarkeit von Abläufen ergeben sich zudem Potenziale zur genaueren Kostenbestimmung sowie ihrer Senkung, was sowohl für die Neuplanung von Fertigungsprozessen wie auch für die Feinplanung von Abläufen gilt.[636] Dies kann sich wiederum in für den Kunden attraktiveren Produktpreisen niederschlagen.

---

[633] Vgl. Kellner et al. 2018 S. 285.
[634] Vgl. Bracht et al. 2018 S. 56.
[635] Unter Simultaneous Engineering wird im hier vorliegenden Kontext das gemeinsame, zeitlich parallele Entwickeln eines Produktes und der dafür benötigten Produktionsanlage verstanden (vgl. Bracht et al. 2018 S. 56).
[636] Vgl. Bracht et al. 2018 S. 58-61.

Die durchgängige Nutzung digitaler Modelle, welche in der Konstruktionsphase von Produkten erstmalig erstellt werden, für die Fabrik- und Produktionsprozessplanung ist ein weiteres Anwendungsfeld, das hohe Potenziale verspricht. So können durch feiner auf konstruktionsseitig festgelegte Produktionsanforderungen abgestimmte Fabriklayouts einerseits und durch planerische Bestimmung von Prozessparametern der Betriebsmittel andererseits wesentliche Beiträge zu einer steileren Anlaufkurve der Produktion geleistet werden. Hierbei erscheint auch die Feinjustierung der Prozessparameter an den Maschinen und Anlagen von Interesse, um die Produktgüte zu optimieren.[637]

Im laufenden Betrieb einer Produktion verspricht die Nutzung der Digitalisierung flexiblere Anpassungsmöglichkeiten an die Herstellung von Produktvarianten. Hierunter fallen etwa vorausschauende Rüstvorgänge und deren organisatorische Einplanung. Bei der Inbetriebnahme der Produktion erscheint die Berücksichtigung von Wechselwirkungen zwischen der Planung und operativen Steuerung von Interesse, können doch Daten der virtuellen Inbetriebnahme für die operative Steuerung genutzt werden, und umgekehrt Daten der operativen Steuerung Verwendung finden bei zukünftigen Planungen für Produktionsabläufe. Insbesondere für Einzel- und Kleinserienfertigungen bestehen hier Potenziale, weil eine umfangreiche IT-Unterstützung der Planung zumeist traditionell nur in der Massenfertigung etabliert ist. Die Verbesserung der Kommunikation und Abstimmung zwischen den Beteiligten durch besser aufbereitete Informationen und unter Nutzung von Visualisierungstechniken erlaubt auch die Ableitung von KVP-Maßnahmen[638] zu präzisieren. Hierzu zählt bspw. die Nutzung der Digitalisierung für eine vorbeugende, pro-aktive Instandhaltung.[639]

Weiterhin erscheint auch die Entlastung bei der Informationsbeschaffung als großer Vorteil der Digitalisierung, welche eine stärkere Fokussierung auf Kerntätigkeiten erlaubt.[640] Diese Entlastung zeigt sich etwa durch eine höhere Geschwindigkeit der Datenübertragung, die Nutzung automatisiert ablaufender Soll-Ist-Abgleiche und daraus

---

[637] Vgl. Bracht et al. 2018 S. 75-77.
[638] Die Abkürzung KVP steht für den Kontinuierlichen Verbesserungsprozess. Im Japanischen wird er als Kaizen bezeichnet („die Veränderung zum Guten in kleinen Schritten"). Der Begriff ist inzwischen international etabliert (vgl. Gorecki und Pautsch 2014 S. 191 f.).
[639] Vgl. Bracht et al. 2018 S. 77-79.
[640] Vgl. Bracht et al. 2018 S. 63-65. Insbesondere die Verwendung von Wissensdatenbanken kann in diesem Kontext die Informationsbeschaffung erleichtern.

abzuleitender Abweichungen von Planvorgaben sowie in einer anforderungsrechten Bereitstellung von Informationen.[641]

Es ist wissenschaftlich nachgewiesen, dass Investments in die IT-Infrastruktur im Rahmen des Reengineerings von Geschäftsprozessen langfristig zu Produktivitätssteigerungen führen, wenngleich kurzfristig Leistungskennzahlen, wie etwa der Return-on-Assets, sinken.[642] Dass Investments in Software und Hardware der Telekommunikation auf die Produktivität Auswirkungen hat, konnten bereits Becchetti et al. im Jahr 2003 zeigen, wobei einerseits Telekommunikationstechnik auf die Neugestaltung von Produkten und Prozesse positiv wirkt, und andererseits Softwareinvestitionen die Nachfrage nach Fachkräften erhöht sowie deren Arbeitsproduktivität verbessert.[643] Die Autoren bestätigen damit ältere Aussagen, die schon die Implementierung adäquater computergestützter Informationssysteme für einen einfachen Informationsfluss zwischen verschiedenen Unternehmensbereichen sowie eine zielgerichtete Softwarenutzung einschließlich einfach bzw. benutzerfreundlich gestalteter Softwareanwendungen als strategisch wichtige Entscheidungen betrachten.[644] Die Gültigkeit dieser Kenntnisse hat nach der Einführung des Begriffs „Industrie 4.0" nicht an Relevanz verloren. Zunächst besteht eine wesentliche Chance der Digitalisierung darin, die Kundennähe zu verbessern. Durch die Digitalisierung können Kunden besser in Prozesse integriert werden, etwa wenn ein individuell im Webbrowser konfiguriertes Produkt zeitnah additiv hergestellt und ausgeliefert werden kann, wodurch die Anforderungen nach einer „Losgröße 1"-Fertigung realisiert werden können.[645]

Gemäß den empirischen Erkenntnissen von Lee und Kang sind Produktivitätsverbesserungen vor allem durch Prozessverbesserungen zu erzielen und weniger durch Produktinnovationen.[646] Aus diesem Grund erscheint die Nutzung der Digitalisierung zur Prozessverbesserung von besonderem Interesse, insbesondere um Grenzen des Lean Managements zu überwinden, welche durch die zunehmende

---

[641] Vgl. Bracht et al. 2018 S. 69-71.
[642] Vgl. Altinkemer et al. 2011 S. 131.
[643] Vgl. Becchetti et al. 2003 S. 157.
[644] Siehe bspw. Gunasekaran et al. 1994 S. 181 f.
[645] Vgl. Wende und Kiradjiev 2014 S. 202.
[646] Vgl. Lee und Kang 2007 S. 357.

Variantenbildung deutlich werden. Aus dem Abgleich von Angaben zum Umsetzungsstand von Lean Management, wie sie aus empirischen Erhebungen anderer Autoren hervorgehen,[647] und den hier dargestellten Befragungsergebnissen des Autors[648] wird deutlich, dass noch großer Handlungsbedarf bei einer Vielzahl deutscher Unternehmen besteht, wenn Lean Management flächendeckend eine Grundlage für die Digitalisierung darstellen soll.

Allgemein kann geschlussfolgert werden, dass mittels der Digitalisierung in Form einer planvollen Nutzung verdichteter Informationen mit hoher Güte durch die beteiligten Akteure Effizienzsteigerungen ermöglicht werden in der Bewirtschaftung der einzelnen Produktionsfaktoren, namentlich des Personals, der Betriebsmittel sowie der dispositiven Planung und Steuerung.[649]

9.2 Kritische Aspekte der Digitalisierung

Reflektiert man die zuvor genannten Chancen, so stellt sich zwangsläufig die Frage, was an der Umsetzung der Digitalisierung hinderlich erscheint bzw. welche kritischen Aspekte damit einhergehen. Oftmals werden Hemmnisse für den Einsatz der Digitalisierung in der aufwendigen Einführungsphase, den hohen Kosten und Sicherheitsbedenken gesehen.[650]

Eine Kritik an der Idee der Digitalisierung liegt im Wesentlichen darin begründet, dass um das Schlagwort „Industrie 4.0" ein regelrechter Medienhype entstanden ist, welcher die Vermutung aufkommen lässt, dass die an die Digitalisierung gestellten sehr hohen Erwartungen nicht vollumfänglich realisierbar sein könnten. In wie fern eine nachhaltige Produktivitätswirkung auch nach einer Abkühlung dieses Hypes durch die stetige Weiterentwicklung der technologischen Konzepte gewährleistet sein wird, kann nur die fernere Zukunft zeigen.[651] Nicht zuletzt ist die Verwendung des Begriffs „Industrie 4.0" stellvertretend für eine vierte industrielle Revolution im Vorfeld vor deren abschließender Entwicklung als unangemessen zu werten. Die positive Wirkung dieser Begriffsprägung beschränkt sich darauf, verschiedenen technologischen Entwicklungen einen

---

[647] Siehe Ausführungen in Abschnitt 3.2.
[648] Siehe Ausführungen in Abschnitt 5.2, insbesondere in Abschnitt 5.2.5.
[649] Vgl. Kellner et al. 2018 S. 284.
[650] Vgl. Bader 2016 S. 11, basierend auf Studienergebnissen des Fraunhofer IPA.
[651] Vgl. Kellner et al. 2018 S. 286.

Sammelbegriff und ein gesellschaftliches Bewusstsein für die damit einhergehenden Potenziale und Auswirkungen gegeben zu haben.[652] Um die induzierte Zielsetzung der Produktionsflexibilisierung bei nicht steigenden Stückkosten mittels den technologischen Konzepten der Digitalisierung realisieren zu können, müssen diese zugrundeliegenden Technologien auf seriöse Weise betrachtet und weiterentwickelt werden, wozu es auch eines ausreichenden Zeitfensters bedarf. Diese pragmatisch-optimistische Sicht soll einer allzu schnellen und qualitativ unrealistisch hohen Umsetzung vorbeugen.[653]

Mertens et al. haben der Relativierung der Erwartungen an die Digitalisierung ein ganzes Buch gewidmet, woraus nachfolgend die wesentlichen Aussagen exemplarisch rezitiert werden.[654] Mit der inflationären Verwendung der Begriffe Digitalisierung und Industrie 4.0, bzw. ganz allgemein der Zahl „4.0", gehen leichtsinnige und unseriöse Versprechungen einher. Dass diese Begriffe von Fachexperten wie Laien gleichermaßen exzessiv genutzt werden, verschlimmert die Problematik. Im wissenschaftlichen Diskurs wie auch in der praxisorientierten Vermarktung von Produkten gibt es die zweiseitige Entwicklung, dass ältere technische Entwicklungen nicht immer berücksichtigt werden, weil sie nicht unter die Schlagwörter der Digitalisierung fallen, obwohl sie diesem Kontext zugeordnet werden könnten, bzw. alte Konzepte explizit als neuartig bezeichnet und mit dem Kürzel „4.0" versehen werden, um Geschäft aus dem Hype um die Digitalisierung zu schlagen. Dabei ist nicht in jedem Fall klar, was „Spielerei" ist und was einen nachweisbaren Nutzen mit sich bringt. Das Schlagwort der Digitalisierung bzw. Industrie 4.0 wird hierbei gerne verwendet, um auf andere Inhalte aufmerksam zu machen und diese zu vermarkten.

Die Umsetzung von Digitalisierungsmaßnahmen ohne klares Konzept und Zielsetzung ist leicht mit einer Vergeudung zeitlicher, personeller und finanzieller Ressourcen

---

[652] Vgl. Kellner et al. 2018 S. 287. In retrospektiver Sicht hatten weder James Watt noch Henry Ford im Vorfeld bzw. im Zeitpunkt der Erfindung und Einführung der Dampfmaschine bzw. der Übertragung des Fließfertigungsprinzips aus der Schlacht- auf die Autoindustrie die Absicht, eine „industrielle Revolution" zu begründen. Gleiches gilt für die Entwicklung und Einführung von CIM. Die historisch bedeutenden Auswirkungen konnten folglich erst mit deutlichem zeitlichem Abstand festgestellt und als größere Innovationssprünge in der industriellen Fertigung bezeichnet werden. Insofern erscheint es verfrüht, heute schon von einer vierten industriellen Revolution zu sprechen.
[653] Vgl. Kellner et al. 2018 S. 290.
[654] Vgl. Mertens et al. 2017, insbesondere die Zusammenfassung auf S. IX-XIV.

verbunden. Bei Projekten zur Gestaltung der Digitalisierung zeigt sich zudem, dass nach wie vor ein hoher Anteil „analoger Techniken" eine Rolle spielt, so etwa Stellmotoren an Maschinen, aber auch die Tatsache, dass der Faktor Mensch weiterhin eine Rolle spielen wird und folglich zu berücksichtigen ist. In letzterem widersprechen sich die Erwartungen, wenn einerseits Digitalisierung als stark zunehmende Automation verstanden wird und andererseits zur weiteren Befähigung des Menschen zur Durchführung von Prozessschritten dienen soll. Damit geht eine Polarisierung einher, welche zwischen niedrig- und hochqualifiziertem Personal unterscheidet (und zudem der Spezialisierungsbedarf bei Fachkräften höhere Entgelte zur Folge hat), womit auch die Sicht auf niedrig- und hochbeschäftigte Personen verbunden ist. Langfristfolgen der Einführung der Digitalisierung, etwa für Pflege und Wartung der Systeme oder Verlagerungen von Aufwand innerhalb der Wertschöpfungskette, werden zumeist nicht betrachtet. In diesem Kontext erscheint eine positive Korrelation der Produktivitätsverbesserungen durch die Digitalisierung zwischen betriebswirtschaftlicher und volkswirtschaftlicher Sicht nicht gegeben, wenn Rationalisierungsgewinne in Unternehmen etwa zu negativen Auswirkungen auf dem Arbeitsmarkt führen. Prognosen zu möglichen Entwicklungen sind teils inhaltlich wenig aussagekräftig bzw. wissenschaftlich nicht neutral, hingegen aber oftmals basierend auf interessengeleiteten Meinungserhebungen.

Unternehmen, die mit der Umsetzung von Maßnahmen zögerlich sind, werden teils unter Druck gesetzt bzw. als verloren oder rückständig bezeichnet. Die unterschiedliche Experimentierfreude ist hierbei nicht selten von der Finanzkraft einerseits und von der grundlegenden unternehmenspolitischen Ausrichtung andererseits abhängig – etwa in Form langfristig orientierter inhabergeführter Unternehmen aus dem Mittelstand oder kurzfristig orientierter börsennotierter Großkonzerne. Dies geht mit einer nicht gleichen Zugangsmöglichkeit zur Inanspruchnahme öffentlicher Fördergelder einher.

Weiterhin kann angeführt werden, dass, wenn Betriebe mittels Digitalisierung versuchen kundenindividuelle Produkte zu fertigen, dies zwangsläufig mit einer größeren Volatilität der Kapazitätsauslastung einhergehen wird, was an sich in der Produktionsplanung eine zu vermeidende Entwicklung darstellt, erschwert sie doch die Planung und erhöht die Kosten. Über diese Thematik hinaus sind auch unklare Regelungen und offene Fragen in den Themenfeldern Datensicherheit, Normung und Standardisierung anzusprechen, welche vor einer perfektionierten Umsetzung Cyber-Physischer Systeme zu beantworten sind.

Konkretisiert man diese Betrachtungen nach Mertens et al., ist zunächst die Frage nach dem Umsetzungsgrad von Lean Management als Basis der Digitalisierung zu stellen, wie bereits in Abschnitt 7.1 aufgezeigt. Mit Verweis auf die in Abschnitt 3.2 zitierten Studien ist festzustellen, dass nicht in jedem Unternehmen von einer guten Umsetzung schlanker Prozesse ausgegangen werden kann. So ist Lean Management noch zu häufig eine nicht bis zur Perfektion betriebe Thematik, welche in der Folge nicht flächendeckend in der (deutschen) Industrie eine ideale Basis für die Digitalisierung bietet. Folglich sind hier zunächst noch teils erhebliche Anstrengungen nötig, um zunächst die Stufe eines gut umgesetzten Lean Managements zu erreichen, bevor auf dieser Basis eine intensivere Auseinandersetzung mit der Digitalisierung stattfinden kann.

Mit Blick auf die einzusetzenden digitalen Techniken sind im Allgemeinen eine einfache Installation, Standardisierung, Robustheit, Konfiguration und Wartung unerlässlich, um diese technischen Systeme betriebsbereit zu halten und durch sie einen Mehrwert für das Geschäftsprozessmanagement zu bieten.[655] Zwangsläufig stellt sich nach diesen Anforderungen die Frage nach der Auswahl geeigneter Technologien. Nicht nur müssen sich Entscheider damit auseinandersetzen, dass unter dem Begriff der Digitalisierung eine große Bandbreite an technischen Möglichkeiten verstanden werden kann,[656] sie müssen auch innerhalb einer gewählten Richtung aus einer großen Vielzahl an Produkten unterschiedlichster Hersteller wählen. Dabei erscheint vor allem die Kombination verschiedener Technologien vor dem Hintergrund der Vernetzung und Durchgängigkeit von Informationen als eine in der Praxis nicht selten schwierige Aufgabe, fehlen doch in einigen Fällen Schnittstellen oder gemeinsam nutzbare Standards.

Eine weitere Problematik bei der Auswahl von Technologien der Digitalisierung liegt darin, dass oftmals eine Investitionsrechnung nur schwer bis gar nicht möglich ist. Quantitativ messbare Ergebnisse aus dem Einsatz dieser Technologien sind nicht in jedem

---

[655] Vgl. Giudice 2016 S. 267.
[656] Siehe hierzu Ausführungen in Abschnitt 4.1.3.

Fall ex ante bestimmbar. Zur Verdeutlichung werden nachfolgend zwei Beispiele angeführt. Das erste Beispiel umfasst den Einsatz eines Tablets, auf dem Montagehinweise angezeigt werden und die dazu dienen sollen, die Qualität von Montageprozessen zu verbessern. Für die Anschaffung des Tablets sind die Kosten klar bestimmbar, ebenso für seine technische Anbindung in Form der benötigten Infrastruktur. Auch die Erstellung von Anzeigeinhalten sind hinsichtlich der erwarteten Kosten recht gut bestimmbar, wenngleich hier Folgekosten zu beachten sind, die mit Produktänderungen einhergehen, wenn Änderungsbedarfe für mediale Inhalte bestehen. In wie weit die angezeigten Informationen hingegen tatsächlich zu einer höheren Qualität der Montagevorgänge führen und wie hierdurch die internen und externen Fehlerkosten sinken, ist jedoch nur bedingt abschätzbar und eine Qualitätskostenzuordnung nur schwer möglich.

Das andere Beispiel ist der Einsatz aktiver Exoskelette[657], welche körperliche Entlastungen bspw. bei Hebe- und Tragevorgängen bietet. Auch hier sind die Anschaffungskosten gut kalkulierbar. Hingegen ist ex ante nicht abschätzbar, in wie weit sich andere Kostenarten durch den Einsatz der Exoskelette verändern. Insbesondere ist hier von Interesse, wie sich die krankheitsbedingten Fehltage entwickeln. Die Zielstellung ist, dass durch die körperlichen Entlastungen die Krankheitsquote sinkt und somit die Einsatzfähigkeit des Personals steigt. In wie weit sinkende Absenzzeiten mit ihren Kostenauswirkungen direkt auf die Anschaffungskosten der aktiven Exoskelette bezogen werden können, um einen Return-on-Investment auszurechnen, ist hingegen fraglich. In beiden Beispielen ist der tatsächliche Erfolg der Maßnahmen nur mittelbar feststellbar.[658]

---

[657] Exoskelette werden am Körper getragen und unterstützen Mitarbeiter bei einem ergonomischen Verhalten. Insbesondere tragen sie dazu bei, dass Bewegungen nicht verletzend sind und kein unnötiger Verschleiß auftritt (vgl. Bauernhansl et al. 2014 S. 24). Sie werden untergliedert in passive und aktive Exoskelette. Letztere zeichnen sich durch die Verwendung elektromechanischer Komponenten aus, erstere kommen ohne diese aus. Das Ziel aktiver Exoskelette ist die Verbindung der Maschinenleistung mit der energetischen Arbeit des Menschen, um den Träger des Exoskeletts zu unterstützen (vgl. Anam und Al-Jumailyb 2012 S. 988). Aktive Exoskelette können folglich als eine Sonderform der Mensch-Roboter-Kollaboration angesehen werden.
[658] Selbstverständlich gibt es auch Beispiele, welche direkt zu messbaren und a priori bestimmbaren Verbesserungen führen und die sich somit sehr gut für Investitionsrechnungen eignen. Hier kann etwa der Einsatz von Sensorik zur Erkennung nicht-konformer Teile herangezogen werden. Ein anderes Beispiel ist die Kalkulation von Herstellkosten für additiv gefertigte Bauteile im Vergleich zu zerspanend hergestellten Komponenten.

Erschwerend kommt hinzu, dass die Effekte nur über einen längeren Zeitraum deutlich werden.[659]

Ähnlich wie bei den Kosten erscheint die Quantifizierung von Produktivitätspotenzialen nur in Grenzen möglich. So konnte in einer Studie des Fraunhofer IAO gezeigt werden, dass Durchlaufzeitverbesserungen von etwa 15 Prozent erzielbar sind,[660] wenngleich eine nachvollziehbare Herleitung dieses Wertes nicht für Außenstehende möglich ist. Dass die zu erwartenden Produktivitätsauswirkungen durch die Digitalisierung von marginalen kleinen prozentualen Änderungen bis hin zu deutlich größeren Werten reicht, zeigt schon die Verteilung von Aussagen aus der Befragungsstudie in Abschnitt 5.2.2.[661] Grundsätzlich kann die Meinung vertreten werden, dass die Produktivitätswirkung bei der Unterstützung energetischer Arbeit leichter quantifiziert werden kann, weil hier Methoden von REFA und MTM zur Zeitbestimmung Anwendung finden können. Insbesondere bei vollautomatisierten Vorgängen sind Prozesszeiten – von ungeplanten Stillständen einmal abgesehen – vergleichsweise leicht ex ante bestimmbar. Bei der Unterstützung informatorischer Arbeit ist eine Quantifizierung der Produktivitätswirkung schwieriger. Dies gilt im o. g. Beispiel des Tablets für qualitative Prozessergebnisse, aber auch etwa im Beispiel der Nutzung von Augmented Reality zum schnelleren Auffinden von Lagerware mittels Datenbrillen bei Intralogistikern, wenn quantitative Größen wie Suchzeiten eingespart werden sollen.

Trotz des dezentralen Steuerungsansatzes der Digitalisierung kann weiterhin nicht über die Komplexität der zu lösenden Aufgabenstellungen hinweggesehen werden, welche durch Computereinsatz gelöst werden sollen. Bereits einfach formulierte Aufgabenstellungen, wie bspw. die Reihenfolgeplanung von Aufträgen auf verschiedenen Maschinen in einer Werkstattfertigung, sind NP-schwere Probleme[662], welche sich in der

---

[659] Im Hinblick auf diese Problematik schlägt bspw. Obermaier eine zweistufige Prozess- und Potenzialanalyse zur qualitativen und quantitativen Bewertung von Investitionen in die Digitalisierung vor (vgl. Obermaier et al. 2015).

[660] Vgl. Schlund und Pokorni 2016 S. 15. n=601, Befragungszeitraum 6. April 2016 bis 30. Juni 2016.

[661] Siehe hierzu Ausführungen zu Abbildung 35.

[662] Die Komplexitätstheorie unterteilt Entscheidungsprobleme grob in einfach und schwer. Solche Entscheidungsprobleme, welche sich mit polynomialem Zeitaufwand in Abhängigkeit der Problemgröße optimal lösen lassen, werden der Klasse „P" zugeordnet, wohingegen solche Entscheidungsprobleme, welche sich nicht mit polynomialem Zeitaufwand in Abhängigkeit der

Praxis dadurch auszeichnen, dass optimale Lösungen nicht durch heute verfügbare Computerrechenleistungen in akzeptabler Zeit ermittelt werden können.[663] Auch eine effizientere Gestaltung von Transportrouten zwischen verschiedenen Standorten[664] kann eine solche mathematisch schwierige Aufgabe sein. So gilt die Aufgabenbeschreibung des Traveling-Salesman-Problems[665] ebenfalls als NP-schweres Problem, welches im praktischen Kontext der Digitalisierung häufig anfällt.

Als nächstes wird der Fokus auf die Akzeptanz der Digitalisierung als wesentliche Grundlage zu deren erfolgreicher Umsetzung gelegt. Sie steht in engem Zusammenhang mit den Themenfeldern Sicherheit der Daten, Umgang mit privaten bzw. persönlichkeitsbezogenen Daten und individueller Technikaufgeschlossenheit. So werden Cyberangriffe auf Unternehmen weiter zunehmen und erfordern es deshalb, unterschiedliche Sicherheitskonzepte verschiedener genutzter Systeme bestmöglich aufeinander abzustimmen. Damit geht ein stetiger Schulungsbedarf für alle Beteiligten einher. Weil persönliches Verhalten verstärkt transparent und zudem dauerhaft speicherbar (d. h. nachweisbar) wird, wirft dies die (ethische) Frage auf, welche der vielen technischen Möglichkeiten genutzt werden sollen und welche nicht. Zudem erscheint vor dem Hintergrund der Intensivierung der Nutzung der Digitalisierung auf breiter Front die Debatte um die MINT-Fächer[666] wichtiger denn je. Einerseits ist eine Intensivierung der Ausbildung von Menschen in diesem Fächerspektrum von Interesse, um dem Fachkräftemangel in technischen Berufen zu begegnen, andererseits ist ein Grundwissen hierzu für jedes Mitglied einer Gesellschaft von Interesse, welche zunehmend durch die Digitalisierung geprägt ist. Nicht zuletzt hängt die Innovationsfähigkeit und das

---

Problemgröße optimal lösen lassen, der Klasse „NP" zugeordnet werden (vgl. Weber 2014 S. 36 sowie S. 37-40).

[663] Vgl. Corsten und Gössinger 2016 S. 613 f. Es ist in diesem Kontext auch nicht davon auszugehen, dass Computerleistungen so stark ansteigen können, dass NP-schwere Probleme in vertretbarer Zeit auch für große Recheninstanzen lösbar werden. Somit bleibt diese Thematik auch für die Digitalisierung relevant und gibt Grenzen vor.

[664] Vgl. Kagermann 2017 S. 240.

[665] Das Traveling-Salesman-Problem beschreibt die Aufgabe, dass ein Handelsreisender seine Route vom Ausgangsort über eine bestimmte Anzahl zu bereisender Kundenstandorte zum Ausgangsort zurück optimal abstimmen will, sodass eine minimale Wegstrecke zurückgelegt wird (vgl. Ellinger et al. 2003 S. 8).

[666] Die Abkürzung MINT steht für Mathematik, Informatik, Naturwissenschaften und Technik und wird i. d. R. im Kontext von Lehrfächern an Schulen und Hochschulen genutzt.

Innovationsklima durch das Bewusstsein einer Gesellschaft für technische Möglichkeiten vom Wissen über die Digitalisierung ab.[667] Wird jüngeren Vertretern der Gesellschaft im Allgemeinen ein abnehmendes Interesse an einer Ausbildung in den MINT-Fächern unterstellt und bewahrheitet sich dies, wird sich das auch nachteilig auf die Gestaltung und Umsetzung von Digitalisierungsvorhaben auswirken.

Zusammenfassend lassen sich aus diesem Abschnitt die nachfolgenden kritischen Aspekte auflisten, welche mit Produktivitätsstrategien auf Basis der Digitalisierung für industrielle Produktionsunternehmen in generischer Sicht einhergehen.

9.3 Chancen, kritische Aspekte sowie daraus abzuleitende Handlungsempfehlungen

Stellt man die in Abschnitt 9.1 gemachten Aussagen über die Chancen der Digitalisierung den in Abschnitt 9.2 genannten kritischen Aspekten gegenüber, können diese aggregiert werden zu einer Liste mit den wesentlichen Punkten. Diese ist nachfolgend in Tabelle 24 gezeigt und wird anschließend diskutiert.

Tabelle 24: Chancen und kritische Aspekte der Digitalisierung

Chancen der Digitalisierung	Kritische Aspekte der Digitalisierung
• Es bestehen neue Möglichkeiten zur Erweiterung und Individualisierung des angebotenen Produkt- und Dienstleistungsspektrums. • Volkswirtschaftliche Beschäftigungsimpulse ermöglichen und erfordern neue Berufsfelder (womit ein breiter Qualifizierungsbedarf einhergeht).	• Eine monetär bewertete Kosten-Nutzen-Relation, etwa in Form einer Return-on-Investment-Rechnung, ist vor der Einführung nicht in jedem Fall kalkulierbar (insbesondere langfristige Kosten sind oftmals unbekannt). • Die genauen Produktivitätsaus-wirkungen sind ex ante nicht bei

---

[667] Vgl. Kagermann 2017 S. 242-244.

• Betriebe eröffnen sich neue Möglichkeiten zur Flexibilisierung und zur Produktivitätssteigerung ihrer Produktionsprozesse. • Es bestehen Ansätze zur Ressourcenschonung und somit zur Verbesserung der Nachhaltigkeit. • Die Detaillierung der Informationsbasis erlaubt zielgerichtete Entscheidungen. • Die Durchgängigkeit der Datennutzung entlang des Produktlebenszyklus erlaubt eine Reduzierung bzw. Vermeidung von redundanter Datenerfassung. • Die zielgerichtete Ableitung von Maßnahmen auf Grundlage besserer Informationen lässt kontinuierliche Verbesserungsprozesse zielgerichtet ablaufen. • Es bestehen neue Ansätze zur Verbesserung der Kundennähe. • Die Wettbewerbsfähigkeit des Produktionsstandorts Deutschland kann gesichert und weiter ausgebaut werden, insbesondere kann der	jeder Digitalisierungsmaßnahme exakt bestimmbar. • Je nach umzusetzender Technologie kann die Einführungsphase sehr aufwändig sein. • Eine qualitativ ausreichend gute Basis, welche durch traditionelle Ansätze wie Lean Management geschaffen werden kann, ist nicht in jedem Fall vorhanden. • Die Abstimmung technischer Systeme (zumeist unterschiedlicher Hersteller) aufeinander erweist sich als Herausforderung vor dem Hintergrund fehlender Normen und Standards, insbesondere die nachträgliche Integration von Aktualisierungs- und Erweiterungsmaßnahmen. • Datenschutzaspekte sind zu beachten, insbesondere die Verfügbarkeit von Daten und ihr Schutz vor Verlust. • Eine vollumfängliche Digitalisierung ist nicht möglich; analoge und menschliche Komponenten sind fast immer Bestandteile Cyber-Physischer Systeme.

demografischen Entwicklung entgegengewirkt werden.[668] • Weil die technologischen Möglichkeiten der Digitalisierung vielfältig sind, können sie in sehr kleinem sowie in sehr großem Umfang Anwendung finden, was auch weniger finanzstarken Unternehmen (insbesondere kleinen und mittelständischen Unternehmen) die Möglichkeit zu ihrer Nutzung bietet.	• Tendenziell erfolgt eine Steigerung der Volatilität der Kapazitätsauslastung. • Es besteht die Gefahr der Polarisierung des Arbeitsmarktes. • Die Akzeptanz der Digitalisierung bei den Beschäftigten ist nicht immer gegeben. • Die NP-Schwere der zu treffenden Entscheidungen (bzw. der zu lösenden Entscheidungsprobleme) beweist die technologischen Grenzen der Digitalisierung.[669]

Die Gegenüberstellung der gewonnenen Erkenntnisse zeigt, dass vielseitige Argumente für eine wissenschaftliche wie praktische Weiterentwicklung der Digitalisierung sprechen, jedoch auch nicht wenige kritische Aspekte zu berücksichtigen sind. Dies gilt sowohl auf einzel- wie auch auf gesamtwirtschaftlicher Ebene. Langfristig wird eine hohe Gesamtproduktivität eines Unternehmens durch interne und externe Faktoren beeinflusst, die mehr oder weniger umfangreich einer eigenen Beeinflussung durch ein Unternehmen unterliegen. Als Kernaspekte, worauf sich Betriebe fokussieren sollten, gelten zuverlässige Operationen einschließlich fehlerfreier Prozesse, welche schnelle

---

[668] Wie in Kapitel 8 ausgeführt, stellen kollaborierende Roboter ein Beispiel dar, um die Leistungsfähigkeit älterer Beschäftigter zu erhalten bzw. zu verbessern. Folglich sollten – über MRK hinausgehend – generell bei der Gestaltung Cyber-Physischer Produktionssysteme die Bedarfe älterer Mitarbeiter berücksichtigt werden, bietet doch die Digitalisierung vielfältige Möglichkeiten auf deren Bedürfnisse einzugehen (vgl. Wolf et al. 2018 S. 73 f.).
[669] Für einen Ansatz zur Gestaltung des Informationsaustauschs und darauf basierender Entscheidungsfindung unter Nutzung von Ansätzen des Operations Research sowie der Spieltheorie siehe bspw. Wang et al. 2016b.

Durchlaufzeiten ermöglichen, aber auch die Fähigkeit zum Wandel bieten.[670] Diese Aussage hat schon lange in der Betriebswirtschaftslehre Gültigkeit und gewinnt mit der Digitalisierung weitere Bedeutung, bietet sie doch die Grundlage, um jegliche eigen- oder marktinduzierte Veränderung auf neue Weise zu gestalten.

Wenngleich die in Tabelle 24 aufgezeigten Argumente Gültigkeit haben, so wird ein einzelnes Unternehmen selten die praktische Wahl haben, ob es die Digitalisierung nutzt oder sich ihrer verschließt, weil sonst die Gefahr besteht, den Anschluss an den Markt zu verlieren und innovativeren Wettbewerbern das Feld zu überlassen. Vielmehr heißt es aufgrund dieser Tatsache, dass nur eine pro-aktive Auseinandersetzung mit der Digitalisierung den einzig gangbaren Weg darstellt. Unter Abwägung der in diesem Kapitel herausgearbeiteten Chancen und kritischen Aspekten kann die Handlungsempfehlung ausgesprochen werden, dass Unternehmen sich mit der Digitalisierung beschäftigen und diese nutzen sollten, jedoch nicht der teilweise spürbaren „Euphorie der Revolution" verfallen und blind die digitalen Möglichkeiten als einzig erfolgversprechende Lösungen wahrnehmen sollten. Schon gar nicht darf einem Zwang verfallen werden, Digitalisierungsmaßnahmen „um jeden Preis" umsetzen zu wollen, nur weil die teils scharfe Stimmungsmache dafür in den Medien dies einzufordern scheint.[671]

Unter kritischer Abwägung der in Abschnitt 3.2 ausgewerteten Studien zu Lean Management und der ab Kapitel 4 gemachten Aussagen zu Potenzialen der Digitalisierung erscheint die „80:20-Regel"[672] zutreffend, wenn gesagt wird, dass die größten

---

[670] Vgl. Slack et al. 2007 S. 52.

[671] Nicht selten wird publiziert, Deutschland sei zu langsam mit der Umsetzung bzw. habe den Anschluss bereits verpasst. Bspw. schreibt Huber, Deutschland habe „die erste Runde" der Digitalisierung verloren und der Vorsprung der deutschen Volkswirtschaft habe im internationalen Vergleich abgenommen. Zudem betont er, deutsche Unternehmen denken zu sehr in Produkt- und Produktionskategorien und zu wenig in neuen Geschäftsmodellen (vgl. Huber 2018 S. 160). Zu dem Schluss, dass digitale Technologien eher gering verbreitet sind und auch zukünftig nicht mit einem großen Anstieg zu rechnen ist, kommt auch eine Studie basierend auf dem I4.0-Readiness-Index des Fraunhofer ISI (vgl. Lerch et al. 2017. Datenbasis ist eine Erhebung aus 2015 unter n=15.720 Betrieben des verarbeitenden Gewerbes in Deutschland). Solche hier beispielhaft genannten Aussagen sind vor dem Kontext der in diesem Kapitel gemachten Angaben zu hinterfragen.

[672] Die „80:20-Regel" wurde maßgeblich von Vilfredo Pareto geprägt und besagt, dass 80 Prozent der Auswirkungen auf 20 Prozent der Ursachen zurückgeführt werden können (vgl. Brüggemann und Bremer 2015 S. 21). Sie wird zumeist im übertragenen Sinne zitiert und soll auf die ungleiche Verteilung zweier Faktoren aufmerksam machen. So ist sie auch im vorliegenden Fall zu verstehen, d. h. die Prozentwerte sind nur exemplarisch.

Produktivitätspotenziale in der deutschen Industrie durch eine noch intensivere und konsequentere Umsetzung traditioneller Produktivitätsverbesserungsmethoden, insbesondere des Lean Management, erreichbar erscheinen und die Digitalisierung diese nur um einen vergleichsweise kleinen Prozentsatz weiter wird heben können.

Betrachtet man Aspekte wie die hohen Anschaffungs- und Implementierungskosten für technische Lösungen auf Basis der Informations- und Kommunikationstechnologie sowie Folgekosten für Wartungsarbeiten, Schulungen und Aktualisierungsbedarfe bei technischen Weiterentwicklungen, so verdeutlicht dies, dass mit den von einem Unternehmen gewählten Digitalisierungsmaßnahmen eine Produktivitätssteigerung einher gehen muss, um ihre Wirtschaftlichkeit zu gewährleisten. Traditionelle Prozessverbesserungsmaßnahmen des Lean Managements sind häufig in deutlich einfacheren Aufwands-Nutzen-Relationen umsetzbar. Zudem müssen durch sie, wie in Abschnitt 7.1 ausgeführt, die Grundlagen für die Digitalisierung geschaffen werden. Dies impliziert zunächst, worauf sich betriebliche Akteure konzentrieren sollten.

Wenn man die positiven Chancen aus Tabelle 24 einmal als gegeben ansieht, so stellt sich der kritische Entscheider die Frage nach dem Umgang mit den in gleicher Tabelle dargestellten kritischen Aspekten. Aus diesem Grund sollen in der Folge abschließend an dieses Kapitel Handlungsempfehlungen genannt werden, welche konstruktiv an diese herangehen.

Dass eine Return-on-Investment-Rechnung für Digitalisierungsmaßnahmen nicht leichtfällt, darf nicht zur grundsätzlichen Ablehnung von Aktivitäten führen, wenngleich dieser Aspekt der wohl gewichtigste sein dürfte bei einer Investitionsentscheidung. Neben der Bereitschaft, ein gewisses finanzielles unternehmerisches Risiko zu tragen, ist die Nutzung von etablierten Rechenmethoden zu empfehlen[673] und fehlende Angaben, bspw. mittels Schätzwerte, über die Nutzung intuitiver sowie diskursiver Methoden[674]

---

[673] Hilfreiche Literatur zur Investitionsrechnung umfasst Kruschwitz 2003, Götze 2014 oder Poggensee 2015.
[674] Siehe hierzu bspw. Grabner 2018 S. 57-62.

herzuleiten. Insbesondere bietet die etablierte Literatur zum IT-Projektmanagement hilfreiche Quellen zur Nutzenbestimmung.[675]

Mit der finanziellen Abwägung des Nutzens geht eine Analyse der Produktivitätsauswirkungen einher. Bei energetischer Arbeitsunterstützung ist es ratsam die Methoden von REFA[676] und MTM[677] zu verwenden, wobei Zeitstudien im Vorfeld an Pilotarbeitsplätzen durchgeführt werden können, wenn dort die einzuführenden Technologien exemplarisch getestet und auf ihre Produktivitätswirkung hin evaluiert werden. Bei informatorischer Arbeitsunterstützung erscheint die Bestimmung der Produktivitätspotenziale schwieriger. Hier empfiehlt es sich, möglichst valide und begründete Annahmen zu den prognostizierten Auswirkungen zu treffen, die langfristig auf ihre Korrektheit zu prüfen sind und idealerweise im Rahmen eines Benchmarkings mit Erfahrungswerten anderer Anwender abgeglichen werden. Auch die Wissenschaft sollte die Aufgabe übernehmen, möglichst viele Case Studies zusammenzutragen, aus denen belegbare Produktivitätsauswirkungen abgeleitet werden können und welche anderen Anwendern eine Orientierung während des Planungsprozesses zur Einführung von Digitalisierungsmaßnahmen bieten.

Aus den Tatsachen heraus, dass ein Einführungsprozess aufwändig sein kann und negative Erfahrungen vermieden werden sollen, leitet sich die Notwendigkeit eines zielgerichteten Projektmanagements ab. So ist nicht nur die verfolgte Zielsetzung exakt festzulegen, sondern es sind auch die benötigten Ressourcen (insbesondere Personal einschl. Qualifikationsniveau, finanzielle Mittel, Zeit und Material) sowie ein detaillierter Umsetzungsplan einschließlich Meilensteinen zu definieren. Grundsätzlich empfiehlt sich die Umsetzung in mehreren Schritten, wobei neue Technologien von den zukünftigen

---

[675] Hilfreiche Literatur zur Gestaltung von IT-Projekten umfasst bspw. Amberg et al. 2011 oder Aichele und Schönberger 2014.

[676] Der REFA-Verband beschäftigt sich mit Fragestellungen auf dem Gebiet der Arbeitswissenschaft, wozu insbesondere die Themenfelder Lohngestaltung, Ergonomie, Fertigungsorganisation und Zeitwirtschaft gehören (vgl. REFA 1985 S. 11). Letztere umfasst Methoden zur Zeiterfassung, etwa von Produktmontagezeiten, als Grundlage der Berechnung der Ausführungszeit und somit der Ermittlung von Kapazitätsbedarfen (vgl. REFA 1990 S. 166).

[677] MTM steht für Methods Time Measurement ist steht für ein System zur synthetischen Kalkulation von Bewegungsabläufen und zur Zeitbedarfsermittlung (vgl. Schlick et al. 2018 S. 163).

Anwendern an Pilotarbeitsplätzen getestet werden sollten, bevor diese in die alltäglichen operativen Abläufe an den Arbeitsplätzen eingeführt werden.[678]

Die Notwendigkeit von Lean Management als Basis der Digitalisierung wurde in dieser Schrift an verschiedenen Stellen diskutiert. Insofern kann es nur die logische Schlussfolgerung sein, schlanke Prozesse bestmöglich umzusetzen, bevor ein vertieftes Engagement in die Thematik der Digitalisierung erfolgt.[679] Lean Management ist folglich vor der Digitalisierung umzusetzen.

Sollen unterschiedliche technische Systeme verschiedener Hersteller miteinander kombiniert bzw. einmal erstellte Systeme im zeitlichen Verlauf erweitert werden, so stellt sich zwangsläufig die Frage nach Schnittstellen und dafür benötigter Standards. Ein einzelner Anwender wird hierauf nur sehr begrenzt Einfluss nehmen können. Es ist daher umso wichtiger, dass diese Thematik bei der Auswahl von Systemen berücksichtigt wird, indem bestmöglich Informationen eingeholt werden. Hierbei lohnt es sich, die Normierungsbestrebungen zu berücksichtigen, wie sie etwa im Kontext von Referenzarchitekturmodellen, allen voran RAMI 4.0, in dieser Schrift skizziert wurden.[680] Auf mittlere Sicht werden sich ausgewählte Standards aufgrund von Skaleneffekten durch große Verbreitung durchsetzen. Diese Standards gilt es aus Anwendersicht zu identifizieren und für die eigenen Systeme zu nutzen.

Aspekte des Datenschutzes sind für ein langfristig funktionsfähiges und robustes Cyber-Physisches System elementar. Die Ausnutzung von Sicherheitslücken kann zu großen Verlusten führen.[681] Folglich muss die Nutzung von IT-Sicherheitstechnologien insbesondere im Rahmen der Digitalisierung perfektioniert werden. Dies liegt nicht zuletzt darin begründet, dass sich Unternehmen in eine vergleichsweise stärkere Abhängigkeit von ihren digitalen Daten begeben, als dies in der Vergangenheit der Fall war.

Wenngleich die Digitalisierung viel Potenzial zur Verlagerung von Prozessen in eine „digitale Welt" bietet, so werden nach wie vor analoge Komponenten Bestandteile Cyber-

---

[678] Hilfreiche Literatur zum Projektmanagement umfasst Madauss 2017 oder Burghardt 2018.
[679] Hilfreiche Literatur zu Lean Management umfasst Gorecki und Pautsch 2014, Wille 2016, Weinreich 2016 oder Wiegand 2018.
[680] Siehe Ausführungen in Abschnitt 4.1.6.2.
[681] Vgl. Li et al. 2017 S. 1505.

Physischer Systeme sein und auch der Mensch wird mit seinen natürlichen Eigenschaften einschließlich eines nicht-fehlerfreien Verhaltens weiterhin eine Rolle spielen. Hinsichtlich dieser Thematik erscheint vor allem der Aufbau redundanter und breitflächiger Kontrollmechanismen durch Soll-Ist-Abgleiche angeraten, um etwaige Abweichungen von Vorgaben frühzeitig erkennen und entsprechend handeln zu können. Somit kommt dem Prozesscontrolling eine wichtige Aufgabe zu.

Wenn mehr kundenindividuelle Prozesse ablaufen, um Kundenbedürfnisse besser befriedigen zu können, dann wird dies im Allgemeinen mit einem schwieriger zu planenden Kapazitätsbedarf einer gehen. Folglich kommt die Notwendigkeit auf, einerseits Fixkosten möglichst zu reduzieren und andererseits die Zusammenarbeit mit Partnern in der Wertschöpfungskette weiter auszubauen, um flexibel auf Bedarfe reagieren zu können. Weil die Kapazitätsplanung u. a. abhängig ist vom zeitlichen Planungshorizont, geht die geschilderte Problematik auch mit tendenziell kürzeren zu planenden Zeitfenstern einher. Aus diesem Grund erscheint auch die Zielsetzung einer engen und verlässlichen Abstimmung mit den Kunden von hohem Interesse, um eigene Risiken zu minimieren.

Auf die volkswirtschaftlichen Auswirkungen eines zunehmend polarisierten Arbeitsmarktes wird ein einzelnes Unternehmen keinen Einfluss nehmen können. Umso wichtiger ist die zielgerichtete und frühzeitige Qualifizierung des eigenen Personals, welche durch die Personalabteilungen zu planen und umzusetzen ist. Hierbei müssen auch Bestrebungen zur Bindung des Personals erfolgen. Wirtschaftliche Rahmenbedingungen sind von politischer Seite zu setzen. Vor dem Hintergrund, dass die Digitalisierung einen hohen Stellenwert in der deutschen Politik einnimmt und hierzu vielseitige Aktivitäten laufen, ist davon auszugehen, dass aus gesamtwirtschaftlicher Sicht die Entwicklungen in Deutschland seitens der Politik genau betrachtet werden und im Bedarfsfall rechtzeitig steuernd eingegriffen wird. Aus einzelwirtschaftlicher Sicht erscheint dennoch die Integration der Digitalisierung in eine betriebliche CSR-Politik sinnvoll. Hierunter können bspw. Fördermaßnahmen an Schulen und Hochschulen fallen.

Unter Berücksichtigung der zuvor genannten Personalpolitik einschließlich der Qualifizierungsmaßnahmen kann auch die Akzeptanz der Digitalisierung bei den

Beschäftigten erhöht werden, wenn insbesondere die verfolgten Zielsetzungen und der Nutzen der Digitalisierungsmaßnahmen auf verständliche Art und Weise vermittelt werden. Somit kommt der zielgruppengerechten Kommunikation eine wichtige Aufgabe zu.

Die Thematik der NP-Schwere von Problemstellungen bedeutet für Praktiker, dass sie sich nicht der Illusion hingeben dürfen, mit der Digitalisierung könnten alle Planungsprobleme (mathematisch) optimal gelöst werden. Vielmehr wird auch die Digitalisierung an ihre Leistungsgrenzen stoßen und kann daher nur dazu beitragen, Planungen und darauf basierende Umsetzungen besser durchzuführen, als dies bislang der Fall ist. Die relative (qualitative) Steigerung der erreichten Zielwerte muss folglich im Vordergrund stehen und nicht die Orientierung an theoretischen Idealzuständen. Weil jedes Unternehmen vor diese Tatsache gestellt ist, erscheint dies wiederum kein wirklich kritischer Aspekt zu sein, sodass die Digitalisierung in der Praxis vor allem dazu beitragen sollte, als einzelnes Unternehmen besser als die Wettbewerber zu sein.

Abschließend ist an dieser Stelle die Empfehlung auszusprechen, dass bei der Nutzung der Digitalisierung erfahrene Berater helfen können, um die Potenziale bestmöglich auszuschöpfen. Diese können einerseits wissenschaftlich fundiert vorgehen und aus den Bereichen der angewandten Forschung stammen. Andererseits bieten auch kommerzielle Unternehmensberatungen Hilfestellungen an, die inhaltlich fundiert sind durch Erfahrungen aus Projekten bei vergleichbaren Unternehmen.

9.4   Zwischenfazit

In Kapitel 9 wurden zunächst Chancen sowie kritische Aspekte der Digitalisierung aufgezeigt. Dabei wurden arbeitswissenschaftliche, betriebswirtschaftliche und volkswirtschaftliche Themen fokussiert. Eine Gegenüberstellung verdeutlicht, dass die Umsetzung der Digitalisierung nicht trivial ist, wobei insbesondere für die kritischen Aspekte Handlungsempfehlungen aufgezeigt wurden, wie mit diesen praxisorientiert umgegangen werden kann.

Zusammenfassend zeigt sich, dass zunächst auf Standards beruhende Prozesse zu etablieren sind, bevor intensiv die Digitalisierung für deren Weiterentwicklung genutzt werden kann. Diese Erkenntnis deckt sich mit den zuvor getätigten Aussagen in den vorangegangenen Kapiteln. Wählt ein Unternehmen Digitalisierungsmaßnahmen aus, so sollte dies immer vor dem Kontext der eigenen Notwendigkeiten erfolgen und unter Beachtung etwaiger kritischer Faktoren, welche die Erreichung der mit der Digitalisierung verbundenen Ziele erschweren bzw. nicht ermöglichen könnten. Folglich empfiehlt es sich, bei der Anwendung des Vorgehensmodells aus Kapitel 7 die in diesem Kapitel aufgezeigten, allgemeingültigen Aussagen zu berücksichtigen.

Mit Kapitel 9 sind die fünfte und sechste Forschungsfrage final beantwortet. In der fünften Forschungsfrage wurde den Chancen und kritischen Aspekten der Digitalisierung nachgegangen. Wie in Abschnitt 9.1 gezeigt, liegen die Chancen mit Blick auf das Geschäftsmodell insbesondere in einer Verbesserung der Kundenbindung durch gezielte Prozessabläufe, welche die Bedienung individueller Bedarfe durch angepasste Produkte integrieren. Mittels einer echtzeitnahen und zielgerichteten Informationsaufbereitung lassen sich Entscheidungs- und Steuerungsprozesse auf unterschiedlichem Aggregationsgrad zielführend gestalten. Diese einzelwirtschaftlichen Vorteile können, wenn sie von einer Vielzahl an Unternehmen genutzt werden, dazu führen, die Wettbewerbsfähigkeit des Standorts Deutschland insgesamt zu verbessern. In Abschnitt 9.2 wurden kritische Aspekte aufgezeigt, die mit der Digitalisierung einher gehen, wobei zunächst anzuführen ist, dass aufgrund der Heterogenität von Digitalisierungsmaßnahmen ein unterschiedliches Verständnis des Begriffs „Digitalisierung" vorliegt, woraus abgeleitet werden kann, dass manche Maßnahmen zu sehr gut, andere hingehen zu wenig gut prognostizierbaren Ergebnissen führen. Dies erschwert im betrieblichen Kontext die Entscheidungsfindung für Digitalisierungsmaßnahmen einschließlich der Wirtschaftlichkeitsrechnung. Zudem variiert der Aufwand zur Einführung von Digitalisierungsmaßnahmen erheblich je nach gewählter Technik. Im Hinblick auf den Arbeitsmarkt sind die genauen Auswirkungen schlecht vorhersehbar. Volkswirtschaftlich gesehen steht den zu erwartenden positiven Auswirkungen durch die neuen Möglichkeiten zur bestmöglichen arbeitswissenschaftlichen Ausgestaltung von Arbeitsplätzen und der Annahme einer absoluten Zunahme der Anzahl Arbeitsplätze eine unklare inhaltliche Veränderung von Arbeitsaufgaben gegenüber.

In der sechsten Forschungsfrage wurde nach der Möglichkeit gefragt, mittels der Digitalisierung traditionelle Ansätze der Produktivitätsverbesserung zu ersetzen, namentlich die in der Arbeitswissenschaft sowie in der Betriebswirtschaftslehre etablierten Methoden des Industrial Engineerings bzw. des Lean Managements durch Digitalisierungsmaßnahmen zu substituieren. Unter Einbindung der Erkenntnisse aus den Kapiteln 5, 7 und 9 kann auf diese Forschungsfrage geantwortet werden, dass sich die traditionellen Ansätze mit den neuen Digitalisierungsmaßnahmen ergänzen und gegenseitige, positive Einflüsse feststellbar sind. Diese umfassen im Wesentlichen, dass Grenzen des Industrial Engineerings sowie des Lean Managements, die sich insbesondere bei der Fertigung individualisierter Produkte in sehr kleinen Losgrößen zeigen, durch die Digitalisierung überwunden werden können, sowie dass das Industrial Engineering bzw. Lean Management durch die verbesserte Informationsaufbereitung mittels der Digitalisierung zu zielgerichteten und schnelleren Entscheidungen befähigt wird. Es muss hierbei jedoch festgehalten werden, dass zunächst traditionelle Ansätze bestmöglich umgesetzt sein sollten, bevor ergänzend Digitalisierungsmaßnahmen genutzt werden. Eine Zusammenfassung der Antworten auf die fünfte und sechste Forschungsfrage ist nachfolgend in Tabelle 25 dargestellt.

Tabelle 25: Beantwortung der fünften und sechsten Forschungsfrage

Forschungs-frage-nummer	Forschungsfrage	Kapitel mit Antworten	Antworten auf Forschungsfrage
5	Welche Chancen und welche kritischen Aspekte bietet die Digitalisierung für industrielle Produktionsbetriebe?	9	Als Chancen sind eine bessere Kundenbindung, ermöglicht durch eine flexible und auf individuelle Bedarfe ausgerichtete Produktion, sowie gesteigerte Informationsqualität zur Entscheidungsfindung zu nennen. Hieraus können positive volkswirtschaftliche Effekte abgeleitet werden. Als Risiken sind zu nennen, dass der Nutzen der Digitalisierung teils schlecht vorhersehbar ist, die Einführungsphase aufwändig sein kann und nicht immer eine Optimierung möglich ist. Volkswirtschaftlich gesehen sind die genauen Auswirkungen auf den Arbeitsmarkt unklar.
6	Geht mit der Digitalisierung eine Möglichkeit zum Ersetzen klassischer Ansätze des Lean Managements einher?	5, 7, 9	Digitalisierung und Lean Management ergänzen sich gegenseitig, wobei Lean Management zunächst die Basis für die Digitalisierung legt.

Im Anschluss werden in Kapitel 10 ein Ausblick auf offene Forschungsfragen gegeben, welche an diese Schrift anschließen, sowie weitere technologische Entwicklungen skizziert, die auf der Digitalisierung aufbauen. Damit wird die siebte und letzte Forschungsfrage beantwortet.

10 Ausblick auf weitere Forschung und technologische Entwicklungen

Der im letzten Kapitel vor dem Fazit in dieser Schrift zu gebende Ausblick auf offene Forschungsansätze thematisiert zum einen allgemeine Entwicklungen, welche auf der Digitalisierung beruhen und somit die weitere technologische Evolution von Produktionssystemen darstellen können, zum anderen aber auch konkrete offene Aufgabenstellungen, die im begrenzten Rahmen dieser Schrift nicht behandelt werden konnten und somit weiterführende Forschung erfordern. Mit letzteren wird aus didaktischen Gründen begonnen. Mit den Ausführungen dieses Kapitels soll die siebte und letzte Forschungsfrage, welche mögliche langfristige weitere Entwicklungen basierend auf der Grundlage der Digitalisierung adressiert, beantwortet werden.

10.1 Offene Forschungsfragen basierend auf dieser Schrift

Im Nachfolgenden werden Anregungen zur weiteren Forschung gegeben, welche sich aus den Inhalten dieser Schrift ergeben. Dazu erfolgt ihre Nennung entlang der Kapitelstruktur.

Verschiedentlich wurde auf die Wichtigkeit von Lean Management eingegangen. Dabei ist die weitere Durchführung empirischer Studien zum Umsetzungs- und Anwendungsstand der hier als „traditionelle Ansätze" bezeichneten Methoden zur Prozessverbesserung von Interesse.[682] Bislang liegen keine umfangreichen Studien bezogen auf die gesamte Industrie in Deutschland vor. Damit könnten jedoch die in Abschnitt 3.2 gemachten Ausführungen erweitert und konkretisiert werden.

Dass der Begriff der Digitalisierung sehr heterogen verstanden werden kann, wurde durch unterschiedliche Definitionen in Abschnitt 4.1.2 gezeigt und durch die Klassifikation konkreter technischer Ansätze in Abschnitt 4.1.3 verdeutlicht. Insbesondere bei letzterem wird es in den nächsten Jahren eine Vielzahl neuer Entwicklungen geben, welche einer

---

[682] Es sei an dieser Stelle angemerkt, dass die in Kapitel 5 aufgezeigte Befragungsstudie mit ähnlicher inhaltlicher Fokussierung und gleichem Adressatenkreis im Jahr 2019 erneut durchgeführt wurde als Bestandteil des BMBF-Forschungsprojekts TransWork. Eine Veröffentlichung der Ergebnisse ist für das Jahr 2020 geplant.

© Der/die Autor(en), exklusiv lizenziert durch
Springer-Verlag GmbH, DE, ein Teil von Springer Nature 2021
M.-A. Weber, *Nutzung der Digitalisierung zur Produktivitätsverbesserung in industriellen Prozessen unter Berücksichtigung arbeitswissenschaftlicher Anforderungen*, ifaa-Edition, https://doi.org/10.1007/978-3-662-63131-7_10

Analyse auf ihre Potenziale zur Produktivitätsbeeinflussung unterworfen werden sollten. Insofern ist die weitere wissenschaftliche Begleitung der technologischen Entwicklung von hohem Interesse.

Eine stetige und nachhaltige Verbesserung der Produktivität wird für alle Unternehmen gegenwärtig wie zukünftig unabdingbar sein. Eine insbesondere für die Praxis relevante Fragestellungen ist hierbei die quantitative Konkretisierung von Produktivitätspotenzialen ausgewählter Anwendungen. So kann die Struktur des Ordnungsrahmens aus Abschnitt 6.1.1 zu Grunde gelegt und für jedes darin klassifizierte Anwendungsbeispiel ermittelt werden, welche Produktivitätswirkung hierdurch in Fallstudien nachgewiesen werden konnte bzw. im Allgemeinen zu erwarten ist. So wünschenswert Aussagen hierzu sind, so schwierig wird jedoch die Bestimmung konkreter Zahlen in vielen Fällen sein. Zudem werden sie stark fallbasiert und nur in Grenzen zu verallgemeinern sein. In der Lösung dieser Problemstellung liegt eine wesentliche Forschungsaufgabe, welche auf dieser Schrift basieren kann. Ein Ansatz hierfür ist es, eine sehr große Zahl an Unternehmensbeispielen zu sammeln und auszuwerten, welche die exemplarische Liste aus Tabelle 15 weiter fortsetzen. In diesem Kontext können die in Abschnitt 6.3.3 gemachten generischen Ausführungen noch deutlich ausgeweitet und insbesondere detailliert werden.

Im Rahmen der Ausführungen zum mehrstufigen Ansatz zur Umsetzung der Digitalisierung aus Abbildung 68 wurde auf eine Fragenliste verwiesen, welche zu jeder der zwei Hauptstufen des Ansatzes eine Vielzahl an Fragen abbildet.[683] Deren Anwendung soll Praktiker unterstützen, Chancen und kritische Aspekte aufzudecken sowie hinsichtlich der elf Handlungsfelder aus Abbildung 69 wesentliche Maßnahmen abzuleiten, um eine erfolgreiche Einführung der Digitalisierung sicherzustellen. Diese Fragen unterliegen – ähnlich den zuvor genannten technologischen Weiterentwicklungen – ebenfalls einem Aktualisierungs- und Ergänzungsbedarf. Die in Abschnitt 7.3 gemachten Ausführungen zu praxisnahen Erfahrungen aus der Einführung von Digitalisierungsmaßnahmen können, basierend auf der Anwendung der o. g. Fragenliste, in Unternehmen ebenfalls aufgrund eines größeren Stichprobenumfangs wissenschaftlich ausgewertet werden.

---

[683] Siehe hierzu die vollständige Fragenliste aus Weber et al. 2017e in Tabelle 30.

Weiterhin lohnt die Betrachtung der Vorgehensweise zur Gestaltung von Produktionsumgebungen mittels der Digitalisierung. Eine entscheidende Rolle spielen dabei betriebliche Experten, die über methodisches Fachwissen aus dem Industrial Engineering verfügen[684] und diese Methoden mit den Möglichkeiten der Digitalisierung zu kombinieren verstehen. Vor diesem Hintergrund ist von Interesse, wie mögliche Qualifizierungskonzepte aussehen können, welche die Kenntnisse des Lean Managements um Kenntnisse der Digitalisierung erweitern bzw. beide Aspekte inhaltlich kombiniert vermitteln. Weiterreichend sind hierzu auch die Einführung neuer Berufsausbildungen sowie hochschulseitig anzubietender Studiengänge zu behandeln, wobei bereits heute feststellbar ist, dass im Hochschulumfeld das Thema Digitalisierung stark aufgegriffen wird, wohingegen Ausbildungsberufe sich weniger dynamisch anpassen.[685] In diesem Kontext erscheint die wissenschaftlich basierte Entwicklung von Qualifizierungsangeboten zur kombinierten Umsetzung von Lean Management und Digitalisierung, welche über zur Zeit verbreitete Seminarangebote hinausgehen, von Interesse. Mit diesen Forschungsansätzen basierend auf der vorliegenden Schrift schließt dieser Abschnitt und es folgt ein Ausblick auf mögliche zukünftige technologische Entwicklungen.

10.2 Ausblick auf zukünftige technologische Entwicklungen auf Basis der Digitalisierung

Mit der Einführung der Digitalisierung basierend auf den Möglichkeiten der Informations- und Kommunikationstechnologie wird die Grundlage für viele weitere Entwicklungen geschaffen, die darauf aufbauen. In diesem Abschnitt werden aktuelle Ansätze aufgezeigt und ein Ausblick gegeben auf das, was möglicherweise in näherer und fernerer Zukunft kommen könnte. Die Grundlage bildet das Verständnis über drei aufeinander aufbauende Stufen der Nutzung von Digitalisierung aus Abbildung 93.

---

[684] Vgl. REFA 2015 S. 12 sowie die Ausführungen zu Abbildung 66.
[685] Siehe hierzu bspw. Tenberg und Pittich 2017 sowie Ehrenberg-Silies et al. 2017. So ist als Beispiel zu nennen, dass es keine eigenständige Berufsausbildung für Additive Fertigung gibt (vgl. Lakomiec und Weber 2018 S. 37).

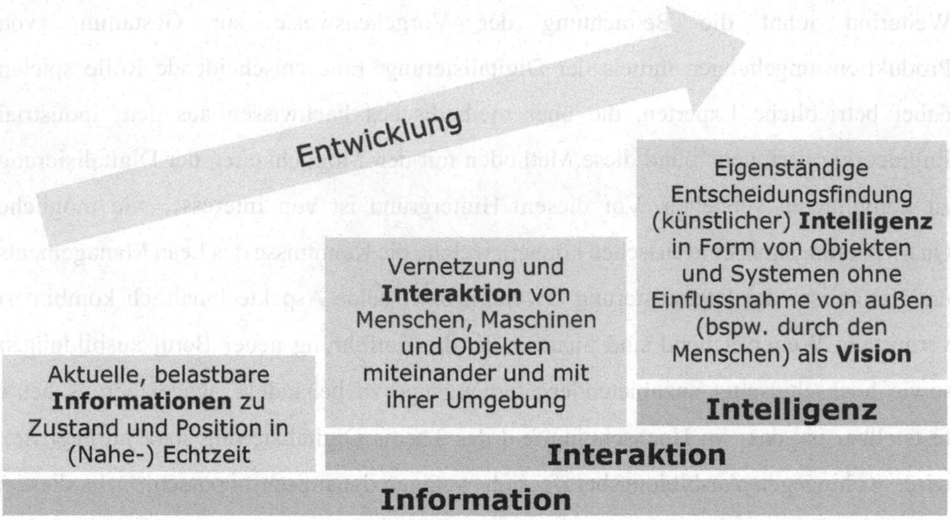

Entwicklung

		Eigenständige Entscheidungsfindung (künstlicher) **Intelligenz** in Form von Objekten und Systemen ohne Einflussnahme von außen (bspw. durch den Menschen) als **Vision**
Aktuelle, belastbare **Informationen** zu Zustand und Position in (Nahe-) Echtzeit	Vernetzung und **Interaktion** von Menschen, Maschinen und Objekten miteinander und mit ihrer Umgebung	**Intelligenz**
	Interaktion	
Information		

Abbildung 93: Entwicklungsstufen der Digitalisierung[686]

Demnach bilden digital vorliegende Daten mit ihrer kontextbezogenen Auswertung in Form von Informationen die Grundlage.[687] Das in dieser Schrift aufgezeigte Entwicklungsstadium der Digitalisierung einschließlich der damit einhergehenden Anwendungsszenarien kann der ersten Stufe der Information sowie der zweiten Stufe der Interaktion zugeordnet werden und steht inhaltlich stellvertretend für Cyber-Physische Systeme.[688] Darauf aufbauend folgt die dritte Stufe der Intelligenz, wozu insbesondere die künstliche Intelligenz zählt. Wenngleich unter dieser Bezeichnung bereits heute Systeme genutzt werden, soll im Folgenden der Begriff der künstlichen Intelligenz detaillierter betrachtet und hierdurch ein Ausblick auf weitere Entwicklungen gegeben werden. Die künstliche Intelligenz gilt als eine der wichtigsten technologischen Entwicklungen. Im Kontext der vorliegenden Schrift ist das maschinelle Lernen als Teilgebiet künstlicher Intelligenz von besonderem Interesse, d. h. die Fähigkeit von Maschinen ihre Leistung ohne menschliches Eingreifen zu verbessern.[689]

---

[686] Eigene Darstellung in Anlehnung an Institut für angewandte Arbeitswissenschaft e. V. 2016 S. 37, basierend auf einer Darstellung des Fraunhofer IAO.
[687] Siehe hierzu auch Ausführungen zu Abbildung 13 sowie in Fußnote 120.
[688] Siehe hierzu auch Ausführungen in Abschnitt 4.1.4.
[689] Vgl. Brynjolfsson und McAfee 2017 S. 24.

Künstliche Intelligenz beschreibt die Fähigkeit einer Maschine, komplexe Problemstellungen eigenständig zu interpretieren, zu lösen und von diesem Prozess für zukünftige Aufgaben zu lernen. Die Systeme basieren i. d. R. auf künstlichen neuronalen Netzen, welche eine Simulation der Arbeitsweise eines Gehirns erlauben und somit eine an die Biologie angelehnte Informationsverarbeitung ermöglichen. Wesentlich charakterisiert sind diese Systeme durch die Anpassung von Parametern aufgrund von Erfahrungswerten. Mit den durch die Digitalisierung verfügbar gemachten großen Datenmengen steigt das Potenzial ihrer Nutzung im Rahmen künstlicher Intelligenz.[690] Weil die Qualität der Nutzung künstlicher Intelligenzen wesentlich durch die Qualität der verfügbaren Daten – insbesondere zu Beginn eines Lernprozesses – geprägt ist, steigt diese aufgrund der durch die Digitalisierung bereitgestellten Inputdaten. Der Sensorik kommt somit eine entscheidende Rolle bei der Nutzung künstlicher Intelligenzen zu. Während die bisherigen Ansätze des Machine Learnings dadurch gekennzeichnet sind, dass ein menschliches Eingreifen in Analyse- und Entscheidungsprozesse erfolgt, grenzt sich die moderne Form künstlicher Intelligenz, auch als Deep Learning bezeichnet, davon ab und menschliche Aktivitäten werden bestenfalls auf die Bereitstellung von Inputdaten reduziert, welche durch die Digitalisierung jedoch auch vollautomatisiert bereitgestellt werden können. Heute bereits gebräuchliche Anwendungsbeispiele begrenzen sich bspw. auf die Bilderkennung, die Spracherkennung und die Übersetzung von Texten,[691] wohlwissend, dass diese Systeme noch nicht völlig fehlerfrei funktionieren. Diesem Verständnis folgend sind Anwendungsszenarien für künstliche Intelligenz denkbar, welche heute technisch noch nicht umgesetzt werden können. Hierunter fällt etwa eine völlig selbststeuernde Produktion, welche auf einer automatisiert erstellten Produktentwicklung basiert. In diesem Kontext wirken unabhängige technische Geräte produktiv und sicher im Umgang mit Beschäftigen zusammen, um Produktionsziele zu erreichen, auch wenn es zu Störungen kommt.[692]

---

[690] Vgl. Heinrich und Stühler 2018 S. 80. In Abgrenzung zu Algorithmen, welche eine Spezifikation einer klar umrissenen zu realisierenden Prozedur darstellen (vgl. Güting und Dieker 2018 S. 2), ist die künstliche Intelligenz auf die Lösung von Problemstellungen durch zunächst unbekannte Vorgehensweisen ausgerichtet.
[691] Vgl. Heinrich und Stühler 2018 S. 81-83.
[692] Vgl. Santos et al. 2017 S. 1361.

Ein deutlich weiterreichender Ausblick auf zukünftige Entwicklungen zeigt der in dieser Schrift abschließende Gedanke, was einmal die Industrie 5.0 als nächste industrielle Evolutionsstufe werden könnte. Bei der Digitalisierung steht die Vernetzung bisher weitgehend unverbundener Produktionskomponenten im Mittelpunkt, was durch digitale Informations- und Kommunikationstechnologie erfolgt. Das Produktionssystem an sich ist dabei nach wie vor ein statisches, welches keine eigenständige Weiterentwicklung betreibt. Mit Blick auf biologische Strukturen, egal ob an Pflanzen oder Lebewesen, fällt hierbei eine Anomalie im Vergleich zu heutigen industriellen Produktionsprozessen auf. Der in der Natur übliche zirkuläre (Produktions-)Weg könnte langfristig auf Produktionsumgebungen übertragen werden. Die chilenischen Neurobiologen Maturana und Varela haben eine solche Vorgehensweise als Autopoiesis bezeichnet.[693] Autopoiesis steht für eine Selbsterzeugung (auto=selbst, poein=Erzeugung). Autopoiesis im Sinne von Maturana und Varela umfasst die Selbsterzeugung, Selbsterhaltung und Selbstbegrenzung. Diese Prinzipien sind in der industriellen Produktion heute nicht gegeben. Allenfalls die in sehr engen Grenzen stattfindende Nutzung additiver Fertigung zur Selbstreparatur bzw. -wartung von Druckersystemen kann hier herangezogen werden, wenngleich dies um Längen davon entfernt ist, eine gesamte Produktionsanlage selbst herzustellen bzw. bei Beschädigung auszubessern. Somit erscheint es denkbar, dass eine langfristige Entwicklung von Produktionsumgebungen dorthin führen könnte und die Digitalisierung nicht die letzte Entwicklungsstufe bzw. „industrielle Revolution" darstellt.[694] Mit diesem Ausblick schließt dieses Kapitel.

10.3 Zwischenfazit

In Kapitel 10 wurden offene Fragestellungen basierend auf dieser Schrift genannt, die in der weiteren Forschung aufgegriffen werden können. Als Zwischenfazit kann hierzu genannt werden, dass interessante weitere Forschungsansätze etwa die Entwicklung eines mathematischen Verfahrens zur quantitativen Bestimmung von Produktivitätspotenzialen für Digitalisierungsmaßnahmen oder den Aufbau einer Datenbank mit Benchmark-Werten

---

[693] Vgl. Maturana und Varela 1990.
[694] Vgl. Hentz und Weber 2018.

aus empirischen Erhebungen umfassen. Die Ausgestaltung dieser Ansätze kann auf dieser Schrift beruhen.

Mit Kapitel 10 wurde zudem ein Ausblick auf die mögliche weitere (langfristige) Entwicklung basierend auf der Digitalisierung gegeben und hiermit die siebte Forschungsfrage final beantwortet. Diese Entwicklungen umfassen die weitere Ausgestaltung der Künstlichen Intelligenz sowie die Nutzung bionischer Ansätze in der industriellen Produktion. Dabei wurde gezeigt, dass die Künstliche Intelligenz bislang noch stark festgelegten Algorithmen folgt und daher eine eher geringe Entwicklungsstufe aufweist, jedoch Szenarien denkbar sind, welche die eigenständige Entwicklung und Anwendung neuen Wissens beinhalten. Die technischen Möglichkeiten hierzu sind noch zu entwickeln. Bionische Ansätze umschreiben eine Selbstproduktion und -reparatur von Anlagen, welche eine sehr weit in die Zukunft reichende Weiterentwicklung und somit eine mögliche Industrie 5.0 darstellen. Eine Zusammenfassung der Antwort auf die siebte Forschungsfrage ist nachfolgend in Tabelle 26 dargestellt.

Tabelle 26: Beantwortung der siebten Forschungsfrage

Forschungs-frage-nummer	Forschungsfrage	Kapitel mit Antworten	Antworten auf Forschungsfrage
7	Welche langfristigen weiteren Entwicklungen sind denkbar?	10	Insbesondere die Künstliche Intelligenz bietet noch großes Entwicklungspotenzial. Langfristig ist die Einbeziehung bionischer Prozesse in Produktionsabläufe eine Option.

Mit diesen Ausführungen schließt die Aufarbeitung neuer Erkenntnisse und es wird im folgenden letzten Kapitel dieser Schrift ein zusammenfassendes Fazit über alle Kapitel gezogen. Hierbei werden noch einmal alle Forschungsfragen aufgegriffen und in Kurzform beantwortet sowie mit der eingangs genannten Zielsetzung dieser Schrift in Einklang gebracht.

11 Fazit

In dieser Schrift wurden Entwicklungen und Möglichkeiten der Digitalisierung betrachtet mit einem Schwerpunkt auf ihrer Nutzung zur Produktivitätsbeeinflussung in industriell geprägten Produktionsumgebungen. Diese Ansätze stellen eine Ergänzung zu traditionellen Methoden des Industrial Engineerings bzw. des Lean Managements dar. Die Kennzahl der Produktivität spielt auf volks- wie auf betriebswirtschaftlicher Ebene eine große Rolle und beschreibt das Verhältnis von jeweils qualitativen sowie quantitativen Outputfaktoren zu Inputfaktoren. Auch in der Arbeitswissenschaft wird diese Kenngröße bei der Evaluation und Gestaltung von Arbeit herangezogen. Das Management der Produktivität erfolgt in einem Regelkreis aus Planung, Umsetzung, Kontrolle und Steuerung und sollte in das Erreichen von Unternehmenszielen strategisch integriert sein.[695] In den genannten Aspekten liegt der Ausgangspunkt für diese Schrift begründet.

Als Zielstellung sollte ein arbeitswissenschaftlicher sowie betriebswirtschaftlicher Klassifikationsansatz für verschiedene technische Ansätze der Digitalisierung erarbeitet werden, welcher integrativ in ein mehrstufiges Vorgehensmodell zur Umsetzung von Digitalisierungsmaßnahmen im industriellen Kontext einfließt. Mit dieser Zielstellung soll eine Forschungslücke dahingehend geschlossen werden, dass das vorgestellte Vorgehensmodell explizit auf eine produktivitätssteigernde Wirkung von Digitalisierungsmaßnahmen abzielt und hierbei arbeitswissenschaftliche sowie betriebswirtschaftliche Anforderungen berücksichtigt, was es bislang in dieser Form nicht gab. Zur Erreichung dieses Ziels wurden eingangs sieben Forschungsfragen gestellt,[696] welche unter anderem mittels einer Literaturauswertung sowie empirischen Erhebungen beantwortet wurden und zur Herleitung des zuvor genannten Vorgehensmodells dienten. An dieser Stelle können die Forschungsfragen zusammenfassend wie folgt beantwortet werden.

Zuerst wurde die Frage aufgestellt, welche Erwartungshaltung mit der Entwicklung der Digitalisierung einhergeht und welche Treiber es für ihre Nutzung gibt.[697] Traditionelle

---

[695] Die hier gemachten Ausführungen gründen auf den Ausführungen in Kapitel 2.
[696] Siehe hierzu Ausführungen in Abschnitt 1.2, insbesondere zu Tabelle 1.
[697] Die Beantwortung dieser Forschungsfrage gründet auf den Kapiteln 4 und 5.

© Der/die Autor(en), exklusiv lizenziert durch
Springer-Verlag GmbH, DE, ein Teil von Springer Nature 2021
M.-A. Weber, *Nutzung der Digitalisierung zur Produktivitätsverbesserung in industriellen Prozessen unter Berücksichtigung arbeitswissenschaftlicher Anforderungen*, ifaa-Edition, https://doi.org/10.1007/978-3-662-63131-7_11

Ansätze des Industrial Engineerings bzw. des Lean Managements stoßen aufgrund zunehmender Individualisierungsanforderungen an Produkte sowie Flexibilitätsanforderungen an Prozesse an ihre Grenzen. Diese sollen durch die Digitalisierung überwunden werden. Auch besteht die Anforderung, das Produktivitätsmanagement zunehmend humanorientiert auszulegen und somit den Produktionsfaktor Mensch nachhaltig in Produktionsprozessen zu berücksichtigen. Die Digitalisierung wird deshalb als eine Methode zur Gestaltung eines modernen Industrial Engineerings gesehen. Konkret stellt sie eine Weiterentwicklung des CIM-Ansatzes aus den 1960er und 1970er Jahren dar unter Nutzung modernster technologischer Möglichkeiten, wie etwa hohe Rechenleistungen zur Bewältigung anspruchsvoller Aufgaben sowie die Vernetzung verschiedener Geräte. Aufgrund einer breiten Datenerfassung in physischen Produktionsprozessen mittels sog. Cyber-Physischer Systeme wird eine Basis geschaffen zur zielgerichteten Steuerung, wozu auch die Entwicklung der Miniaturisierung von technischen Geräten gehört in Kombination mit zunehmend günstigeren Preiskonditionen für technische Komponenten, welche einen breiten Einsatz lohnenswert erscheinen lassen. Aus volks- und betriebswirtschaftlicher Perspektive sollen diese technischen Entwicklungen genutzt werden, um die (internationale) Wettbewerbsfähigkeit einzelner Unternehmen und hierdurch des Produktionsstandorts Deutschland insgesamt zu erhalten bzw. weiter auszubauen. Gerade auf der betrieblichen Ebene soll die Digitalisierung dazu beitragen, die steigende Komplexität von Systemen und die darin zu vollziehenden Aufgaben wieder auf ein handhabbares Maß zu reduzieren. Dies betrifft die Planung und Steuerung von Prozessabläufen sowie ihre kontinuierliche Verbesserung einschließlich einer Flexibilisierung der Personaleinsatzmöglichkeiten. Neben dieser prozessorientierten Sichtweise erscheint auch die Neu- und Weiterentwicklung von Geschäftsmodellen und hierdurch das Anbieten attraktiver neuer Produkte auf dem Markt als wesentlicher Treiber der Digitalisierung.

Als zweites wurde die Frage aufgestellt, wie Informations- und Kommunikationstechnologien sowie darauf basierende Applikationen der Digitalisierung nach technischen Gesichtspunkten klassifiziert werden können.[698] Ausgangspunkt stellt hierbei der Ansatz dar, dass zunächst Daten zu erfassen sind und diese dann zielgerichtet zu verwertbaren Informationen aufbereitet werden müssen, welche eine Entscheidungsbasis für Aktionen darstellen. Technische Applikationen wurden entsprechend dieser prozessorientierten Vorgehensweise untergliedert in messtechnische Ansätze (allen voran die Sensorik), in Technologien der Vernetzung und verschiedene Klassifikationen von Netzwerken, in Analyseansätze als Notwendigkeit für die Datenauswertung und Informationsaufbereitung, in Möglichkeiten zur Visualisierung von Informationen (untergliedert nach der reinen Bildschirmdarstellung sowie einer Nutzung für erweiterte und virtuelle Realität) und abschließend in Ansätze der Regelungstechnik für steuernde Eingriffe (allen voran die Aktorik einschließlich der Reglersteuerung).

Als drittes wurde die Frage aufgestellt, wie eine Zuordnung von Informations- und Kommunikationstechnologien sowie darauf basierender Applikationen zu Anwendungs- und Nutzungsfeldern in der industriellen Produktion einschließlich angrenzender Bereiche aussehen kann mit dem Ziel, die Produktivität zu beeinflussen.[699] Die Ausgangsüberlegung hierzu stellen die technischen Klassifikationsansätze aus der vorhergehenden Forschungsfrage dar, welche es erlauben, verschiedene Technologien einzusortieren. Daran anschließend wurden die eingangs in diesem Kapitel genannten Blickpunkte auf die Produktivität herangezogen, sodass eine Matrix zur Einsortierung technischer Ansätze zur Erreichung festgelegter Produktivitätsbeeinflussungen aufgespannt werden konnte. Dieser Zwischenschritt wurde erweitert um die Anwendung der Technologien bei direkten oder indirekten Tätigkeiten, bzw. – weiter detailliert – innerhalb bestimmter betrieblicher Funktionsbereiche. Mit der noch weitergehenden Unterteilung nach energetischer und informatorischer Arbeitsunterstützung wurde abschließend ein Klassifikationsschema mit vier Kategorien geschaffen, welches es erlaubt, konkrete Anwendungsszenarien der Digitalisierung eindeutig zuzuordnen. Zunächst sind in diesen Ordnungsrahmen Beispiele einzusortieren. Anschließend können diese strukturiert extrahiert werden, etwa, wenn Unternehmen Anregungen für die Umsetzung eigener Digitalisierungsmaßnahmen benötigen. Ferner wurde in dieser Schrift

---

[698] Die Beantwortung dieser Forschungsfrage gründet auf Kapitel 4.
[699] Die Beantwortung dieser Forschungsfrage gründet auf Kapitel 6.

das theoretische Klassifikationsschema durch ausgewählte Beispiele veranschaulicht und es wurden generische Aussagen zu oft genutzten Digitalisierungsansätzen gemacht.

Als viertes wurde die Frage aufgestellt, wie eine Beeinflussung und zielgerichtete Gestaltung der Produktivität von Produktionssystemen aussehen kann unter Berücksichtigung der Zuordnungen der Informations- und Kommunikationstechnologien sowie darauf basierender Applikationen zu Anwendungs- und Nutzungsfeldern.[700] Grundlegend gilt, dass die Digitalisierung immer unternehmensspezifisch ausfällt und somit Maßnahmen an die individuellen Charakteristika einzelner Betriebe anzupassen sind. Das in dieser Schrift hierfür allgemeingültige Vorgehensmodell empfiehlt die Schaffung standardisierter und schlanker Prozesse mittels Lean Management, welche im Folgenden auf Unterstützungsmöglichkeiten durch die Digitalisierung geprüft wird. Die neuen Technologien sollen in direkten und indirekten Bereichen zum Einsatz kommen, wobei neben den Prozessen auch das Geschäftsmodell flankierend weiterzuentwickeln ist. Aktivitäten der kontinuierlichen Verbesserung sind perspektivisch auch auf bereits umgesetzte Digitalisierungsmaßnahmen anzuwenden. Bei der Bestimmung konkreter Ansätze der Digitalisierung zur Implementierung hilft der zuvor geschilderte Klassifizierungsansatz. Ausgewählte Maßnahmen sind mit Blick auf ihre technischen, organisatorischen und personellen Auswirkungen zu untersuchen, wobei elf Handlungsfelder aufgezeigt werden, zu denen sich im Anhang dieser Schrift ein ausführlicher Fragebogen zur Identifikation kritischer Aspekte findet.[701] Der hier geschilderte Umsetzungsansatz wurde durch Erfahrungsberichte aus Unternehmen der deutschen Metall- und Elektroindustrie ergänzt, aus welchen Empfehlungen für eine gute Vorgehensweise zur Umsetzung der Digitalisierung abgeleitet werden können.

Ergänzend wurde zur Beantwortung der vierten Forschungsfrage eine Fallstudie vorgestellt, in welcher die Technologie der Mensch-Roboter-Kollaboration betrachtet wird. Zuvor erfolgte eine vertiefende Einführung in kollaborierende Robotersysteme. In der Fallstudie zeigt sich, dass Durchlaufzeiten durch den MRK-Einsatz verkürzt werden können, insbesondere durch die Parallelisierung der Tätigkeitsanteile von Mensch und Roboter. Weiterhin sind sinkende Stückkosten möglich, weil die auf Mensch und Roboter

---

[700] Die Beantwortung dieser Forschungsfrage gründet auf Kapitel 7 sowie Kapitel 8.
[701] Siehe Fragen in Tabelle 30 im Anhang dieser Schrift.

aufzuteilenden Tätigkeitsanteile mit unterschiedlichen Stundensätzen monetär zu bewerten sind. In Kombination des Zeit- und Kosteneffekts lassen sich größere Stückzahlen zu niedrigeren Kosten herstellen. Neben diesen quantitativen Verbesserungen wurden in qualitativer Hinsicht eine höhere Produktgüte sowie Verbesserungen der Ergonomie für den Mitarbeiter verdeutlicht. Zu letzterer gehört insbesondere die Reduktion energetisch aufzuwendender Kräfte in Form geringerer Hebe- und Transportaufwände.

Als fünfte Forschungsfrage wurde aufgestellt, welche Chancen und kritische Aspekte die Digitalisierung für industrielle Produktionsbetriebe bietet und welche langfristigen weiteren Entwicklungen denkbar sind.[702] Zusammenfassend liegen die betriebswirtschaftlichen Chancen der Digitalisierung in einem breiteren Leistungsspektrum, welches den Kunden angeboten werden kann, in erweiterten Flexibilisierungsmöglichkeiten für die Produktion einschließlich der Möglichkeit zur Herstellung kundenindividueller Produkte und in einer deutlich verbesserten Informationsbasis zum Ableiten von Handlungen. Aus volkswirtschaftlicher Sicht kann die Digitalisierung in der Sicherung der Wettbewerbsfähigkeit des Produktionsstandorts Deutschland eine wichtige Rolle spielen. Risiken sind betriebswirtschaftlich darin zu sehen, dass – je nach gewählter technischer Lösung – die Chancen-Nutzen-Relation ex ante schwer bestimmbar ist, einschließlich der mit ihr einhergehenden Produktivitätspotenziale. Hinzu kommt eine mitunter aufwendige Einführungsphase. Wenngleich die Digitalisierung häufig als Chance zur Lösung teilweise sehr komplexer Planungs- und Steuerungsaufgaben propagiert wird, so darf nicht vergessen werden, dass viele dieser Aufgaben als NP-schwierig einzustufen sind und somit selbst durch die ausgereifteste Technik nicht nach mathematischen Gesichtspunkten optimal lösbar erscheinen für die umfangreichen Aufgaben, welche in der betrieblichen Praxis anfallen. Folglich kann mittels der Digitalisierung nur eine heuristische Annäherung an einen möglichst guten Zustand erfolgen. Aus volkswirtschaftlicher Perspektive sind insbesondere die unklaren Auswirkungen auf den Arbeitsmarkt ein kritischer Faktor der Digitalisierungsentwicklung.

---

[702] Die Beantwortung dieser Forschungsfrage gründet auf Kapitel 9.

In der sechsten Forschungsfrage wurde eruiert, ob mit der Digitalisierung ein Ersatz klassischer Ansätze des Lean Management einher geht.[703] Dies wurde insofern verneint, als dass mit Lean Management in Form standardisierter und verschwendungsarm gestalteter Prozesse, die sich durch die Vermeidung von Medienbrüchen und Informationsbarrieren auszeichnen, zunächst eine Basis für die Digitalisierung geschaffen werden muss. Darauf aufbauend ergeben sich wechselseitige Potenziale, wonach die Digitalisierung Prozesse bedarfsgerecht unterstützt und somit das Lean Management weiter vorantreibt, jedoch auch die Grenzen des Lean Management verschoben werden und sich hierdurch erweiterte Anwendungsmöglichkeiten bieten.

Als Ausblick auf weitere Forschungsansätze basierend auf dieser Schrift wurde zunächst die wissenschaftliche Begleitung neuer technologischer Entwicklungen, welche für die nächsten Jahre zu erwarten sind, genannt. Damit wurde die siebte und letzte Forschungsfrage beantwortet.[704] Anhand konkreter Fallbeispiele kann eine Auswertung von deren quantitativer Produktivitätswirkung erfolgen und aus der Vielzahl untersuchter Beispiele können generische Muster und Empfehlungen abgeleitet werden. Mit Blick auf die allgemeine weitere Entwicklung wurde die Künstliche Intelligenz als wesentliche nächste Stufe technologischer Weiterentwicklung für die mittlere Zukunft diskutiert, bevor ein sehr langfristiger Ausblick auf eine „Industrie 5.0" in Anlehnung an biologische Produktionsprozesse erfolgte. In Tabelle 27 sind abschließend die Antworten auf die sieben Forschungsfragen dieser Schrift zusammengefasst.

---

[703] Die Beantwortung dieser Forschungsfrage gründet auf den Kapiteln 5, 7 und 9.
[704] Die Beantwortung dieser Forschungsfrage gründet auf Kapitel 10.

Tabelle 27: Antworten auf Forschungsfragen

Forschungs-frage-nummer	Forschungsfrage	Kapitel mit Antworten	Antworten auf Forschungsfrage
1	Welche Erwartungshaltung geht mit der Entwicklung der Digitalisierung auf volks- und betriebswirtschaftlicher Ebene einher und was sind die Treiber ihrer Nutzung?	4, 5	Neben der Erwartungshaltung, neue Geschäftsmodelle umsetzen zu können, sollen Grenzen traditioneller Ansätze der Produktivitätsverbesserung (Lean Management) durch erweiterte Möglichkeiten verschoben werden. Zudem soll das Produktivitätsmanagement stärker humanorientiert ausfallen. Mittels der Digitalisierung sollen diese Ziele erreicht und positive Effekte auf dem deutschen Arbeitsmarkt sowie für die internationale Wettbewerbsfähigkeit Deutschlands erzielt werden.
2	Wie können Informations- und Kommunikationstechnologien sowie darauf basierende Applikationen der Digitalisierung nach technischen Gesichtspunkten klassifiziert werden?	4	Eine Gliederung der Ansätze der Digitalisierung nach technischen Gesichtspunkten kann erfolgen nach: messtechnischen Ansätzen, Vernetzungsansätzen, Ansätzen zur Daten- und Informationsaufbereitung, Ansätzen zur Visualisierung und regelungstechnische Ansätze.
3	Wie sieht eine Zuordnung von Informations- und Kommunikationstechnologien sowie darauf basierender Applikationen zu Anwendungs- und Nutzungsfeldern in der industriellen Produktion (einschließlich angrenzender Bereiche) aus mit dem Ziel, die Produktivität zu beeinflussen?	6	Die zuvor genannte Gliederung technischer Ansätze der Digitalisierung kann weiter konkretisiert werden hinsichtlich deren Produktivitätswirkung (Input- bzw. Outputwirkung, unterteilt nach qualitativen sowie quantitativen Aspekten), Anwendbarkeit in betrieblichen Funktionsbereichen (Entwicklung, Einkauf, Logistik, Produktion etc.) sowie Form der Arbeitsunterstützung (energetisch bzw. informatorisch).
4	Wie kann eine Beeinflussung und zielgerichtete Gestaltung der Produktivität von Produktionssystemen aussehen unter Berücksichtigung der Zuordnungen der Informations- und Kommunikationstechnologien sowie darauf basierender Applikationen zu Anwendungs- und Nutzungsfeldern?	7, 8	Die Nutzung der Digitalisierung zur Produktivitätssteigerung muss unternehmensspezifisch erfolgen, sollte jedoch auf mittels Lean Management gestalteten standardisierten Prozessen fundieren. Ein kontinuierlicher Verbesserungsprozess inkludiert die Digitalisierung.
5	Welche Chancen und welche kritischen Aspekte bietet die Digitalisierung für industrielle Produktionsbetriebe?	9	Als Chancen sind eine bessere Kundenbindung, ermöglicht durch eine flexible und auf individuelle Bedarfe ausgerichtete Produktion, sowie gesteigerte Informationsqualität zur Entscheidungsfindung zu nennen. Hieraus können positive volkswirtschaftliche Effekte abgeleitet werden. Als Risiken sind zu nennen, dass der Nutzen der Digitalisierung teils schlecht vorhersehbar ist, die Einführungsphase aufwändig sein kann und nicht immer eine Optimierung möglich ist. Volkswirtschaftlich gesehen sind die genauen Auswirkungen auf den Arbeitsmarkt unklar.
6	Geht mit der Digitalisierung eine Möglichkeit zum Ersetzen klassischer Ansätze des Lean Managements einher?	5, 7, 9	Digitalisierung und Lean Management ergänzen sich gegenseitig, wobei Lean Management zunächst die Basis für die Digitalisierung legt.
7	Welche langfristigen weiteren Entwicklungen sind denkbar?	10	Insbesondere die Künstliche Intelligenz bietet noch großes Entwicklungspotenzial. Langfristig ist die Einbeziehung bionischer Prozesse in Produktionsabläufe eine Option.

Zusammenfassend kann die Aussage getroffen werden, dass die Digitalisierung ein Potenzial bietet zur Verbesserung der Wettbewerbsfähigkeit. Sie eignet sich zur Umsetzung von Produktivitätssteigerungen, was sowohl für einzelne Betriebe als auch in aggregierter Form für eine ganze Volkswirtschaft gilt. Hierbei ist jedoch zu berücksichtigen, dass traditionelle Ansätze zur Produktivitätsverbesserung keineswegs flächendeckend in der deutschen Industrie optimal ausgeschöpft sind und somit hierdurch auch noch teils erhebliche Verbesserungsmöglichkeiten realisierbar erscheinen. Dies ist insbesondere deshalb wichtig, weil schlanke und verschwendungsarme Prozesse als Grundlage der Digitalisierung gelten.

Mit der Digitalisierung gehen hohe Erwartungen seitens der Politik einher. Auf einzelwirtschaftlicher Ebene ist ein polarisiertes Bild festzustellen, das aus Betrieben besteht, welche die Digitalisierung pro-aktiv vorantreiben und eine gewisse Experimentierfreude an den Tag legen, sowie aus Betrieben, die eher abwartend und zurückhaltend eingestellt sind. Beide Wege haben ihre Berechtigung. Wer Digitalisierungsmaßnahmen vorantreibt, wird dies auf der Erkenntnis tun, dass Potenziale zur Anwendung im eigenen Unternehmen erkannt sind. Wer abwartet, wird mitunter keine prozessseitige Notwendigkeit sehen bzw. die technischen Möglichkeiten noch nicht als geeignet betrachten zur Lösung eigener Herausforderungen, was keineswegs sträflich ist. Der gesellschaftlich teilweise übertrieben geführte Diskurs um die Chancen der Digitalisierung darf nicht zu einer Hysterie des „Digitalisierens um der Digitalisierung wegen" führen, sondern muss wohl abgewogen werden mit Blick auf individuelle Möglichkeiten und Bedürfnisse jedes einzelnen Unternehmens.

Für die Evaluation betriebswirtschaftlicher Potenziale, die Auswahl konkreter Digitalisierungsmaßnahmen und eine strukturierte Umsetzung liefert diese Schrift hilfreiche Methoden, womit Unternehmen ausgehend von ihrem aktuellen Status Quo die eigene Digitalisierung gestalten können. Insbesondere das mehrstufige Vorgehensmodell ist hier zu nennen, welches hilft, ausgehend von einer Analyse markt-, organisations- und technikbezogener Rahmenbedingungen eines Unternehmens für dieses potenzielle Digitalisierungsmaßnahmen mit Hilfe eines Ordnungsrahmens strukturiert zu bestimmen und anschließend im Hinblick auf arbeitswissenschaftliche und betriebswirtschaftliche Anforderungen zielgerichtet umzusetzen. Ein solches Vorgehensmodell, welches explizit auf die Zielgröße der Produktivitätsverbesserung abzielt und die genannten Anforderungen aufgreift, lag bislang nicht vor. Im Abgleich mit bestehenden Vorgehensmodellen aus der Literatur konnte zudem gezeigt werden, dass deren inhaltliche Bandbreite sowie inhaltliche Tiefe sehr heterogen ausgeprägt sind und folglich das hier präsentierte Modell Alleinstellungsmerkmale aufweist. In der Bewertung des hier skizzierten Modells wurde jedoch auch darauf eingegangen, dass Abwandlungen denkbar sind sowie Kombinationen mit anderen bestehenden Modellen möglich erscheinen. Beides stellen Ansätze zur Weiterentwicklung des hier gezeigten Modells dar.

Diese Schrift stellt für betriebliche Praktiker einen Handlungsleitfaden dar. Zudem bereichert sie die zurzeit in großem Umfang stattfindende wissenschaftliche Begleitung der Entwicklung der Digitalisierung und den darum stattfindenden Diskurs. Weil ein wesentlicher Teil dieser Entwicklung einerseits neue und andererseits weiterentwickelte Technologien darstellen, und in den nächsten Jahren hier noch vielseitige interessante Ansätze aufkommen werden, ist insbesondere der Ausblick auf die nähere Zukunft von Interesse.

Anhang

In Abbildung 94 ist die Entwicklung der Arbeitnehmerzahlen in Deutschland insgesamt sowie speziell im produzierenden Gewerbe seit der Nachkriegszeit dargestellt. Wesentliche Ereignisse bzw. Entwicklungen mit Blick auf diese Schrift sind kenntlich gemacht. Deutlich ersichtlich ist der Sprung durch die Wiedervereinigung Anfang der 1990er Jahre. Die Grafik dient der Verdeutlichung, dass Veränderungen durch Computer-Integrated-Manufacturing ab den 1960er Jahren nicht zu einer – damals teilweise erwarteten – großen Arbeitslosigkeit geführt hat.

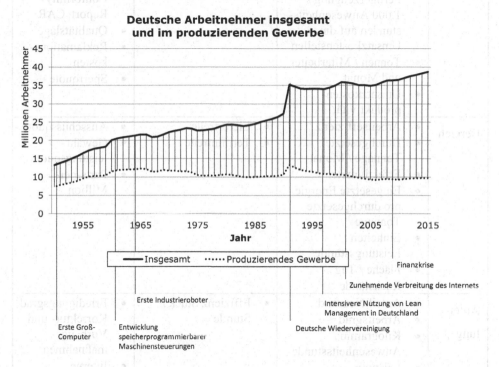

Abbildung 94: Arbeitnehmer in Deutschland, gesamt und im produzierenden Gewerbe[705]

Nachfolgend stellt Tabelle 28 konkrete Angaben für Produktivitätskennzahlen dar, welche die Befragten aus der Studie in Kapitel 5 gemacht haben. Diese stellen die Grundlage für die aggregierten Angaben zur Verteilung von Kennzahlen in Tabelle 6 dar.

---

[705] Eigene Darstellung basierend auf Zahlen des Statistischen Bundesamtes.

© Der/die Herausgeber bzw. der/die Autor(en), exklusiv lizenziert durch Springer-Verlag GmbH, DE, ein Teil von Springer Nature 2021
M.-A. Weber, *Nutzung der Digitalisierung zur Produktivitätsverbesserung in industriellen Prozessen unter Berücksichtigung arbeitswissenschaftlicher Anforderungen*, ifaa-Edition, https://doi.org/10.1007/978-3-662-63131-7

Tabelle 28: Falls Sie Kennzahlen zur Produktivität erfassen, wie sind diese definiert?

	Fertigung	Montage	Qualitäts-management
Unter-nehmen	• Arbeitsunfälle • Garantiekosten • Kundenzufriedenheit • Liefertreue • Stück • Tonnen Fertigerzeugung / 1.000 Anwesenheits-stunden auf die Umsatzkostenstellen • Tonnen / Mitarbeiter und Monat • Umsatzkosten-produktivität	• (keine Angaben)	• Ausbringung • Ausschuss • Reklamations-quote • Fehlerkosten • Non-Conformity-Report, CAR • Qualitätslage • Reklamations-kosten • Sperrquote
Bereich	• Arbeitseffizienz • Durchgesetzte Tonnage / Monat • Effektivmeter • Eingesetzte Energie pro durchgesetzte Tonnage • Einheiten / Leistungsstunde • Fläche / Tag • Rückstände	• Liefertreue • Termintreue	• Ausschussquote • Gewähr-leistungsquote • Parts-per-Million
Abtei-lung	• Anteil Neusand • Arbeitsgrad • Kilogramm / Anwesenheitsstunde • Leistung • Sicherheits-verbesserungen • Stück / Mitarbeiterstunde • Stück / Stunde • Theoretische zu echter Anwesenheit • Wirkungsgrad	• Effizienz Stück / Stunde	• Erledigungsgrad Korrektur- und Vorbeuge-maßnahmen • Interne Ausschussquote • Reklamationen / Anzahl Wareneingänge

Ver-bund von Arbeits-plätzen	• Anwesenheits-stunden / Tonne Anlagendurchsatz • Durchlaufzeit • Stunden / Stück • Kosten Absorbierung / Tag • Maschinenaus-fallzeiten • OEE • Produktivität • Stück • Stück / Mitarbeiterstunde • Stück / Schicht • Taktzeit • Value Added / Teil und Zeit • Zurückgelieferte Minuten zu Anwesenheitszeit	• Durchlaufzeit • Labor-Efficiency • Leistungsgrad • Produktivität • Teile / Anwesenheitsstunde • Einheiten / Mitarbeiter und Stunde	• Qualitäts-performance
Arbeits-platz	• Anlagenauslastung pro Woche • Anlagenverfügbarkeit • Arbeitsleistung • Effektivität • First-pass-yield • Gutteile pro Stunde • Kilogramm / Stunde • Leistungsgrad • Maschinengutzeit zu eingesetzter Mitarbeiterstunde • Nutzungsgrad • OEE • Output / Schicht • Plankosten / Ist-Kosten • Qualität • Qualitätsrate • Stückzahl / Stunde • Stunden pro Auftrag • Vorgabezeit / eingesetzte Zeit	• Ist-Zeit vs. Vorgabezeit (MTM) • Maschinengutzeit / eingesetzte Mitarbeiterstunde • Plankosten / Ist-Kosten • Qualität • Reduzierung Vorgabezeiten • Stückzahl / Tag	• Defects-per-Million Opportunities (DPMO) • Externe Ausschuss-quote

Nicht angegeben	• Output / Schicht	• (keine Angaben)	• Ausschuss

	Logistik	Supply Chain Management	Instandhaltung / Service
Unternehmen	• On-Time-Delivery	• Lagerreichweite • Days-on-hand • In-Time-Orders • Termintreue	• (keine Angaben)
Bereich	• Liefertreue der internen Logistik • Umschlagshäufigkeit	• Lieferzuverlässigkeit	• Instandhaltungskosten / Monat
Abteilung	• Nivellierungsgüte (in %)	• Nivellierungsgüte (in %)	• Mean-Time-to-Repair sowie Mean-Time-between-Failure • Technische Verluste (in %)
Verbund von Arbeitsplätzen	• Ist-Arbeitsstunden vs. Vorgabe (Logistik-Zeitdaten)	• (keine Angaben)	• (keine Angaben)
Arbeitsplatz	• (keine Angaben)	• (keine Angaben)	• Auftragsstunden / Tag • Reduzierung Störungen
Nicht angegeben	• (keine Angaben)	• (keine Angaben)	• Anlagenverfügbarkeit

	Lager	Planung / Steuerung	Administrative Verwaltung
Unternehmen	• (keine Angaben)	• Termintreue	• Gesamtkosten-produktivität • Rohertrag
Bereich	• Einheiten / Leistungsstunde • Umschlagshäufigkeit	• Durchlaufzeit	• (keine Angaben)
Abteilung	• Picks / Mitarbeiter • Zahl der Picks / eingesetzter Stunde	• (keine Angaben)	• (keine Angaben)
Verbund von Arbeits-plätzen	• Anzahl Wareneinlagerungen	• (keine Angaben)	• (keine Angaben)
Arbeits-platz	• Umschlagmenge / Tag	• (keine Angaben)	• (keine Angaben)
Nicht angegeben	• (keine Angaben)	• (keine Angaben)	• (keine Angaben)

(insgesamt 124 Nennungen, 117 ohne Dopplungen)

Die nachfolgend in Tabelle 29 dargestellte Klassifizierung von Formen der Arbeit dient als Grundlage einer Dimension des Ordnungsrahmens, wie er in Abschnitt 6.1.1 entwickelt wird. Die aufgezeigte (fließende) Unterteilung zwischen energetischer und informatorischer Arbeit ist exemplarisch und könnte auch auf andere Art erfolgen.

Tabelle 29: Einteilung von Arbeit auf den Stufen von Energetisch bis Informatorisch[706]

Typ der Arbeit	Energetische Arbeit				Informatorische Arbeit
Art der Arbeit	Mechanisch (MC)	Motorisch (MO)	Reaktiv (RA)	Kombinativ (KB)	Kreativ (KA)
Menschliche Tätigkeit	Kräfte abgeben	Bewegungen ausführen	Reagieren und Handeln	Informationen kombinieren	Informationen erzeugen
Beschreibung	„Mechanische Arbeit" im Sinne der Physik	Genaue Bewegung bei geringer Kraftabgabe	Informationen aufnehmen und darauf reagieren	Informationen mit Gedächtnis-inhalten verknüpfen	Verknüpfen von Informa-tionen zu „neuen" Informationen
Beispiel	Tragen	Montieren	Auto fahren	Konstruieren	Erfinden

Im Rahmen des mehrstufigen Ansatzes zur Umsetzung der Digitalisierung aus Abschnitt 7.2.2 wurde auf eine Fragenliste verwiesen, welche Praktikern eine Hilfestellung bei der Konkretisierung ihrer Vorhaben bieten soll. Nachfolgend werden in Tabelle 30 diese Fragen aufgeführt einschließlich Hinweisen und Erläuterungen. In der praktischen Anwendung muss nicht jede Frage relevant sein. Vielmehr dienen diese Fragen als Anregungen. Das Ziel ist die Beantwortung als relevant eingestufter Fragen und die Ableitung geeigneter Maßnahmen.

Tabelle 30: Fragenliste zur Umsetzung von Digitalisierungsmaßnahmen[707]

Nr.	Frage	Hinweise und Erläuterung
I	Bestimmung von Digitalisierungsmaßnahmen	
A	Rahmenbedingungen und Perspektiven - Markt	
A.1	Welche Maßnahmen Ihrer Marktbegleiter zur Umsetzung der Digitalisierung nehmen Sie als bedrohend für das eigene Geschäft wahr?	Bspw. Nutzung von Onlineportalen zur Abwicklung von Geschäftsvorgängen, Produktkonfiguratoren im Internet für Kunden, Nutzung additiver Fertigungsverfahren, Einsatz von Assistenzsystemen (bspw. in Montage oder Instandhaltung).

---

[706] Eigene Darstellung in Anlehnung an Schlick et al. 2018 S. 142 basierend auf Rohmert 1998.
[707] Eigene Darstellung in enger Anlehnung an Weber et al. 2017e.

A.2	Welche Chancen und Risiken sehen Sie für das eigene Geschäftsmodell aufgrund der allgemeinen Entwicklung der Digitalisierung?	Bspw. Möglichkeiten, bestehende Produkte und Dienstleistungen zu digitalisieren bzw. digital zu unterstützen (bspw. App zur Maschinenüberwachung); Risiken durch neue konkurrierende Anbieter mit effektiveren Vertriebswegen oder Wertschöpfungsprozessen; Erweiterung oder Verlust von Service- und Wertschöpfungsanteilen bspw. durch 3D-Druck, Wartungsassistenten, Fernwartung; Änderung der Bedeutung von Produkten und Dienstleistungen (bspw. sinkende Bedeutung des Festnetztelefons, steigende Nachfrage nach E-Mobilität, Carsharing anstatt eigenem PKW).
A.3	Welche Anforderungen hinsichtlich der Digitalisierung stellen Kunden oder Lieferanten in der Wertschöpfungskette?	Bspw. eine WebEDI-Anbindung mit Datenaustausch, standardisierte Nutzung von Code-Systemen (Barcode, QR, RFID).
A.4	In welcher Form sollte sich das Unternehmen gegenüber (strategischen) Partnern weiter öffnen, insbesondere hinsichtlich des gemeinsamen Datenaustauschs?	Bspw. umfangreicherer Austausch betrieblicher Daten mit vernetzten Wertschöpfungspartnern, Nutzung offener Innovationsplattformen mit Kunden und Lieferanten.
A.5	Welche Änderungen des Geschäftsmodells resultieren aus den genannten Anforderungen?	Bspw. Anpassung des Produkt- und Dienstleistungsspektrums (bspw. Maschinenstunden statt Maschinen anbieten, Schulungen und Produktüberwachung und -wartung als neue Dienstleistungen, dauerhaft Dienstleistungen mittels einmaligen Einsatzes des Produkts verkaufen), Nutzung oder Angebot von Data-driven Services, mehr individualisierte Produkte und Dienstleistungen.
A.6	Welche Anforderungen an die Unternehmensprozesse resultieren aus den Änderungen des Geschäftsmodells und an welche?	Bspw. Verbesserungen der Qualität und Liefertreue, optimierte Informationsbereitstellung, Änderung von Entscheidungsprozessen, Intensivierung der Kunden-orientierung, schnellere Reaktionszeiten, neue Prozesse oder Prozessschritte.

B	Rahmenbedingungen und Perspektiven - Organisation
B.1	Gibt es neben der Entwicklung und Planung von Digitalisierungsmaßnahmen andere (ggf. konkurrierende) Projekte, und wie werden diese Projekte miteinander kombiniert?	Bspw. Einführung von Lean-Methoden, Produktveränderungen, Maßnahmen zur Erhöhung der Flexibilität, IT-Systemänderungen, Organisationsänderungen.
B.2	Welche Produktionssystem-Elemente bzw. Lean-Prinzipien sind im Unternehmen eingesetzt, die für klare und stabile Prozesse als Grundlage für die Digitalisierung sorgen? Welche Potenziale bieten diese Elemente, um die neuen Anforderungen an die Unternehmensprozesse (resultierend aus Änderungen des Geschäftsmodells → A.6) zu erfüllen? Welche Elemente müssen aufgrund ihrer Potenziale eingeführt oder ihre Nutzung intensiviert werden?	Bspw. Nutzung von 5S, Standards, Analyse von 7V und deren Reduzierung, Kaizen, kontinuierlicher Verbesserungsprozess (KVP), Single Minute Exchange of Die (SMED), Total Productive Maintenance (TPM).
B.3	Inwieweit sind Arbeitsplätze und Arbeitsbereiche mit der Methode 5S bereits aufgeräumt, standardisiert und weiterentwickelt? Welche Potenziale bietet 5S, Anforderungen an die Unternehmensprozesse (→ A.6) zu erfüllen? Muss die Umsetzung von 5S intensiviert werden?	Bspw. Shadowboards eingeführt, regelmäßig stattfindende 5S-Runden, eingeführte (flexible) Standards.
B.4	Gibt es ein etabliertes Shopfloor Management?	Bspw. in Form täglicher Besprechungsrunden zu Schichtbeginn.
B.5	Gibt es ein Projektmanagement zur bereichsübergreifenden Problemlösung?	Bspw. festgelegtes Problemlösungsteam, klare Zeithorizonte bis zum Abstellen des Problems.

B.6	Inwieweit sind Arbeitsprozesse im Unternehmen eindeutig beschrieben und standardisiert? Welche Potenziale bieten Standards, die Anforderungen an die Unternehmensprozesse (→ A.6) besser zu erfüllen? Muss die Standardisierung stärker vorangetrieben werden?	Bspw. durch Beschreibung (a.) erforderlicher Betriebsmittel, Materialien und Informationen zur Ausführung einer Tätigkeit (Input), (b.) der Art und Weise der Ausführung (Throughput) und (c.) der Verwendung entstehender Ergebnisse (Output).
B.7	Sind Prozesse transparent und für die Mitarbeiter verständlich beschrieben?	Bspw. in Form von Prozessablaufdiagrammen, Prozesslandschaft als Übersicht mehrerer in Verbindung zueinanderstehender Prozesse.
B.8	Liegen Zeitdaten für Arbeitsabläufe vor?	Bspw. mittels REFA- oder MTM-Methoden bestimmte Soll-Zeiten je Vorgang.
B.9	Verschwendung in Arbeitsprozessen 1. Inwieweit wurden Arbeitsprozesse im Unternehmen auf Verschwendungen (»7 Arten der Verschwendung«, ggf. weitere) untersucht und davon befreit? 2. Welche Potenziale bietet die Fokussierung auf 7V und weitere Verschwendungsarten, die Anforderungen an die Unternehmensprozesse (→ A.6) besser zu erfüllen? 3. Sollte die Umsetzung von 7V intensiviert werden?	Bspw. Analyse einzelner Prozesse getrennt nach Verschwendungsarten inkl. Ableiten von Maßnahmen (ggf. priorisiert nach dem Pareto-Prinzip).
B.10	Kontinuierlicher Verbesserungsprozess 1. Inwieweit ist ein kontinuierlicher Verbesserungsprozess (KVP) initiiert, und wird dieser aktiv	Bspw. definierte Standards zu Arbeitsprozessen und -plätzen beständig weiterentwickeln; Verbesserungspotenziale identifizieren und realisieren.

	durch die Führungskräfte gelebt?	
	2. Welches Potenzial bietet KVP, die Anforderungen an die Unternehmensprozesse (→ A.6) besser zu erfüllen?	
	3. Sollte die Umsetzung des Prinzips KVP intensiviert werden?	
B.11	Welche Unternehmensbereiche bieten Potenziale zur situativen Informationsbereitstellung mittels Assistenzsystemen?	Bspw. in Bereichen, in denen Beschäftigte komplexe Tätigkeiten ausführen und unterstützende Hinweise benötigen, Bereiche mit häufigem Personalwechsel oder häufigem Produktwechsel.
B.12	Welche Unternehmensbereiche bieten Potenziale zur Optimierung des Informationsflusses durch die Beseitigung von Medienbrüchen (und damit verbunden besserer Leistungsaustausch zwischen Schnittstellen)?	Bspw. zwischen Bereichen, die eng miteinander zusammenarbeiten, etwa Konstruktion und Werkzeugbau.
C	Rahmenbedingungen und Perspektiven - Technik	
C.1	Welche Ansätze oder Maßnahmen zur Digitalisierung der Informationsverarbeitung werden aktuell im Unternehmen umgesetzt (vertikal innerhalb des Unternehmens sowie horizontal zwischen dem Unternehmen und seinen Partnern in der Wertschöpfungskette)?	Ansätze zur Datenerfassung, -weitergabe, -verarbeitung, -bereitstellung und (technikbasierter) Datennutzung. Ggf. werden diese Ansätze nicht explizit als »Digitalisierung« bezeichnet.
C.2	Welche Techniksysteme der Digitalisierung werden für eine Umsetzung in Betracht gezogen?	Bspw. Mensch-Roboter-Kollaboration, Wearables (Datenbrille, Smartwatch, Smartphone etc.), Datenerfassung (Sensorik etc.), Datenspeicherung und -auswertung (Clouds, Big Data etc.), fahrerlose Transportsysteme, additive Fertigungsverfahren,

		Simulation, digitale Zwillinge, M2M-Kommunikation.
C.3	Welche Vorteile erwarten Sie von diesen Möglichkeiten?	Bspw. Möglichkeiten, welche die unter → C.2 genannten Technologien für Ihr Unternehmen bieten, wie z. B. geringere Bestände, verbesserte Qualität, höhere Liefertreue.
C.4	Sind Maschinen mit Hardware (Kommunikationstechnologie) ausgestattet, welche die Steuerung bzw. einen Datenaustausch mit den jeweiligen Maschinen ermöglichen (bspw. funkbasiert über Tablets von einem anderen Ort aus durch Personal mit festgelegten Zugriffsbefugnissen)?	Hardware und Infrastruktur zur Erfassung von Objekten (z. B. über IP-Adressen) sind vorhanden, es gibt definierte Schnittstellen zur einzelnen Maschine, Datenformate sind klar bestimmt etc.
C.5	Maschinen, die eine Hardware (→ C.4) nicht aufweisen: Welche Vorteile würde es bringen, diese Technik einzuführen und welche sollte es explizit sein?	Bspw. Anbringung von Sensorik zur Maschinenüberwachung an alten Maschinen, um Wartungs- und Instandhaltungsarbeiten zu verbessern.
C.6	In welcher Form findet Maschine-zu-Maschine-Kommunikation (M2M) statt?	Bspw. Weitergabe von Echtzeit-Daten über aktuelle Produktionszustände zwischen benachbarten Prozessschritten zur Prozessverbesserung.
C.7	Sind Werkstücke und Werkstückträger mit entsprechender Hardware (Kommunikationstechnologie) ausgestattet, sodass die Steuerung der Aufträge sowie Daten zu den Aufträgen (manuell oder automatisch) in Echtzeit erfasst, aktualisiert und dokumentiert werden können?	Bspw. durch Nutzung von RFID-Technik, optischer Erkennung von Barcodes oder QR-Codes an den Werkstücken bzw. Werkstückträgern, auf deren Grundlage aktuelle Daten über Bearbeitungszustände mit einer Datenbank abgeglichen werden.
C.8	In welcher Form findet Kommunikation zwischen Aufträgen bzw. Werkstücken und Maschinen statt?	Bspw. Nutzung kundenindividueller Produktmerkmale, die in einer Auftragsdatenbank hinterlegt sind, zur automatisierten Einstellung der Prozessparameter einer Maschine.

C.9	Welche Hardware und Schnittstellen zum Menschen werden genutzt?	Bspw. Übermittlung aktueller Daten (zur Produktion, Instandhaltung, Qualitätssicherung etc.) auf mobile Endgeräte, damit Produktionsverantwortliche Prozessverläufe mobil mitverfolgen können.
C.10	Wie wird die Entwicklungsfähigkeit des Maschinenparks im Hinblick auf die Integration zusätzlicher Hardware bzw. digitaler Technologien eingeschätzt?	Bspw. Möglichkeiten vorhandene Maschinen mittels nachträglich angebrachter Sensoren »digitalisierungsfähig« zu machen (Retrofitting), indem dadurch die Datenerfassung ermöglicht wird.
C.11	Welche Maschinen-, Prozess- und Produktdaten werden in digitaler Form erfasst?	Bspw. Daten zu Produktmerkmalen, aktuellen Produktionsständen von Aufträgen, Durchlaufzeiten, Maschinenauslastungen, Fehlerquoten, Produktionsstörungen.
C.12	Wie werden die digital erfassten Daten verwendet (einschließlich Wahl passender Methoden)?	Verwendung bspw. zur Steuerung von Maschinenparametern, für vorbeugende Instandhaltung der Produktionsanlagen, zur Verbesserung des Qualitätsmanagements durch Soll-Ist-Abgleich von Produktmerkmalen, zur mitarbeitergerechten Bereitstellung auf Datenbrillen.
C.13	Inwieweit werden Möglichkeiten der Informations- und Kommunikationstechnologie gezielt zur Verbesserung der Informationsflüsse genutzt (zielgruppengerechtere Auswahl der Daten und ihrer Adressaten, vereinfachte Informationserfassung und bedarfsgerechte, kontextbezogene Informationsbereitstellung, Veränderung von Entscheidungsprozessen)?	Bspw. schnelle und berührungslose Erfassung von Materialbewegungen in der Logistik mithilfe von RFID; Bereitstellung von Informationen über Arbeitsaufträge an Monteure mittels Datenbrillen, Smartwatches, Tabletcomputer; mitarbeiterspezifische Arbeitsanweisungen basierend auf Erkennung des Qualifikationsprofils; vorausschauende Instandhaltung etc.
C.14	Erfolgt eine vertikale Integration der erfassten Daten (über mehrere Stufen im Unternehmen)?	Bspw. Erfassung anfallender Daten über ein Produkt und dessen Produktionsprozess in einem Manufacturing Execution System (MES) oder Enterprise Resource Planning (ERP) zwecks Analyse von Produktionsfehlern für den Aftersales-Service

C.15	Wie werden digital erfasste Daten zur Neu- bzw. Umgestaltung der Arbeitsprozesse im Sinne der kontinuierlichen Verbesserung genutzt?	Bspw. Analyse von Prozesskennzahlen der Maschinen zur Steuerung der Prozessparameter mit dem Ziel, die Produktqualität zu verbessern.
II	**Umsetzung von Digitalisierungsmaßnahmen**	
1	**Handlungsfeld Arbeitsgestaltung**	
1.1	Wie werden sich die Anforderungen an die Arbeitsaufgaben für die Beschäftigten verändern?	Bspw. bauteilspezifische Wissensanforderungen für die Montage einer breiten (kundenindividuellen) Produktpalette in ständig wechselnder Reihenfolge (statt einzelner identischer Produkte in großen Stückzahlen).
1.2	Wie werden sich Arbeitsschritte und -inhalte der Prozesse für die Beschäftigten verändern?	Bspw. Unterstützung von Arbeitsschritten durch Assistenzsysteme, automatisierte Kontrollen je Prozessschritt.
1.3	Wie werden sich Arbeitsplätze der Beschäftigten verändern?	Bspw. Verbesserung der Arbeitsplatzergonomie (und damit verbunden weniger krankheitsbedingte Ausfälle) oder Systeme zur Fertigungsunterstützung.
1.4	Wie wird sich arbeits- und umweltbedingte Belastung verändern?	Bspw. weniger Lärm, geringere körperliche Belastung durch Mensch-Roboter-Kollaboration, Abnahme visueller Beanspruchungen bei Prüfungen, zunehmende Erwartungshaltung der »ständigen Erreichbarkeit«.
1.5	Wie werden sich Informationsflüsse an den betroffenen Arbeitsplätzen verändern?	Bspw. automatisierte Erfassung der Zeitpunkte von Produktionsbeginn und -ende sowie Prozessparametern, automatische Bereitstellung der Fertigungsinformationen, Störungen sowie Fehler (einschließlich Fehlbedienungen).
1.6	Welche Schnittstellenthematiken können auftreten?	Bspw. in Form unterschiedlicher Fachkenntnisse, mehr oder weniger Rückfragebedarf, klarere oder unklarere Informationslage, konträrer Zielstellungen oder durch Medienbrüche.

1.7	Wie können die unter ➜ 1.6 genannten Schnittstellenprobleme gelöst werden?	Bspw. mittels Workshops zur Festlegung eines einheitlichen Verständnisses und einer Definition von Standards zur Prozessabwicklung.
1.8	Welche gesetzlichen sowie normativen Anforderungen zum Einsatz der Technologien müssen beachtet werden?	Bspw. Anforderungen gemäß Maschinenrichtlinie 2006/42/EG, Unfallverhütungsvorschrift DGUV Vorschrift 1 sowie ISO TS 15066 beim Einsatz von Mensch-Roboter-Kollaboration, Rechtsvorschriften zum Datenschutz im Rahmen sensorbasierter Erfassung von mitarbeiterbezogener Leistung.
1.9	Wurden Fragen der Haftung abschließend geklärt?	Bspw. Hersteller- bzw. Betreiberverantwortung bzw. -haftung für Maschinen- und Steuerungssoftware (i. S. v. »In-Verkehr-Bringer«) im Falle von Personen-, Produkt- oder Maschinenschäden; ggf. auch Verantwortung für fremde bzw. hybride Software.
2	Handlungsfeld Arbeitsorganisation	
2.1	Welche Änderungen wird es für die Führungskräfte des Bereichs bzw. des Unternehmens geben?	Bspw. geänderte Aufgaben, geändertes Rollenverständnis, mehr Führung aus der Ferne wegen Ausweitung mobiler Arbeit, kürzere oder längere Führungsspannen.
2.2	Wie wird sich die Führung auf dem Shopfloor für die erste Führungsebene (Meister) verändern?	Bspw. Entlastung bei administrativen Aufgaben durch technische Assistenz, mehr oder weniger Zeit für direkte Mitarbeiterführung, Verlagerungen von einfachen Entscheidungen über die Ausführung der Arbeitsaufgaben auf Planungssysteme, Festlegung von Führungsarten und -vorgehensweisen zur Unterstützung bei der Zusammenarbeit und Koordination in zeit- und ortsflexiblen Teams.
2.3	Wie werden sich Entscheidungsprozesse für Führungskräfte verändern?	Bspw. verbesserte Informationsbasis zur Entscheidungsunterstützung, Verlagerung von Entscheidungsbefugnissen, weniger Detailentscheidungen.

2.4	Welche Auswirkungen wird es auf die Aufbauorganisation geben?	Bspw. Anzahl der Hierarchieebenen, Umfang der Führungsspannen.
2.5	Wie verändert sich die Flexibilität, Tätigkeiten an- und ungelernten Beschäftigten zuzuweisen?	Bspw. an die Qualifikation bzw. Erfahrung der Arbeitskräfte angepasste Arbeitsanweisungen, die u. a. eine schnelle Einarbeitung in oder einen flexiblen Wechsel von Arbeitsaufgaben unterstützt; bspw. ungelernten Beschäftigten mit Assistenz(systemen) Aufgaben ermöglichen zu übernehmen, die sie bisher nicht erfüllt haben (etwa Montage eines erweiterten Produktspektrums etc.)
2.6	Welche Veränderungen wird es im Hinblick auf den Arbeitsort geben?	Bspw. Möglichkeit zur Remote-Maschinenkontrolle über VPN-Anbindung bei mobiler Arbeit, Kollaboration bei wissensintensiver Arbeit; bspw. Bestimmung, für welche Arbeitsplätze die Möglichkeit zur Flexibilisierung des Arbeitsortes besteht.
2.7	Wie werden sich Entscheidungsbefugnisse der Beschäftigten verändern?	Bspw. verbesserte Entscheidungsunterstützung durch Maschinen bzw. IT-Systeme, z. B. bei der Überwachung von Anlagen, Festlegung von Bearbeitungsreihenfolgen, Unsicherheit beim Verlassen auf Entscheidungen der Maschinen
2.8	Wie ändert sich die Erreichbarkeit der Beschäftigten für die Führungskräfte?	Bspw. digitale arbeitsbezogene Erreichbarkeit durch Mobiltelefon oder über Instant-Messaging-Dienste.
2.9	Wie ändert sich die Erreichbarkeit der Beschäftigten untereinander?	Bspw. digitale arbeitsbezogene Erreichbarkeit über Instant-Messaging-Dienste.
3	Handlungsfeld Arbeits- und Gesundheitsschutz	
3.1	Welche Anforderungen könnten im Hinblick auf den Arbeitsschutz (Gesetze und Verordnungen) von Interesse sein?	Bspw. Überprüfung der Aktualität der Gefährdungsbeurteilung sowie ggf. Anpassung der Gefährdungsbeurteilung, Betriebsanweisung und Unterweisung bei Einführung neuer Arbeitssysteme oder Änderung der Arbeitsorganisation, Tätigkeit oder Arbeitsmittel; bspw. mögliche Gefährdung durch

		Mensch-Roboter-Kollaboration (siehe bspw. DGUV, BGHM etc.) oder Belastungen (u. a. für Augen) durch nicht sachgerechten Einsatz von Datenbrillen.
3.2	Wie soll mit den unter → 3.1 genannten Anforderungen im Hinblick auf den Arbeitsschutz umgegangen werden?	Bspw. Durchführung von Schulungen zu Gefährdungen, Beschaffung von Schutzausrüstung.
3.3	Welche Auswirkungen hinsichtlich der physischen Belastung sind zu erwarten?	Bspw. Entlastung des Menschen durch Roboterassistenz, ergonomische Gestaltung der Arbeitsplätze, Zunahme von Rückenbeschwerden durch sitzende Tätigkeit aufgrund vermehrter Bildschirmarbeit.
3.4	Wie sollen mögliche Erhöhungen der physischen Belastung kompensiert werden?	Bspw. Schulung bei falscher Anwendung von Digitalisierungstechnologie, Nachjustieren schlecht eingestellter aktiver Exoskelette.
3.5	Welche Auswirkungen sind hinsichtlich der psychischen Belastung zu erwarten?	Bspw. Entlastung durch eine gezieltere und benutzerfreundlichere Informationsbereitstellung u. a. durch Assistenzsysteme (Reduzierung der »Informationsflut«), Verhindern von Erfahrungsgewinnen sowie sukzessiver Verlust von Erfahrungswissen durch detaillierte Vorgaben des Assistenzsystems.
3.6	Wie sollen mögliche Erhöhungen der psychischen Belastung kompensiert werden?	Bspw. organisatorische Maßnahmen wie Änderungen der Prozesse, ergonomische Gestaltung von Mensch-Maschine-Schnittstellen.
3.7	Welche Auswirkungen und Notwendigkeiten wird es bei der Durchführung von Gefährdungsbeurteilungen geben?	Bspw. Einholen zusätzlicher Fachexpertise durch Berufsgenossenschaften, Fachkräfte für Arbeitssicherheit und Ärzte bei der Beurteilung von Arbeitsplätzen mit kollaborierenden Robotern.
3.8	Welche Gefährdungen werden entfallen (mechanische, chemische, elektrische, psychische, physische, biologische etc.)?	Bspw. aufgrund neuer mit der Digitalisierungslösung einhergehender Sicherheitstechnologien (z. B. Lichtschranken an neuen I4.0-fähigen Maschinen zur

		Erkennung, ob Menschen in Gefährdungsbereichen sind, sodass Maschinen sich selbsttätig abschalten).
3.9	Welche neuen Gefährdungen werden auftreten?	Bspw. durch unsachgemäße Nutzung der Mensch-Roboter-Kollaboration.
4	**Handlungsfeld Qualifikation und Qualifizierung**	
4.1	Welche neuen Kompetenzen benötigen die Beschäftigten?	Bspw. erweiterte Fortbildungsbedarfe zum Ausbau der Fachkompetenz, Programmiersprachen.
4.2	Wie soll der Qualifizierungsbedarf bestimmt werden?	Bspw. durch Gespräche mit Lieferanten technischer Ausrüstungen.
4.3	Wie soll der Qualifizierungsbedarf gedeckt werden?	Bspw. durch erforderliche Schulungs- oder Fortbildungsmaßnahmen, Neueinstellung von Kompetenzträgern.
4.4	Wer soll die unter → 4.3 genannten Schulungsmaßnahmen durchführen?	Bspw. eigene Personalabteilung, externe Bildungsanbieter.
4.5	Wie verändern sich die Möglichkeiten zur Personalentwicklung?	Bspw. Verlagerung des Lernens an den Arbeitsplatz unter Nutzung von E-Learning-Programmen (bereitgestellt und Lernerfolg überprüft durch Führungskräfte).
5	**Handlungsfeld Betriebs- und Arbeitszeit**	
5.1	Wie wird sich der Betriebszeitbedarf entwickeln?	Bspw. Erhöhung der Betriebszeit aufgrund von Ausweitung der Produktionszeit (wegen eines höheren Auftragsvolumens, weil Kunden Digitalisierung als Wettbewerbsvorteil wahrnehmen und mehr bestellen), Verringerung der Betriebszeit aufgrund effizienterer Prozesse.
5.2	Wie wird sich die Arbeitszeit ändern?	Bspw. keine Änderungen; längere, kürzere oder (un)gleichmäßiger verteilte Arbeitszeiten; besser oder

		schwieriger planbare Arbeitszeiten (für das Unternehmen sowie die Arbeitnehmer); bspw. Nutzung von Spielräumen der Produktionsprozesse zur flexiblen Gestaltung von Arbeitszeit (auch unter Beachtung der Frist, in der diese festgelegt werden kann); bspw. Ausweitung der Möglichkeit von »Arbeit auf Abruf«/»Rufbereitschaft«, um auf kurzfristige Änderungen (etwa Kundenanfragen) flexibel reagieren zu können; bspw. Bestimmung, für welche Arbeitsaufgaben die Möglichkeit zur Flexibilisierung der Arbeitszeit besteht.
5.3	Welche Änderungen des Schichtmodells werden sich ergeben?	Bspw. längere oder kürzere Schichten, mehr oder weniger Schichten pro Woche, mehr oder weniger Arbeitskräfte pro Schicht; bspw. bedarfsgerechte flexible Schichtsysteme, die nicht mehr auf feste, stets im gleichen Rhythmus rotierende Schichtgruppen setzen, sondern auf kleine Gruppen; bspw. Änderung der Ankündigungsfristen für zusätzliche Schichten bzw. Absagen von Schichten
5.4	Welche Änderungen wird es bei (flexiblen) Arbeitszeitmodellen und -formen geben?	Bspw. mobile Arbeit mit freier Zeiteinteilung im Rahmen gesetzlicher Vorgaben, reduzierte oder erweiterte Zeitkontengrenzen aufgrund verbesserter oder reduzierter Planbarkeit des Kundenbedarfs; bspw. Notwendigkeit zur Anpassung der Arbeitszeitregelungen an die Form mobiler Arbeit; bspw. Delegieren der Aufzeichnungsverpflichtung der Arbeitszeit auf die Beschäftigten und diese mehr in die Verantwortung nehmen (die Verantwortlichkeit ist entsprechend zu schulen und einzufordern).
5.5	Welche Besonderheiten müssen mit Blick auf das Arbeitszeitgesetz beachtet werden?	Bspw. die tägliche Höchstarbeitszeit von durchschnittlich acht und maximal zehn Stunden, 11-stündige Ruhezeiten, gesetzlich vorgeschriebene Pausen.

5.6	Wie werden sich Verfahren der Kapazitäts- und Personaleinsatzplanung ändern?	Bspw. eigenverantwortliche Koordination der Anwesenheit durch die Beschäftigten mithilfe sozialer Medien (z. B. Schichtabstimmung per Smartphone); bspw. Änderung der zeitlichen Intervalle, in denen sich der Personalbedarf nach oben und unten verändert
5.7	Sind Änderungen bestehender betrieblicher Regelungen und Vereinbarungen zur Arbeitszeit erforderlich? Falls ja welche?	Bspw. keine Änderungen; Anpassungen infolge von Änderungen bei den Punkten → 5.1 bis → 5.6.
6	Handlungsfeld Entgelt	
6.1	Wie werden sich Anforderungen an die Beschäftigten (siehe Handlungsfeld → 1) und Eingruppierungen verändern?	Bspw. höhere Anforderungen an die Arbeitsaufgabe aufgrund anspruchsvollerer Planungs- und Gestaltungsaufgaben führen zu gleichbleibender oder höherer Eingruppierung, abnehmende Arbeitsanforderungen durch Assistenzsysteme führen zu gleichbleibender oder niedrigerer Eingruppierung.
6.2	Wie werden Änderungen der Eingruppierung infolge veränderter Arbeitsanforderungen vorbereitet und umgesetzt?	Bspw. Neubewertung mit daran anschließender Neueinstufung einer Arbeitsaufgabe unter Berücksichtigung der Mitbestimmung. Maßnahmen sind abhängig davon, ob eine Neueinstufung unter- oder oberhalb der bisherigen Einstufung liegt. Ansatz für mögliche Maßnahme bei niedrigerer Einstufung: Bestandsmitarbeiter können durch Qualifizierungsmaßnahmen auf den Einsatz an anderen Stellen im Unternehmen vorbereitet werden, Neueinstellungen können auf niedrigerem Entgeltgruppenlevel erfolgen etc.
6.3	Welche Auswirkung auf das Leistungsentgelt wird es geben?	Bspw. Veränderungen entgeltbestimmender Größen, Änderung der Beeinflussbarkeit durch die Beschäftigten, Nutzung einer differenzierten Datenermittlung (etwa Einbeziehung des betrieblichen Erfolgs oder der OEE-Kennzahl (Overall Equipment Effectiveness) in die Leistungskenngrößen).

6.4	Wie können das Leistungsverhalten bzw. die Leistungsbereitschaft der Beschäftigten verbessert werden?	Bspw. aufgrund motivationsfördernder Wirkung digitaler Technik am Arbeitsplatz (bspw. spielerischer Ansatz als Lernmethode) oder gegenteiliger Wirkung bei Beschäftigten, die technische Unterstützung ablehnen.
6.5	Werden Erschwerniszulagen sich verändern oder vollständig entfallen?	Bspw. aufgrund reduzierter körperlicher Belastung durch Mensch-Roboter-Kollaboration oder aktive Exoskelette.
6.6	Welche Besonderheiten müssen mit Blick auf den geltenden Tarifvertrag beachtet werden?	Bspw. Regelungen zur Vertragslaufzeit, Auswirkungen auf Haustarifverträge, Rücksprachebedarf mit Arbeitgeberverband.
7	Handlungsfeld Datenschutz	
7.1	Was muss aufgrund der Digitalisierungslösungen hinsichtlich des Bundesdatenschutzgesetzes neu oder zusätzlich beachtet werden?	Bspw. gesetzliche Vorgaben zum Umgang und Schutz von Kunden- bzw. Lieferantendaten, Beschäftigtendaten.
7.2	Welche Maßnahmen zur Berücksichtigung bzw. Einhaltung der Datenschutz-Grundverordnung sind vorgesehen?	Insb. Rechte der betroffenen Person, Verarbeitung personenbezogener Daten (Änderungsbedarf bei Betriebsvereinbarungen, neu zu prüfende Einwilligungserklärung etc.), Informationspflichten, Vorschriften für besondere Datenverarbeitungssituationen, Verarbeitung sensitiver Daten, Verzeichnis von Verarbeitungsaktivitäten etc.
7.3	Welche besonderen Rollen bzw. Funktionen zum Datenschutz werden im Unternehmen vergeben?	Bspw. Ernennen eines Datenschutzbeauftragten, Compliance-Beauftragten, ggf. auch ergänzt um Ethikbeauftragten.
7.4	Wie soll der Datenschutz im Rahmen der neuen Digitalisierungslösungen sichergestellt werden?	Bspw. technische Vorkehrungen, regelmäßige Schulungen.

7.5	Welche Bedenken können seitens der Beschäftigten bezüglich des Datenschutzes bestehen?	Bspw. die Möglichkeit, dass Leistungsdaten der Beschäftigten indirekt an Maschinen erfasst werden könnten.
7.6	Welche Maßnahmen zur Einhaltung von Betroffenenrechten werden ergriffen?	Bspw. Auskunft, Berichtigung, Löschung.
8	Handlungsfeld Datensicherheit	
8.1	Welche unternehmensbezogenen Daten sind besonders zu schützen?	Bspw. Konstruktionsdaten, Prozessparameter für Maschineneinstellungen.
8.2	Welche Konzepte zum Schutz der unter → 8.1 genannten unternehmensbezogenen Daten müssen entwickelt werden?	Bspw. Passwortschutz (evtl. ergänzt um Finger- oder Iris-Scan), Firewall-Einrichtungen, Trennung von Datennetzen (bspw. Trennung von Intranet und Internet), verteilte Passworteingänge (mehrere Personen tragen einzelne Teile des Passworts zusammen, um Schutz vor Missbrauch durch Einzelpersonen zu gewährleisten).
9	Handlungsfeld Mitbestimmung	
9.1	Wie wird der Betriebsrat in die geplanten Digitalisierungsmaßnahmen einbezogen?	Bspw. frühzeitige Einbeziehung des Betriebsrates, ggf. bereits in der Planungsphase der Digitalisierungsmaßnahmen; Beachtung der Informations-, Unterrichtungs-, Beratungs-, Anhörungs- und Mitbestimmungsrechte des Betriebsrates.
9.2	Welche Bestimmungen des Betriebsverfassungsgesetzes müssen beachtet werden?	Bspw. Mitwirkung und ggf. Mitbestimmung bei der Gestaltung der Arbeitsplätze, -verfahren und -abläufe, bei der Beschäftigungssicherung, bei der Einstellung sowie Ein- und Umgruppierung von Beschäftigten, bei der Personalplanung, Weiterbildung, Einführung und Anwendung technischer Einrichtungen, Lage und Verteilung der Arbeitszeit, Betriebsänderungen (z. B. Änderungen der Arbeitsmethoden, Fertigungsverfahren, Betriebsorganisation oder Betriebsanlagen).

9.3	Welche Themen könnten besondere Sensibilität bei der Zusammenarbeit der Betriebsparteien erfordern?	Bspw. kritische Fragen zum mobilen Arbeiten, zum Umfang erhobener personenbezogener Daten, zur Dauer der Speicherung und zu Zugriffsmöglichkeiten auf diese Daten sowie nach Möglichkeiten, personenbezogene Verhaltens- und Leistungsrückschlüsse durch neue Technologien ableiten zu können.
10	Handlungsfeld Externe Unterstützung	
10.1	Welche wissenschaftlichen Experten bzw. Einrichtungen können unterstützend zu Rate gezogen werden bei der Einführung?	Bspw. Netzwerke und Cluster mit Wissenschaftlern von Hochschulen und Forschungseinrichtungen mit entsprechendem Knowhow und Leistungsangebot.
10.2	Wie soll die Expertise von Forschern und Wissenschaftlern einbezogen werden?	Bspw. in Form von Workshops, Impulsvorträgen, Unterstützung bei der Umsetzung (z. B. in Form von studentischen Bachelor-/Masterarbeiten sowie Dissertationen).
10.3	In welcher Form kann der Arbeitgeberverband zur Unterstützung herangezogen werden?	Bspw. Unterstützung in rechtlichen und arbeitswissenschaftlichen Fragen, Moderation von Workshops, Nutzung von Netzwerken, Förderung des Austausches mit anderen Unternehmensvertretern.
10.4	Welche Dienstleister können zur Unterstützung herangezogen werden und wofür?	Bspw. interne oder externe Berater, IT-Spezialisten z. B. für die Unterstützung im Rahmen einer Potenzialberatung, der Erarbeitung von Konzepten, der Prozessoptimierung oder der Vorbereitung der technischen Infrastruktur.
11	Handlungsfeld Wirtschaftlichkeit und Erfolg	
11.1	Welcher Umsetzungsstand der Digitalisierungslösungen und der entsprechenden Unternehmensstrategie soll zu welchen Zeitpunkten erreicht sein?	Bspw. »abgestuftes« Vorgehen in mehreren Schritten: kurzfristig erfolgreich umgesetzte Teillösungen in einem Pilotbereich, mittelfristig erfolgreich umgesetzte Teillösung am realen Arbeitsplatz, langfristig erfolgreich umgesetzte komplette Digitalisierungslösung am realen Arbeitsplatz.

11.2	Wie sollen Wirtschaftlichkeit und Nutzen der umzusetzenden Maßnahmen beurteilt werden?	Bspw. mittels einer Amortisationsrechnung für die Investition in neue Technik
11.3	Welche Kennzahlen einschl. Zielwerten werden herangezogen, um den Erfolg der Einführung zu messen?	Bspw. Durchlaufzeiten, Anlernzeiten, Materialeinsparungen, Anwesenheit etc., jeweils mit Angabe konkreter Zielwerte und Zeitpunkte, zu denen diese Zielwerte erreicht sein sollen.
11.4	Welche Verbesserungen erwarten Sie hinsichtlich Kennzahlen, Zielwerten, dem jeweiligen Zeithorizont?	Kennzahlen: bspw. Produktivität, Qualität, Durchlaufzeit, Liefertreue intern und extern, Bestände, Marktanteil; Zielwert: bspw. Verbesserung der Produktivität um 15 %; Zeithorizont: bspw. Erreichen des Zielwertes in neun Monaten statt in zwölf Monaten.
11.5	Welche zeitlich begrenzten Verschlechterungen – sofern sie sich nicht vermeiden lassen – von Kennzahlen sind zulässig (Grad und Dauer der Verschlechterung)?	Bspw. wird meist davon ausgegangen, dass Verbesserungen erst nach einem längeren Zeitraum (bspw. einem Jahr) wirksam werden und bis dahin aufgrund des Umstellungsprozesses kurzfristig Verschlechterungen in Kauf zu nehmen sind; bspw. zulässige Verschlechterung der Kennzahl Produktivität bis maximal 10 % im ersten Halbjahr.
11.6	Wie können erfolgreich umgesetzte Digitalisierungsmaßnahmen auf andere Unternehmensbereiche ausgeweitet werden?	Bspw. Digitalisierungslösungen aus der Produktion werden übertragen in produktionsangrenzende Bereiche (bspw. Logistik) oder in indirekte Bereiche des Unternehmens, z. B. der Verwaltung.
11.7	Wie wird das Digitalisierungsprojekt finanziert?	Herkunft der finanziellen Mittel, Zeitpunkte und Höhe der Zahlungen etc.

Literaturverzeichnis

acatech - Deutsche Akademie der Technikwissenschaften (Hg.) (2016): Kompetenzentwicklungsstudie Industrie 4.0. Erste Ergebnisse und Schlussfolgerungen. München.

Adenauer, Sybille; Fischer, Sonja; Hentschel, Christian; Heuser, Irene; Peck, Anna; Prynda, Magdalena et al. (2015): Handlungsfeld „Personalpolitik und Personalstrategie realisieren". In: Institut für angewandte Arbeitswissenschaft e. V. (Hrsg.) (Hg.): Leistungsfähigkeit im Betrieb. Kompendium für den Betriebspraktiker zur Bewältigung des demografischen Wandels. Berlin: Springer Vieweg, S. 219–336.

Aichele, Christian; Schönberger, Marius (2014): IT-Projektmanagement. Effiziente Einführung in das Management von Projekten. Wiesbaden: Springer Vieweg.

Altinkemer, Kemal; Ozcelik, Yasin; Ozdemir, Zafer D. (2011): Productivity and Performance Effects of Business Process Reengineering. A Firm-Level Analysis. In: Journal of Management Information Systems 27 (4), S. 129–161.

Amberg, Michael; Bodendorf, Freimut; Möslein, Kathrin (2011): Wertschöpfungsorientierte Wirtschaftsinformatik. Berlin: Springer.

Anam, Khairul; Al-Jumailyb, Adel Ali (2012): Active Exoskeleton Control Systems. State of the Art. In: Procedia Engineering 41, S. 988–994.

Anding, Markus (2018): Zur Lösung eines greifbaren Problems in digitalen Zeiten. Fachkräftemangel. In: Wirtschaftsinformatik & Management (1), S. 14–21.

Appelfeller, Wieland; Feldmann, Carsten (2018): Die digitale Transformation des Unternehmens. Systematischer Leitfaden mit zehn Elementen zur Strukturierung und Reifegradmessung. Berlin: Springer Gabler.

Armistead, Colin; Rowland, Philip (2007): Managing Business Processes. BPR and Beyond. In: Cornelius Boersch und Rainer Elschen (Hg.): Das Summa Summarum des Management. Die 25 wichtigsten Werke für Strategie, Führung und Veränderung. Wiesbaden: Gabler, S. 49–60.

M.-A. Weber, *Nutzung der Digitalisierung zur Produktivitätsverbesserung in industriellen Prozessen unter Berücksichtigung arbeitswissenschaftlicher Anforderungen*, ifaa-Edition, https://doi.org/10.1007/978-3-662-63131-7

Ausilio, Guiseppe; Baszenski, Norbert; Teipel, Julia; Lennings, Frank; Neuhaus, Ralf; Sandrock, Stephan; Stowasser, Sascha (2015): Handlungsfeld "Arbeit gestalten". In: Institut für angewandte Arbeitswissenschaft e. V. (Hrsg.) (Hg.): Leistungsfähigkeit im Betrieb. Kompendium für den Betriebspraktiker zur Bewältigung des demografischen Wandels. Berlin: Springer Vieweg, S. 91–132.

Bader, Susanne (2016): Der Weg zum selbststeuernden Betrieb. In: Produktion (34/35), S. 10–11.

Banham, Russ (2002): Das Ford Jahrhundert. Ford Motor Company und die Innovationen, die die Welt geprägt haben. San Diego: Tehabi Books.

Baßeler, Ulrich; Heinrich, Jürgen; Utecht, Burkhard (2006): Grundlagen und Probleme der Volkswirtschaft. 18. Aufl. Stuttgart: Schäffer Poeschel.

Baszenski, Norbert (2010): Methoden zur Produktivitätssteigerung. Methodisches Produktivitätsmanagement. Umsetzung und Perspektiven. In: Angewandte Arbeitswissenschaft (204), S. 103–120.

Bauer, A.; Wollherr, D.; Buss, M. (2008): Human-Robot Collaboration. A Survey. In: International Journal of Humanoid Robotics 5, S. 47–66.

Bauer, Thomas K.; Breidenbach, Phillip; Schaffner, Sandra (2018): Big Data in der wirtschaftswissenschaftlichen Forschung. In: Christian König, Jette Schröder und Erich Wiegand (Hg.): Big Data. Chancen, Risiken, Entwicklungstendenzen. Schriftenreihe der ASI - Arbeitsgemeinschaft Sozialwissenschaftlicher Institute. Wiesbaden: Springer VS.

Bauer, Wilhelm; Bender, Manfred; Braun, Martin; Rally, Peter; Scholtz, Oliver (2016): Leichtbauroboter in der manuellen Montage - Einfach, einfach anfangen. Erste Erfahrungen von Anwenderunternehmen. Online verfügbar unter https://www.produktionsmanagement.iao.fraunhofer.de/content/dam/produktionsmanagement/de/documents/LBR/Studie-Leichtbauroboter-Fraunhofer-IAO-2016.pdf, zuletzt geprüft am 14.12.2018.

Bauer, Wilhelm; Hofmann, Josephine (2018): Arbeit, IT und Digitalisierung. In: Josephine Hofmann (Hg.): Arbeit 4.0 - Digitalisierung, IT und Arbeit. IT als Treiber der digitalen Transformation. Wiesbaden: Springer Vieweg, S. 1–16.

Bauernhansl, T.; ten Hompel, M.; Vogel-Heuser, B. (Hg.) (2014): Industrie 4.0 in Produktion, Automatisierung und Logistik. Anwendungen, Technologien, Migration. Wiesbaden: Springer.

Bauernhansl, Thomas; Krüger, Jörg; Reinhart, Gunther; Schuh, Günther (2016): WGP-Standpunkt Industrie 4.0. Hg. v. WGP Wissenschaftliche Gesellschaft für Produktionstechnik. WGP Wissenschaftliche Gesellschaft für Produktionstechnik. Darmstadt.

Baum, Gerhard (2013): Innovationen als Basis der nächsten Industrierevolution. In: Ulrich Sendler (Hg.): Industrie 4.0. Beherrschung der industriellen Komplexität mit SysLM. Berlin und Heidelberg: Springer Vieweg, S. 37–53.

BearingPoint (Hg.) (2017): Lean 4.0. Schlank durch Digitalisierung. Rd Paper Lean 4.0. Frankfurt am Main.

Becchetti, L.; Londono Bedoya, David Andres; Paganetto, L. (2003): ICT Investment, Productivity and Efficiency. Evidence at Firm Level Using a Stochastic Frontier Approach. In: Journal of Productivity Analysis 20, S. 143–167.

Bechtsis, Dimitrios; Tsolakis, Naoum; Vlachos, Dimitrios; Iakovou, Eleftherios (2017): Sustainable Supply Chain Management in the Digitalisation Era. The Impact of Automated Guided Vehicles. In: Journal of Cleaner Production 142, S. 3970–3984.

Becker, Wolfgang; Ulrich, Patrick; Botzkowski, Tim (2017): Industrie 4.0 im Mittelstand. Best Practices und Implikationen für KMU. Wiesbaden: Springer Gabler.

Belcher, John G. (1982): The Productivity Management Process. Oxford: lanning Executives.

Benkel, Kathrin; Weber, Marc-André (2015): Bedeutung optimierender Ansätze und deren Integration in datentechnische Systeme von Industrie 4.0. Universität Duisburg-Essen. CAMA Center für Automobil-Management. Konferenz: 7. Wissenschaftsforum Mobilität. Duisburg, 18.06.2015.

Bernstein, Herbert (2018): Messtechnik. Analog, digital und virtuell. 2. Aufl. Berlin und Boston: De Gruyter.

Bertagnolli, Frank (2018): Lean Management. Einführung und Vertiefung in die japanische Management-Philosophie. Wiesbaden: Springer Gabler.

Beumelburg (2005): Fähigkeitsorientierte Montageablaufplanung in der direkten Mensch-Roboter-Kooperation. (Diss.). Stuttgart: IPA-IAO Forschung und Praxis.

Bharadwaj, Anandhi; El Sawy, Omar A.; Pavlou, Paul A.; Venkatraman, N. (2013): Digital Business Strategy. Toward a next Generation of Insights. In: MIS Quarterly 37 (2), S. 471–482.

Bick, Werner (2014): Warum Industrie 4.0 und Lean zwingend zusammengehören. In: VDI-Z 156 (11), S. 46–47.

Bildstein, Andreas; Seidelmann, Joachim (2017): Migration zur Industrie- 4.0-Fertigung. In: Birgit Vogel-Heuser, Thomas Bauernhansl und Michael ten Hompel (Hg.): Handbuch Industrie 4.0 Band 1. Produktion. 2. Aufl. Berlin: Springer Vieweg.

BITKOM - Bundesverband Informationswirtschaft, Telekommunikation und neue Medien (Hg.) (2015): Big Data und Geschäftsmodell-Innovationen in der Praxis: 40+ Beispiele. Leitfaden. Berlin.

Bloom, Nicholas; van Reenen, John (2010): Human Resource Management and Productivity. Discussion Paper No 982. Centre for Economic Performance. London.

Bonin, Holger; Gregory, Terry; Zierahn, Ulrich (2015): Übertragung der Studie von Frey/Osborne (2013) auf Deutschland. Hg. v. ZEW - Zentrum für Europäische Wirtschaftsforschung. Mannheim. Online verfügbar unter ftp://ftp.zew.de/pub/zew-docs/gutachten/Kurzexpertise_BMAS_ZEW2015.pdf, zuletzt geprüft am 23.07.2018.

Börkircher, Mikko; Walleter, R. (2018): Digitalisierung, Industrie und Arbeit 4.0 aus Sicht der Verbände der Metall- und Elektroindustrie. In: Oleg Cernavin, Welf Schröter und Sascha Stowasser (Hg.): Prävention 4.0. Analysen und Handlungsempfehlungen für eine produktive und gesunde Arbeit 4.0. Wiesbaden: Springer, S. 67–80.

Bousonville, Thomas (2017): Logistik 4.0. Die digitale Transformation der Wertschöpfungskette. Wiesbaden: Springer Gabler.

Bracht, Uwe; Geckler, Dieter; Wenzel, Sigrid (2018): Digitale Fabrik. Methoden und Praxisbeispiele, Basis für Industrie 4.0. 2. Aufl. Berlin: Springer Vieweg.

Braun, Anja; Alt, Christian; Chaves, Daniel Czilwik; Egeler, Markus; Gramespacher, Stefan; Matzka, Janine et al. (2018): Der Weg zur Industrie 4.0-Roadmap. Spezielles Vorgehen für den Mittelstand. In: Zeitschrift für wirtschaftlichen Fabrikbetrieb 113 (4), S. 254–257.

Bredmar, Krister (2017): Digitalisation of Enterprises Brings New Opportunities to Traditional Management Control. In: Business Systems Research 8 (2), S. 115–125.

Brockhaus (Hg.) (2006): Enzyklopädie. 21. Aufl.: Brockhaus (10).

Brockhoff, Klaus (2017): Betriebswirtschaftslehre in Wissenschaft und Geschichte. Eine Skizze. 5. Aufl. Wiesbaden: Springer Gabler.

Bruckner, Laura; Werther, Simon; Hämmerle, Moritz; Pokorni, Bastian; Berthold, Maik (2018): Merkmale von Arbeit 4.0. In: Simon Werther und Laura Bruckner (Hg.): Arbeit 4.0 aktiv gestalten. Die Zukunft der Arbeit zwischen Agilität, People Analytics und Digitalisierung. Berlin: Springer, S. 16–18.

Brüggemann, Holger; Bremer, Peik (2015): Grundlagen Qualitätsmanagement. Von den Werkzeugen über Methoden zum TQM. 2. Aufl. Wiesbaden: Springer Vieweg.

Brynjolfsson, Erik; Hitt, Lorin M. (1998): Beyond the Productivity Paradox. Computers are the catalyst for bigger changes. In: Communications of the ACM 41 (8), S. 49–55.

Brynjolfsson, Erik; McAfee, Andrew (2017): Von Managern und Maschinen. In: Harvard Business Manager (11), S. 22–34.

Bühler, Peter; Schlaich, Patrick; Sinner, Dominik (2018): Informationstechnik. Hardware, Software, Netzwerke. Berlin: Springer Vieweg.

Bundesministerium für Arbeit und Soziales (Hg.) (2015): Grünbuch Arbeiten 4.0. Arbeit weiter denken. Berlin: Ruksaldruck.

Bundesministerium für Arbeit und Soziales (Hg.) (2017): Weissbuch Arbeiten 4.0. Berlin: bud Potsdam.

Bundesministerium für Bildung und Forschung (Hg.) (2018): Bundesbericht Forschung und Innovation 2018. Forschungs- und innovationspolitische Ziele und Maßnahmen. Frankfurt am Main.

Burghardt, Manfred (2018): Projektmanagement. Leitfaden für die Planung, Überwachung und Steuerung von Projekten. 10. Aufl. Erlangen: Publicis Publishing.

Büttner, Heinz; Brück, Ulrich (2017): Use Case Industrie 4.0-Fertigung im Siemens Elektronikwerk Amberg. In: Birgit Vogel-Heuser, Thomas Bauernhansl und Michael ten Hompel (Hg.): Handbuch Industrie 4.0 Band 4. Allgemeine Grundlagen. 2. Aufl. Berlin: Springer Vieweg, S. 45–68.

Chandrasekaran, Balasubramaniyan; Conrad, James M. (2015): Human-Robot Collaboration: A Survey. In: IEEE (Hg.): Proceedings of the IEEE SoutheastCon 2015. Fort Lauderda, S. 297–304.

Chang, Pao-Cheng; Lin, Hsi-Chin (2015): The KPIs of Productivity Growth for Enterprises of Different Value Creation Types: A Conceptual Framework and Proposition Development. In: International Journal of Productivity Management and Assessment Technologies 3 (1), S. 46–56.

Christ, Claudia; Frankenberger, Rolf (2016): Auf dem Weg zu Wohlfahrt 4.0. Digitalisierung in Frankreich. Friedrich-Ebert-Stiftung. Berlin.

Conrad, Ralph W.; Weber, Marc-André; Lennings, Frank; Jeske, Tim (2018): Ganzheitliche Produktionssysteme und Industrial Engineering - Ergebnisse einer Literaturuntersuchung und einer Befragung. In: Gesellschaft für Arbeitswissenschaft (Hg.): Bericht zum 64. Arbeitswissenschaftlichen Kongress vom 21. - 23. Februar 2018. Dortmund: GfA-Press, S. 1–6.

Corsten, Hans; Gössinger, Ralf (2016): Produktionswirtschaft. Einführung in das industrielle Produktionsmanagement. 14. Aufl. Berlin: De Gruyter.

Craig, C. E.; Harris, R. C. (1973): Total productivity measurement at the firm level. In: Sloan Management Review 14 (3), S. 13–29.

Danyel, Jürgen (2012): Zeitgeschichte der Informationsgesellschaft. In: Zeithistorische Forschungen/Studies in Contemporary History 9 (2), S. 186–211.

Deloitte (Hg.) (2016): Manufacturing 4.0: Meilenstein, Must-Have oder Millionengrab? Warum bei M4.0 die Integration den entscheidenden Unterschied macht. Online verfügbar unter https://www2.deloitte.com/content/dam/Deloitte/de/Documents/operations/DELO-2267_Manufacturing-4.0-Studie_s.pdf, zuletzt geprüft am 20.10.2018.

Denner, Marie-Sophie; Püschel, Louis Christian; Röglinger, Maximilian (2018): How to Exploit the Digitalization Potential of Business Processes. In: Business Information Systems Engineering 60 (4), S. 331–349.

Dieber, B.; Schlotzhauer, A.; Brandstötter, M. (2017): Safety und Security. Erfolgsfaktoren von sensitiven Robotertechnologien. In: Elektrotechnik und Informationstechnik 134, S. 299–303.

Dillerup, Ralf; Stoi, Roman (2016): Unternehmensführung. Management und Leadership. Strategien, Werkzeuge, Praxis. 5. Aufl. München: Vahlen.

DIN - Deutsches Institut für Normung; DKE - Deutsche Kommission Elektrotechnik (Hg.) (2015): Deutsche Normungsroadmap Industrie 4.0. Version 2. Berlin und Frankfurt am Main.

DIN 912, 12/1983: Zylinderschrauben mit Innensechskant.

Dörich, Jürgen; Lennings, Frank; Frank, Markus; Weber, Marc-André; Conrad, Ralph W. (2017): Kleine Führungsspannen – Wirkung und Einführung in Verbindung mit Ganzheitlichen Produktionssystemen. In: Leistung und Entgelt (3), S. 6–46.

Dorner, Martin (2014): Das Produktivitätsmanagement des Industrial Engineering unter besonderer Betrachtung der Arbeitsproduktivität und der indirekten Bereiche. (Diss.). Karlsruhe. Online verfügbar unter https://d-nb.info/1050767365/34, zuletzt geprüft am 25.08.2018.

Dorner, Martin; Stowasser, Sascha (2011): Das Produktivitätsmanagement für indirekt-produktionsmengenabhängige Prozesse im Kontext der Unternehmensführung. In: Betriebspraxis & Arbeitsforschung (210), S. 18–29.

Dorner, Martin; Stowasser, Sascha (2012): Das Produktivitätsmanagement des Industrial Engineering. In: Zeitschrift für Arbeitswissenschaft 66 (2-3), S. 212–225.

Dostal, Werner; Köstner, Klaus (1982): Beschäftigungsveränderungen beim Einsatz numerisch gesteuerter Werkzeugmaschinen. In: Mitteilungen aus der Arbeitsmarkt- und Berufsforschung 15 (4), S. 443–449.

Dragan, Anca; Bauman, Shira; Forlizzi, Jodi; Srinivasa, Siddhartha (2015): Effects of Robot Motion on Human-Robot Collaboration. In: HRI (Hg.): Proceedings of the Tenth Annual ACM/IEEE International Conference on Human-Robot Interaction. Portland, S. 51–58.

Duale Hochschule Baden-Württemberg / International Management and Innovation Group (2013): Verbreitung der Lean-Philosophie bei Industrieunternehmen in Deutschland. Studie März 2013.

Ehrenberg-Silies, Simone; Kind, Sonja; Apt, Wenke; Bovenschulte, Marc (2017): Wandel von Berufsbildern und Qualifizierungsbedarfen unter dem Einfluss der Digitalisierung. Hg. v. Büro für Technikfolgen-Abschätzung beim Deutschen Bundestag. Büro für Technikfolgen-Abschätzung beim Deutschen Bundestag. Berlin.

Eigner, Martin; Gerhardt, Florian; Gilz, Torsten; Mogo Nem, Fabrice (2012): Informationstechnologie für Ingenieure. Berlin und Heidelberg: Springer Vieweg.

Elkman, N.; Berndt, D.; Leye, S.; Richter, K.; Mecke, R. (2015): Arbeitssysteme der Zukunft. In: M. Schenk (Hg.): Produktion und Logistik mit Zukunft. Berlin und Heidelberg: Springer Vieweg, S. 49–150.

Ellinger, Theodor; Beuermann, Günter; Leisten, Rainer (2003): Operations Research. Eine Einführung. 6. Aufl. Berlin und Heidelberg: Springer.

Erol, Selim; Schumacher, Andreas; Sihn, Wilfried: Auf dem Weg zur Industrie 4.0 – ein dreistufiges Vorgehensmodell. In: Hubert Biedermann (Hg.): Industrial Engineering und Management. Beiträge des Techno-Ökonomie-Forums der TU Austria, S. 247–266.

Europäisches Parlament und Rat der Europäischen Union (27.04.2016): Verordnung zum Schutz natürlicher Personen bei der Verarbeitung personenbezogener Daten, zum freien Datenverkehr und zur Aufhebung der Richtlinie 95/46/EG (Datenschutz-Grundverordnung. 2016/679.

European Union Chamber of Commerce in China (2017): China Manufacturing 2025. Putting Industrial Policy Ahead of Market Forces. Online verfügbar unter http://docs.dpaq.de/12007-european_chamber_cm2025-en.pdf, zuletzt geprüft am 24.12.2018.

Faulbaum, Frank (2019): Methodische Grundlagen der Umfrageforschung. Wiesbaden: Springer VS.

Fazli, Fariba (2018): „Digitale Transformation" und Anforderungserhebung. In: Ina Schäfer, Loek Cleophas und Michael Felderer (Hg.): Workshops at Modellierung 2018, Requirements Engineering und Business Process Management. Proceedings im Rahmen der Fachtagung Modellierung 2018 der G.I. (online), S. 247–259.

Fleischmann, Albert; Oppl, Stefan; Schmidt, Werner; Stary, Christian (2018): Ganzheitliche Digitalisierung von Prozessen. Perspektivenwechsel, Design Thinking, Wertegeleitete Interaktion. Wiesbaden: Springer Vieweg.

Fonseca, Luis Miguel (2018): Industry 4.0 and the Digital Society. Concepts, Dimensions and Envisioned Benefits. In: Proceedings of the 12th International Conference on Business Excellence, S. 386–397.

Freddi, Daniela (2018): Digitalisation and Employment in Manufacturing. Pace of the Digitalisation Process and Impact on Employment in Advanced Italian Manufacturing Companies. In: AI & Society 33, S. 393–403.

Frey, Carl Benedikt; Osborne, Michael A. (2013): The Future of Employment. How Susceptible are Jobs to Computerisation? Oxford. Online verfügbar unter https://www.oxfordmartin.ox.ac.uk/downloads/academic/The_Future_of_Employment.p df, zuletzt geprüft am 23.07.2018.

Fuhr, Angela; Albrecht, Bernd; Anders, Johann; Volkmer, Ralf (2015): "Quo vadis" Lean Management? Hg. v. Learning Factory. Heddesheim.

Ganschar, Oliver; Gerlach, Stefan; Hämmerle, Moritz; Krause, Tobias; Schlund, Sebastian (2016): Produktionsarbeit der Zukunft - Industrie 4.0. Hg. v. Dieter Spath. Stuttgart.

Gantz, John; Reinsel, David (2013): The Digital Universe in 2020. Big Data, Bigger Digital Shadows, and Biggest Groth in the Far East - United States. Hg. v. IDC. IDC. Framingham.

Gebhardt, Hansjürgen (2015): Industrie 4.0 und Arbeitsgestaltung. Anforderungen und Instrumente. Menschen für Maschinen? Maschinen für Menschen. Forum protecT. Bad Wildungen, 08.11.2015. Online verfügbar unter http://forum-protect.de/vortraege/2016/GEBHARDT.pdf, zuletzt geprüft am 05.08.2018.

Gesamtmetall (Hg.) (2018): Zahlen 2017. Die Metall- und Elektro-Industrie in der Bundesrepublik Deutschland. Gesamtmetall. Berlin.

Ghobadian, Abby; Husband, Tom (1990): Measuring Total Productivity Using Production Functions. In: International Journal of Production Research 28 (8), S. 1435–1446.

Giudice, Manlio Del (2016): Discovering the Internet of Things (IoT) Within the Business Process Management. A Literature Review on Technological Revitalization. In: Business Process Management Journal 22 (2), S. 263–270.

Gobierno de Espana (2015): La Transformación Digital de la Industria Espanola. Informe Preliminar. Online verfügbar unter http://www6.mityc.es/IndustriaConectada40/informe-industria-conectada40.pdf, zuletzt geprüft am 24.12.2018.

Goetz, Jennifer; Kiesler, Sara; Powers, Aaron (2003): Matching Robot Appearance and Behavior to Tasks to Improve Human-Robot Cooperation. In: ROMAN (Hg.): The

12th IEEE International Workshop on Robot and Human Interactive Communication. Vol. IXX, Oct. 31-Nov. 2. Milbrae, S. 55–60.

Goetzel, Ron Z.; Schechter, David; Ozminkowski, Ronald J.; Mermet, Paula F.; Tabrizi, Maryam J.; Roemer, Enid Chung (2007): Promising Practices in Employer Health and Productivity Management Efforts: Findings From a Benchmarking Study. In: Journal of Occupational and Environmental Medicine 49 (2), S. 111–130.

Goldenstein, Jan; Hunoldt, Michael; Walgenbach, Peter (2018): Wissenschaftliche(s) Arbeiten in den Wirtschaftswissenschaften. Themenfindung, Recherche, Konzeption, Methodik, Argumentation. Wiesbaden: Springer Gabler.

Gorecki, Pawel; Pautsch, Peter (2014): Praxisbuch Lean Management. Der Weg zur operativen Excellence. 2. Aufl. München: Hanser.

Götze, Uwe (2014): Investitionsrechnung. Modelle und Analysen zur Beurteilung von Investitionsvorhaben. 7. Aufl. Berlin und Heidelberg: Springer Gabler.

Grabner, Thomas (2018): Operations Management. Auftragserfüllung bei Sach- und Dienstleistungen. 4. Aufl. Wiesbaden: Springer Gabler.

Grüling, B. (2014): Mein Kollege, der Roboter. Neue Fertigungsstraßen im Autobau. Spiegel Online. Online verfügbar unter http://www.spiegel.de/wissenschaft/technik/roboter-sollen-menschen-an-fertigungsstrassen-arbeit-abnehmen-a-974088.html, zuletzt geprüft am 02.12.2018.

Gunasekaran, A.; Korukonda, A. R.; Virtanen, I.; Yli-Olli, P. (1994): Improving productivity and quality in manufacturing organizations. In: International Journal of Production Economics 36 (2), S. 169–183.

Günther, Hans-Otto; Tempelmeier, Horst (2005): Produktion und Logistik. 6. Aufl. Berlin und Heidelberg: Springer.

Güting, Ralf Hartmut; Dieker, Stefan (2018): Datenstrukturen und Algorithmen. 4. Aufl. Wiesbaden: Springer Vieweg.

Haddadin, S.; Khoury, A.; Rokahr, T.; Parusel, S.; Burgkart, R.; Bicci, A.; Albu-Schäffer, A. (2014): Biomechanisch sichere Geschwindigkeitsregelung für die Mensch-Roboter Interaktion. In: Automatisierungstechnik 62, S. 175–187.

Hänisch, Till (2017): Grundlagen Industrie 4.0. In: Volker P. Andelfinger und Till Hänisch (Hg.): Industrie 4.0. Wie cyber-physische Systeme die Arbeitswelt verändern. Wiesbaden: Springer Gabler, S. 9–32.

Haun, Matthias (2013): Handbuch Robotik. Programmieren und Einsatz intelligenter Roboter. 2. Aufl. Berlin und Heidelberg: Springer Vieweg.

Hegenberg, Jens; Schimpf, Daniel Wilhelm; Fischer, Nadja; Schmidt, Ludger (2018): Fallstudie zur Roboterunterstützung des Menschen bei manueller Montage. In: Zeitschrift für Arbeitswissenschaft 72, S. 239–251.

Heidrich, Mike; Luo, Jesse Jijun (2016): Industrial Internet of Things: Referenzarchitektur für die Kommunikation. Hg. v. Fraunhofer ESK. München.

Heinrich, Christian; Stühler, Gregor (2018): Die Digitale Wertschöpfungskette: Künstliche Intelligenz im Einkauf und Supply Chain Management. In: Christian Gärtner und Christian Heinrich (Hg.): Fallstudien zur Digitalen Transformation. Case Studies für die Lehre und praktische Anwendung. Wiesbaden: Springer Gabler, S. 77–88.

Heinz Nixdorf Institut der Universität Paderborn; Werkzeugmaschinenlabor WZL der Rheinisch-Westfälischen Technischen Hochschule Aachen (Hg.) (2016): Industrie 4.0 - Internationaler Benchmark, Zukunftsoptionen und Handlungsempfehlungen für die Produktionsforschung. Paderborn und Aachen.

Hengstebeck, A.; Weisner, K.; Deuse, J.; Rossman, J.; Kuhlenkötter, B. (2018): Betriebliche Auswirkungen industrieller Servicerobotik am Beispiel der Kleinteilemontage. In: S. Wischmann und E. A. Hartmann (Hg.): Zukunft der Arbeit. Eine praxisnahe Betrachtung: Springer Vieweg, S. 51–61.

Hensel-Unger, Ralph (2011): Entwicklung einer Gestaltungssystematik für das Industrial Engineering (IE) : unter besonderer Berücksichtigung kultureller Einflussfaktoren am Beispiel von Tschechien und Polen. (Diss.). Chemnitz: Universitätsverlag Chemnitz.

Hentz, Manfred; Weber, Marc-André (2018): Industrie 5.0. Ein bionischer Ansatz. In: Ralph Riedel und Angelika C. Bullinger-Hoffmann (Hg.): Smarte Produktion und digitale Vernetzung. Fachtagung Vernetzt planen und produzieren VPP 2018. Wissenschaftliche Schriftenreihe des Instituts für Betriebswissenschaften und Fabriksysteme. Chemnitz (Wissenschaftliche Schriftenreihe des Instituts für Betriebswissenschaften und Fabriksysteme, 24), S. 245–254.

Hofmann, Johann (2017): Voraussetzungen für den Einsatz von MES schaffen – Erfahrungsbericht aus Sicht einer Fertigung. In: Robert Obermaier (Hg.): Industrie 4.0 als unternehmerische Gestaltungsaufgabe. Betriebswirtschaftliche, technische und rechtliche Herausforderungen. Wiesbaden: Springer Gabler, S. 255–269.

Hollenberg, Stefan (2016): Fragebögen. Fundierte Konstruktion, sachgerechte Anwendung und aussagekräftige Auswertung. Wiesbaden: Springer VS.

Huber, Walter (2018): Industrie 4.0 kompakt – Wie Technologien unsere Wirtschaft und unsere Unternehmen verändern. Transformation und Veränderung des gesamten Unternehmens. Wiesbaden: Springer Vieweg.

IFA Institut für Arbeitsschutz der Deutschen Gesetzlichen Unfallversicherung (Hg.) (2017): Kollaborierende Roboter (COBOTS). Sichere Kooperation von Mensch und Roboter. Online verfügbar unter http://www.dguv.de/ifa/fachinfos/kollaborierende-roboter/index.jsp, zuletzt geprüft am 02.12.2018.

IFR International Federation of Robotics (2016): Executive Summary World Robotics 2016. Industrial Robots. Online verfügbar unter https://ifr.org/img/uploads/Executive_Summary_WR_Industrial_Robots_20161.pdf, zuletzt geprüft am 02.12.2018.

IFR International Federation of Robotics (2018): Executive Summary World Robotics 2018. Industrial Robots. Online verfügbar unter https://ifr.org/downloads/press2018/Executive_Summary_WR_2018_Industrial_Robots.pdf, zuletzt geprüft am 26.12.2018.

Industrial Internet Consortium (2017): The Industrial Internet of Things Volume G1: Reference Architecture. IIC:PUB:G1:V1.80:20170131. Industrial Internet Consortium. o. A.

ING Diba (Hg.) (2015): Die Roboter kommen. Folgen der Automatisierung für den deutschen Arbeitsmarkt (Economic Research). Online verfügbar unter https://www.ing-diba.de/pdf/ueber-uns/presse/publikationen/ing-diba-economic-research-die-roboter-kommen.pdf, zuletzt geprüft am 23.07.2018.

Institut für angewandte Arbeitswissenschaft e. V. (Hg.) (2015): ifaa-Studie: Industrie 4.0 in der Metall- und Elektroindustrie. Institut für angewandte Arbeitswissenschaft e. V. Bergisch Gladbach: Heider Druck.

Institut für angewandte Arbeitswissenschaft e. V. (Hg.) (2016): Digitalisierung und Industrie 4.0. So individuell wie der Bedarf - Produktivitätszuwachs durch Informationen. Unter Mitarbeit von Mikko Börkircher, Heiko Frank, Ralf Gärtner, Ferdinand Hasse, Tim Jeske, Frank Lennings et al. Institut für angewandte Arbeitswissenschaft e. V. Bergisch Gladbach: Heider Druck.

Institut für angewandte Arbeitswissenschaft e. V. (Hg.) (2018a): Digitalisierung und Industrie 4.0. Good-Practice-Ansätze zur erfolgreichen Umsetzung. Unter Mitarbeit von Marc-André Weber, Sebastian Terstegen, Frank Lennings und Sascha Stowasser. Institut für angewandte Arbeitswissenschaft e. V. Bergisch Gladbach: Heider Druck.

Institut für angewandte Arbeitswissenschaft e. V. (Hg.) (2018b): Leistungsförderndes Entgelt erfolgreich einführen. Gestaltungshinweise und Umsetzungshilfen für den Einführungsprozess. Berlin: Springer Vieweg.

Institut für angewandte Arbeitswissenschaft e. V. (Hg.) (2019): Vorgehensmodelle zur Einführung und Umsetzung von Digitalisierungsmaßnahmen in der produzierenden Industrie. Online verfügbar unter https://www.arbeitswissenschaft.net/fileadmin/Downloads/Angebote_und_Produkte/Checklisten_Handlungshilfen/ifaa_2019_Vorgehensmodelle_Digitalisierung.pdf, zuletzt geprüft am 01.01.2020.

Institut für angewandte Arbeitswissenschaft e. V. (Hrsg.) (2012): Methodensammlung zur Unternehmensprozessoptimierung. 3. Aufl. Köln: Wirtschaftsverlag Bachem.

DIN IEC 60050-351:2014-09, 2014-09: Internationales Elektrotechnisches Wörterbuch - Teil 351: Leittechnik.

Jäger, Corinna; Lennings, Frank (2015): Handlungsfeld „Arbeitszeit gestalten". In: Institut für angewandte Arbeitswissenschaft e. V. (Hrsg.) (Hg.): Leistungsfähigkeit im Betrieb. Kompendium für den Betriebspraktiker zur Bewältigung des demografischen Wandels. Berlin: Springer Vieweg, S. 133–218.

Jäger, Corinna; Marks, Timo; Peck, Anna; Sandrock, Stephan (2015): Handlungsfeld „Gesundheit aktiv gestalten". In: Institut für angewandte Arbeitswissenschaft e. V. (Hrsg.) (Hg.): Leistungsfähigkeit im Betrieb. Kompendium für den Betriebspraktiker zur Bewältigung des demografischen Wandels. Berlin: Springer Vieweg, S. 389–434.

Jagoda, Kalinga; Lonseth, Robert; Lonseth, Adam (2013): A bottom-up approach for productivity measurement and improvement. In: International Journal of Productivity and Performance Management 62 (4), S. 387–406.

Janocha, Hartmut (2013): Unkonventionelle Aktoren. Eine Einführung. 2. Aufl. Berlin und Boston: De Gruyter.

Jeske, Tim (2016): Digitalisierung und Industrie 4.0. In: Leistung & Entgelt (2), S. 1–46.

Jeske, Tim; Weber, Marc-André; Klues, Jan; Lennings, Frank (2018): Strukturierung und Analyse von Praxisbeispielen zur Nutzung der Digitalisierung für das Produktivitätsmanagement. In: Zeitschrift für Arbeitswissenschaft 72 (3), S. 190–199.

Jodlbauer, H.; Straßer, S.; Wolfartsberger, J. (2018): Optimaler Einsatz von Mensch-Maschine-Kollaboration. In: Zeitschrift für wirtschaftlichen Fabrikbetrieb 113 (1-2), S. 52–54.

Jodlbauer, Herbert; Schagerl, Michael (2016): Reifegradmodell Industrie 4.0 - Ein Vorgehensmodell zur Identifikation von Industrie 4.0 Potentialen. In: Heinrich C. Meyr und Martin Pinzger (Hg.): Informatik 2016. Proceedings Lecture Notes in Informatics. 26.–30. September 2016 Klagenfurt. Bonn: GI-Edition (259), S. 1473–1487.

Judson, Arnold S. (1984): Productivity Strategy and Business Strategy: Two Sides of the Same Coin. In: Strategic Management 14 (1), S. 103–115.

Jung, Alexander (2016): Mensch gegen Maschine, 03.09.2016 (36).

Kagermann, Henning (2017): Chancen von Industrie 4.0 nutzen. In: Birgit Vogel-Heuser, Thomas Bauernhansl und Michael ten Hompel (Hg.): Handbuch Industrie 4.0 Band 4. Allgemeine Grundlagen. 2. Aufl. Berlin: Springer Vieweg, S. 235–246.

Kagermann, Henning; Lukas, Wolf-Dieter; Wahlster, Wolfgang (2011): Industrie 4.0: Mit dem Internet der Dinge auf dem Weg zur 4. industriellen Revolution. In: VDI Nachrichten, 01.04.2011 (13), S. 2.

Kaplan, Robert S.; Norton, David P. (2001): Die Strategie-fokussierte Organisation. Führen mit der Balanced Scorecard: Schäffer Poeschel.

Kaufmann, Timothy (2015): Geschäftsmodelle in Industrie 4.0 und Internet der Dinge. Der Weg vom Anspruch in die Wirklichkeit. Wiesbaden: Springer Vieweg.

Kellner, Florian; Lienland, Bernhard; Lukesch, Maximilian (2018): Produktionswirtschaft. Planung, Steuerung und Industrie 4.0. Berlin: Springer Gabler.

Kese, David (2017): Entwicklung eines befragungsbasierten Reifegradmodells für den Einsatz von Industrie 4.0. (Masterthesis, unveröffentlicht). Universität Duisburg-Essen. Duisburg.

Kese, David; Terstegen, Sebastian (2017): Industrie 4.0-Reifegradmodelle. Unter Mitarbeit von. Hg. v. Institut für angewandte Arbeitswissenschaft e. V. Institut für angewandte Arbeitswissenschaft e. V. Düsseldorf. Online verfügbar unter https://www.arbeitswissenschaft.net/uploads/tx_news/Tool_I40_Reifegradmodelle.pdf, zuletzt geprüft am 08.07.2018.

Kindermann, Andrea; Lindemann, Sebastian (2018): „Philips ist heute schon eine Software-Data-Company" – Der Transformationsprozess der Royal Philips. In: Christian

Gärtner und Christian Heinrich (Hg.): Fallstudien zur Digitalen Transformation. Case Studies für die Lehre und praktische Anwendung. Wiesbaden: Springer Gabler, S. 37–58.

King, Stefanie (2014): Big Data. Potential und Barrieren der Nutzung im Unternehmenskontext (Diss.). Wiesbaden: Springer VS.

Kinschel, Marina (2018): Digitalisierung bei Siemens – dargestellt am Beispiel von Additive Manufacturing. In: Lars Fend und Jürgen Hofmann (Hg.): Digitalisierung in Industrie-, Handels- und Dienstleistungsunternehmen. Konzepte, Lösungen, Beispiele. Wiesbaden: Springer Gabler, S. 301–312.

Klammer, Ute; Steffes, Susanne; Maier, Michael F.; Arnold, Daniel; Stettes, Oliver; Bellmann, Lutz; Hirsch-Kreinsen, Hartmut (2017): Arbeiten 4.0 - Folgen der Digitalisierung für die Arbeitswelt. Qualifikation und flexible Arbeitsformen in der digitalen Arbeitswelt: neue Handlungsfelder für Politik und Wirtschaft. In: Wirtschaftsdienst (7), S. 459–476.

Knoll, Matthias; Strahringer, Susanne (Hg.) (2017): IT-GRC-Management – Governance, Risk und Compliance. Grundlagen und Anwendungen. Wiesbaden: Springer Vieweg.

Koch, Stefan; Werani, Thomas; Schauberger, Alexander; Mühlburger, Manuel; Freiseisen, Bernhard; Martinek-Kuchinka, Petra (2018): Geschäftsmodell-getriebene Planung von Digitalisierungsmaßnahmen in Business-to-Business-Märkten. Ein Vorgehensmodell. In: HMD Praxis der Wirtschaftsinformatik, S. 1–17.

Kofler, Thomas (2018): Das digitale Unternehmen. Systematische Vorgehensweise zur zielgerichteten Digitalisierung. Berlin: Springer Vieweg.

Kolberg, Dennis; Zühlke, Detlef (2015): Lean Automation enabled by Industry 4.0 Technologies. In: International Federation of Automatic Control 48 (3), S. 1870–1875.

Koppenborg, M.; Lungfiel, A.; Naber, B.; Nickel, P. (2013): Auswirkungen von Autonomie und Geschwindigkeit in der virtuellen Mensch-Roboter-Kollaboration. In: Gesellschaft für Arbeitswissenschaft (Hg.): Chancen durch Arbeits-, Produkt- und Systemgestaltung - Zukunftsfähigkeit für Produktions- und Dienstleistungsunternehmen. Bericht zum 59. Kongress der Gesellschaft für Arbeitswissenschaft, S. 417–420.

Kötter, Wolfgang; Helfer, Martin (2016): Stabil-flexible Standards. In: Wolfgang Kötter, Martin Schwarz-Kocher und Christoph Zanker (Hg.): Balanced GPS. Ganzheitliche Produktionssysteme mit stabil-flexiblen Standards und konsequenter Mitarbeiterorientierung. Wiesbaden: Springer Gabler, S. 39–62.

Kratzer, Nick; Menz, Wolfgang; Pangert, Barbara (Hg.) (2015): Work-Life-Balance - eine Frage der Leistungspolitik. Analysen und Gestaltungsansätze. Wiesbaden: Springer VS.

Kruschwitz, Lutz (2003): Investitionsrechnung. 9. Aufl. München: Oldenbourg.

Kubiak, Thomas M.; Benbow, Donald W. (2010): The Certified Six Sigma Black Belt Handbook. 2. Aufl. Noida: Pearson.

Kuen, Christian; Köbler, Jürgen (2015): Industrial Engineering versus Industrie 4.0. Analyse der Werkzeuge, Methoden und deren Einsatzmöglichkeiten. In: Zeitschrift für wirtschaftlichen Fabrikbetrieb 110 (11), S. 751–754.

Kummer, Sebastian; Grün, Oskar; Jammernegg, Werner (2006): Grundzüge der Beschaffung, Produktion und Logistik. München: Pearson.

Labs Network Industrie 4.0 (Hg.) (2018a): Industrie 4.0 in der Mechatronik-Ausbildung. Entwicklung eines Industrie-4.0-Demonstrators zur Vermittlung von Industrie-4.0-Konzepten in der betrieblichen Ausbildung zum Mechatroniker. Labs Network Industrie 4.0 (28). Online verfügbar unter https://lni40.de/lni40-content/uploads/2018/01/Usecases-DE_Mechatronik_Ausbildung.pdf, zuletzt geprüft am 14.09.2018.

Labs Network Industrie 4.0 (Hg.) (2018b): Transparenz produktionslogistischer Abläufe. Durchgängige Informationsverfügbarkeit durch den Einsatz digitaler Technologien wie Smart Watches und RFID. Labs Network Industrie 4.0 (11). Online verfügbar unter https://lni40.de/lni40-content/uploads/2018/01/Usecases-DE_Produktionslogische_Abl%C3%A4ufe.pdf.

Lakomiec, Marius; Weber, Marc-André (2018): Potenziale der Additiven Fertigung für die industrielle Serienproduktion. Technische Möglichkeiten und Ansätze zur Bauteileauswahl. In: Betriebspraxis & Arbeitsforschung (234), S. 34–41.

Landmann, Juliane; Heumann, Stefan (Hg.) (2016): Auf dem Weg zum Arbeitsmarkt 4.0? Mögliche Auswirkungen der Digitalisierung auf Arbeit und Beschäftigung in Deutschland bis 2030. Bertelsmann Stiftung / Stiftung Neue Verantwortung. Gütersloh und Berlin.

Lanza, Gisela; Nyhuis, Peter; Majid Ansari, Sarah; Kuprat, Thorben; Liebrecht, Christoph (2016): Befähigungs- und Einführungsstrategien für Industrie 4.0. Vorstellung eines reifegradbasierten Ansatzes zur Implementierung von Industrie 4.0. In: Zeitschrift für wirtschaftlichen Fabrikbetrieb 111 (1-2), S. 76–79.

Lasi, Heiner; Kemper, Hans-Georg; Fettke, Peter; Feld, Thomas; Hoffmann, Michael (2014): Industrie 4.0. In: Wirtschaftsinformatik (4), S. 261–264.

Lechler, Armin; Schlechtendahl, Jan (2017): Steuerung aus der Cloud. In: Birgit Vogel-Heuser, Thomas Bauernhansl und Michael ten Hompel (Hg.): Handbuch Industrie 4.0 Band 1. Produktion. 2. Aufl. Berlin: Springer Vieweg, S. 61–74.

Lee, Keunjae; Kang, Sang-Mok (2007): Innovation Types and Productivity Growth. Evidence from Korean ManufacturingFirms. In: Global Economic Review 36 (4), S. 343–359.

Leitenberger, Bernd (2014): Computergeschichte(n). Die ersten Jahre des PC. 2. Aufl. Norderstedt: Books on demand.

Lentes, Joachim; Dangelmaier, Manfred (2013): Digitale Produkte. In: Engelbert Westkämper, Dieter Spath, Carmen Constantinescu und Joachim Lentes (Hg.): Digitale Produktion. Berlin und Heidelberg: Springer Vieweg, S. 93–106.

Lerch, Christian; Jäger, Angela; Maloca, Spomenka (2017): Wie digital ist Deutschlands Industrie wirklich? Arbeit und Produktivität in der digitalen Produktion. Hg. v. Fraunhofer ISI. Fraunhofer ISI (Modernisierung der Produktion).

Lerch, Reinhard (2010): Elektrische Messtechnik. Analoge, digitale und computergestützte Verfahren. 5. Aufl. Berlin und Heidelberg: Springer.

Lerch, Reinhard; Sessler, Gerhard; Wolf, Dietrich (2009): Technische Akustik. Grundlagen und Anwendungen. Berlin und Heidelberg: Springer.

Li, Jian-Qing; Yu, F. Richard; Deng, Genqiang; Luo, Chengwen; Ming, Zhong; Yan, Qiao (2017): Industrial Internet: A Survey on the Enabling Technologies, Applications, and Challenges. In: IEEE Communications Surveys & Tutorials 19 (3), S. 1504–1526.

Lichtblau, Karl; Bähr, Cornelius; Fritsch, Manuel; Lang, Thorsten; Millack, Agnes (2017): Vierter Strukturbericht für die M+E-Industrie in Deutschland. Mit den Schwerpunkten "Produktvität in der deutschen M+E-Industrie" und "Bedeutung de M+E-Industrie: Eine Impact-Analyse der Lieferverflechtungen". Berichsstand 2017. Hg. v. IW.Consult. Köln und Berlin.

Lichtblau, Karl; Stich, Volker; Bertenrath, Roman; Blum, Matthias; Bleider, Martin; Millack, Agnes et al. (2015): Impuls Industrie 4.0-Readiness. Aachen und Köln.

Lieske, Claudia (2018): Digitalisierung im Bereich Human Resources. In: Lars Fend und Jürgen Hofmann (Hg.): Digitalisierung in Industrie-, Handels- und Dienstleistungsunternehmen. Konzepte, Lösungen, Beispiele. Wiesbaden: Springer Gabler, S. 139–148.

Liu, Hongyi; Wang, Lihui (2018): Gesture Recognition for Human-Robot Collaboration. A review. In: International Journal of Industrial Ergonomics 68, S. 355–367.

Löffler-Mang, Martin (2012): Optische Sensorik. Lasertechnik, Experimente, Light Barriers. Wiesbaden: Vieweg + Teubner.

Lorenz, Markus; Rüßmann, Michael; Strack, Rainer; Lueth, Knud Lasse; Bolle, Moritz (2015): Man and Machine in Industry 4.0. How will Technology Transform the Industrial Workforce Through 2025? Hg. v. BCG - Boston Consulting Group. Online verfügbar unter http://englishbulletin.adapt.it/wp-content/uploads/2015/10/BCG_Man_and_Machine_in_Industry_4_0_Sep_2015_tcm80-197250.pdf, zuletzt geprüft am 23.07.2018.

Lu, Yang (2017): Industry 4.0. A Survey on Technologies, Applications and Open Research Issues. In: Journal of Industrial Information Integration 6, S. 1–10.

Madauss, Bernd-J. (2017): Projektmanagement. Theorie und Praxis aus einer Hand. 7. Aufl. Berlin: Springer Vieweg.

Marburger, Horst (2017): SGB IV - Gemeinsame Vorschriften für die Sozialversicherung. Vorschriften und Verordnungen; Mit praxisorientierter Einführung. 7. Aufl. Regensburg: Walhalla.

Marks, Timo (2016): Kontinuierlicher Verbesserungsprozess (KVP)/Kaizen. In: Institut für angewandte Arbeitswissenschaft e. V. (Hrsg.) (Hg.): 5S als Basis des kontinuierlichen Verbesserungsprozesses. Berlin und Heidelberg: Springer Vieweg.

Marshall, R. E. (1975): Productivity Management. A Complete Management Approach to Increasing Productivity Through the Improved Utilization of Humanresources. Minneapolis: Management Systems Research Institute.

Martin, Heinrich (2014): Transport- und Lagerlogistik. Planung, Struktur, Steuerung und Kosten von Systemen der Intralogistik. 9. Aufl. Wiesbaden: Springer Vieweg.

Marvel, J.; Falco, J.; Marstio, I. (2015): Characterizing Task-Based Human-Robot Collaboration Safety in Manufacturing. In: IEEE Transcations on Systems, Man, and Cybernetics: Systems 45, S. 260–275.

Matt, Dominik T.; Unterhofer, Marco; Rauch, Erwin; Riedl, Michael; Brozzi, Ricardo (2018): Industrie 4.0 Assessment - Bewertungsmodell zur Identifikation und Priorisierung von Industrie 4.0 Umsetzungsmaßnahmen in KMUs. In: Dominik T. Matt (Hg.): KMU 4.0 - Digitale Transformation in kleinen und mittelständischen Unternehmen. Berlin: Gito, S. 93–112.

Matthias, B. (2015): Sicherheit, Akzeptanz und Produktivität bei der Mensch-Roboter-Zusammenarbeit. Bundesanstalt für Arbeitsschutz und Arbeitsmedizin. Online verfügbar unter https://www.baua.de/DE/Angebote/Veranstaltungen/Dokumentationen/Neue-Technologien/pdf/Mensch-Roboter-Zusammenarbeit-2015-2.pdf?__blob=publicationFile&v=2, zuletzt geprüft am 14.12.2018.

Matthias, B.; Ding, H. (2013): Die Zukunft der Mensch-Roboter Kollaboration in der industriellen Montage. Internationales Forum Mechatronik. Winterthur.

Matthias, B.; Kock, S.; Jerregard, H.; Källman, M.; Lundberg, I. (2011): Safety of Collaborative Industrial Robots. Certification Possibilities for a Collaborative Assembly

Robot Concept. In: IEEE International Symposium on Assembly and Manufacturing (ISAM), S. 1–6.

Maturana, Humberto R.; Varela, Francisco J. (1990): Der Baum der Erkenntnis. Die biologischen Wurzeln menschlichen Erkennens. München: Goldmann.

Mayr, Andreas; Weigelt, Michael; Kühl, Alexander; Grimm, Stephan; Erll, Astrid; Potzel, M.; Franke, Jörg (2018): Lean 4.0 - A Conceptual Conjunction of Lean Management and Industry 4.0. In: Procedia CIRP 51st Conference on Manufacturing Systems 72, S. 622–628.

Mc Tavish, Ron; Gunasekaran, A.; Goyal, Suresh; Yli-Olli, Paavo (1996): Establishing a strategic framework for improving productivity. In: Integrated Manufacturing Systems 7 (4), S. 12–21.

Meister, Michael; Wagner, Dieter; Zander, Ernst (1991): Personal und neue Technologien. Organisatorische Auswirkungen und personalwirtschaftliche Konsequenzen. München: Oldenbourg.

Meixner, D. (2017): Einfache und praktische Messgeräte für biomechanische Grenzwerte an kollaborierende Roboter. Viersen. Online verfügbar unter https://www.dguv.de/medien/fb-holzundmetall/veranst/dokumente/2017/20170706_meixner.pdf, zuletzt geprüft am 14.12.2018.

Mertens, Peter; Barbian, Dina; Stephan, Baier (2017): Digitalisierung und Industrie 4.0. Eine Relativierung. Wiesbaden: Springer Vieweg.

Metternich, Joachim; Müller, Marvin; Meudt, Tobias; Schaede, Carsten (2017): Lean 4.0 – zwischen Widerspruch und Vision. In: Zeitschrift für wirtschaftlichen Fabrikbetrieb 112 (5), S. 346–348.

Misterek, Susan D. A.; Dooley, Kevin J.; Anderson, John C. (1992): Productivity as a Performance Measure. In: International Journal of Operations & Production Management 12 (1), S. 29–45.

Moore, Gordon E. (1965): Cramming more components onto integrated circuits. In: Electronics 38 (8), S. 114–117.

Morlock, Friedrich; Wienbruch, Thom; Leineweber, Stefan; Kreimeier, Dieter; Kuhlenkötter, Bernd (2016): Industrie 4.0-Transformation für produzierende Unternehmen. Reifegradbasierte Migration zum Cyber-physischen Produktionssystem. In: Zeitschrift für wirtschaftlichen Fabrikbetrieb 111 (5), S. 306–309.

Murugesh, R.; Devadasan, S. R.; Aravindan, P.; Natarajan, R. (1997): The adoption and modelling of the strategic productivity management approach in manufacturing systems. In: International Journal of Productivity and Performance Management 17 (3), S. 239–255.

Naber, B.; Lungfiel, A.; Nickel, P.; Huelke, M. (2013): Human Factors zu Robotergeschwindigkeit und -distanz in der virtuellen Mensch-Roboter-Kollaboration. In: Gesellschaft für Arbeitswissenschaft (Hg.): Chancen durch Arbeits-, Produkt- und Systemgestaltung - Zukunftsfähigkeit für Produktions- und Dienstleistungsunternehmen. Bericht zum 59. Kongress der Gesellschaft für Arbeitswissenschaft, S. 421–424.

Naumann, Martin (2014): Mensch-Maschine-Interaktion. In: T. Bauernhansl, M. ten Hompel und B. Vogel-Heuser (Hg.): Industrie 4.0 in Produktion, Automatisierung und Logistik. Anwendungen, Technologien, Migration. Wiesbaden: Springer, S. 509–523.

Nebl, Theodor (2002): Produktivitätsmanagement. Theoretische Grundlagen, methodische Instrumentarien, Analyseergebnisse und Praxiserfahrungen zur Produktivitätssteigerung in produzierenden Unternehmen. München: Hanser.

Neumann, Alexander (2008): Integrative Managementsysteme. Heidelberg: Physica.

Nördinger, Susanne (2016a): Lohnen sich kollaborierende Roboter für Sie? Die 6 wichtigsten Methoden. In: Produktion, S. 4–5.

Nördinger, Susanne (2016b): So schützen Sie Ihre Mitarbeiter vor Robotern. Die 9 sichersten Kriterien. In: Produktion, S. 8–10.

o. V. (1964): Einzug der Roboter. In: Der Spiegel, 01.04.1964 (14), S. 30–48.

o. V. (1978): Arbeitslosigkeit und Maschinensturm: Zwangsfolgen der Rationalisierung? In: Computerwoche. Online verfügbar unter https://www.computerwoche.de/a/arbeitslosigkeit-und-maschinensturm-zwangsfolgen-der-rationalisierung-leiter-der-edv-und-organisation-schubert-und-saltzer-ag-ingolstadt,1197874, zuletzt geprüft am 22.09.2018.

Obermaier, Robert (2017): Industrie 4.0 als unternehmerische Gestaltungsaufgabe: Strategische und operative Handlungsfelder für Industriebetriebe. In: Robert Obermaier (Hg.): Industrie 4.0 als unternehmerische Gestaltungsaufgabe. Betriebswirtschaftliche, technische und rechtliche Herausforderungen. Wiesbaden: Springer Gabler, S. 3–34.

Obermaier, Robert; Hofmann, Johann; Kirsch, Victoria (2015): Konzeption einer Prozess- und Potenzialanalyse zur Ex-ante-Beurteilung von Industrie 4.0-Investitionen. Zur Methodik einer Abschätzung von Wirtschaftlichkeitspotenzialen. In: Controlling Zeitschrift für erfolgsorientierte Unternehmenssteuerung 27 (8/9), S. 485–492.

Oeij, P. R. A.; de Looze, M. P.; Ten Have, K.; van Rhijn, J. W.; Kuijt-Evers, L. F. M. (2011): Developing the organization's productivity strategy in various sectors of industry. In: International Journal of Productivity and Performance Management 61 (1), S. 93–109.

Oeij, Peter; de Looze, Michiel; ten Have, Klaas; van Rhijn, Gu; de Graaf, Bart (2012): From Productivity Strategy to Business Case: Choosing a Cost-Effective Intervention for Workplace Innovations. In: The Business and Economics Research Journal 5 (2), S. 171–184.

Ohno, Taiichi (2013): Das Toyota-Produktionssystem. 3. Aufl. Frankfurt am Main: Campus.

Oleff, Alexander; Malessa, Norman (2018): Strategischer Ansatz zur Industrie 4.0-Transformation. In: Zeitschrift für wirtschaftlichen Fabrikbetrieb 113 (3), S. 173–177.

Otto, M.; Zunke, R. (2015): Einsatzmöglichkeiten von Mensch-Roboter-Kooperationen und sensitiven Automatisierungslösungen. Zukunft der Arbeit - die neuen Roboter kommen. KUKA. Online verfügbar unter http://www.blog-zukunft-der-arbeit.de/wp-content/uploads/2015/03/03_2015-11-25_IGMetall_Robotik-Fachtagung_OttoZunke.pdf, zuletzt geprüft am 14.12.2018.

Perez Pena, Sebastian (2017): Empirische Befragungen von Unternehmensvertretern zum Einsatz von Industrie-4.0-Lösungen und damit verbundener Produktivitätsstrategien in den Betrieben der deutschen Metall- und Elektroindustrie. (Masterthesis, unveröffentlicht). Karlsruher Institut für Technologie. Karlsruhe.

Peter, Marc K. (2017): KMU-Transformation. Als KMU die Digitale Transformation erfolgreich umsetzen. Hg. v. FHNW Hochschule für Wirtschaft. Olten.

Pfeifer, Tilo; Schmitt, Robert (2014): Masing Handbuch Qualitätsmanagement. 6. Aufl. München und Wien: Hanser.

Phusavat, Kongkiti; Comepa, Narongsak; Sitko-Lutek, Agnieszka; Ooi, Keng-Boon (2013): Productivity Management: Integrating the Intellectual Capital 113 (6), S. 840–855.

Plattform Industrie 4.0 (Hg.) (2018a): Definition Industrie 4.0. Plattform Industrie 4.0. Online verfügbar unter https://www.plattform-i40.de/I40/Navigation/DE/Industrie40/WasIndustrie40/was-ist-industrie-40.html, zuletzt geprüft am 07.07.2018.

Plattform Industrie 4.0 (Hg.) (2018b): Die Smart Electronic Factory im Hause Limtronik. Die smart Electronic Factory Industrie 4.0 - Vom Mittelstand für den Mittelstand. Plattform Industrie 4.0. Online verfügbar unter https://www.plattform-i40.de/I40/Redaktion/DE/Anwendungsbeispiele/065-die-smart-electronic-factory-im-hause-limtronik/beitrag-die-smart-electronic-factory-im-hause-limtronik.html, zuletzt geprüft am 14.09.2018.

Plattform Industrie 4.0 (Hg.) (2018c): Implantatfertigung 4.0. Automatisierte Implantatfertigung mit bedarfsorientierter Mitarbeiterinteraktion. Plattform Industrie 4.0. Online verfügbar unter https://www.plattform-i40.de/I40/Redaktion/DE/Anwendungsbeispiele/287-automatisierte-implantatfertigung-stryker/implantatfertigung-40.html, zuletzt geprüft am 14.09.2018.

Poggensee, Kay (2015): Investitionsrechnung. Grundlagen, Aufgaben, Lösungen. 3. Aufl. Wiesbaden: Springer Gabler.

Pokorni, Bastian; Schlund, Sebastian; Findeisen, Stefanie; Euper, Dennis; Brehm, Nadine; Ohlhausen, Peter; Palm, Daniel (2017): Produktionsassessment 4.0. Entwicklung eines Reifegradmodells zur Bewertung der Lean Management und Industrie-4.0-Reife von produzierenden Unternehmen. In: Zeitschrift für wirtschaftlichen Fabrikbetrieb 112 (1-2), S. 20–24.

Pommerening, Klaus (1991): Datenschutz und Datensicherheit. München: BI-Wissenschaftsverlag.

Presidenza del Consiglio dei Ministri (2015): Strategia per la Crescita Digitale 2014-2020. Online verfügbar unter https://www.agid.gov.it/sites/default/files/repository_files/documentazione/strat_crescita_digit_3marzo_0.pdf, zuletzt geprüft am 24.12.2018.

Pretting, Gerhard (2006): Die Erfindung des Schlachtplans. In: Brand Eins (3), S. 114–122.

Probst, Gilbert; Raub, Steffen; Romhardt, Kai (2012): Wissen managen. Wie Unternehmen ihre wertvollste Ressource optimal nutzen. 7. Aufl. Wiesbaden: Springer Gabler.

Prokopenko, J. (1987): Productivity Management. A Practical Handbook. Genf: International Labour Office.

Puente León, Fernando (2015): Messtechnik. Systemtheorie für Ingenieure und Informatiker. 10. Aufl. Berlin und Heidelberg: Springer Vieweg.

Quasdorff, Olaf; Bracht, Uwe (2016): Die Lean Factory. Basis für den Erfolg von Digitaler Fabrik und Industrie 4.0. In: Zeitschrift für wirtschaftlichen Fabrikbetrieb 111 (12), S. 843–846.

Quesnay, F. (1766): Analyse de la formule arithmétique du tableau économique de la distribution des dépenses annuelles d'une nation agricole. In: Journal de l'Agriculture, du Commerce & des Finances, S. 11–41.

REFA (Hg.) (1985): Methodenlehre der Organisation. Für Verwaltung und Dienstleistung. 1. Grundlagen. München: Carl Hanser.

REFA (Hg.) (1990): Planung und Gestaltung komplexer Produktionssysteme. München: Carl Hanser.

REFA (Hg.) (2015): Industrial Engineering. 2. Aufl. Darmstadt: Hanser.

REFA (Hg.) (2016): Arbeitsorganisation erfolgreicher Unternehmen. Wandel in der Arbeitswelt. München: Hanser.

DIN SPEC 91345, 04/2016: Referenzarchitekturmodell Industrie 4.0 (RAMI4.0).

Richardi, Reinhard (Hg.) (2018): Arbeitsgesetze ArbG. Arbeitsgesetze mit den wichtigsten Bestimmungen zum Arbeitsverhältnis, Kündigungsrecht, Arbeitsschutzrecht, Berufsbildungsrecht, Tarifrecht, Betriebsverfassungsrecht, Mitbestimmungsrecht und Verfahrensrecht. 93. Aufl.: Beck-Texte im dtv.

Ridder, Hans-Gerd (2002): Vom Faktoransatz zum Human Resource Management. In: Georg Schreyögg und Peter Conrad (Hg.): Theorien des Managements. Managementforschung 12. Wiesbaden: Gabler, S. 211–240.

Robelski, S. (2016): Psychische Gesundheit in der Arbeitswelt. Mensch-Maschine-Interaktion. Bundesanstalt für Arbeitsschutz und Arbeitsmedizin.

ISO/TS 15066, 2017-04: Roboter und Robotikgeräte.

Robotics Industries Association (2018): Collaborative Robots Market Update 2018. online im Internet. Online verfügbar unter https://www.robotics.org/blog-article.cfm/Collaborative-Robots-Market-Update-2018/84, zuletzt geprüft am 26.12.2018.

ISO 8373:2012, 03/2012: Robots and Robotic Devices.

Rohde, Jens; Meyr, Herbert; Wagner, Michael (2000): Die Supply Chain Planning Matrix. In: PPS-Management 5 (1), S. 10–15.

Rohmert, Walter (1998): Formen menschlicher Arbeit. In: Gunther Lehmann, Walter Rohmert und Joseph Rutenfranz (Hg.): Praktische Arbeitsphysiologie. Stuttgart: Georg Thieme Verlag.

Rojasa, Rafael A.; Raucha, Erwin; Vidonia, Renato; Matta, Dominik T. (2017): Enabling Connectivity of Cyber-Physical Production Systems. A Conceptual Framework. In: Procedia Manufacturing 11, S. 822–829.

Rönnecke, Thomas (2009): Ganzheitliche Produktionssysteme. In: Engelbert Westkämper und Erich Zahn (Hg.): Wandlungsfähige Produktionsunternehmen. Das Stuttgarter Unternehmensmodell. Berlin und Heidelberg: Springer, S. 25–46.

Roth, Armin (Hg.) (2016a): Einführung und Umsetzung von Industrie 4.0. Grundlagen, Vorgehensmodell und Use Cases aus der Praxis. Berlin und Heidelberg: Springer Gabler.

Roth, Armin (2016b): Industrie 4.0 – Hype oder Revolution? In: Armin Roth (Hg.): Einführung und Umsetzung von Industrie 4.0. Grundlagen, Vorgehensmodell und Use Cases aus der Praxis. Berlin und Heidelberg: Springer Gabler, S. 1–16.

Ruch, William A. (1982): The measurement of white-collar productivity. In: Global Business and Organizational Excellence 1 (4), S. 365–475.

Rüegg-Stürm, Johannes (2003): Das neue St. Galler Management-Modell. Grundkategorien einer integrierten Managementlehre: Der HSG-Ansatz. Bern u. a.: Haupt.

Rüttimann, Bruno G.; Stöckli, Martin T. (2016): Lean and Industry 4.0—Twins, Partners, or Contenders? A Due Clarification Regarding the Supposed Clash of Two Production Systems. In: Journal of Service Science and Management 9, S. 485–500.

Sakamoto, Shigeyasu (2010): Beyond World-Class Productivity. Industrial Engineering Practice and Theory. London: Springer.

Samulat, Peter (2017): Die Digitalisierung der Welt. Wie das Industrielle Internet der Dinge aus Produkten Services macht. Wiesbaden: Springer Gabler.

Sanders, Adam; Elangeswaran, Chola; Wulfsberg, Jens (2016): Industry 4.0 Implies Lean Manufacturing. Research Activities in Industry 4.0 Function as Enablers for Lean Manufacturing. In: Journal of Industrial Engineering and Management 9 (3), S. 811–833.

Santos, Kássio; Loures, Eduardo; Piechnicki, Flávio; Canciglieri, Osíris (2017): Opportunities Assessment of Product Development Process in Industry 4.0. In: Procedia Manufacturing 11, S. 1358–1365.

Schaller, Robert R. (1997): Moore's Law: Past, Present and Future. In: IEEE Spectrum 34 (6), S. 53–59.

Schallmo, Daniel; Williams, Christopher A.; (Keine Angabe), Lohse Jochen (2018): Clarifying Digital Strategy. Detailed Literature Review of Existing Approaches. Hg. v. XXIM ISPIM Innovation Conference - Innovation, the Name of the Game. Stockholm.

Schallmo, Daniel R. A. (2016): Jetzt digital transformieren. So gelingt die erfolgreiche Digitale Transformation Ihres Geschäftsmodells. Wiesbaden: Springer Gabler.

Schircks, Arnulf D. (2017): Die Arbeitswelt 4.0 kompetent gestalten. In: Arnulf D. Schircks, Randy Drenth und Roland Schneider (Hg.): Strategie für Industrie 4.0. Praxiswissen für Mensch und Organisation in der digitalen Transformation. Wiesbaden: Springer Gabler, S. 1–34.

Schleuter, Dirk; Wolff, Rebecca; Janning, Nora (2017): Studie über Lean Management und Industrie 4.0 in der Weser-Ems-Region sowie Handlungsbedarf. Hg. v. Hochschule Emden-Leer. Institut für projektorientierte Lehre. Emden (Schriftenreihe der Hochschule Emden/Leer, Band 25).

Schlick, Christopher; Bruder, Ralph; Luczak, Holger (2018): Arbeitswissenschaft. 4. Aufl. Heidelberg u. a.: Springer.

Schlick, Jochen; Stephan, Peter; Loskyll, Matthias; Lappe, Dennis (2017): Industrie 4.0 in der praktischen Anwendung. In: Birgit Vogel-Heuser, Thomas Bauernhansl und Michael ten Hompel (Hg.): Handbuch Industrie 4.0 Band 2. Automatisierung. 2. Aufl. Berlin: Springer Vieweg.

Schlund, Sebastian; Pokorni, Bastian (2016): Industrie 4.0 - wo steht die Revolution der Arbeitsgestaltung? Ergebnisse einer Befragung von Produktionsverantwortlichen deutscher Unternehmen. Hg. v. Ingenics AG und Fraunhofer IAO. Ulm.

Schmelzer, Hermann J.; Sesselmann, Wolfgang (2008): Geschäftsprozessmanagement in der Praxis. Kunden zufrieden stellen, Produktivität steigern, Wert erhöhen. 6. Aufl. München: Hanser.

Schmid, Josef; Frankenberger, Rolf (2016): Auf dem Weg zu Wohlfahrt 4.0. Digitalisierung in Italien. Friedrich-Ebert-Stiftung. Berlin.

Schmitt, Robert; Pfeifer, Tilo (2015): Qualitätsmanagement. Strategien, Methoden, Techniken. 5. Aufl. München: Hanser.

Schöllhammer, Oliver; Volkwein, Malte; Kuch, Benjamin; Hesping, Steffen (2017): Digitalisierung im Mittelstand. Entscheidungsgrundlagen und Handlungsempfehlungen. Hg. v. Thomas Bauernhansl. Stuttgart.

Scholz, Christian (2000): Personalmanagement. 5. Aufl. München: Vahlen.

Schuhmann, Annette (2012): Der Traum vom perfekten Unternehmen. Die Computerisierung der Arbeitswelt in der Bundesrepublik Deutschland (1950er- bis 1980er-Jahre). In: Zeithistorische Forschungen/Studies in Contemporary History 9 (2), S. 231–256.

Schulz, Gerd; Graf, Klemens (2015): Regelungstechnik 1. Lineare und nichtlineare Regelung, Rechnergestützter Reglerentwurf. 5. Aufl. Berlin und Boston: De Gruyter.

Schüth, Nora Johanna; Weber, Marc-André (2019): Qualifizierung von Beschäftigten im Rahmen der Mensch-Roboter-Kollaboration. Beitrag B.9.3. In: Gesellschaft für Arbeitswissenschaft (Hg.): Arbeit interdisziplinär analysieren – bewerten – gestalten. Bericht zum 65. Kongress der Gesellschaft für Arbeitswissenschaft vom 27. Februar - 1. März 2019. Dortmund: GfA-Press, S. 1–6.

Schütte, Reinhard; Vetter, Thomas (2017): Analyse des Digitalisierungspotentials von Handelsunternehmen. In: Rainer Gläß und Bernd Leukert (Hg.): Handel 4.0. Die Digitalisierung des Handels. Strategien, Technologien, Transformation. Berlin und Heidelberg: Springer Gabler, S. 75–113.

Sensicast Systems (Hg.) (2006): Sensinet Improves Efficiency in Compressed Air Systems While Reducing Operating Costs in Manufacturing Facilities. Case Study.

Shah, Rachna; Ward, Peter T. (2003): Lean manufacturing: context, practice bundles, and performance. In: Journal of Operations Management 21, S. 129–149.

Sherman, H. David; Zhu, Joe (2006): Service Productivity Management. Improving Service Performance using Data Envelopment Analysis (DEA). New York: Springer.

Siepmann, David (2016): Industrie 4.0 – Grundlagen und Gesamtzusammenhang. In: Armin Roth (Hg.): Einführung und Umsetzung von Industrie 4.0. Grundlagen, Vorgehensmodell und Use Cases aus der Praxis. Berlin und Heidelberg: Springer Gabler, S. 16–34.

Sink, D. S. (1985): Productivity Management. Planning, Measurement and Evaluation, Control and Improvement. New York: John Wiley & Sons.

Slack, Nigel; Chambers, Stuart; Johnston, Robert (2007): Operations Management. 5. Aufl. Harlow: Pearson Education.

Song Teng, Harold Siow (2014): Qualitative productivity analysis: does a non-financial measurement model exist? In: International Journal of Productivity and Performance Management 63 (2), S. 250–256.

Spitta, Thorsten; Bick, Markus (2008): Informationswirtschaft. Eine Einführung. 2. Aufl. Berlin und Heidelberg: Springer.

Springer Fachmedien (Hg.) (2005): Gabler Wirtschaftslexikon. 16. Aufl. Wiesbaden: Gabler.

Stainer, Alan (1997): Capital Input and Total Productivity Management. In: Management Decision 35 (3), S. 224–232.

Statistisches Bundesamt (Destatis) (Hg.) (2018): Jahresschätzung Arbeitskosten. Arbeitskosten je geleistete Stunde im Jahr 2017, zuletzt geprüft am 01.01.2019.

Staufen AG / PTW der Technischen Universität Darmstadt (Hg.) (2016): 25 Jahre Lean Management. Lean gestern, heute und morgen. Köngen.

Stockinger, Kurt; Stadelmann, Thilo; Ruckstuhl, Andreas (2016): Data Scientist als Beruf. In: Daniel Fasel und Andreas Meier (Hg.): Big Data. Grundlagen, Systeme und Nutzungspotenziale. Wiesbaden: Springer Vieweg, S. 59–82.

Stopper, Silke; von Garrel, Jörg; Bittner, Paul; Mühlfelder, Manfred (2017): Digitalisierung in der Produktion. Eine soziotechnische Analyse am Beispiel der Einführung und Umsetzung von Enterprise-Resource-Planning-Systemen. In: SRH Fernhochschule (Hg.): Digitalisierung in Wirtschaft und Wissenschaft. Wiesbaden: Springer, S. 27–36.

Stowasser, Sascha (2009): Produktivität und Industrial Engineering. In: Kurt Landau (Hg.): Produktivität im Betrieb. Eine Einführung. Stuttgart: Ergonomia, S. 201–212.

Stowasser, Sascha (2014): Arbeitswissenschaft als Unterstützer der Unternehmen im Wandel der Arbeitswelt. In: Zeitschrift für Arbeitswissenschaft 68 (4), S. 234–235.

Stowasser, Sascha (2017): Ergonomie beim Einsatz von kollaborativen Robotern. In: Sicherheitsingenieur, S. 24–27.

Strategic Policy Forum on Digital Entrepreneurship (2015): Digital Transformation of European Industry and Enterprises. A Report of the Strategic Policy Forum on Digital Entrepreneurship. Online verfügbar unter https://ec.europa.eu/growth/content/report-digital-transformation-european-industry-and-enterprises-0_de, zuletzt geprüft am 24.12.2018.

Sullivan, Sean (2004): Making the Business Case for Health and Productivity Management. In: Journal of Occupational and Environmental Medicine 46 (6), S. 56–61.

Sumanth, D. J. (1984): Productivity Engineering and Management. New York: McGraw-Hill.

Tangen, Stefan (2004): Performance Measurement: from philosophy to practice. In: International Journal of Productivity and Performance Management 53 (8), S. 726–737.

Tangen, Stefan (2005): Demystifying productivity and performance. In: International Journal of Productivity and Performance Management 54 (1), S. 34–46.

Taylor, F. W.; Wallichs, A. (1912): Die Betriebsleitung. Berlin: Springer.

Technische Universität Darmstadt (Hg.) (2015): Generisches Vorgehensmodell zur Einführung von Industrie 4.0 in mittelständischen Unternehmen der Serienfertigung. Abschlussbericht des Fachgebietes Datenverarbeitung in der Konstruktion des Projektes

CypIFlex 24. November 2015. Online verfügbar unter www.darmstadt.ihk.de/blob/daihk24/produkt marken/Beraten-und-informieren/innovation/downloads/3344884/7fe3af982b9147 b216d9da67db0a1b34/Pilotprojekt-CypIFlex-data.pdf, zuletzt geprüft am 01.01.2020.

Tenberg, Ralf; Pittich, Daniel (2017): Ausbildung 4.0 oder nur 1.2? Analyse eines technisch-betrieblichen Wandels und dessen Implikationen für die technische Berufsausbildung. In: Journal of Technical Education 5 (1), S. 27–46.

Terstegen, Sebastian; Hennegriff, Simon; Dander, Holger; Adler, Patrick (2019): Vergleichsstudie über Vorgehensmodelle zur Einführung und Umsetzung von Digitalisierungsmaßnahmen in der produzierenden Industrie. Beitrag C.3.13. In: Gesellschaft für Arbeitswissenschaft (Hg.): Arbeit interdisziplinär analysieren – bewerten – gestalten. Bericht zum 65. Kongress der Gesellschaft für Arbeitswissenschaft vom 27. Februar - 1. März 2019. Dortmund: GfA-Press, S. 1–6.

Themeco (2016): La Transformation Digitale des Entreprises. Online verfügbar unter http://www.indexpresse.fr/wp-content/uploads/2016/09/La-transformation-digitale-des-entreprises.pdf, zuletzt geprüft am 24.12.2018.

Thiemermann, Stefen; Schulz, Oliver (2002): Trennung aufgehoben. In: Computer & Automation (8), S. 82–85.

Thomas, C.; Stankiewicz, L.; Grötsch, A.; Wischniewski, S.; Deuse, J.; Kuhlenkötter, B. (2016): Intuitive Work Assistance by Reciprocal Human-Robot Interaction in the Subject Area of Direct Human-Robot Collaboration. 6th CIRP Conference on Assembly Technologies and Systems (CATS). In: Procedia CIRP 44, S. 275–280.

Thommen, Jean-Paul; Achleitner, Ann-Kristin; Gilbert, Dirk Ulrich; Hachmeister, Dirk; Kaiser, Gernot (2017): Allgemeine Betriebswirtschaftslehre. Umfassende Einführung aus managementorientierter Sicht. 8. Aufl. Wiesbaden: Springer Gabler.

Thonemann, Ulrich (2005): Operations Management. Konzepte, Methoden und Anwendungen. München: Pearson Studium.

Tomaszewski, Piotr; Lundberg, Lars (2006): The Increase of Productivity Over Time - An Industrial Case Study. In: Information and Software Technology 48, S. 915–927.

Trübswetter, Angelika; Meißner, Antonia; Weber, Marc-André; Klues, Jan; Stowasser, Sascha (2018): Kollaborierende Roboter in der Produktion. Akzeptanz durch die Beschäftigten. In: Betriebspraxis & Arbeitsforschung (233), S. 24–27.

Tsarouchi, Panagiota; Matthaiakis, Alexandros-Stereos; Makris, Sotiris; Chryssolouris, George (2017): On a Human-Robot Collaboration in an Assembly Cell. In: International Journal of Computer Integrated Manufacturing 30 (6), S. 580–589.

Tschandl, Martin; Peßl, Ernst; Baumann, Siegfried (2017): Roadmap Industrie 4.0. Strukturierte Umsetzung von Smart Production and Services in Unternehmen. In: WINGbusiness (1), S. 20–23.

Tupa, Jiri; Simota, Jan; Steiner, Frantisek (2017): Aspects of Risk Management Implementation for Industry 4.0. In: Procedia Manufacturing 11, S. 1223–1230.

Uhlemann, Thomas H.-J.; Lehmann, Christian; Steinhilper, Rolf (2017): The Digital Twin. Realizing the Cyber-Physical Production System for Industry 4.0. Thomas H.-J. Uhlemanna*, Christian Lehmanna, Rolf Steinhilpera. In: Procedia CIRP 61, S. 335–340.

Ulich, Eberhard; Wülser, Marc (2010): Gesundheitsmanagement in Unternehmen. Arbeitspsychologische Perspektiven. 4. Aufl. Wiesbaden: Gabler.

Vaill, Peter B. (1982): The Purposing of High-Performing Systems. In: Organizational Dynamics 11 (2), S. 23–39.

Valenduc, Gérard; Vendramin, Patricia (2017): Digitalisation, Between Disruption and Evolution. In: Transfer 23 (2), S. 121–134.

VDI Verein Deutscher Ingenieure (Hg.) (2015): Statusreport: Referenzarchitekturmodell Industrie 4.0 (RAMI 4.0). Düsseldorf und Frankfurt am Main.

VDI Verein Deutscher Ingenieure (Hg.) (2018): Statusreport: Digitaler Transformationsprozess im Unternehmen. Düsseldorf.

VDMA Verband Deutscher Maschinen- und Anlagenbauer (Hg.) (2015): Leitfaden Industrie 4.0. Orientierungshilfe zur Einführung in den Mittelstand. Frankfurt am Main.

VDMA Verband Deutscher Maschinen- und Anlagenbauer (2016): Sicherheit bei der Mensch-Roboter-Kollaboration. Robotik und Automation. Frankfurt am Main.

Vuori, Vilma; Helander, Nina; Okkonen, Jussi (2018): Digitalization in Knowledge Work. The Dream of Enhanced Performance. In: Cognition, Technology and Work, S. 1–16.

Wagner, Tobias; Hermann, Christoph; Thiede, Sebastian (2017): Industry 4.0 Impacts on Lean Production Systems. In: Procedia CIRP 50th Conference on Manufacturing Systems 63, S. 125–131.

Wanek, Volker; Hupfeld, Jens (2018): Prävention 4.0 aus der Perspektive der Gesetzlichen Krankenkassen. In: Oleg Cernavin, Welf Schröter und Sascha Stowasser (Hg.): Prävention 4.0. Analysen und Handlungsempfehlungen für eine produktive und gesunde Arbeit 4.0. Wiesbaden: Springer, S. 145–158.

Wang, Biao; Zhao, Ji-Yuan; Wan, Zhi-Guo; Ma, Ji-Hong; Li, Hong; Ma, Jian (2016a): Lean Intelligent Production System and Value Stream Practice. In: Proceedings of the 3rd International Conference on Economics and Management, S. 1–6.

Wang, Shiyong; Wan, Jiafu; Zhang, Daqiang; Li, Di; Zhang, Chunhua (2016b): Towards Smart Factory for Industry 4.0. A Self-Organized Multi-Agent System With Big Data Based Feedback and Coordination. In: Computer Networks 101, S. 158–168.

Weber, Marc-André (2014): Permutation Flow Shop Scheduling unter Einbezug von Lot Streaming bei auftragsspezifischen Lieferterminvektoren für Due Window-bezogene Zielfunktionen. Göttingen: Cuvillier Verlag.

Weber, Marc-André (2018): Nicht nur eine Frage der Sicherheit - Vor und Nachteile der Mensch-Roboter-Kollaboration. In: IEE Industrie Engineering Effizienz (5), S. 20–22.

Weber, Marc-André; Jeske, Tim (2017): Vielseitige Synergien zwischen Produktivitätsmanagement und Digitalisierung. Auszüge der Befragungsstudie »Produktivitätsstrategien im Wandel« im Rahmen des Forschungsprojekts TransWork. In: Betriebspraxis & Arbeitsforschung (231), S. 40–42.

Weber, Marc-André; Jeske, Tim; Lennings, Frank (2017a): Ansätze zur Gestaltung von Produktivitätsstrategien in vernetzten Arbeitssystemen. In: Gesellschaft für Arbeitswissenschaft (Hg.): Bericht zum 63. Arbeitswissenschaftlichen Kongress vom 15. – 17. Februar 2017. Dortmund: GfA-Press, S. 1–6.

Weber, Marc-André; Jeske, Tim; Lennings, Frank (2017b): Digitalisierung und Produktivitätsmanagement. Studienergebnisse, Potenziale und Handlungsempfehlungen. In: Leistung und Entgelt (4), S. 5–47.

Weber, Marc-André; Jeske, Tim; Lennings, Frank (2017c): ifaa-Studie: Produktivitätsmanagement im Wandel. Digitalisierung in der Metall- und Elektroindustrie. Bergisch Gladbach: Heider Druck.

Weber, Marc-André; Jeske, Tim; Lennings, Frank (2018a): Nutzen der Digitalisierung für die Gestaltung produktiver Produktionsprozesse. In: Zeitschrift für wirtschaftlichen Fabrikbetrieb 113 (6), S. 426–430.

Weber, Marc-André; Jeske, Tim; Lennings, Frank; Stowasser, Sascha (2017d): Productivity Strategies Using Digital Information Systems in Production Environments. In: Hermann Lödding, Ralph Riedel, Klaus-Dieter Thoben, Gregor von Cieminski und Dimitris Kiritsis (Hg.): Advances in Production Management Systems: The Path to Intelligent, Collaborative and Sustainable Manufacturing. IFIP WG 5.7 International Conference, APMS 2017 Hamburg, Germany, September 3–7, 2017. Cham: Springer, S. 338–345.

Weber, Marc-André; Jeske, Tim; Lennings, Frank; Stowasser, Sascha (2018b): Framework for the Systematical Design of Productivity Strategies. In: Stefan Trzcielinski (Hg.): Advances in Ergonomics of Manufacturing: Managing the Enterprise of the Future. Proceedings of the AHFE 2017 International Conference on Human Aspects of Advanced Manufacturing, July 17-21, 2017, The Westin Bonaventure Hotel, Los Angeles, California, USA. Cham: Springer, S. 141–152.

Weber, Marc-André; Schüth, Nora Johanna; Stowasser, Sascha (2018c): Qualifizierungsbedarfe für die Mensch-Roboter-Kollaboration. In: Zeitschrift für wirtschaftlichen Fabrikbetrieb 113 (10), S. 619–622.

Weber, Marc-André; Stowasser, Sascha (2017): Sicherheit in der Mensch-Roboter-Kollaboration. In: Sebastian Festag (Hg.): Sicherheit in einer vernetzten Welt: Entwicklung, Anwendungen und Ausblick. XXXII. Sicherheitswissenschaftliches

Symposion 17. Mai 2017, AUVA, Wiener Hofburg. Köln: VdS Schadenverhütung GmbH Verlag, S. 143–156.

Weber, Marc-André; Stowasser, Sascha (2018a): Ergonomische Arbeitsplatzgestaltung unter Einsatz kollaborierender Robotersysteme: Eine praxisorientierte Einführung. In: Zeitschrift für Arbeitswissenschaft 72 (4), S. 229–238.

Weber, Marc-André; Stowasser, Sascha (2018b): Sicherheit an kollaborierenden Robotern. Hg. v. Haufe Arbeitsschutz Office Professional Online (HI10985713).

Weber, Marc-André; Terstegen, Sebastian; Jeske, Tim; Lennings, Frank (2018d): Zielgerichtete Produktivitätssteigerung durch Digitalisierung und Industrie 4.0. Beispiele im Rahmen eines schematischen Ansatzes. In: Gesellschaft für Arbeitswissenschaft (Hg.): Bericht zum 64. Arbeitswissenschaftlichen Kongress vom 21. - 23. Februar 2018. Dortmund: GfA-Press, S. 1–6.

Weber, Marc André; Terstegen, Sebastian; Lennings, Frank (2017e): Checkliste Digitalisierung & Industrie 4.0 in der Praxis. Geschäftsstrategie und Prozesse ganzheitlich gestalten. Hg. v. Institut für angewandte Arbeitswissenschaft e. V. Bergisch Gladbach.

Weber, Marc-André; Terstegen, Sebastian; Lennings, Frank (2018e): ifaa-Checkliste: Digitalisierung & Industrie 4.0 in der Praxis. In: Betriebspraxis & Arbeitsforschung (232), S. 57.

Weinreich, Uwe (2016): Lean Digitization. Digitale Transformation durch agiles Management. Berlin und Heidelberg: Springer Gabler.

Welpe, Isabell M.; Brosi, Prisca; Schwarzmüller, Tanja (2018): Digital Work Design. Die Big Five für Arbeit, Führung und Organisation im digitalen Zeitalter. Frankfurt am Main und New York: Campus.

Wende, Jörg; Kiradjiev, Plamen (2014): Eine Implementierung von Losgröße 1 nach Industrie-4.0-Prinzipien. In: Elektrotechnik und Informationstechnik (7), S. 202–206.

Westkämper, Engelbert (2013): Das Modell der digitalen Produktion. In: Engelbert Westkämper, Dieter Spath, Carmen Constantinescu und Joachim Lentes (Hg.): Digitale Produktion. Berlin und Heidelberg: Springer Vieweg, S. 11–13.

Wiegand, Bodo (2018): Der Weg aus der Digitalisierungsfalle. Mit Lean Management erfolgreich in die Industrie 4.0. Wiesbaden: Springer Gabler.

Wille, Tobias (2016): Lean Thinking in produzierenden Unternehmen. Ein Bezugssystem zur Bewertung des Einführungsfortschritts. Wiesbaden: Springer Vieweg.

Winkelhake, Uwe (2017): Die digitale Transformation der Automobilindustrie. Treiber, Roadmap, Praxis. Berlin: Springer Vieweg.

Wöhe, Günther (2002): Einführung in die Allgemeine Betriebswirtschaftslehre. 21. Aufl. München: Vahlen.

Wolf, Matthias; Kleindienst, Mario; Ramsauer, Christian; Zierler, Clemens; Winter, Ernst (2018): Current and Future Industrial Challenges. Demographic Change and Measures for Elderly Workers in Industry 4.0. In: Annals of Faculty Engineering Hunedoara - International Journal of Engineering, S. 67–76.

Wolter, Marc Ingo; Mönnig, Anke; Hummel, Markus; Weber, Enzo; Zika, Gerd; Helmrich, Robert et al. (2016): Wirtschaft 4.0 und die Folgen für Arbeitsmarkt und Ökonomie. Szenario-Rechnungen im Rahmen der BIBB-IAB-Qualifikations- und Berufsfeldprojektionen. Hg. v. IAB - Institut für Arbeitsmarkt- und Berufsforschung. Nürnberg (IAB-Forschungsbericht, 13). Online verfügbar unter http://doku.iab.de/forschungsbericht/2016/fb1316.pdf, zuletzt geprüft am 23.07.2018.

Yang, Ma Ga; Hong, Paul; Modi, Sachin B. (2011): Impact of Lean Manufacturing and Environmental Management on Business Performance. An Empirical Study of Manufacturing Firms. In: International Journal of Production Economics 129, S. 251–261.

Zeising, P.; Brending, S.; Lawo, M.; Pannek, J. (2015): Sichere Mensch-Roboter-Kollaboration durch Prädiktion. In: S. Diefenbach, N. Henze und M. Pielot (Hg.): Mensch und Computer 2015. Tagungsband. Stuttgart: Oldenbourg, S. 371–374.

Zhang, Pengxiang; Bauer, Sebastian; Sontag, Till Marius (2017): Mensch-Roboter-Kooperation in der Digitalen Fabrik. Konzept zur Planung und Absicherung. In: Zeitschrift für wirtschaftlichen Fabrikbetrieb 112 (1-2), S. 73–78.

Zhong, Ray Y.; Xu, Xun; Klotz, Eberhard; Newman, Stephen T. (2017): Intelligent Manufacturing in the Context of Industry 4.0. A Review. In: Engineering 3, S. 616–630.

Zollenkop, Michael; Lässig, Ralph (2017): Digitalisierung im Industriegütergeschäft. In: Daniel R. A. Schallmo, Andreas Rusnjak, Johanna Anzengruber, Thomas Werani und Michael Jünger (Hg.): Digitale Transformation von Geschäftsmodellen. Grundlagen, Instrumente und Best Practices. Wiesbaden: Springer Gabler (Business Model Innovation), S. 59–96.

Zucht, Monika (1978): Fortschritt macht arbeitlos. In: Der Spiegel, 17.04.1978 (16).

Zuehlke, Detlef (2010): SmartFactory - Towards a Factory-of-Things. In: Annual Reviews in Control 34, S. 129–138.

Diese Schrift ist teilweise entstanden im Rahmen des Forschungs- und Entwicklungsprojekts TransWork (www.transwork.de, BMBF-gefördert unter dem Förderkennzeichen 02L15A164).

Zum Autor

Ausbildung

- 2021 Habilitation im Fachgebiet Arbeitswissenschaft an der Technischen Universität Dresden (Bereich Ingenieurwissenschaften, Fakultät Maschinenwesen). Erstgutachter Univ.-Prof. Dr.-Ing. Martin Schmauder. Titel der Habilitationsschrift: „Nutzung der Digitalisierung zur Produktivitätsverbesserung in industriellen Prozessen unter Berücksichtigung arbeitswissenschaftlicher Anforderungen". Titel des wissenschaftlichen Vortrags: „Chancen und Herausforderungen des Einsatzes kollaborierender Roboter in industriellen Fertigungsprozessen aus arbeitswissenschaftlicher Perspektive". Titel der Lehrprobe: „Lean- und Qualitätsmanagement in Industrieunternehmen".

- 2014 Promotion zum Dr. rer. pol. an der Universität Duisburg-Essen (Fakultät Ingenieurwissenschaften, Abteilung Maschinenbau und Verfahrenstechnik, Lehreinheit Wirtschaftsingenieurwesen). Erstgutachter Univ.-Prof. Dr. Rainer Leisten. Titel der Doktorarbeit: „Permutation Flow Shop Scheduling unter Einbezug von Lot Streaming bei auftragsspezifischen Lieferterminvektoren für Due Window-bezogene Zielfunktionen".

- 2011 Abschluss des Studiums zum Master of Science in Business Administration mit Schwerpunkt Wirtschaftsinformatik an der Universität Passau (Fakultät Wirtschaft). 2010 bis 2011 Auslandsaufenthalt am Indian Institute of Technology Madras in Chennai, Indien. Titel der Master-Thesis: "Darstellung des Braess-Paradoxons am Beispiel der Stadt Passau".

- 2009 Abschluss des Studiums zum Bachelor of Arts in Betriebswirtschaftslehre mit Schwerpunkt Industrie an der Dualen Hochschule Baden-Württemberg Mosbach. 2008 Auslandsaufenthalt an der Oregon State University in Corvallis, USA. Titel der Bachelor-Thesis: "Aufbau eines zentralen Kennzahlensystems zur Erfolgsmessung der Produktionsstätten der Woco-Gruppe".

- 2006 Allgemeine Hochschulreife am Wirtschaftsgymnasium der Kinzig-Schule – Berufliches Schulzentrum des Main-Kinzig-Kreises in Schlüchtern.

M.-A. Weber, *Nutzung der Digitalisierung zur Produktivitätsverbesserung in industriellen Prozessen unter Berücksichtigung arbeitswissenschaftlicher Anforderungen*, ifaa-Edition, https://doi.org/10.1007/978-3-662-63131-7

Berufliche Stationen

- Seit 2018 Professor für Operations Management / Produktionsmanagement am Institut für Supply Chain und Operations Management der Fachhochschule Kiel.
- 2016 bis 2018 Wissenschaftlicher Mitarbeiter am Institut für angewandte Arbeitswissenschaft e.V. in Düsseldorf (Forschungseinrichtung der Arbeitgeberverbände der deutschen Metall- und Elektroindustrie).
- 2013 bis 2015 Wissenschaftlicher Mitarbeiter am Lehrstuhl für Allgemeine Betriebswirtschaftslehre und Operations Management von Univ.-Prof. Dr. rer. pol. Rainer Leisten sowie Studiengangkoordinator und -fachberater für die Studiengänge Wirtschaftsingenieurwesen an der Universität Duisburg-Essen.
- 2012 Berater bei der Deloitte Consulting GmbH in München.
- 2005-2009 Tätigkeiten und duale Ausbildung bei Unternehmen der Automobilzulieferindustrie (Woco Industrietechnik GmbH in Bad Soden-Salmünster und Samvardhana Motherson Group in Gelnhausen).
- Zudem nebenberufliche selbstständige Tätigkeiten als Organisationsberater (seit 2009 mit Schwerpunkten Zertifizierungsvorbereitung, Schulung und Softwareerstellung) sowie als Hochschuldozent (seit 2014 an der Dualen Hochschule Baden-Württemberg Mosbach sowie seit 2019 an der Europäischen Wirtschaftsakademie Madrid).

Kontakt

Prof. Dr. rer. pol. et Ing. habil. M.Sc. (Univ.) B.A. B.Hons Marc-André Weber

Fachhochschule Kiel, Fachbereich Wirtschaft

Institut für Supply Chain und Operations Management

Professur für Operations Management / Produktionsmanagement

Sokratesplatz 2

D-24149 Kiel

Telefon: 0431/210-3556

Email: marc-andre.weber@fh-kiel.de

Printed in the United States
by Baker & Taylor Publisher Services